国家级一流本科课程配套教材

北大社·"十三五"普通高等教育本科规划教材

高等院校机械类专业"互联网+"创新规划教材

"十三五"江苏省高等学校重点教材（编号：2016-1-020）

机械制造技术基础
（第2版）

主　编　李菊丽　　郭华锋

副主编　李连波　　李　健

　　　　智淑亚

主　审　袁军堂

北京大学出版社

PEKING UNIVERSITY PRESS

内 容 简 介

本书在第 1 版的基础上修订而成，知识体系更合理，内容编排更精练，并新增了高速切削技术、三维加工工艺设计和三维装配工艺设计等内容，突出实用性和创新性。全书共分为 8 章，内容包括机械制造概论、机械加工方法与装备、金属切削过程及控制、机床夹具设计原理、机械加工工艺规程设计、机械装配工艺基础、机械加工质量分析与控制、机械制造技术的发展。为便于教学和学生自学，本书配有相应的 CAI 课件。

本书可作为高等工科院校机械类（机械设计制造及其自动化、机械工程及自动化、车辆工程、机械电子工程、材料成型及控制工程等）专业的教材，也可作为职业技术院校、成人高校等相关专业的教材或参考书，还可供机械制造工程技术人员和企业管理人员参考使用。

图书在版编目(CIP)数据

机械制造技术基础/李菊丽，郭华锋主编. —2 版. —北京：北京大学出版社，2017.6
(高等院校机械类专业"互联网+"创新规划教材)
ISBN 978 - 7 - 301 - 28420 - 9

Ⅰ. ①机… Ⅱ. ①李… ②郭… Ⅲ. ①机械制造工艺—高等学校—教材 Ⅳ. ①TH16

中国版本图书馆 CIP 数据核字(2017)第 137047 号

书　　　　名	机械制造技术基础（第 2 版）
	Jixie Zhizao Jishu Jichu
著作责任者	李菊丽　　郭华锋　主编
策 划 编 辑	童君鑫
责 任 编 辑	黄红珍
数 字 编 辑	刘　蓉
标 准 书 号	ISBN 978 - 7 - 301 - 28420 - 9
出 版 发 行	北京大学出版社
地　　　　址	北京市海淀区成府路 205 号　　100871
网　　　　址	http://www.pup.cn　新浪微博：@北京大学出版社
电 子 邮 箱	编辑部 pup6@pup.cn　总编室 zpup@pup.cn
电　　　　话	邮购部 010 - 62752015　发行部 010 - 62750672　编辑部 010 - 62750667
印 刷 者	北京虎彩文化传播有限公司
经 销 者	新华书店
	787 毫米×1092 毫米　16 开本　22.25 印张　513 千字
	2013 年 2 月第 1 版
	2017 年 6 月第 2 版　2024 年 8 月第 6 次印刷
定　　　　价	49.00 元

第 2 版前言

本书是根据机械类专业本科应用型人才的培养目标及课程教学大纲的要求，在《机械制造技术基础》的基础上，结合现代制造技术的发展及编者多年的教学经验修订而成的。

机械制造技术基础是我国高等院校机械类专业一门重要的技术基础课。本书以机械制造工艺过程为主线，将基本理论、基础知识与工程应用有机地结合起来，系统地介绍了金属切削基本原理、机床、刀具、夹具等基本知识，机械加工和装配工艺规程的设计，机械加工精度及表面质量的分析与控制方法，现代生产管理模式及制造技术的发展趋势等。

本次修订主要包括以下内容：

（1）基于互联网及二维码技术，实现了课程相关的视频、动画、图文等数字资源在移动终端的形象化呈现，丰富了教学内容，拓展了学生视野，并为其提供了立体化的学习平台。

（2）为跟踪现代制造业和制造技术的发展，在第 2 章机械加工方法与装备部分，增加了"高速切削技术"一节，介绍了高速切削技术的特点、应用，以及高速切削机床、刀具技术、加工安全防护与监控技术等关键技术。

（3）在第 5 章机械加工工艺规程设计部分，增加了"基于三维 CAD 模型的机械加工工艺设计简介"一节，介绍了基于三维 CAD 模型的机械加工工艺设计的基本原理、技术路线及操作流程，搭建起了三维 CAD/CAM 系统之间的信息桥梁。

（4）在第 6 章机械装配工艺基础部分，增加了"三维装配工艺设计简介"一节，介绍了三维装配工艺设计的特点及操作流程，实现三维装配过程的规划、仿真和验证，帮助企业提高装配效率。

（5）受教材篇幅的限制，删除第 2 章中车床部分"CA6140 卧式车床的主要部件"的内容（建议放在实验中学习）和第 5 章中典型零件加工工艺过程分析部分"圆柱齿轮加工"内容（建议放在生产实习中学习）。

本书可作为高等工科院校机械类（机械设计制造及其自动化、机械工程及自动化、车辆工程、机械电子工程、材料成型及控制工程等）专业的教材，也可作为职业技术院校、成人高校等相关专业的教材或参考书，还可供机械制造工程技术人员和企业管理人员参考使用。全书按 60～72 学时教学计划编写，各校在使用时可酌情增减有关内容。

本书由徐州工程学院李菊丽、郭华锋担任主编，南京理工大学泰州科技学院李连波、常州大学李健、金陵科技学院智淑亚担任副主编，具体编写分工如下：第 1 章、第 2 章第 1～3 节和第 3 章由李菊丽编写，第 2 章第 4～10 节、第 5 章第 3、4 节、第 6 章第 4 节和第 8 章由郭华锋编写，第 4 章和第 6 章第 1～3 节由李连波编写，第 5 章第 1、2 节由李健编写，第 7 章由智淑亚编写。全书由徐州工程学院李菊丽教授统稿。

南京理工大学袁军堂教授担任本书主审，提出了许多宝贵建议，编者在此致以深切的谢意！在本书的编写过程中，编者得到了徐州工程学院、南京理工大学、常州大学、金陵科技学院等院校有关领导和老师的大力支持和帮助，同时参阅了相关图书、学术论文及网络资料，在此向支持、帮助者及资料作者表示衷心的感谢！

由于编者水平有限，书中难免存在疏漏和不妥之处，敬请同行和读者批评指正。

【习题参考答案】

编　者

2017 年 4 月

第 1 版前言

本书是为适应机械类专业本科应用型人才的培养目标及课程教学大纲的要求，结合编者多年的教学实践及教学研究成果编写而成的。

机械制造技术基础是我国高等院校机械类及近机类专业一门重要的技术基础课。本书以机械制造工艺过程为主线，将基本理论、基础知识与工程应用有机地结合起来，系统地介绍了金属切削基本原理，机床、刀具、夹具等基本知识，机械加工和装配工艺规程的设计，机械加工精度及表面质量的分析与控制方法，现代生产管理模式及制造技术的发展趋势等。

本书具有以下特点：

（1）除对传统经典内容加以精选外，注意将新知识、新技术写入教材，使用最新国家标准 GB/T 15375—2008《金属切削机床型号编制方法》、GB/T 12204—2010《金属切削基本术语》等进行编写。

（2）本书在知识体系设计上力求符合认知规律，先介绍机械制造的总过程，然后分述所需的专业知识和关键点，以利于读者系统掌握和应用所学知识。

（3）本书面向应用型人才培养，理论以"够用"为度，强化案例教学，突出实用性。

（4）每章后都附有习题，题型多样，并有参考答案，以便于读者全面掌握各章内容。

本书可作为高等院校机械类（机械设计制造及其自动化、机械工程及自动化、车辆工程、机械电子工程、材料成型及控制工程等）专业的教材，也可作为职业技术院校、成人高校等相关专业的教材或参考书，还可供机械制造工程技术人员和企业管理人员参考使用。全书按 60～72 学时教学计划编写，各校在使用时可酌情增减有关内容。

本书由徐州工程学院李菊丽、何绍华担任主编，南京理工大学分院李连波、常州大学李健、金陵科技学院智淑亚担任副主编，具体编写分工如下：第 1 章、第 2 章第 1 节、第 3 章、第 8 章第 3～4 节由李菊丽编写，第 2 章第 2～9 节、第 8 章第 1～2 节由何绍华编写，第 4 章和第 6 章由李连波编写，第 5 章由李健编写，第 7 章由智淑亚编写。全书由李菊丽统稿。

南京理工大学袁军堂教授担任本书主审，提出了许多宝贵建议，编者在此致以诚挚的谢意！在本书的编写过程中，编者得到了北京大学出版社、徐州工程学院、南京理工大学、常州大学、金陵科技学院等有关领导和老师的大力支持及帮助，在此表示衷心的感谢！在编写中，编者参阅了相关图书、学术论文及网络资料，在此一并向其作者表示衷心的感谢！

由于编者水平和经验所限，书中难免有疏漏和不妥之处，敬请同行和读者批评指正。

编　者
2012 年 12 月

目　　录

第1章
机械制造概论

 **教学目标**

1. 了解机械制造业在国民经济中的地位和作用；
2. 了解机械产品的制造过程及制造系统，掌握生产纲领、生产类型、生产模式的概念；
3. 掌握机械零件制造方法的三种类型，了解零件的制造过程；
4. 了解本门课程的教学内容、性质和学习方法。

 **教学要求**

知识要点	能力要求	相关知识
制造业、制造技术	了解机械制造业在国民经济中的地位和作用	制造业的发展过程
机械产品制造过程	了解机械产品的制造过程及制造系统	制造企业生产活动的三个阶段
生产纲领、生产类型	掌握生产纲领、生产类型、生产模式的概念	不同生产类型的工艺特征
零件的制造方法	掌握零件制造方法的三种类型	快速成型(RP)技术
零件的制造过程	了解零件的制造过程	机械加工工艺规程、工艺路线

导入案例

观察我们周围的各种物品，如手机、水笔、勺子、自行车等，会发现这些物品都具有不同的形状，但它们已经不是天然的状态了，而是由各种原材料转变和装配成为现在的物品。有些物品是单个零件，如勺子、塑料衣架。然而大多数物品是由不同材料制成多个零件后再装配而成的，如水笔、洗衣机、汽车等。一支普通的水笔由几个零件组成，一辆中型轿车由几万个零件装配而成。

基本概念

制造就是将各种原材料转变为产品的过程。它主要包括三方面的内容：产品设计、材料选择及产品制造。材料只有经过各种加工成为产品，才能体现其功能和价值。

制造业即从事制造活动的行业，包括30个行业。它不仅为人们物质文化生活提供各种产品，也为工业、农业、国防建设、交通运输等各部门提供技术装备(阅读材料1-1表中带＊号的属于装备制造业)。由此可见，制造业是国民经济的支柱产业，是国家综合实力的重要体现。

阅读材料1-1

制造业的分类

序号	主 要 分 类	序号	主 要 分 类
01	农副食品加工业	16	化学纤维制造业
02	食品制造业	17	橡胶制品业
03	饮料制造业	18	塑料制品业
04	烟草制品业	19	非金属矿物制品业
05	纺织业	20	黑色金属冶炼及压延加工业
06	纺织服装、鞋、帽制造业	21	有色金属冶炼及压延加工业
07	皮革、毛皮、羽毛(绒)及其制品业	22＊	金属制品业
08	木材加工及木、竹、藤、棕、草制品业	23＊	通用设备制造业
09	家具制造业	24＊	专用设备制造业
10	造纸及纸制品业	25＊	交通运输设备制造业
11	印刷业和记录媒介的复制	26＊	电气机械及器材制造业
12	文教体育用品制造业	27＊	通信设备、计算机及其他电子设备制造业
13	石油加工、炼焦及核燃料加工业	28＊	仪器仪表及文化、办公用机械制造业
14	化学原料及化学制品制造业	29	工艺品及其他制造业
15	医药制造业	30	废弃资源和废旧材料回收加工业

1.1 机械制造业在国民经济中的地位和作用

1.1.1 制造业的发展过程

制造与使用工具，是人和动物的本质区别。因此，人类的文明史，首先就是制造和使用工具的历史。人类最早的制造活动可以追溯到新石器时代，当时人们用石器作为劳动工具。到了青铜器和铁器时代，出现了冶炼和锻造等较为原始的制造活动。制造业发展的历史性转折点是 18 世纪以英国人发明蒸汽机和气缸镗床为标志的第一次工业革命，它揭开了机械化生产时代的序幕。以后相继发明了车床、铣床、刨床、钻床等各种类型的机床，推动了工业社会的向前发展。19 世纪中后期，内燃机、电气产品和通信工具的发明及广泛应用引发了第二次工业革命，人类跨入了电气化时代。20 世纪初，以内燃机为动力的飞机飞上蓝天，实现了人类翱翔太空的梦想。以福特汽车生产线为代表的大批量生产模式和泰勒创立的科学管理方法，导致了劳动分工和制造系统的功能分解，使生产成本大幅度降低，标志着自动化时代的到来。

第二次世界大战后，计算机技术、微电子技术、自动化技术的飞速发展及市场需求多样化的趋势，导致了制造技术向程序控制方向发展，柔性制造单元、柔性生产线、计算机集成制造等相继问世，引发了生产模式和管理技术的革命。以集成电路为代表的微电子技术的广泛应用，有力地推动了微电子制造工艺和制造装备业的快速发展。由微型计算机控制的机器人能上天入海，采来月球上的标本，捞出落海的氢弹，还会洗衣做饭。激光的出现导致了巨大的光通信产业及激光测量、激光加工和激光快速成型技术的发展。20 世纪末，信息技术革命促进了传统制造技术与以计算机为核心的信息技术和现代管理技术三者的有机结合，形成了现代先进制造技术和制造业，人类进入了信息化时代。进入 21 世纪，经济全球化进程加快，市场变得更加广阔和多元化，提高制造企业快速响应市场变化的能力，成为企业赢得市场竞争的关键，许多先进的制造模式不断发展，如敏捷制造、虚拟制造、智能制造和绿色制造等。

2013 年 4 月，德国政府在汉诺威工业博览会上正式提出"工业 4.0"战略，其核心是利用物联信息系统将生产中的供应、制造和销售信息数据化、智慧化，最终达到快速、有效、个性化的产品供应。其目的是为了提高德国工业的竞争力，提升制造业的智能化水平，在新一轮工业革命中占领先机，被业内誉为"第四次工业革命"。

2014 年 12 月，我国首次提出"中国制造 2025"概念，2015 年 5 月 8 日，国务院正式印发了《中国制造 2025》。这是在新的国际国内环境下，中国政府立足于国际产业变革大势，做出的全面提升中国制造业发展质量和水平的重大战略部署。其根本目的在于改变中国制造业"大而不强"的局面，通过"三步走"实现制造强国的战略目标。

纵观 200 多年来制造业发展的历史，是科学技术不断进步、制造产业不断发展创新的过程。

1.1.2 制造业在国民经济中的地位和作用

机械是人类生产和生活的基本工具要素之一。机械制造业是制造业中的核心产业，它担负着向国民经济各部门提供技术装备、向用户提供机电产品等任务。因此，机械制造业的技术水平是衡量一个国家工业化程度和国民经济综合实力的重要标志。

制造技术是完成制造活动所使用的一切手段的总和，包括设备工具、操作技能、工艺方法、运用知识信息能力等。制造技术是制造企业生存与发展的根本动力，忽视制造技术的发展将导致制造业的萎缩和国民经济的衰退。美国一直是制造业的大国，但在20世纪70年代到80年代间，曾受制造业已成为"夕阳工业"的思潮影响，一度忽视制造技术的提高和发展，致使制造业急剧滑坡，在汽车、家电等方面日本不仅抢占了美国原来的国际市场，而且大量进入美国国内市场，导致了美国经济的衰退。这使得美国决策层不得不重新调整自己的产业政策，先后制定并实施了一系列振兴制造业的计划，并特别将1994年确定为美国的制造技术年，制造技术是美国当年财政重点扶植的唯一领域。这些措施使先进制造技术在美国得到长足发展，促进了美国经济的复苏，夺回了许多丧失的市场。

我国经过60多年的发展，已经成为名副其实的制造业大国，所取得的成就举世瞩目。"两弹一星"的问世及21世纪的"神舟号"遨游太空，表明了我国综合国力的提高。目前，全国电力、钢铁、石油、交通、矿山等基础工业部门所拥有的机电产品自给率已超过80%，其中12000m特深井石油钻机、五轴联动数控机床、70万kW水轮发电机组等一批重大技术装备已达到国际先进水平。2016年我国汽车产销量双双突破2800万辆，许多与人民生活密切相关的机电产品(如电冰箱、家用空调等)的产量均位居世界前列。但是与工业发达国家相比，我国制造业的整体水平和国际竞争力仍有较大的差距。许多产品的精度、自动化程度及综合使用性能不高，机电产品的国际市场竞争能力明显偏弱，高技术附加值产品的国内市场也被外国产品占领。我国经济建设和高新技术产业所需的重大装备、精密仪器等还主要依赖进口。企业对市场需求的快速响应能力还不高，人均生产率较低，具有自主知识产权的产品较少。我国制造业仍存在能源资源消耗高、污染排放严重、自主创新能力薄弱、区域产业结构趋同、服务增值率低、高水平人才短缺等亟待解决的问题。随着经济全球化，贸易自由化，产品需求多样化和市场竞争激烈化，我国制造业正面临着前所未有的发展机遇和挑战。

现代机械制造技术发展的总趋势是机械制造技术与材料科学、电子科学、信息科学和管理科学等的交叉融合，目前正朝着精密化、自动化、敏捷化和可持续化方向发展。

1.2　机械产品的制造过程与生产组织

机械制造企业的生产活动通常围绕新产品的研发、产品制造、产品销售和服务三个阶段进行。新产品的研发主要是在市场需求的驱动下，根据新技术的发展和企业的资源特征，通过设计、试制、生产准备等一系列活动完成的，它保证了企业的发展与未来。产品制造主要是根据市场和订单所确定的产品批量及要求，通过毛坯制造、加工、装配、检验及制造过程的组织管理等方式完成的。产品销售和服务主要是把生产出来的产品以一定的渠道推向市场，并提供促进销售的服务，把产品变成企业实际的利润，实现制造活动及产品本身的价值。

随着科学技术的迅速发展，现代制造正在不断吸收信息论、控制论、材料学、管理学及能源学等的技术成果，并将其综合应用于从产品设计、加工制造到市场乃至回收的全过程，从而形成了制造系统(广义，也即生产系统)的概念。制造系统的概念扩大和丰富了制造技术学科的内容，也指明了它的研究方向。

按照制造系统的观点来分析处理问题时，以满足市场需求作为战略决策的核心，能够取得理想的技术经济效果。同时，它也为"优质、高效、低耗"附加了新的内涵。"优质"不单是产品的加工质量好，而且包含满足市场需求的程度；"高效"不单是产品的加工效率高，更重要的是响应市场要快，产品更新快；"低耗"不仅指产品的成本低，而且企业的综合效益要好；用户不仅购买产品便宜，而且使用、维护经济，售后服务好，以保证稳定的产品市场。

1.2.1　机械产品的制造过程

本课程主要介绍机械产品的制造过程，即从原材料转变为产品的全过程，包括零部件及整机的制造，也称为生产过程。制造过程由一系列的制造活动组成，包括生产设计、技术准备、毛坯制造、机械加工、热处理、装配、质量检验及储运等。按制造系统(狭义)的观点看，产品的制造过程是物料转变、信息传递和能量转化的过程，如图 1.1 所示。原材料、毛坯、加工中的半成品、零部件及产品整机形成了物料流；产品的装配图、零部件图，各种工艺文件、CAD 软件、CAM 软件，产品的订单、生产调度计划等形成了制造系统的信息流；电能、机械能、热能等形成了能量流。物料流是制造系统的本质，在物料流动的过程中，原材料变成了产品。能量流为物料流提供了动力，电能驱动电动机，再驱动各种机械运动，实现加工和运输；热能用来加热金属进行铸造、锻造、热处理等。信息流则控制物料如何运动，控制能量如何做功。在整个制造过程中，人和设备是制造活动的支撑条件，所有的制造活动都受各种条件和环境的约束。

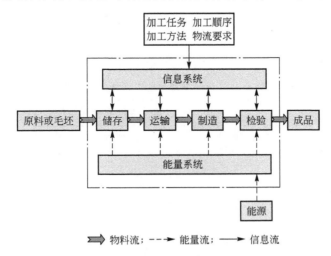

图 1.1　机械制造系统

制造过程实质上是一个资源(人力资源、自然资源等)向零件或产品转变的过程。但这个过程是不连续的(离散的)，其系统状态因产品类型、品种数量、交货期，以及人员素质、设备状况等综合因素的变化而变化，故机械制造系统是离散的动态系统。

应用案例 1-1

【参考图文】

齿轮减速器的制造过程

常用的齿轮减速器主要由箱体、箱盖、齿轮、传动轴、键、轴承、轴承盖、密封圈、螺栓、螺母等零件组成。

箱体、箱盖形状比较复杂，通常选择灰铸铁材料，毛坯为铸件，再经过切削加工而成。上面的轴承孔是先将箱体、箱盖组合装配打入定位销后再精镗孔而成。

齿轮、传动轴为传动零件，一般选择 45 钢，毛坯为圆钢或锻件，经调质处理，传动轴经过车削、铣键槽、磨削加工而成。齿轮还要经齿轮机床加工，齿面硬度要求高的经表面淬火后再进行珩齿。

轴承盖受力不大，可以选择铸铁材料，毛坯为铸件，再经过车削加工而成。

键、轴承、螺栓、螺母等零件为标准件，根据需要选择合适的型号。

以上零件加工完成或备齐后，进行减速器的装配。先将齿轮、轴、轴承等装成组件后装入箱体，再装上箱盖、定位销、轴承盖、螺栓、螺母等，最后调整间隙、验收试验、涂漆包装等。

1.2.2　生产类型与生产模式

1. 生产类型

机械产品的制造过程不仅受到产品结构、技术要求的影响，而且与生产类型有很大关系。生产类型是指产品生产的专业化程度，由生产纲领决定。产品的生产纲领就是产品的年产量，而零件的生产纲领 N 则由式(1-1)计算：

$$N = Qn(1+a)(1+b) \qquad (1-1)$$

式中，Q 为产品的年产量；n 为每台产品中该零件的数量；a 为备品率(%)；b 为废品率(%)。

生产类型按照生产纲领和零件的大小来划分，见表 1-1。

表 1-1　生产类型与生产纲领的关系

生产类型	零件生产纲领/(件/年)		
	重型零件	中型零件	小型零件
单件生产	≤5	≤20	≤100
小批生产	6～100	21～200	101～500
中批生产	101～300	201～500	501～5000
大批生产	301～1000	501～5000	5001～50000
大量生产	>1000	>5000	>50000

产品的用途不同，决定了其市场需求量是不同的。因此不同的产品可能有不同的生产批量。例如，家电产品的市场需求往往是几千万台，而专用模具、长江三峡的巨型发电机组等的需求则可能是单件。

2. 工艺特征

生产类型决定了机械加工的专业化和自动化程度，决定了应选用的加工工艺、所用设备及工艺装备、采取的技术措施等。各种生产类型的工艺特征见表 1-2。

在一定的范围内，各生产类型之间并没有十分严格的界限。单件生产和小批生产的工艺特点相近，一般统称为单件小批生产。大批生产和大量生产的工艺特点相近，一般统称为大批量生产。小批生产、中批生产、大批生产又可统称为成批生产。

表 1-2 各种生产类型的工艺特征

工艺特征	生产类型		
	单件小批生产	中批生产	大批量生产
零件的互换性	一般是配对制造，没有互换性，广泛采用钳工修配	大部分有互换性，少数用钳工修配	全部有互换性，精度较高的配合件用分组装配法和调整法
毛坯的制造方法及加工余量	铸件用木模手工造型；锻件用自由锻。毛坯精度低，加工余量大	部分采用金属型铸造或模锻。毛坯精度中等，加工余量中等	铸件广泛采用金属模机器造型，锻件广泛采用模锻及其他高效制造方法。毛坯精度高，加工余量小
机床设备及其布置形式	通用机床按机群式排列，部分采用数控机床或加工中心	部分采用通用机床、专用机床、数控机床、加工中心。按工件类别分工段排列设备	广泛采用高效专用机床、自动机床、组合机床、数控机床，按自动线和流水线排列设备
工艺装备及达到精度的方法	通用夹具、标准附件、通用刀具和万能量具。靠划线和试切法达到精度要求	专用及成组夹具，专用刀具和量具。采用调整法达到精度要求	高效专用夹具、复合刀具、专用量具、自动检测装置。采用调整法及自动控制达到精度要求
对工人的要求	需要技术熟练的工人	需要一定熟练程度的工人和编程技术人员	对操作工人的技术要求较低，对生产线调整人员的技术要求较高
工艺文件	有简单的工艺过程卡	有详细的工艺规程，关键工序有工序卡	有详细的工艺规程和工序卡，关键工序有调整卡、检验卡

随着科学技术的发展和市场需求的变化，生产类型也在发生变化，传统的大批量生产往往不能很好地适应市场对产品及时更新换代的需求，多品种中小批量生产的比例逐渐上升。随着数控加工和成组技术的普及，各种生产类型的工艺特征也在发生相应的变化。

3. 生产模式

为了在激烈的市场竞争中获得成功，企业既要与同类型企业竞争，又要与互补型企业对接。企业在组织产品生产时因为各自的专业优势与核心竞争能力的不同，可以有多种模式：

（1）生产全部零部件并组装机器。

（2）生产一部分关键的零部件，进行整机装配，其余的由其他企业供应。

（3）完全不生产零部件，企业只负责设计和销售。

第一种模式的企业，拥有加工所有零部件的设备和技术，形成大而全或小而全的工厂，在制造方面具有竞争优势。其中关键的有三点，一是质量，二是成本，三是速度。但是当市场发生变化时，很难及时调整产品结构，适应性差，所以还需要考虑柔性制造能力等。

许多大企业(集团)均采用第二种模式，如汽车制造业。汽车公司只控制整车、车身和发动机等关键零部件的设计和生产，与其相关的有数以千计的中小企业，承担汽车零配件和汽车生产所需的专用模具、专用设备的生产供应，形成了一个繁荣的中场产业。

第三种模式即所谓"两头在内、中间在外"的哑铃型模式，企业在研发设计和市场销售方面能力很强，而将中间的制造环节全外包出去。其具有占地少、固定设备投入少、转产容易等优点，能够快速响应市场需求，耐克公司是当今哑铃型企业成功的典范。但对于应该自己掌握核心技术和工艺的产品，或需要大批量生产高附加值零部件的产品，这一模式就有不足之处。

对第二种和第三种模式来说，零部件的供应质量是很重要的。保证质量的措施可以采取主机厂拥有一套完善的质量检验手段，对供应零件进行全检或按数理统计方法进行抽检。保证及时供货及其质量的另一个措施是向多个供应商订货，以便有选择和补救的余地，同时形成一定的竞争机制。

1.3 零件的制造方法与制造过程

零件的制造是机械制造过程中最基础也最主要的环节，其目的是通过一定的工艺方法来获取具有一定形状、尺寸和性能的零件。

1.3.1 零件的制造方法

按照零件在制造过程中质量的变化，将零件制造的工艺方法分为材料去除法(质量减少，$\Delta m < 0$)、材料成形法(质量不变，$\Delta m = 0$)和材料累加法(质量增加，$\Delta m > 0$)三种类型。

1. 材料去除法

材料去除法是按照一定的方式从工件上去除多余材料，使工件逐渐逼近所需形状、尺寸的零件。就目前来说材料去除法的材料利用率及工效低，但其有很强的适用性，至今依然是提高零件制造质量的主要手段，是机械制造中应用最广泛的加工方式。材料去除法主要包括切削加工和特种加工。

切削加工是通过工件和刀具之间的相对运动及作用力实现的。在切削过程中，工件和刀具安装在机床上，由机床带动实现一定规律的相对运动，刀具从工件表面上切去多余的材料而形成所需要的零件。常见的金属切削加工方法有车削、铣削、钻削、刨削、磨削等。

特种加工是指利用电能、光能、化学能等对工件进行材料去除的加工方法。常用的特种加工方法有电火花加工、电解加工、激光加工、超声波加工等。

2. 材料成型法

材料成型法是指毛坯或零件在制造过程中材料的形状、尺寸及性能发生变化而其质量未发生变化的工艺方法。材料成型法常利用模具来制造毛坯，也可用来制造形状较复杂但精度要求不太高的零件，生产效率较高。常用的材料成型工艺有铸造、锻造、粉末冶金及冲压等，该部分内容请参阅"工程材料及成型技术"相关内容，这里不再赘述。

3. 材料累加法

材料累加法制造（Material Increase Manufacturing，MIM）是通过材料逐渐累加而获得零件的工艺方法。近些年发展起来的快速成型（Rapid Prototyping，RP）技术，是材料累加法工艺的新进展。快速成型技术是将零件以微元叠加方式逐渐累积形成的。在制造过程中，将零件三维实体模型数据经计算机分层处理，得到各层截面轮廓，再以此信息来控制分层制造，然后逐层叠加形成所需要的零件。此类工艺方法的优点是无需刀具、夹具等生产准备活动，就可以形成任意复杂形状的零件。制造出来的原型可供设计评估、投标或样件展示。因此，这一工艺被称为快速成型技术。它对于企业快速响应市场、提高竞争能力具有重要作用。

1.3.2 零件的制造过程

零件制造是产品制造过程的基本单元。零件制造主要依赖于前述的材料成型法和材料去除法，并在工艺过程中穿插适当的热处理。其中精度要求不太高的零件可由材料成型法直接制造，但绝大部分零件至今依然是通过机械加工，主要是切削加工来完成的，机械加工工艺系统如图1.2所示。因此切削加工是当今零件获得一定形状和尺寸、提高零件精度和表面质量的主要手段，在机械制造中占有很重要的地位。

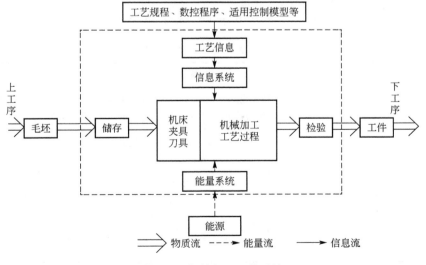

图1.2 机械加工工艺系统

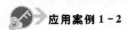应用案例 1-2

阶梯轴的制造过程

将图 1.3 所示阶梯轴零件放到图 1.2 所示的机械加工工艺系统中运行，不难发现，主要应解决选用毛坯大小，选择加工方法、加工顺序，确定加工过程，选用机床、刀具切削参数等工艺问题，完成这些工作就是制定零件的加工工艺规程。

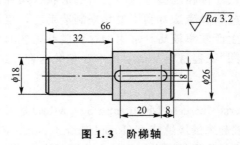

图 1.3　阶梯轴

要求完全相同的一种零件，由于生产批量不一样，交货期限不同，所选用的机床、刀具、夹具也可能不同，其加工工艺过程的差别也很大。只有对工艺知识有更多的理解和掌握，才能对零件和产品的制造过程给出较满意的答案，这就是本书需要逐步讲述的内容。

以图 1.3 所示的零件为例，表 1-3 和表 1-4 说明了当生产类型不同时，其工艺过程是不同的。

表 1-3　单件小批生产的工艺过程

工序号	工序内容	设　备
1	车端面，钻中心孔	车床
2	车两外圆及倒角	车床
3	铣键槽，去毛刺	铣床

表 1-4　大批量生产的工艺过程

工序号	工序内容	工艺参数	设　备
1	铣端面，钻中心孔	铣刀 $\phi40$mm，转速 800r/min，进给量 0.30mm/min，背吃刀量 1.5mm	铣端面、钻中心孔专用机床，夹具 SJ-1802
2	车大外圆及倒角	转速 1200r/min，背吃刀量 2mm，进给量 0.25 mm/min	CA6140
3	车小外圆及倒角	转速 1200r/min，背吃刀量 3mm，进给量 0.25 mm/min	CA6140
4	铣键槽	键槽铣刀 $\phi8$mm，转速 800r/min	X6132
5	去毛刺		钳工台

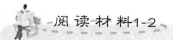
阅读材料1-2

制造必须符合如下一些要求和趋势：

（1）产品必须完全满足设计要求、产品特性及标准。

（2）产品必须以最环保、最经济的方式制造。

（3）质量必须贯穿产品制造的各个阶段，即从设计到装配，而不是产品制造后的检验。更进一步讲，质量要求还应被用到产品的使用中。

（4）在激烈的竞争环境中，生产方式应该是柔性的，以适应市场需求的变化，如产品类型、生产率、生产批量、按时交货等要求。

（5）在制造部门的生产活动中，应经常对材料、生产方式、计算机集成方面新进展的及时应用和经济性进行评估。

（6）制造活动必须以大系统的观点来考虑，各组成部分之间是互相联系的。有些系统现在已可以被建模，以便研究各种因素（如市场需求、产品设计、材料变化等）和生产方式对产品质量及成本的影响。

（7）制造部门必须为更高的质量和生产率（按所有资源的优化利用来界定：材料、设备、能源、资本、劳动、技术）而不断奋斗。在所有阶段人均生产率必须最大化，零件的零返工（浪费自然减少）也是生产率必须考虑的方面。

1.4　本课程的性质、教学内容和学习方法

1. 本课程的性质和教学内容

本课程是机械类专业一门重要的技术基础课。它从培养学生综合素质和应用能力出发，以机械制造工艺过程为主线，将基本理论、基础知识与工程应用有机地结合在一起，系统地介绍了金属切削基本原理，机床、刀具、夹具等基本知识，机械加工和装配工艺规程的设计，机械加工精度及表面质量的分析与控制方法，现代生产管理模式及制造技术的发展趋势等。

通过本课程的学习，要求学生能对机械产品制造过程有一个总体的了解，初步掌握金属切削过程的基本规律和机械加工的基本知识；了解金属切削机床的基本组成，能正确选择机械加工方法与机床、刀具、夹具及切削加工参数，初步具备制定机械加工工艺规程、设计机床夹具的能力；掌握机械加工精度和表面质量的基本理论和基础知识，初步具备分析解决现场工艺问题的能力；了解当今先进制造技术和制造模式的发展概况，初步具备对制造系统、生产模式选择决策的能力。

2. 本课程的学习方法

本课程是综合性、实践性很强的课程。它涉及毛坯制造、金属材料、热处理、机械设计、公差与配合等方面的知识，因此必须及时复习先修课程的有关内容，学会综合运用。金属切削理论和机械制造工艺、机床、刀具、夹具等知识具有很强的实践性，与工程实际

联系紧密，因此在学习时必须重视实践教学环节，即通过实验、实习及工厂调研、课程设计来加深对课程内容的理解。只有采用理论与实践相结合的方法，才能掌握机械制造的理论与实践知识，提高分析和解决机械制造过程中实际问题的能力，为今后从事工程技术工作打下坚实的基础。

学习本课程要抓住课程体系，理清思路。本课程是以机械制造工艺过程为主线，系统地介绍机床、刀具、夹具等相关的装备知识，金属切削的基本规律，机械加工和装配工艺规程的设计方法和步骤，机械加工精度及表面质量的分析与控制方法等，最终目标是实现机械产品制造的优质、高效、低成本。

习　　题

一、填空题

1. 制造企业生产活动的三个阶段是_____、_____及_____。

2. 按系统的观点看，机械制造系统（狭义）包含_____流、_____流和_____流。

3. RP 技术常用的方法有_____、_____、_____和_____等。

4. 零件的生产纲领是包括_____和_____在内的零件的_____。

二、选择题

1. 产品的年产量被称为（　　）。
　　A. 生产类型　　　　　B. 生产纲领　　　　　C. 生产模式　　　　　D. 生产批量

2. 从原材料转变为产品的全过程被称为（　　）。
　　A. 工艺规程　　　　　B. 加工路线　　　　　C. 制造过程　　　　　D. 工艺过程

3. 在大批量生产中广泛采用（　　）。
　　A. 专用机床　　　　　B. 通用机床　　　　　C. 数控机床　　　　　D. 加工中心

4. 单件生产的工艺特征有（　　）。
　　A. 对工人的技术水平要求低　　　　　B. 工艺规程详细
　　C. 采用专用夹具　　　　　　　　　　D. 采用通用机床

三、问答题

1. 什么叫制造、制造业、制造技术？机械制造业在国民经济中的地位和作用如何？

2. 制造业的发展历史经过了哪些重大转折点？

3. 什么是生产类型？如何划分生产类型？不同生产类型有哪些工艺特征？

4. 制造企业的生产活动大致分为哪几个阶段？各需要做哪些工作？

5. 按照在制造过程中质量的变化，将零件制造方法分为哪三类？具体有哪些方法？

6. 企业组织产品的生产主要有几种模式？各有什么特点？

第 **2** 章

机械加工方法与装备

 **教学目标**

1. 了解工件表面的形成方法及机床所需的运动；
2. 掌握刀具几何参数及刀具材料等基本知识；
3. 掌握机械零件常用的加工方法及所用机床、刀具的特点。

 **教学要求**

知识要点	能力要求	相关知识
工件表面成形运动	了解工件表面的形成方法及机床所需的运动	切削用量三要素、计算及选择
刀具的几何角度	掌握刀具几何角度的概念及图示方法	刀具角度的合理选择
常用刀具材料	掌握常用刀具材料的特性及选择原则	其他刀具材料
常用切削加工方法	掌握常用切削加工方法及所用机床、刀具特点	特种加工方法

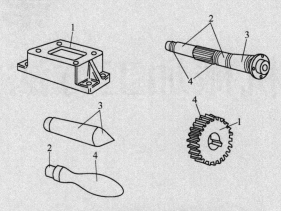

导入案例

机械零件的种类繁多、形状各异，但零件上常见的表面都是由圆柱面、圆锥面、平面及成形面(如渐开线齿面、螺纹表面等)所组成的，如图2.1所示。这些表面各采用什么方法来获得？需要使用哪些机床、刀具？

图2.1 机械零件上常见的表面
1—平面；2—圆柱面；3—圆锥面；4—成形表面

金属切削机床是用切削的方法将金属毛坯加工成机械零件的机器，是制造机器的机器，又称为工作母机或工具机，简称为机床。在现代制造业中，切削加工是获得具有一定形状、尺寸和精度的零件的主要方法，尤其是加工精密零件，所以机床是加工机械零件的主要设备。机床的发展和创新在一定程度上反映了加工技术的主要趋势。

在切削加工中，除了使用机床外，还需要使用刀具、夹具、量具和辅具，它们统称为工艺装备。

2.1 金属切削加工的基础知识

2.1.1 工件表面的形成方法及所需的运动

1. 工件表面的形成方法

机械零件上常见的各种表面，通常是在机床上由刀具和工件按一定的切削规律做相对运动，切除多余的材料层而得到的。

1）工件表面的形成原理

从几何学观点看，任何表面都可以看作是一条母线沿着一条导线运动的轨迹。母线和导线统称为形成表面的发生线。如图2.2所示，平面可以由直母线1沿导线2移动而形成；圆柱面、圆锥面可以由直母线1沿导线2旋转而形成；螺纹面是由代表螺纹牙型的母线1沿螺旋导线2运动而形成的；直齿圆柱齿轮齿面是由渐开线母线1沿导线2运动而形成的。

2）工件表面的形成方法

在切削加工中，发生线是由刀具的切削刃与工件间的相对运动得到的。不同的切削刃形状和加工运动，可以得到不同的发生线，从而获得不同的工件表面。形成发生线的方法可归纳为以下四种。

（1）轨迹法［图2.3（a）］：刀刃为切削点1，它按一定的规律作轨迹运动3而形成所需的发生线2。所以采用轨迹法来形成发生线，需要一个独立的成形运动。

（2）成形法［图2.3（b）］：刀刃为一条切削线1，它的形状和长短与所需形成的发生线2一致。因此用成形法来形成发生线，不需要专门的成形运动。

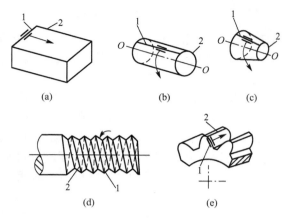

图 2.2　工件表面的形成

1—母线；2—导线

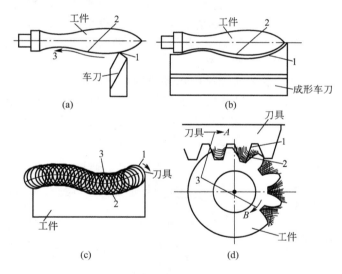

图 2.3　形成发生线的四种方法

1—切削点（线）；2—发生线；3—轨迹（展成）运动

（3）相切法［图2.3（c）］：刀刃为旋转刀具上的多个切削点1，切削时轮流与工件表面相接触，而且刀具的旋转中心按一定的规律作轨迹运动3，此时切削点运动轨迹的包络线就形成了发生线2。所以采用相切法来形成发生线，需要刀具旋转和刀具中心移动两个独立的成形运动。

（4）展成法［图2.3（d）］：刀刃的形状为一条切削线1，但它与所需形成的发生线2不相吻合。在形成发生线的过程中，展成运动3使切削刃与发生线2相切并逐点接触而形成与它共轭的发生线，即发生线2是切削线1的包络线。所以利用展成法形成发生线需要一个独立的成形运动，即刀具和工件之间不是彼此独立的而是相互关联的展成运动。

【参考视频】

2. 机床的成形运动

要加工出如图2.1所示的不同表面,刀具和工件之间必须要有一定的相对运动来形成发生线,从而获得工件的表面形状,这些相对运动称为机床的成形运动。

成形运动是机床最基本的运动,按组成情况不同可分为简单成形运动和复合成形运动。简单成形运动指一个成形运动是由单独的旋转运动或直线运动构成的。复合成形运动指一个成形运动是由两个或两个以上的旋转运动或直线运动按照某种确定的运动关系组合而成的。

成形运动按其作用不同可分为主运动和进给运动。

(1)主运动是切削运动中速度最高、消耗功率最大的运动,也是形成工件表面最基本的运动。主运动只有一个,可以由工件或刀具完成,其运动形式可以是旋转运动,也可以是直线运动。例如,车削时的主运动是工件的旋转运动,铣削时的主运动是铣刀的旋转运动,牛头刨床上刨削平面时的主运动是刀具的往复直线运动。

(2)进给运动是不断地把金属层投入切削,以形成工件完整表面所需的运动。进给运动一般速度较低,功率的消耗也较少。如车削时车刀的纵向或横向移动,平面刨削时工件的间歇直线运动都属于进给运动等。进给运动可以是一个或多个,其运动形式可以是直线运动、旋转运动或两者的组合。它可以是连续进行的,也可以是断续进行的。

机床除了成形运动以外,还有其他一些运动,如切入运动、分度运动、操控和控制运动及辅助运动(如快进、退刀、回程、转位等)。

在大多数切削加工中,主运动和进给运动是同时进行的,二者的合成运动称为合成切削运动(图2.4)。切削刃上选定点相对于工件合成切削运动的瞬时速度称为合成切削运动速度。以图2.4(b)所示的普通外圆车削为例,其合成切削运动速度 $\vec{v}_e = \vec{v}_c + \vec{v}_f$。由于在大多数切削加工中进给运动速度远小于主运动速度,可将主运动看成合成切削运动,即 $\vec{v}_c = \vec{v}_e$。

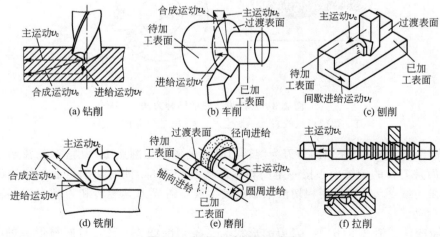

图 2.4 切削运动与加工表面

3. 切削时的工作表面

在切削过程中,工件上存在三个不断变化着的表面。

【参考视频】

（1）待加工表面：工件上即将被切除的表面。随着切削运动的继续，待加工表面逐渐减小直至全部切去。

（2）已加工表面：工件上经刀具切削后形成的表面。它随着切削运动的进行而逐渐扩大。

（3）过渡表面：工件上由切削刃正在切削的表面。它在切削过程中不断变化，总介于待加工表面和已加工表面之间。

在切削加工中，不同形状的切削刃与不同的切削运动组合，即可形成各种工件表面，如图 2.4 所示。

4. 切削用量

切削速度 v_c、进给量 f 和背吃刀量 a_p 总称为切削用量（三要素）。

（1）切削速度 v_c：刀具切削刃上选定点相对于工件主运动的瞬时速度。切削刃上各点的切削速度可能是不同的，计算时常用最大切削速度作为刀具的切削速度。当主运动为旋转运动时切削速度的计算公式如下：

$$v_c = \frac{\pi d n}{1000} \quad \text{（m/s 或 m/min）} \tag{2-1}$$

式中，d 为完成主运动的工件或刀具的最大直径(mm)；n 为主运动的转速(r/s 或 r/min)。

当主运动为直线往复运动时，其平均速度如下：

$$v_c = \frac{2 L n_r}{1000} \quad \text{（m/s 或 m/min）} \tag{2-2}$$

式中，L 为往复运动行程长度(mm)；n_r 为主运动单位时间的往复次数(Str/s 或 Str/min)。

（2）进给量 f：在主运动每转一周或每一行程时，刀具在进给运动方向上相对于工件的位移量，单位是 mm/r(用于车削、镗削等)或 mm/Str(用于刨削、磨削等)。进给量表示了进给运动速度的大小。进给运动的速度还可以用进给速度 v_f 或每齿进给量 f_z(用于铣刀、铰刀等多刃刀具，单位是 mm/z)表示。显而易见

$$v_f = n f = n z f_z \quad \text{（mm/s 或 mm/min）} \tag{2-3}$$

式中，n 为主运动的转速(r/s 或 r/min)；z 为刀具的齿数。

（3）背吃刀量(切削深度)a_p：在主运动方向和进给方向所组成平面的法线方向上测量主切削刃与工件切削表面的接触长度值。对于外圆车削，背吃刀量为工件上已加工表面和待加工表面之间的垂直距离，即

$$a_p = \frac{d_w - d_m}{2} \quad \text{（mm）} \tag{2-4}$$

式中，d_w 为工件待加工表面的直径(mm)；d_m 为工件已加工表面的直径(mm)。

应用案例 2-1

车外圆时工件加工前直径为 62mm，加工后直径为 56mm，工件转速为 4r/s，刀具每秒钟沿工件轴向移动 2mm，工件加工长度为 110mm，切入长度为 3mm，求 v_c、f、a_p 和切削工时 t。

解：$v_c = \dfrac{\pi d n}{1000} = \dfrac{\pi \times 62 \times 4}{1000} = 0.779 \text{(m/s)}$ （注意：d 尺寸应是工件的最大尺寸）

$f = \dfrac{v_f}{n} = \dfrac{2}{4} = 0.5 \text{(mm/r)}$

$$a_p = \frac{d_w - d_m}{2} = \frac{62 - 56}{2} = 3 \text{(mm)}$$

$$t = \frac{l + l_1 + l_2}{v_f} = \frac{110 + 3 + 0}{2} = 56.5 \text{(s)} \quad (l_1 \text{ 为切入长度, } l_2 \text{ 为切出长度})$$

2.1.2 机床的基本知识

1. 机床的分类和型号

机床的品种规格繁多,为了便于区别、使用和管理,必须对机床进行分类并编制型号。我国 2008 年颁布的国家标准 GB/T 15375—2008《金属切削机床 型号编制方法》,对此进行了规定。

1)机床的分类

机床按其工作原理划分为十一大类:车床、钻床、镗床、磨床、齿轮加工机床、螺纹加工机床、铣床、刨插床、拉床、锯床和其他机床。在每一类机床中,又按工艺范围、布局形式和结构分为十个组,每一组又划分为十个系(系列)。

在上述基本分类方法的基础上,还可根据机床的其他特征进一步区分。

同类型机床按应用范围(通用性程度)又可分为通用机床、专门化机床和专用机床。

(1)通用机床可用于多种零件不同工序的加工,加工范围较广,通用性较强。这种机床主要适用于单件小批生产,如卧式车床、万能升降台铣床等。

(2)专门化机床的工艺范围较窄,专门用于某一类或几类零件某一道(或几道)特定工序的加工,如丝杠车床、曲轴车床、凸轮轴车床等。

(3)专用机床的工艺范围最窄,只能用于某一种零件某一道特定工序的加工,适用于大批量生产,如机床主轴箱的专用镗床、机床导轨的专用磨床等。各种组合机床也属于专用机床。

同类型机床按工作精度又可分为普通精度机床、精密机床和高精度机床。

机床还可按自动化程度分为手动、机动、半自动和自动机床。

机床还可按质量和尺寸分为仪表机床、中型机床(一般机床)、大型机床(10~30t)、重型机床(30~100t)和超重型机床(大于 100t)。

按机床主要工作部件的数目,可将机床分为单轴和多轴机床或单刀和多刀机床等。

一般情况下,机床根据加工性质分类,再按机床的某些特点加以进一步描述,如高精度万能外圆磨床、立式钻床等。

随着机床的发展,分类方法也将不断变化。现代机床正在向数控化方向发展,功能也日趋多样化。除了数控加工功能外,还增加了自动换刀、自动装卸工件等功能。因此,也可把机床分为普通机床、一般数控机床、加工中心、柔性制造单元等。

2)机床型号的编制

机床型号是机床产品的代号,用以简明地表示机床的类型、性能和结构特点及主要技术参数等。GB/T 15375—2008《金属切削机床 型号编制方法》规定:机床型号由大写的汉语拼音字母和阿拉伯数字按一定规律排列组成,适用于各类通用机床和专用机床,不包括组合机床、特种加工机床。

通用机床型号的表示方法如图 2.5 所示。

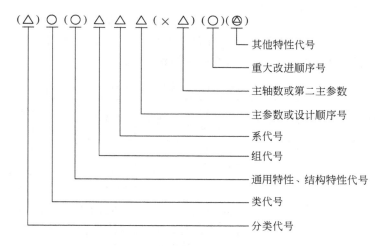

图 2.5 通用机床型号表示方法

注：1. 有"（ ）"的代号或数字，当无内容时，则不表示，若有内容则不带括号。

2."○"符号表示大写的汉语拼音字母。

3."△"符号表示阿拉伯数字。

4."⊘"符号表示大写的汉语拼音字母或阿拉伯数字，或两者兼有之。

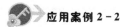 **应用案例 2－2**

机床型号示例如图 2.6 所示。

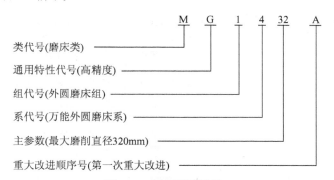

图 2.6 机床型号示例 1

（1）机床的类代号：用大写的汉语拼音字母表示，见表 2－1。必要时，每一类又可分为若干分类，分类代号用阿拉伯数字表示并放在类代号之前，作为型号的首位。

表 2－1 机床的分类和代号

类别	车床	钻床	镗床	磨床			齿轮加工机床	螺纹加工机床	铣床	刨插床	拉床	锯床	其他机床
代号	C	Z	T	M	2M	3M	Y	S	X	B	L	G	Q
读音	车	钻	镗	磨	二磨	三磨	牙	丝	铣	刨	拉	割	其

（2）机床的特性代号：表示机床所具有的特殊性能，包括通用特性和结构特性。

① 通用特性代号：当某类型机床除有普通型外，还有某种通用特性时，则在类代号之后加通用特性代号予以区分。机床的通用特性代号见表2-2。

表2-2 机床的通用特性代号

通用特性	高精度	精密	自动	半自动	数控	加工中心（自动换刀）	仿形	轻型	加重型	柔性加工单元	数显	高速
代号	G	M	Z	B	K	H	F	Q	C	R	X	S
读音	高	密	自	半	控	换	仿	轻	重	柔	显	速

② 结构特性代号：对主参数值相同而结构、性能不同的机床，在类代号之后加结构特性代号予以区分。当型号中有通用特性代号时，结构特性代号应排在通用特性代号之后。结构特性代号无统一规定，由生产厂家自行确定。例如，CA6140型卧式车床型号中的"A"，可理解为在结构上有别于C6140型卧式车床。为避免混淆，通用特性代号已用的字母及"I""O"都不能作为结构特性代号。

（3）机床的组代号和系代号：每类机床按其主要布局或使用范围划分为十个组，每个组又划分为十个系，其代号分别用数字0～9表示。金属切削机床的类、组划分见表2-3。

表2-3 金属切削机床的类、组划分

类 别		组 别									
		0	1	2	3	4	5	6	7	8	9
车床C		仪表小型车床	单轴自动车床	多轴自动、半自动车床	回转、转塔车床	曲轴及凸轮轴车床	立式车床	落地及卧式车床	仿形及多刀车床	轮、轴、辊、锭及铲齿车床	其他车床
钻床Z			坐标镗钻床	深孔钻床	摇臂钻床	台式钻床	立式钻床	卧式钻床	铣钻床	中心孔钻床	其他钻床
镗床T				深孔镗床		坐标镗床	立式镗床	卧式铣镗床	精镗床	汽车拖拉机修理用镗床	其他镗床
磨床	M	仪表磨床	外圆磨床	内圆磨床	砂轮机	坐标磨床	导轨磨床	刀具刃磨床	平面及端面磨床	曲轴、凸轮轴、花键轴及轧辊磨床	工具磨床
	2M		超精机	内外圆珩磨机	外圆及其他珩磨机	抛光机	砂带抛光及磨削机床	刀具刃磨及研磨机床	可转位刀片磨削机床	研磨机	其他磨床
	3M		球轴承套圈沟磨床	滚子轴承套圈滚道磨床	轴承套圈超精机		叶片磨削机床	滚子加工机床	钢球加工机床	气门、活塞及活塞环磨削机床	汽车、拖拉机修磨机床

（续）

类 别	组 别									
	0	1	2	3	4	5	6	7	8	9
齿轮加工机床 Y	仪表齿轮加工机		锥齿轮加工机	滚齿及铣齿机	剃齿及珩齿机	插齿机	花键轴铣床	齿轮磨齿机	其他齿轮加工机	齿轮倒角及检查机
螺纹加工机床 S				套螺纹机	攻螺纹机		螺纹铣床	螺纹磨床	螺纹车床	
铣床 X	仪表铣床	悬臂及滑枕铣床	龙门铣床	平面铣床	仿形铣床	立式升降台铣床	卧式升降台铣床	床身铣床	工具铣床	其他铣床
刨插床 B		悬臂刨床	龙门刨床			插床	牛头刨床		边缘及模具刨床	其他刨床
拉床 L			侧拉床	卧式外拉床	连续拉床	立式内拉床	卧式内拉床	立式外拉床	键槽、轴瓦及螺纹拉床	其他拉床
锯床 G			砂轮片锯床		卧式带锯床	立式带锯床	圆锯床	弓锯床	锉锯床	
其他机床 Q	其他仪表机床	管子加工机床	木螺钉加工机		刻线机	切断机	多功能机床			

（4）机床主参数：代表机床规格的大小，用折算值（主参数乘以折算系数）表示，位于系代号之后。各类主要机床的主参数及折算系数见表 2-4。

表 2-4 各类主要机床的主参数及折算系数

机 床	主参数名称	折 算 系 数
卧式车床	床身上最大回转直径	1/10
立式车床	最大车削直径	1/100
摇臂钻床、立式钻床	最大钻孔直径	1/1
卧式镗床	镗轴直径	1/10
坐标镗床	工作台面宽度	1/10
外圆磨床、内圆磨床	最大磨削直径	1/10
矩台平面磨床	工作台面宽度	1/10
齿轮加工机床	最大工件直径	1/10

(续)

机　　床	主参数名称	折 算 系 数
龙门铣床	工作台面宽度	1/100
升降台铣床	工作台面宽度	1/10
龙门刨床	最大刨削宽度	1/100
插床及牛头刨床	最大插削及刨削长度	1/10
拉床	额定拉力（t）	1/1

第二主参数一般是指主轴数、最大跨距、最大工件长度、工作台工作长度等。第二主参数也用折算值表示。

（5）机床的重大改进顺序号：当机床的结构、性能有重大改进，并按新产品重新设计、试制和鉴定时，按改进的先后顺序选用 A、B、C 等汉语拼音字母，加在型号基本部分的尾部，以区别原机床型号。

（6）其他特性代号：主要用以反映各类机床的特性。例如，对于数控机床，可用来反映不同的数控系统等；对于一般机床，可用来反映同一型号机床的变型等。其他特性代号用汉语拼音字母或阿拉伯数字，或二者的组合来表示，如用 L 表示多轴联动。

应用案例 2-3

机床型号示例如图 2.7 所示。

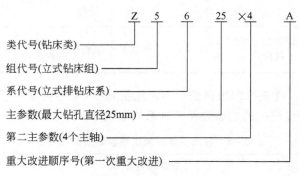

图 2.7　机床型号示例 2

3）机床技术性能指标

机床的技术性能指标是根据使用要求确定的，通常包括以下内容。

（1）机床的工艺范围：机床上可以完成的工序种类，能加工的零件类型，使用的刀具，所能达到的加工精度和表面粗糙度，适用的生产规模等。

（2）机床的技术参数：主要包括尺寸参数（几何参数）、运动参数和动力参数。

① 尺寸参数是指机床能够加工工件的最大几何尺寸。

② 运动参数是指机床加工工件时所能提供的运动速度，包括主运动的速度范围、速度数列和进给运动速度范围、进给量数列及空行程的速度等。

③ 动力参数是指机床驱动主运动、进给运动和空行程运动的电动机额定参数（如额定功率、额定转速等）。

（3）机床的精度和刚度（详见第 5 章）。机床的精度包括几何精度和运动精度。机床的几何精度指机床在静止状态下的原始精度，包括各主要零部件的制造精度及其相互间的位置精度。机床的运动精度指机床的主要部件运动时的各项精度，包括回转运动精度、直线运动精度、传动精度等。机床的刚度指机床在受力作用下抵抗变形的能力。

2. 机床的基本组成和传动

1）机床的基本组成

为了实现加工过程中所必需的各种运动，机床应具备执行件、动力源和传动件三个基本部分。

（1）执行件是执行机床运动的部件，如主轴、刀架、工作台等。其任务是带动工件或刀具完成所要求的运动，并保证其运动轨迹的准确性。

（2）动力源是为执行件提供动力的装置，如交流电动机、直流电动机、伺服电动机、变频调速电动机、步进电动机等。

（3）传动件是把动力源的动力和运动按要求传递给执行件，或将运动由一个执行件传递到另一执行件的零部件，如齿轮、带轮、丝杠、螺母等。传动件同时还能完成变速、换向、改变运动形式等功能。机床的传动件有机械、液压、电气、气压等多种形式。

2）机床的传动链

传动件把动力源和执行件或者执行件之间联系起来，构成了传动联系。组成传动联系的一系列传动件称为传动链。传动链中通常包括两类传动机构：一是定比传动机构，即传动比和传动方向固定不变的传动机构，如定比齿轮副、蜗杆蜗轮副、丝杠螺母副等；二是换置机构，即根据加工要求可变换传动比和传动方向的传动机构，如挂轮变速机构、滑移齿轮变速机构、离合器换向机构等。

传动链按性质不同可分为外联系传动链和内联系传动链。外联系传动链是指传动链两个末端件之间没有严格的传动比关系的传动链。例如，车削外圆时从电动机到主轴和从主轴到刀具的两条传动链都是外联系传动链。内联系传动链是指传动链两个末端件之间有严格的传动比关系的传动链，它是联系复合运动各个分运动执行件的传动链。例如，车削螺纹时从主轴到刀具的传动链、滚切齿轮时工件与滚刀间的传动链都是内联系传动链。内联系传动链中不能使用带传动、摩擦轮传动和链传动等传动比不稳定的机构。

3）传动原理图和传动系统图

（1）传动原理图：为了便于研究机床的传动联系，常用一些简明的符号来表示传动原理和传动路线，这就是传动原理图。它并不表示实际传动机构的种类和数量，而主要表示与表面成形直接有关的运动及其传动联系。图 2.8 所示为传动原理图的常用符号。

图 2.9 所示为卧式车床的传动原理图。图 2.9 中从电动机—1—2—i_v—3—4—主轴的主运动传动链，是一条外联系传动链。它将电动机的动力和运动传给主轴，传动链中的 i_v 为主轴变速和换向机构。从主轴—4—5—i_f—6—7—丝杠—刀具，是车螺纹时的进给运动传动链，它是一条内联系传动链，调整 i_f 可得到不同导程的螺纹。在车外圆或端面时，主轴和刀具间无严格的传动比关系。因此，除了主运动传动链外，进给运动传动链从主轴—4—5—i_f—6—7—光杠—刀具，也是一条外联系传动链。

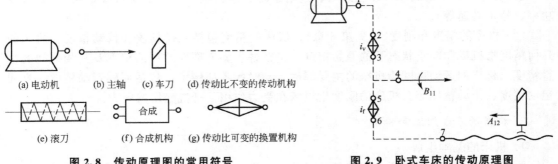

| (a) 电动机 | (b) 主轴 | (c) 车刀 | (d) 传动比不变的传动机构 |
| (e) 滚刀 | (f) 合成机构 | (g) 传动比可变的换置机构 |

图 2.8 传动原理图的常用符号 　　　　图 2.9 卧式车床的传动原理图

（2）传动系统图：用国家标准 GB/T 4460—2013《机械制图　机构运动简图用图形符号》规定的符号表示各种传动元件，并按照运动传递的先后顺序，画成能反映机床外形和主要部件相互位置的展开图形式。图中通常要注明齿轮和蜗轮的齿数、蜗杆线数、带轮直径、丝杠的螺距和线数、电动机的功率和转速、传动轴的编号等。传动系统图只表示传动件的结构形式和传动关系，并不表示各元件的实际尺寸和空间位置。

2.1.3　刀具的几何角度

金属切削刀具的种类很多，但其切削部分都具有共同的特征。外圆车刀是最基本、最典型的切削刀具，其他各类刀具则可以看作车刀的演变和组合。因此，通常以普通外圆车刀为例来确定刀具切削部分的基本定义。

1. 刀具切削部分的组成

【参考视频】

图 2.10 所示为普通外圆车刀，它由刀柄和刀头（切削部分）组成。刀柄是刀具的夹持部分。切削部分担负着切削工作，由下列要素组成。

（1）前刀面 A_γ：刀具上切屑流过的刀面。

（2）主后刀面 A_α：与工件上过渡表面相对的刀面。

（3）副后刀面 A'_α：与工件上已加工表面相对的刀面。

（4）主切削刃 S：前刀面与主后刀面的交线。它担负主要的切削工作。

（5）副切削刃 S'：前刀面与副后刀面的交线。它配合主切削刃完成切削工作，并最终形成已加工表面。

图 2.10 车刀切削部分组成要素

（6）刀尖：主切削刃与副切削刃的连接处，它可以是小的直线段、圆弧或交点。

2. 刀具角度的参考系

刀具要从工件上切除材料，必须具有一定的切削角度（切削角度决定了刀具各刀面和刀刃的空间位置）。要确定和测量刀具角度，必须引入一个空间坐标参考系。刀具角度参考系通常有两类：一类是刀具标注角度参考系，它是刀具设计、标注、刃磨和测量时定义几何参数的基准；另一类是刀具工作角度参考系，它是确定刀具在实际切削加工时几何参数的基准。

刀具标注角度参考系是在某些假定条件下建立的，如车削时假定切削刃选定点与工件轴线等高，主运动方向与刀杆底面垂直，进给运动方向与刀杆中心线垂直。构成刀具标注角度参考系的参考平面，通常有基面、切削平面、正交平面等，如图2.11所示。

（1）基面 P_r：通过切削刃上的选定点垂直于主运动方向的平面。对于车刀、刨刀，其基面平行于刀具的底面。对于钻头、铣刀等旋转类刀具，其基面就是通过选定点并包含刀具轴线的平面。

（2）切削平面 P_s：通过切削刃上的选定点与切削刃相切并垂直于基面的平面。

（3）正交平面 P_o：通过切削刃上的选定点并同时垂直于基面和切削平面的平面。正交平面必然垂直于切削刃在基面上的投影，它又称为主剖面。

基面、切削平面和正交平面共同组成刀具标注角度的正交平面参考系。常用的刀具标注角度参考系还有法平面参考系、进给平面和背平面参考系。

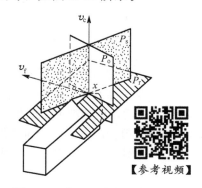

【参考视频】

图2.11 车刀正交平面参考系

【参考视频】

3. 刀具的标注角度

在刀具标注角度参考系中确定切削刃和各刀面的方位角度称为刀具的标注角度。它是在刀具设计图上予以标注、制造和刃磨刀具所需要的角度。现以外圆车刀为例，给出在正交平面参考系中刀具标注角度的定义。

刀具标注角度的内容包括两方面：一是确定切削刃位置的角度；二是确定前刀面和后刀面位置的角度。如图2.12所示，确定车刀主切削刃位置的角度有如下两个。

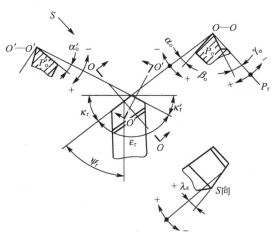

图2.12 外圆车刀正交平面参考系的标注角度

（1）主偏角 κ_r：在基面内测量的主切削平面与进给运动方向之间的夹角。主偏角表示主切削刃相对于进给运动方向的偏转程度，一般为正值。

【参考视频】

（2）刃倾角 λ_s：在切削平面内测量的主切削刃与基面之间的夹角。当主切削刃呈水平时，$\lambda_s=0$，此时切削刃与切削速度方向垂直，称为直角切削。当刀尖是切削刃上最低点时，λ_s 为负值；当刀尖是切削刃上最高点时，λ_s 为正值，如图2.13所示。当 $\lambda_s\neq0$ 时的切削称为斜角切削，此时切削刃与切削速度方向不垂直。

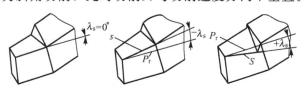

图2.13 刃倾角正负的规定

【参考视频】

车刀前刀面 A_γ 和主后刀面 A_α 在正交平面参考系中的位置由以下两个角度确定。

(1) 前角 γ_o：在正交平面内测量的前刀面与基面之间的夹角。前角表示前刀面的倾斜程度，有正、负和零值之分，其符号规定如图 2.12 所示。

(2) 后角 α_o：在正交平面内测量的主后刀面与切削平面之间的夹角。后角表示主后刀面的倾斜程度，一般为正值。

对于副切削刃可以用同样的分析方法得到相应的四个角度。普通外圆车刀主、副切削刃在一个平面型前刀面上，因此当主切削刃及其前刀面由上述四个基本角度 κ_r、λ_s、γ_o、α_o 确定之后，副切削刃上的副刃倾角 λ_s' 和副前角 γ_o' 即随之确定，故在刀具工作图上只需标注副切削刃上的下列两个角度即可。

(1) 副偏角 κ_r'：在基面内测量的副切削平面与进给运动反方向之间的夹角。副偏角一般为正值。

(2) 副后角 α_o'：在副切削刃选定点的正交平面内测量的副后刀面与副切削平面之间的夹角。

以上是普通外圆车刀主、副切削刃上所必须标注的六个基本角度。此外，刀具上还有下列几个角度是上述基本角度派生出来的。

(1) 楔角 β_o：在正交平面内测量的前刀面与后刀面之间的夹角，$\beta_o = 90° - (\gamma_o + \alpha_o)$。

(2) 刀尖角 ε_r：在基面内测量的主切削平面与副切削平面之间的夹角，$\varepsilon_r = 180° - (\kappa_r + \kappa_r')$。

(3) 余偏角 ψ_r：在基面内测量的主切削平面与进给方向垂线之间的夹角，$\psi_r = 90° - \kappa_r$。

4. 刀具的工作角度

在实际切削加工中，由于刀具安装位置和进给运动的影响，上述标注角度会发生一些变化。角度变化的原因是参考平面的位置发生了改变。以切削过程中的工作基面、工作切削平面和工作正交平面为参考系所确定的刀具角度称为刀具的工作角度。通常，刀具的进给速度很小，在一般安装条件下，刀具的工作角度与标注角度相差不大。但在切断、车螺纹及加工非圆柱表面等情况下，刀具角度值变化较大时需要计算工作角度。

1) 横向进给运动对工作角度的影响

当切断或车端面时，车刀沿横向进给。如图 2.14 所示，工件每转一周，车刀横向移动距离 f，切削刃选定点相对于工件的运动轨迹为一阿基米德螺旋线。此时，工作基面 P_{re}（垂直于合成切削运动方向的平面）和工作切削平面 P_{se}（与切削刃相切并垂直于工作基面的平面）相对于基面 P_r 和切削平面 P_s 转动了一个 μ 角，从而引起刀具的前角和后角发生变化：

$$\gamma_{oe} = \gamma_o + \mu \qquad (2-5)$$

$$\alpha_{oe} = \alpha_o - \mu \qquad (2-6)$$

$$\mu = \arctan \frac{f}{\pi d} \qquad (2-7)$$

式中，γ_{oe}、α_{oe} 为工作前角和工作后角。

由式 (2-7) 可知，当进给量 f 增大时，μ 值

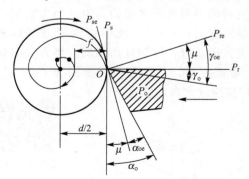

图 2.14　横向进给运动对工作角度的影响

增大；当瞬时直径 d 减小时，μ 值也增大。因此，车削至接近工件中心时，d 值很小，μ 值急剧增大，工作后角 α_{oe} 将变为负值，致使工件最后被挤断。对于横向切削不宜选用过大的进给量，并应适当加大刀具的标注后角。

2）纵向进给运动对工作角度的影响

如图 2.15 所示为车削右螺纹的情况，假定车刀 $\lambda_s=0$，如不考虑进给运动，则基面 P_r 平行于刀杆底面，切削平面 P_s 垂直于刀杆底面，在正交平面中的前角和后角为 γ_o 和 α_o，在进给平面（平行进给方向并垂直于基面的平面）中的前角和后角为 γ_f 和 α_f。若考虑进给运动，则加工表面为一螺旋面。这时工作切削平面为切于该螺旋面的平面 P_{se}，工作基面 P_{re} 垂直于合成切削速度方向，它们分别相对于 P_s 和 P_r 在空间偏转同样的角度，这个角度在进给平面中为 μ_f，在正交平面中为 μ，从而引起刀具前角和后角的变化。在上述进给平面内刀具的工作角度如下：

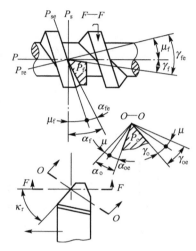

图 2.15　纵向进给运动对工作角度的影响

$$\gamma_{fe}=\gamma_f+\mu_f \tag{2-8}$$

$$\alpha_{oe}=\alpha_o-\mu_f \tag{2-9}$$

$$\tan\mu_f=\frac{f}{\pi d_w} \tag{2-10}$$

式中，f 为被切螺纹的导程或进给量（mm/r）；d_w 为工件直径（mm）。

在正交平面内刀具的工作前角、工作后角如下：

$$\gamma_{oe}=\gamma_o+\mu \tag{2-11}$$

$$\alpha_{oe}=\alpha_o-\mu \tag{2-12}$$

$$\tan\mu=\tan\mu_f\sin\kappa_r=\frac{f\sin\kappa_r}{\pi d_w} \tag{2-13}$$

由以上各式可知，进给量 f 越大，工件直径 d_w 越小，则工作角度值变化就越大。上述分析适合于车右螺纹时车刀的左侧刃，右侧刃工作角度的变化情况与此正好相反。所以车削右螺纹时，车刀左侧刃应适当加大刃磨后角，而右侧刃应适当增大刃磨前角和减小刃磨后角。一般外圆车削时，由进给运动所引起的 μ 值不超过 $30'\sim1°$，故其影响可忽略不计。但在车削大螺距或多线螺纹时，纵向进给的影响不可忽视，必须考虑它对刀具工作角度的影响。

3）刀具安装高低对工作角度的影响

车削外圆时，若不考虑进给运动，并假定车刀 $\lambda_s=0$，当刀尖与工件轴线等高时，刀具的工作前角、后角与其标注前角、后角分别相等。如图 2.16 所示，当刀尖装得高于工件轴线时，切削平面变为

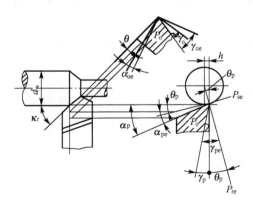

图 2.16　装刀高低对工作角度的影响

【参考视频】

P_{se}，基面变为 P_{re}，从而使车刀的前角和后角发生变化。在背平面(平行刀柄轴线并垂直于基面的平面)内车刀的标注前角和后角为 γ_p 和 α_p，则工作前角 γ_{pe}、工作后角 α_{pe} 如下：

$$\gamma_{pe} = \gamma_p + \theta_p \tag{2-14}$$

$$\alpha_{pe} = \alpha_p - \theta_p \tag{2-15}$$

$$\tan\theta_p = \frac{h}{\sqrt{\left(\dfrac{d_w}{2}\right)^2 - h^2}} \tag{2-16}$$

式中，h 为刀尖高于工件轴线的距离(mm)；d_w 为工件直径(mm)。

在正交平面内刀具的工作前角、工作后角如下：

$$\gamma_{oe} = \gamma_o + \theta \tag{2-17}$$

$$\alpha_{oe} = \alpha_o - \theta \tag{2-18}$$

$$\tan\theta = \tan\theta_p \cos\kappa_r \tag{2-19}$$

如果刀尖装得低于工件轴线时，则上述工作角度的变化情况正好相反。

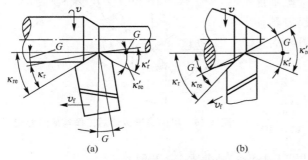

图 2.17　刀柄安装偏斜对工作角度的影响

4) 刀柄安装偏斜对工作角度的影响

如图 2.17 所示，当车刀刀柄装得与进给运动方向不垂直时，车刀的工作主偏角和副偏角将会发生变化。若刀柄向右斜，将使工作主偏角 κ_{re} 增大，工作副偏角 κ'_{re} 减小；若刀柄向左斜，则 κ_{re} 减小，κ'_{re} 增大：

$$\kappa_{re} = \kappa_r \pm G \tag{2-20}$$

$$\kappa'_{re} = \kappa'_r \mp G \tag{2-21}$$

式中，G 为刀柄中心线的垂线与进给方向之间的夹角。

5. 切削层参数

在切削过程中产生一圈过渡表面所切除的工件材料层，称为切削层。如图 2.18 所示，车外圆时，工件每转一周，车刀沿工件轴线移动一个进给量 f 的距离，主切削刃从工件过渡表面 Ⅱ 的位置移至相邻过渡表面 Ⅰ 的位置上，因而 Ⅰ、Ⅱ 之间的一层金属被切下。切削层参数是指这个切削层的截面尺寸，它决定了刀具切削部分所承受的负荷大小和切屑的尺寸。为了简化计算，切削层参数通常在刀具基面内观察和度量。当切削刃为直线且 $\lambda_s = 0$、$\kappa'_r = 0$ 时，切削层的截面形状为一平行四边形。

(1) 切削厚度 h_D：垂直于过渡表面度量的切削层尺寸，又称为切削层公称厚度。h_D 反映了切削刃单位长度上的切削负荷。车外圆，若车刀主切削刃为直线时，则

$$h_D = f\sin\kappa_r \quad (\text{mm}) \tag{2-22}$$

由此可见，f 或 κ_r 增大时，h_D 变厚。

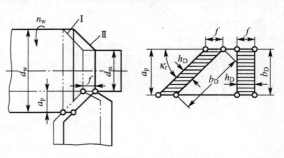

图 2.18　外圆纵车时的切削层参数

若车刀切削刃为圆弧或任意曲线，则切削刃上各点的切削厚度是不相等的。

(2) 切削宽度 b_D：沿过渡表面度量的切削层尺寸，又称为切削层公称宽度。b_D 反映了切削刃参加切削的工作长度。车外圆，当车刀主切削刃为直线时，则

$$b_D = \frac{a_p}{\sin\kappa_r} \quad (\text{mm}) \qquad (2-23)$$

由上式可知，当 a_p 减小或 κ_r 增大时，b_D 变小。

(3) 切削面积 A_D：切削层在基面内的面积，又称为切削层公称横截面积。车削时由图 2.18 得

$$A_D = h_D b_D = f a_p \quad (\text{mm}^2) \qquad (2-24)$$

上面计算的为名义切削面积，实际切削面积 A_{De} 等于名义切削面积 A_D 减去残留面积 ΔA_D 所得之差，即

$$A_{De} = A_D - \Delta A_D \qquad (2-25)$$

残留面积 ΔA_D 是指刀具副偏角 $\kappa_r' \neq 0$ 时，残留在已加工表面上的不平部分的面积。

【小思考 2-1】 常用的车刀、铣刀、钻头、齿轮滚刀分别应选用什么类型的刀具材料？

2.1.4 刀具材料

刀具材料通常是指刀具切削部分的材料。刀具切削性能的好坏，取决于构成刀具切削部分的材料、几何形状和刀具结构。刀具材料对刀具使用寿命、加工效率、加工质量和加工成本都有很大影响，因此必须合理选择。

1. 刀具材料应具备的性能

刀具切削部分在工作时要承受高温、高压及强烈的摩擦、冲击和振动，因此，刀具材料必须具备以下基本性能。

(1) 高的硬度：刀具材料的硬度必须高于工件材料的硬度，刀具材料的常温硬度，一般要求在 60HRC 以上。

(2) 高的耐磨性：耐磨性是指刀具抵抗磨损的能力，它是刀具材料力学性能、组织结构和化学性能的综合反应。一般刀具材料的硬度越高，耐磨性越好。材料中硬质点的硬度越高、数量越多、颗粒越小、分布越均匀，则耐磨性越高。

(3) 足够的强度和韧性：以便承受切削力、冲击和振动，而不至于产生崩刃和折断。

(4) 高的耐热性：耐热性是指刀具材料在高温下保持一定硬度、耐磨性、强度和韧性，并有良好的抗粘结、抗扩散、抗氧化的能力。

(5) 良好的热物理性能和耐热冲击性能：即刀具材料的导热性能要好，不会因受到大的热冲击产生刀具内部裂纹而导致刀具断裂。

(6) 良好的工艺性能和经济性：即刀具材料应具有良好的锻造性能、热处理性能、焊接性能、磨削加工性能等，而且要追求高的性能价格比。另外，随着切削加工自动化和柔性制造系统的发展，还要求刀具磨损和刀具寿命等指标具有良好的可预测性。

应该指出，上述要求中有些是相互矛盾的。例如，硬度越高、耐磨性越好的材料的韧

性和抗破损能力往往越差，耐热性好的材料的韧性也往往较差。实际工作中，应根据具体的切削条件选择最合适的材料。

【小故事 2-1】 1898 年美国的工程师 F. W. 泰勒和 M. 怀特发明了高速钢，使切削中碳钢的速度由 8m/min 提高到了 25m/min 左右。人们对它的切削速度惊叹不已，因此称其为"高速钢(High Speed Steel)"。1900 年在巴黎国际博览会上高速钢切削表演成功，一位英国人曾这样写道："在巴黎博览会上看到了一部高速运转车床，上面装有一个工具，正用它炽热的尖头去除着暗蓝色碎片，工程师们亲眼见证了工具钢机床方面一个革命的开始。"所以有许多人把 1900 年称为"高速钢元年"。

2. 常用刀具材料

常用刀具材料有碳素工具钢、合金工具钢、高速钢、硬质合金、陶瓷、金刚石、立方碳化硼等。碳素工具钢及合金工具钢，因耐热性较差，通常只用于手工刀具及切削速度较低的刀具，陶瓷、金刚石和立方氮化硼仅用于有限的场合。目前，刀具材料中使用最多的是高速钢和硬质合金。

1) 高速钢

高速钢是含有较多钨、钼、铬、钒等元素的高合金工具钢，又称为"锋钢""风钢"或"白钢"，具有较高的硬度和耐热性，热硬性高达 600℃。与碳素工具钢和合金工具钢相比，高速钢能提高切削速度 2～3 倍，提高刀具使用寿命 10～40 倍，甚至更多。高速钢具有较高的强度和韧性，抗弯强度为一般硬质合金的 2～3 倍，抗冲击振动能力强。

高速钢的工艺性能较好，能锻造，容易磨出锋利的刀刃，适宜制造各类切削刀具，尤其在复杂刀具(铣刀、钻头、丝锥、成形刀具、拉刀、齿轮刀具等)的制造中，高速钢占有重要的地位。

高速钢按切削性能分类，有通用型高速钢和高性能高速钢；按制造工艺方法不同，可分为熔炼高速钢和粉末冶金高速钢。

通用型高速钢是切削硬度在 250～280HBS 以下的大部分结构钢和铸铁的基本刀具材料，应用最广泛。切削普通钢料时的切削速度一般不高于 40～60m/min。高性能高速钢较通用型高速钢有着更好的切削性能，适合于加工奥氏体不锈钢、高温合金、钛合金和高强度钢等难加工材料。常用的几种高速钢的力学性能和应用范围见表 2-5。

表 2-5 常用高速钢的力学性能和应用范围

种类	牌　号	常温硬度/HRC	抗弯强度/GPa	冲击韧性/(MJ/m²)	高温硬度/HRC (600℃)	主要性能和应用范围
普通型高速钢	W18Cr4V (W18)	63～66	3.0～3.4	0.18～0.32	48.5	综合性能和可磨性好，适于制造精加工刀具和复杂刀具，如钻头、成形车刀、拉刀、齿轮刀具等
	W6Mo5Cr4V2 (M2)	63～66	3.5～4.0	0.30～0.40	47～48	强度和韧性高于 W18，可磨性稍差，热塑性好，适于制造热成形刀具及承受冲击的刀具

（续）

种类	牌 号	常温硬度/HRC	抗弯强度/GPa	冲击韧性/(MJ/m²)	高温硬度/HRC (600℃)	主要性能和应用范围
高性能高速钢	W2Mo9Cr4VCo8 (M42)	67～69	2.7～3.8	0.23～0.30	55	硬度高，可磨性好，用于切削高强度钢、高温合金等难加工材料，适于制造复杂刀具等，但价格较高
	W6Mo5Cr4V2Al (501)	67～69	2.9～3.9	0.23～0.30	55	切削性能相当于 M42，可磨性稍差，用于切削难加工材料，适于制造复杂刀具等，价格较低

粉末冶金高速钢具有很多优点：良好的力学性能和可磨削性，淬火变形只有熔炼钢的 1/3～1/2，耐磨性可提高 20%～30%，质量稳定可靠。它可以切削各种难加工材料，特别适合制造精密刀具和复杂刀具等。

2）硬质合金

硬质合金是用高硬度、高熔点的金属碳化物（如 WC、TiC、TaC、NbC 等）粉末与金属粘结剂（如 Co、Ni、Mo 等）经高压成形后，在高温下烧结而成的粉末冶金材料。其硬度为 89～93HRA，能耐 900～1000℃的高温，具有良好的耐磨性，允许使用的切削速度可达 100～300m/min，可加工包括淬硬钢在内的多种材料，因此获得了广泛的应用。但是，硬质合金的抗弯强度低，冲击韧性差，较难加工，很少用于制造整体刀具，一般做成各种形状的刀片，焊接或直接夹固在刀体上使用，所以目前还不能完全取代高速钢。常用的硬质合金有钨钴类、钨钛钴类和钨钛钽（铌）钴类三类。

（1）钨钴类（YG 类）硬质合金：这类合金由碳化钨和钴组成，常用的牌号有 YG3、YG6、YG8 等。其硬度为 89～91HRA，能耐 800～900℃的高温，抗弯强度和冲击韧性较好，不易崩刃，适于加工铸铁类的短切屑黑色金属和有色金属。由于 YG 类合金的耐热性较差，因此不宜用于普通钢料的高速切削。但它的韧性较好，导热系数大，适于加工高温合金、不锈钢等难加工材料。

（2）钨钛钴类（YT 类）硬质合金：这类合金由碳化钨、碳化钛和钴组成，常用的牌号有 YT5、YT15、YT30 等。由于加入了碳化钛，提高了该类合金的硬度、耐热性、抗粘结性和抗氧化能力。但抗弯强度和冲击韧性降低，故主要用于加工长切屑的黑色金属如碳钢、合金钢等塑性材料。

（3）钨钛钽（铌）钴类（YW 类）硬质合金：这类合金是在普通硬质合金中加入了碳化钽或碳化铌，从而提高了硬质合金的韧性和耐热性，使其具有较好的综合切削性能。这类合金既可用于高温合金、不锈钢等难加工材料的加工，也适用于普通钢料、铸铁和有色金属等的加工，因此被称为通用型硬质合金。

表 2-6 列出了常用硬质合金的牌号、性能和应用范围。由表 2-6 可以看出，在硬质合金中，若碳化物所占比例越大，则硬质合金的硬度越高，耐磨性越好；反之，若钴、镍等金属粘合剂的含量增多，则硬质合金的硬度降低，而抗弯强度和冲击韧性有所提高。这是由于碳化物的硬度和熔点比粘结剂高得多的缘故。硬质合金的性能还与其晶粒大小有关。当粘结剂的含量一定时，碳化物的晶粒越细，则硬合金的硬度越高，而抗弯强度和冲击韧性降低；反之，则硬质合金的硬度降低，而抗弯强度和冲击韧性有所提高。

表 2-6　常用硬质合金的牌号、性能和应用范围

类型	牌号	化学成分（%）				物理力学性能			使用性能			应用范围	
		WC	TiC	TaC	Co	硬度 HRA	硬度 HRC	抗弯强度/GPa	耐磨	耐冲击	耐热	材料	加工性质
钨钴类	YG3	97			3	91	78	1.08	↑	↓	↑	铸铁、有色金属	连续切削时精、半精加工
	YG6X	94			6	91	78	1.37				铸铁、耐热合金	精加工、半精加工
	YG6	94			6	89.5	75	1.42				铸铁、有色金属	连续切削粗加工、断续切削半精加工
	YG8	92			8	89	74	1.47				铸铁、有色金属	粗加工
钨钴钛类	YT5	85	5		10	89.5	75	1.37	↓	↑	↓	钢材	粗加工
	YT14	78	14		8	90.5	77	1.25				钢材	断续切削半精加工
	YT15	79	15		6	91	78	1.13				钢材	连续切削粗加工、断续切削半精加工
	YT30	66	30		4	92.5	81	0.88				钢材	连续切削精加工
添加TaC(NbC)类	YG6A	91		3	6	92	80	1.37	较好			冷硬铸铁、有色金属、合金钢	半精加工
	YW1	84	6	4	6	92	80	1.28		较好	较好	难加工钢材	精加工、半精加工
	YW2	82	6	4	8	91	78	1.47		好		难加工钢材	半精加工、粗加工
镍钼钛类	YN10	15	62	1	Ni12 Mo10	92.5	81	1.08	好		好	钢材	连续切削精加工

注：Y—硬质合金；G—钴，其后数字表示合金的含钴量；X—细颗粒合金；Ti—钛，其后数字表示合金中 TiC 的含量；A—含 TaC(NbC)的钨钴类硬质合金；W—通用合金。

3. 其他刀具材料

1）涂层刀具

涂层刀具是在韧性较好的硬质合金或高速钢刀具基体上，涂覆一薄层耐磨性好的难熔金属化合物而获得的。它较好地解决了刀具的硬度、耐磨性与强度、韧性之间的矛盾，具有良好的切削性能。

常用的涂层材料有 TiC、TiN、Al_2O_3 等。TiC 的硬度比 TiN 高，耐磨性好，对于会产生剧烈磨损的刀具，采用 TiC 涂层较好。TiN 与铁基金属间的摩擦系数小，并且允许涂层较厚，在容易产生粘结的条件下，采用 TiN 涂层较好。在高速切削产生大量热量的场合，以采用 Al_2O_3 涂层为好，因为 Al_2O_3 在高温下有良好的热稳定性能。

涂层硬质合金刀片的使用寿命至少可提高 1～3 倍，涂层高速钢刀具的使用寿命则可提高 2～10 倍。加工材料的硬度越高，则涂层刀具的效果越好。涂层刀具主要用于车削、铣削等加工，能减小切削力，降低切削温度，改善加工表面质量，但成本较高，不能用于焊接结构，不能重磨，一般用于可转位刀具。

2）陶瓷材料

陶瓷是以氧化铝（Al_2O_3）或氮化硅（Si_3N_4）等为主要成分，经压制成形后烧结而成的一种刀具材料。其硬度可达 91～95HRA，在 1200℃高温下仍可保持 80HRA 的硬度。它的化学稳定性好，摩擦系数小，耐磨性好，加工钢件时的寿命为硬质合金的 10～12 倍。其最大缺点是脆性大，抗弯强度和冲击韧性差，对冲击十分敏感，因此主要用于精加工和半精加工高硬度、高强度钢和冷硬铸铁等。常用的陶瓷刀具材料有氧化铝陶瓷、复合氧化铝陶瓷及复合氮化硅陶瓷等。近年来，由于控制了原料的纯度和晶粒尺寸，添加碳化物或金属，采用热压和热静压等工艺，不仅使抗弯强度达到 0.9～1GPa，而且断裂韧性和抗冲击性能都有很大提高，应用范围日益扩大。

3）人造金刚石

人造金刚石是依靠合金触媒的作用，在高温高压下由石墨转化而成。金刚石的硬度极高，接近于 10000HV（硬质合金仅为 1300～1800HV），是目前已知最硬的物质。人造金刚石刀具的摩擦系数小，耐磨性好，切削刃可以磨得很锋利。因此可以获得很高的加工表面质量。但它的热稳定性较差（＜800℃），特别是易与碳亲和，使刀具很快磨损，故不适合加工含碳的黑色金属。人造金刚石主要用于制作磨料磨具，用作刀具材料时，多用于在高速下精细车削或镗削有色金属及其合金，尤其是切削加工硬质合金、陶瓷、高硅铝合金等高硬度耐磨材料时，具有很大的优越性。

4）立方氮化硼

立方氮化硼是由六方氮化硼在高温高压下加入催化剂转化而成的一种新型超硬刀具材料。其硬度很高，可达 8000～9000HV，仅次于金刚石的硬度。但它的热稳定性和化学惰性大大优于金刚石，可耐 1300～1400℃的高温，在 1200℃高温时也不易与铁族金属发生反应。因此，它能用较高的速度切削淬硬钢、冷硬铸铁、高温合金等难加工材料，从而大大提高了生产率。同时加工精度也能达到很高，表面粗糙度很小，足可代替磨削加工。

由于陶瓷、金刚石和立方氮化硼等刀具材料硬度高、韧性差，因此要求使用这类刀具的机床精度高、刚性好、速度高、工艺系统刚性好。只有这样才能充分发挥这些先进刀具材料的作用，取得良好的使用效果。

 **知识小结 2－1**

合理选择刀具材料的基本原则：根据工件材料、刀具结构和加工要求，选择合适的刀具材料与其相适应，做到既充分发挥刀具特性，又能较经济地满足加工要求。通常加工一般材料，大量使用的仍是普通高速钢和硬质合金。只有加工难切削材料时才有必要选用新牌号高性能高速钢或硬质合金，加工高硬度材料或精密加工时才需选用超硬材料。

随着社会的发展，新的工程材料不断出现，对刀具材料的要求也就越来越高。因此，改进现有刀具材料、发展新型刀具材料一直是冶金、机械科技工作者研究的重要课题。

2.2　车　削　加　工

车削加工是指在车床或车削中心等机床上的加工，主要用于加工各种回转体零件，它是机械加工中应用最广泛的加工方法之一。

2.2.1　车削加工的工艺特点

车削加工时工件的旋转运动为主运动，刀具的移动为进给运动。车削的工艺范围很广，适于加工各种轴类和盘套类零件。如图 2.19 所示，能车削内外圆柱面、圆锥面、车槽、车成形面、车端面、车螺纹，还可以钻孔、铰孔、钻中心孔、攻螺纹、滚花等。

车削加工通常为连续切削，切削过程平稳，可以选用较大的切削用量，故生产率较高。车削的加工精度一般为 IT10～IT7，精细车可达 IT6～IT5；表面粗糙度一般为 $Ra6.3～0.8\mu m$，精细车可达 $Ra0.4～0.2\mu m$。

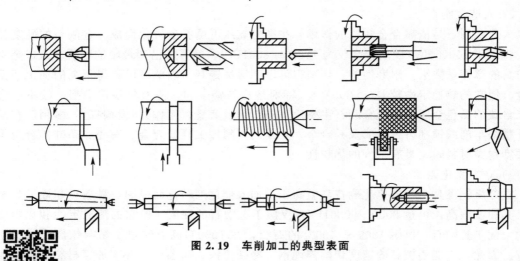

图 2.19　车削加工的典型表面

2.2.2　车床

车床是金属切削机床中使用最广泛的一类，其数量占机床总数的 20%～30%。车床的种类很多，按其用途和结构的不同，分为卧式车床、立式车床、转塔车床、单轴自动和半自动车床、多轴自动和半自动车床、仿形及多刀车床、专门化车床等。随着科学技术的发展，各类数控车床及车削中心的应用也日益广泛。

在各类车床中，卧式车床的应用最广泛。CA6140 型卧式车床是一种典型的普通卧式车床，其外形及组成如图 2.20 所示。它能加工内外圆柱面、圆锥面，完成车削米制、英制、模数制和径节制螺纹及孔加工等工序。车床床身上最大回转直径为 400mm，最大工件长度为 2000mm，主电动机功率为 7.5kW。

1. CA6140 型卧式车床的组成

CA6140 型卧式车床的主要组成部分有主轴箱、进给箱、溜板箱、刀架、尾座、床身和床腿等，如图 2.20 所示。

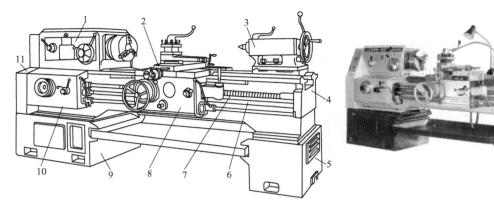

图 2.20　CA6140 型卧式车床
1—主轴箱；2—刀架；3—尾座；4—床身；5、9—床腿；6—光杠；
7—丝杠；8—溜板箱；10—进给箱；11—挂轮变速机构

【参考视频】

（1）主轴箱：又称床头箱，固定在床身的左上部，箱内装有主轴部件和变速、传动机构等。其功用是支承主轴并将运动和动力传给主轴，实现主轴的起动、停止、变速和换向等。

（2）进给箱：位于床身的左前侧。进给箱内装有进给运动的变换机构，用来改变进给量或加工螺纹的导程。

（3）溜板箱：与刀架的床鞍相连，位于床身的前侧。其功用是把进给箱传来的运动传给刀架，使刀架实现纵向、横向进给或车螺纹或快速移动。

（4）刀架：刀架部件由床鞍、中滑板、小滑板和方刀架组成，用来装夹车刀并使其作纵向、横向或斜向进给运动。

（5）尾座：安装在床身右端导轨面上。其功用是安装作为定位用的后顶尖，或装上孔加工刀具实现在车床上钻孔、扩孔、铰孔和攻螺纹等加工。

（6）床身：装在左右床腿上，共同构成了车床的基础，用于安装车床的各个主要部件，使它们在工作时保持准确的相对位置或运动轨迹。

【小故事 2－2】　古代的车床是靠手拉或脚踏，通过绳索使工件旋转，并手持刀具而进行切削的。1797 年，英国机械发明家莫兹利创制了用丝杠传动刀架的车床，并于 1800 年采用交换齿轮来改变进给速度和被加工螺纹的螺距。1817 年，另一位英国人罗伯茨采用四级带轮和背轮机构来改变主轴转速。1845 年，美国的菲奇发明了转塔车床，提高了机床的自动化程度。1873 年，美国的斯潘塞研制了一台单轴自动车床，不久他又制成了三轴自动车床。20 世纪初出现了由单独电动机驱动的带有齿轮变速箱的车床。第一次世界大战后，由于军火、汽车和机械工业的需要，各种高效自动车床和专门化车床迅速发展。为了提高小批量工件的生产率，20 世纪 40 年代末，带液压仿形装置的车床得到推广，与此同时，多刀车床也得到发展。50 年代中期，发展了带穿孔卡、插销板和拨码盘等的程序控制车床。数控技术于 60 年代开始用于车床，70 年代后得到迅速发展，现已广泛应用于车削中心。

2. CA6140 型卧式车床的传动系统分析

CA6140 型卧式车床的传动系统如图 2.21 所示，它表明了机床的全部运动联系，包括

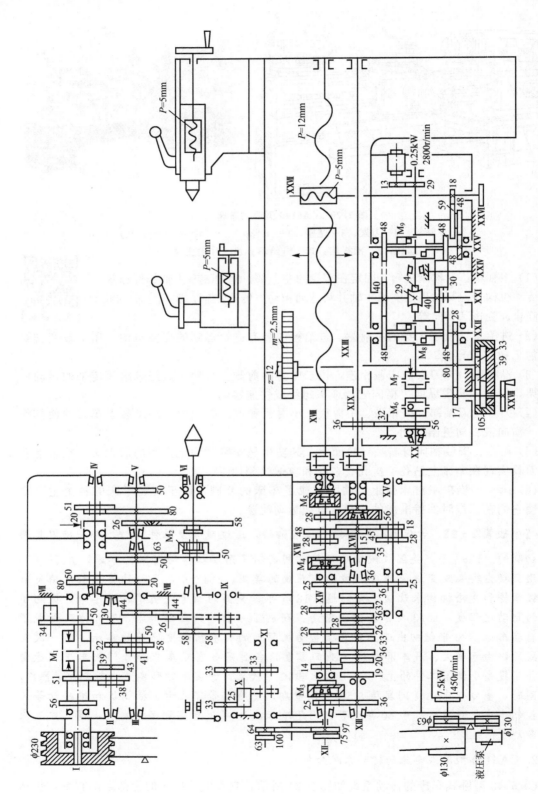

图2.21　CA6140型卧式车床的传动系统

主运动传动链、车螺纹进给运动传动链、机动进给运动传动链和刀架快速移动传动链。

1）主运动传动链

主运动传动链的作用是把电动机的运动及动力传给主轴，使主轴带动工件旋转以实现主运动，并满足主轴变速和换向等要求。

（1）主运动传动路线。运动由电动机经 V 带传动副 $\phi130/\phi230$ 传至主轴箱中的轴 I。在轴 I 上装有双向多片摩擦离合器 M_1，用来使主轴实现正转、反转或停止。当压紧 M_1 左部摩擦片时，轴 I 的运动经离合器 M_1 及齿轮副 56/38 或 51/43 传给轴 II，使轴 II 得到两种不同的转速，此时主轴 VI 正转。当 M_1 向右端压紧时，轴 I 的运动经 M_1 及齿轮副 50/34、34/30 传至轴 II，由于中间经过轴 VII 上的介轮 $z34$，故轴 II 的转向与 M_1 左位时的相反，此时主轴反转。当 M_1 处于中间位置时，则轴 I 空转，主轴停止转动。

运动由 II 轴传至 III 轴，可经过三对齿轮副 39/41、22/58 或 30/50 中的任何一对，使轴 III 得到不同的转速。运动从轴 III 至主轴 VI 有两条传动路线：

① 高速传动路线，将主轴 VI 上的滑移齿轮 $z50$ 移至左位，使其与轴 III 上的齿轮 $z63$ 相啮合，则轴 III 的运动经齿轮副 63/50 直接传给主轴，使主轴获得高速运动（$n_主 = 450 \sim 1400 r/min$）。

② 低速传动路线，将主轴上的滑移齿轮 $z50$ 移至右位，使齿式离合器 M_2 啮合，于是轴 III 的运动经齿轮副 20/80 或 50/50 传给轴 IV，再经齿轮副 20/80 或 51/50 传给轴 V，而后经齿轮副 26/58 及离合器 M_2 传至主轴，使主轴获得低速运动（$n_主 = 10 \sim 500 r/min$）。

上述主运动传动路线可用传动路线表达式表示如下：

$$\text{电动机}-\frac{\phi130mm}{\phi230mm}-\text{I}-\left\{\begin{array}{l}M_1 \text{左}-\left\{\begin{array}{l}\frac{56}{38}\\\frac{51}{43}\end{array}\right.\\M_1\text{右}-\frac{50}{34}-\text{VII}-\frac{34}{30}\end{array}\right\}-\text{II}-\left\{\begin{array}{l}\frac{39}{41}\\\frac{22}{58}\\\frac{30}{50}\end{array}\right.$$

$$\text{III}-\left\{\begin{array}{l}M_2\text{左}\frac{63}{50}-\\\left\{\begin{array}{l}\frac{20}{80}\\\frac{50}{50}\end{array}\right\}-\text{IV}-\left\{\begin{array}{l}\frac{20}{80}\\\frac{51}{50}\end{array}\right\}-\text{V}-\frac{26}{58}-M_2\text{右}-\end{array}\right\}-\text{VI（主轴）}$$

进行机床运动分析时，常采用"抓两端，连中间"的方法，即首先确定传动链的首、末端执行件，然后再分析这两个执行件之间的传动联系。对于主运动传动链，其首端件为电动机，末端件为主轴。

（2）主轴转速级数及转速计算。根据传动路线表达式和传动系统图可以看出，主轴正转时，利用各传动轴间传动比的不同组合，理论上共可得 $2 \times 3 \times (1+2\times2)=30$ 条传动主轴的路线，但实际上因为在轴 III 到轴 V 之间有两条传动路线的传动比基本相同，所以主轴实际上只能获得 $2 \times 3 \times (1+3)=24$ 级不同转速（$10 \sim 1400 r/min$）。同理，主轴反转时只能获得 $3 \times (1+3)=12$ 级不同转速（$14 \sim 1580 r/min$）。主轴反转主要用于车螺纹时的退刀，以避免"乱扣"。

主轴的转速可按下列运动平衡式计算：

$$n_{\pm} = n_{\text{电}} \frac{130}{230}(1-\varepsilon)i_{\text{I}-\text{II}}\ i_{\text{II}-\text{III}}\ i_{\text{III}-\text{IV}} \tag{2-26}$$

式中，$n_{\pm}$ 为主轴转速(r/min)；$n_{\text{电}}$ 为电动机转速(r/min)；ε 为 V 带传动的滑动系数，ε 取 0.02；$i_{\text{I}-\text{II}}$、$i_{\text{II}-\text{III}}$、$i_{\text{III}-\text{IV}}$ 为轴Ⅰ—Ⅱ、轴Ⅱ—Ⅲ、轴Ⅲ—Ⅵ间的可变传动比。

2）进给运动传动链

进给运动传动链是实现刀架纵向、横向运动及变速和换向的传动链。在进给传动链中，有两种不同性质的传动路线：一条是车螺纹传动路线，经丝杠带动溜板箱，使刀架纵向移动，是内联系传动链；另一条是机动进给传动路线，经光杠带动溜板箱，使刀架作纵向或横向移动，是外联系传动链。

由于螺纹的导程或刀具的进给量均是以主轴每转一周时刀架的移动量来表示的，所以分析进给运动传动链时，把主轴和刀架作为该传动链的两末端件。进给运动从主轴Ⅵ开始，经轴Ⅸ和轴Ⅺ间的换向机构、挂轮架上的交换齿轮，传入进给箱。从进给箱传出的运动，分别经丝杠或光杠带动刀架移动。

（1）螺纹进给传动链。CA6140 型卧式车床可以车削右旋或左旋的米制、英制、模数制和径节制四种标准螺纹，还可以车削大导程、非标准和较精密的螺纹。车削螺纹时，要求主轴每转一周，刀架移动一个导程 L。车削各种螺纹的传动路线表达式如下：

$$
主轴 -
\begin{cases}
\overline{\frac{58}{58}} \quad (正常螺纹导程) \\[2ex]
\frac{58}{26} - V - \frac{80}{20} - IV - \begin{bmatrix} \frac{50}{50} \\ \frac{80}{20} \end{bmatrix} - III - \frac{44}{44} - VIII - \frac{26}{58} \quad (扩大螺纹导程)
\end{cases}
- IX -
\begin{cases}
\frac{33}{33} \quad (右螺纹) \\[2ex]
\frac{33}{25} - X - \frac{25}{33} \quad (左螺纹)
\end{cases}
- XI -
$$

$$
\begin{cases}
\frac{63}{100} - \frac{100}{75} \quad (米制、英制螺纹) \\[2ex]
\frac{64}{100} - \frac{100}{97} \quad (模数、径节螺纹)
\end{cases}
- XII -
\begin{cases}
\frac{25}{36} - XIII - i_j - XIV - \frac{25}{36} - \frac{36}{25} \quad (米制及模数螺纹) \\[2ex]
M_{3合} - XIV - \frac{1}{i_j} - XIII - \frac{36}{25} \quad (英制及径节螺纹)
\end{cases}
- XV - i_b - XVII - M_{5合} -
$$

XVIII（丝杠）—开合螺母—刀架

表达式中 i_j 代表轴XIII和轴XIV间 8 种可选择的传动比（26/28、28/28、32/28、36/28、19/14、20/14、33/21、36/21），i_b 代表轴XV和轴XVII间 4 种可选择的传动比（28/35×35/28、18/45×35/28、28/35×15/48、18/45×15/48）。i_j 的 8 种传动比值基本为等差数列排列，改变 i_j 值，就能车削出按等差数列排列的导程值。这样的变速机构称为基本螺距机构，简称基本组。i_b 的 4 种传动比成倍数关系排列，改变 i_b 值，就可将基本组的传动比成倍地增大或缩小。这样的变速机构称为增倍机构，简称增倍组。

车削螺纹时的运动平衡式如下：

$$L = KP = 1_{主轴}iL_{丝}$$

式中，L 为被车削螺纹的导程（mm）；K 为被车削螺纹的线数；P 为被车削螺纹的螺距（mm）；i 为从主轴至丝杠间的总传动比；$L_{丝}$ 为机床丝杠的导程，CA6140 型卧式车床的 $L_{丝} = 12$mm。

车削米制螺纹时的运动平衡式如下：

$$L=1\times\frac{58}{58}\times\frac{33}{33}\times\frac{63}{100}\times\frac{100}{75}\times\frac{25}{36}\times i_{\mathrm{j}}\times\frac{25}{36}\times\frac{36}{25}\times i_{\mathrm{b}}\times12$$

将上式化简后得

$$L=KP=7i_{\mathrm{j}}i_{\mathrm{b}}$$

按上述传动路线,选用不同的 i_{j} 和 i_{b},可加工 20 种标准导程的米制螺纹,导程为 1~12mm。若经背轮机构的扩大导程传动路线可将螺纹导程扩大 4 倍(主轴转速为 40~125r/min)或 16 倍(主轴转速为 10~32r/min),车削米制螺纹最大导程为 192 mm。同理,选用正常导程传动路线,对应可加工 22 种每英寸(1 英寸=25.4mm)牙数为 2~24 的标准英制螺纹,11 种模数为 0.25~3mm 的标准模数螺纹及 24 种每英寸牙数为 7~96 的标准径节螺纹。

(2)纵向、横向进给传动链。车削内、外圆柱面及端面等时,可使用机动进给。从主轴Ⅵ至进给箱轴ⅩⅦ的传动路线与车削螺纹时的相同。此后,将进给箱中的齿式离合器 M_5 脱开,切断与丝杠的联系,并将轴ⅩⅦ上的齿轮 $z28$ 与光杠ⅩⅨ左端齿轮 $z56$ 啮合,运动传至光杠ⅩⅨ,再经溜板箱中的传动机构,分别传至齿轮齿条机构和横向进给丝杠ⅩⅩⅦ,使刀架作纵向或横向机动进给。

纵向进给传动链经米制螺纹的传动路线的运动平衡式如下:

$$f_{\math{纵}}=1\times\frac{58}{58}\times\frac{33}{33}\times\frac{63}{100}\times\frac{100}{75}\times\frac{25}{36}\times i_{\mathrm{j}}\times\frac{25}{36}\times\frac{36}{25}\times i_{\mathrm{b}}\times\frac{28}{56}\times$$

$$\frac{36}{32}\times\frac{32}{56}\times\frac{4}{29}\times\frac{40}{30}\times\frac{30}{48}\times\frac{28}{80}\times\pi\times2.5\times12\ (\mathrm{mm})$$

化简后得

$$f_{\mathrm{纵}}=0.71i_{\mathrm{j}}i_{\mathrm{b}}$$

CA6140 型卧式车床的纵向进给量可由四种不同的传动路线得到,共有 64 级,变换范围为 0.028~6.33mm/r。

横向进给传动链的运动平衡式与上式类似。当传动路线相同时,所得的横向进给量是纵向进给量的一半,也有 64 级,变换范围为 0.014~3.16mm/r。所有纵、横向进给量的数值及相应的操作手柄应处于的位置均可从进给箱上的标牌中查到。

3)刀架快速移动

刀架在作机动进给或退刀的过程中,按下快速移动按钮,快速移动电动机的运动经齿轮副 13/29 传动,再经后续的机动进给路线使刀架在该方向上作快速移动。松开按钮后,快速移动电动机停止转动,刀架仍按照原来的速度作机动进给。ⅩⅩ轴上的超越离合器 M_6,用来防止在光杠与快速移动电动机同时传动给ⅩⅩ轴时,出现运动干涉而损坏传动机构。

3.其他常用车床简介

1)立式车床

立式车床主要用于加工径向尺寸大而轴向尺寸较小且形状比较复杂的大型 【参考视频】 或重型零件。图 2.22(a)所示为单柱式立式车床,图 2.22(b)所示为双柱式立式车床,前者加工直径一般小于 1600mm,后者加工直径一般大于 2000mm。

立式车床结构布局上的主要特点是主轴垂直布置,工作台台面水平布置。因此,工件的装夹和找正都比较方便,而且工件及工作台的重量能均匀地作用在工作台导轨或

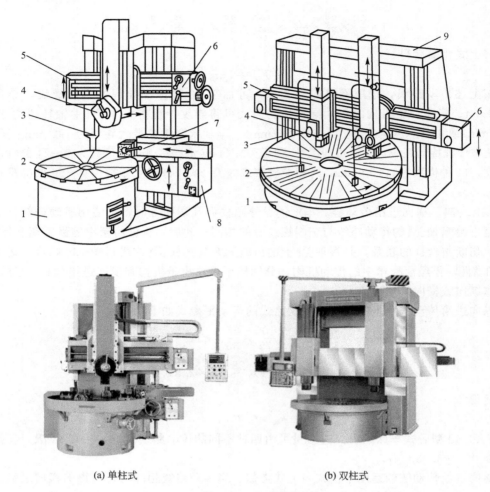

(a) 单柱式   (b) 双柱式

图 2.22 立式车床

1—底座；2—工作台；3—立柱；4—垂直刀架；5—横梁；
6—垂直刀架进给箱；7—侧刀架；8—侧刀架进给箱；9—顶梁

推力轴承上，大大地减轻了主轴及其轴承的载荷，因此机床易于长期保持加工精度。立式车床是电厂辅机装备、重型电机及冶金矿山机械制造等行业不可缺少的加工装备。

立式车床的工作台 2 装在底座 1 上，工件装夹在工作台上并由工作台带动做旋转运动。进给运动由垂直刀架 4 和侧刀架 7 来实现。侧刀架可在立柱 3 的导轨上移动做垂直进给，还可沿刀架滑座的导轨做横向进给。同理，垂直刀架可沿其刀架滑座的导轨做垂直进给，也可以沿横梁 5 的导轨移动做横向进给。横梁可以沿立柱导轨上下移动，以适应加工不同高度工件的需求。

2）转塔车床

图 2.23 所示为 CB3463-1 型半自动转塔车床。转塔车床适于在成批生产中加工形状比较复杂、需要较多工序和较多刀具的工件，特别是有内孔和内外螺纹的工件，如各种阶梯小轴、套筒、螺钉、螺母、接头、法兰盘和齿轮坯等。转塔车床与卧式车床在结构上的主要区别是没有尾座和丝杠，而在床尾装有一个可纵向移动的转塔刀架。

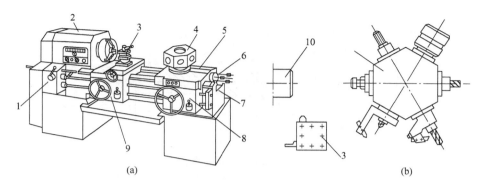

图 2.23 转塔车床

1—进给箱；2—主轴箱；3—前刀架；4—转塔刀架；5—纵向溜板；
6—定程装置；7—床身；8—转塔刀架溜板箱；9—前刀架溜板箱；10—主轴

转塔车床前刀架与卧式车床的刀架相似，既可纵向进给，切削大直径的外圆柱面，也可以做横向进给，加工端面和内外沟槽。转塔刀架只能作纵向进给，它一般为六角形，可在六个面上各安装一把或一组刀具。为了在刀架上安装各种刀具及进行多刀切削，可采用各种辅助工具。转塔刀架用于车削内、外圆柱面，钻、扩、铰、镗孔和攻螺纹等。前刀架和转塔刀架各由一个独立的溜板箱 9 和 8 来控制它们的运动。转塔刀架设有定程机构，加工过程中当刀架到达预先调定的位置时，可自动停止进给或快速返回原位。

在转塔车床上加工工件时，根据工件的加工工艺过程，预先将所用的全部刀具装在刀架上，每把（组）刀具只用于完成某一特定工步，并根据工件的加工尺寸调整好位置。同时还需相应地调整定程装置，以便控制每一刀具的行程终点位置。机床调整完成后，只需接通刀架的进给运动，以及工作行程终了时将其退回，便可获得所要求的加工尺寸。在加工中不需频繁地更换刀具，也不需经常对刀和测量工件尺寸，从而可以大大缩短辅助时间，提高生产率。当零件改变时，只要改变程序并重新调整机床上纵向、横向行程挡块即可。

2.2.3 车刀

车刀是金属切削加工中应用最为广泛的刀具之一，在各类型刀具中，它的结构最为简单且制造方便，按不同的使用要求，可采用不同的材料和不同的结构。

1. 车刀的分类

车刀的种类较多，按用途可分为外圆车刀、内孔车刀、端面车刀、车槽车刀、螺纹车刀及成形车刀等，如图 2.24 所示；按结构可分为整体式、焊接式、机夹重磨式和可转位式。外圆车刀又分为直头和弯头车刀，通常以主偏角的数值命名，如 $\kappa_r = 90°$ 时称为 90°外圆车刀，$\kappa_r = 45°$ 时称为 45°外圆车刀。

2. 车刀的结构

1）整体式车刀

整体式车刀主要是高速钢车刀，截面为正方形或矩形，使用时根据不同用途刃磨成不

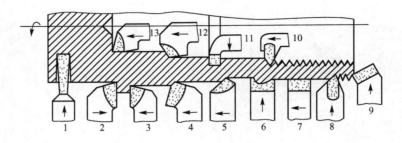

图 2.24　车刀的种类及其用途

1—切断刀；2—左偏刀；3—右偏刀；4—弯头车刀；5—直头车刀；
6—成形车刀；7—宽刃精车刀；8—外螺纹车刀；9—端面车刀；
10—内螺纹车刀；11—内槽车刀；12—通孔车刀；13—不通孔车刀

同刃型，如切槽刀，螺纹车刀等。整体式车刀适合制造成形车刀，可多次刃磨，主要用于小型零件或有色金属的加工。

2）焊接式车刀

焊接式车刀(图 2.25)是在普通碳钢刀杆上镶焊硬质合金刀片，经过刃磨而成。它的优点是结构简单、紧凑、刚性好，制造方便，使用灵活，可以根据需要进行刃磨，硬质合金的利用也较充分，故得到广泛的应用。但其也存在一定缺点：刀片在焊接和刃磨时会产生内应力，容易引起裂纹；刀杆不能重复使用，当刀片用完以后，刀杆也随之报废；刀具互换性差。

3）机夹式车刀(机夹重磨式车刀)

机夹式车刀是用机械夹固的方法将硬质合金刀片夹持在刀杆上的车刀，当刀片磨损后可以卸下重磨刀刃，再安装使用。与焊接式车刀相比，机夹式车刀的刀杆可多次重复使用，而且避免了因焊接而引起刀片裂纹、崩刃和硬度降低等缺点，提高了刀具寿命。图 2.26 所示为上压式机夹式车刀，用螺钉和压板从刀片的上面进行夹紧，并用调节螺钉适当调整切削刃的位置，需要时可在压板前端钎焊硬质合金作为断屑器。常用的夹紧方式还有侧压式、弹性夹紧式及切削力夹紧式等。

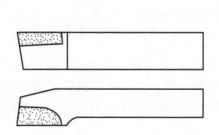

图 2.25　焊接式车刀

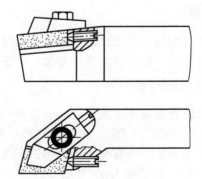

图 2.26　机夹式车刀

4）可转位式车刀(机夹不重磨车刀)

可转位式车刀是使用硬质合金可转位刀片的机夹车刀，由刀杆、刀片、刀垫和夹紧元件组成，如图 2.27 所示。可转位式车刀与普通机夹式车刀的区别在于切削刃用钝后不需要重磨，只要松开夹紧装置，将刀片转过一个位置，重新夹紧后便可使用新的切削刃进行切削。当全部切削刃都用钝后可更换相同规格的新刀片。可转位式车刀刀片已有国家标准，种类很多，可根据需要选择，常用的有四边形、三角形等。可转位式车刀是车刀发展的主要方向，它具有以下优点。

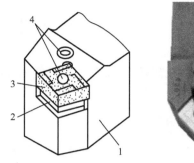

图 2.27 可转位式车刀

1—刀杆；2—刀垫；3—刀片；4—夹紧元件

（1）刀具寿命长：避免了焊接式车刀在焊接、刃磨刀片时所产生的热应力，提高了刀具的耐磨及抗破损能力，刀具寿命一般比焊接式车刀提高 1 倍以上。

（2）切削稳定可靠：可转位刀片的几何参数及卷屑槽形状是压制成形的（或用专门设备刃磨的），只要切削用量选择适当，能保证切削性能稳定、断屑可靠。

（3）生产效率高：可转位刀片转位、更换方便迅速，并能保持切削刃与工件的相对位置不变，从而减少了辅助时间（缩短 75%～85%），提高了生产效率。

（4）有利于涂层刀片的使用：可转位刀片不必焊接和刃磨，有利于涂层刀片的使用。涂层刀片的耐磨性、耐热性好，可提高切削速度并延长使用寿命。

（5）刀具已标准化：可实现一刀多用，减少储备量，便于刀具管理。

可转位车刀大都是利用刀片上的孔进行定位夹紧的。对定位夹紧结构的要求是定位精确，夹紧可靠，结构简单，操作方便，并且不应妨碍排屑。

5）成形车刀

成形车刀又称样板车刀，刃形根据工件廓形设计，是加工回转体成形表面的专用车刀。车削成形面时工件做回转运动，成形车刀只做横向进给运动。成形车刀加工质量稳定，生产效率高，刀具可重磨次数多、寿命长。但它的设计制造较复杂，成本较高，所以主要用于成批和大量生产时对中小尺寸零件的加工。限于制造工艺，成形车刀一般用高速钢材料制造。成形车刀按结构和形状可分为平体成形车刀、棱体成形车刀和圆体成形车刀三类，如图 2.28 所示。

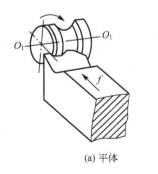 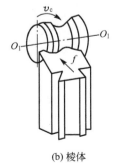 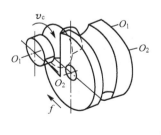

(a) 平体　　　　　　　(b) 棱体　　　　　　　(c) 圆体

图 2.28 成形车刀的类型

2.3 钻削、铰削和镗削加工

钻削、铰削和镗削是孔加工的常用方法，一般在钻床、镗床上进行，也可以在车床、铣床上进行。

2.3.1 钻削加工

钻削加工是用钻头或扩孔钻等在工件上加工孔的方法。用钻头在实体材料上加工孔的方法称为钻孔，用扩孔钻扩大已有孔的方法称为扩孔。

1. 钻削加工的特点

(1) 钻削加工一般在钻床上进行，也可以在车床上进行。在钻床上加工时，工件固定不动，刀具旋转为主运动，同时沿轴向移动完成进给运动。在车床上加工时，工件旋转为主运动，刀具沿轴向移动为进给运动。

(2) 钻头容易引偏，由于钻头的刚性及定心作用很差，或两主切削刃不对称，将会导致钻头轴线歪斜。上述两种钻孔方式由此产生的加工误差性质是不同的。在钻头旋转方式中，若钻头轴线歪斜会使被加工孔的轴线偏斜，但孔径基本不变；在工件旋转方式中，若钻头引偏会使孔径增大，而孔中心线仍然是直的(图 2.29)。在实际生产中，利用大直径短麻花钻刚性好的特点，预钻锥形定心坑[图 2.30(a)]，或用钻套为钻头导向[图 2.30(b)]，或钻孔前预先加工端面等方法以防止钻头引偏。

(3) 钻孔是半封闭式切削加工，排屑及散热条件较差，加工深孔时尤为突出。这将直接影响加工过程的顺利进行和钻头的使用寿命。

由上述特点可知，钻孔的加工质量较差，但对精度要求不高的孔，钻孔也可以作为终加工方法，如螺栓孔、润滑油通道的孔等。对于精度要求较高的孔，可由钻头进行预加工后再进行扩孔、铰孔或镗孔。对于深孔(长径比≥5)也可采用特殊的深孔钻进行加工。

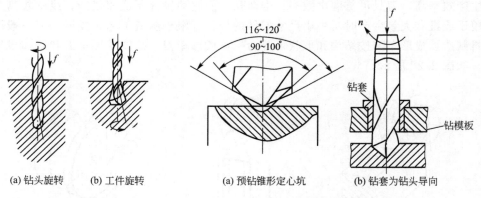

| (a) 钻头旋转 | (b) 工件旋转 | (a) 预钻锥形定心坑 | (b) 钻套为钻头导向 |

图 2.29 两种钻孔方式　　　　**图 2.30 减少引偏的措施**

【参考视频】

2. 钻床

钻床一般用于加工直径不大、精度要求不高的孔。在钻床上除了可以完成钻孔外，还能进行扩孔、铰孔、锪平面、攻螺纹等加工，如图 2.31 所示。

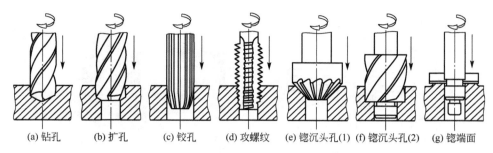

(a) 钻孔　(b) 扩孔　(c) 铰孔　(d) 攻螺纹　(e) 锪沉头孔(1)　(f) 锪沉头孔(2)　(g) 锪端面

图 2.31　钻床的加工方法

钻床的主参数是最大钻孔直径。钻床的主要类型有立式钻床、摇臂钻床、台式钻床、深孔钻床、数控钻床等。

1) 立式钻床

图 2.32 所示为立式钻床。它由工作台 1、主轴 2、主轴箱 3、立柱 4 和进给操纵机构 5 等部件组成。一般有 18mm、25mm、35mm、40mm、50mm 等多种规格。

主轴箱 3 中装有变速传动机构、主轴部件及操纵机构等。主轴箱固定不动，用移动工件的方法使刀具旋转中心与被加工孔的中心重合。进给运动由主轴 2 随主轴套筒在主轴箱中做直线移动来实现。利用进给操纵机构 5，使主轴实现手动快速升降、手动进给及接通或断开机动进给。被加工工件可直接或通过夹具安装在工作台 1 上。工作台和主轴箱都装在方形立柱 4 的垂直导轨上，可上下调整位置，以适应加工不同高度的工件。

立式钻床上用移动工件的办法来对准孔中心与主轴中心，因而操作不便，生产率不高，常用于中、小型工件的单件、小批量生产。

2) 摇臂钻床

对于一些体积和质量比较大的工件，因移动费力，找正困难，不便于在立式钻床上进行加工。这时可使用摇臂钻床，加工时工件固定不动而移动机床主轴，使主轴中心对准被加工孔的中心，找正十分方便。

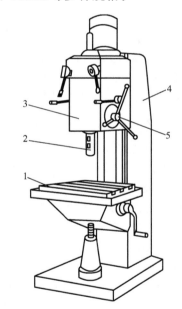

图 2.32　立式钻床
1—工作台；2—主轴；3—主轴箱；
4—立柱；5—进给操纵机构

图 2.33 所示为摇臂钻床。主轴箱 4 装在摇臂 3 上，可沿摇臂的导轨水平移动，而摇臂 3 可绕立柱 2 的轴线转动，因而能方便地调整主轴 5 的坐标位置，使主轴旋转轴线与被加工孔的中心线重合。此外，摇臂还可沿立柱升降，以便于加工不同高度的工件。为保证加工时机床有足够的刚度，并使主轴位置保持不变，摇臂回转及主轴箱移动都具有锁紧机构，当主轴位置调整完毕后，可迅速将它们锁紧。

摇臂钻床主轴中心位置调整方便，主轴转速范围和进给范围大，适用于单件和中、小批量生产中大、中型工件或多孔工件的钻削。

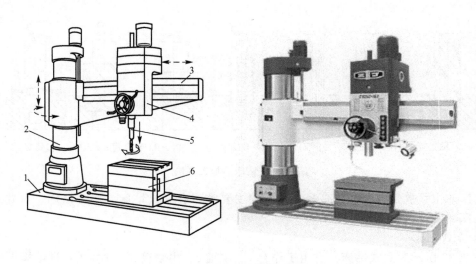

图 2.33　摇臂钻床

1—底座；2—立柱；3—摇臂；4—主轴箱；5—主轴；6—工作台

3) 台式钻床

台式钻床是放置在台桌上使用的小型钻床，结构简单，主轴通过变换 V 带在塔形带轮上的位置实现变速，手动进给，按最大钻孔直径划分有 2mm、6mm、12mm、16mm、20mm 等多种规格。常用于单件、小批量中小型工件的加工。

3. 钻削刀具

钻削所用的刀具有两类：一类是在实体工件上钻孔的刀具，如扁钻、麻花钻、中心钻及深孔钻等；另一类是对工件上已有孔进一步加工的刀具，如扩孔钻、锪钻等。

1) 麻花钻

麻花钻是钻孔最常用的刀具，一般由高速钢制成，淬火后的硬度达 62～68HRC。其加工精度一般为 IT13～IT11，表面粗糙度为 $Ra6.3～50\mu m$。

(1) 麻花钻的结构。图 2.34 所示为标准麻花钻的结构，它由柄部、颈部和工作部分三部分组成。

① 柄部：用于夹持钻头和传递动力。柄部有直柄与锥柄两种，直柄用于小直径钻头，锥柄用于大直径(＞12mm)钻头。锥柄后端做出扁尾，用于传递转矩和将钻头从钻套中取出。

② 颈部：工作部分和柄部的连接部分，也供磨削钻头时砂轮退刀和打印标记用。为制造方便，直柄麻花钻没有颈部。

③ 工作部分：钻头的主要部分，包括切削部分和导向部分。工作部分有两条对称的螺旋槽，是容屑和排屑的通道。

切削部分由两个前面、两个主后面、两个副后面组成，如图 2.34(c)所示。螺旋槽的螺旋面形成了钻头的前面，与工件过渡表面(孔底面)相对的端部曲面为主后面。与工件已加工表面(孔壁)相对的两条棱边为副后面。螺旋槽与主后面的两条交线为主切削刃。两个主切削刃由钻心连接，为增加钻头的刚度与强度，钻心制成正锥体。螺旋槽与棱边(副后面)的两条交线为副切削刃。两主后面在钻心处的交线构成了横刃。

导向部分，起引导钻头的作用，也是切削部分的备磨部分。导向部分有两条棱边(刃

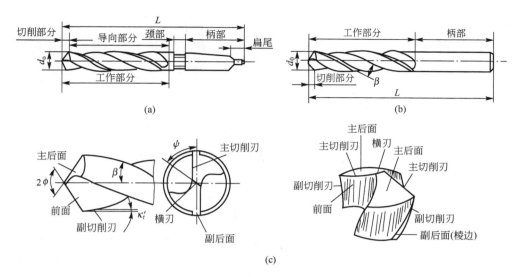

图 2.34　标准麻花钻的结构

带），棱边直径磨有 $0.03\sim0.12$mm/100mm 倒锥量，形成一定的副偏角 κ_r'。以减少钻头与加工孔壁的摩擦。

麻花钻的主要几何参数有螺旋角 β、顶角 2ϕ（一般 $2\phi=118°$，主偏角 $\kappa_r\approx\phi$）、前角 γ_o、后角 α_f 和横刃斜角 ψ、横刃长度等。

（2）麻花钻的修磨。由于麻花钻前刀面是螺旋面，所以主切削刃各点的前角变化很大，越接近钻芯，前角越小。对于标准麻花钻，外缘处前角为 $+30°$，到钻芯处减到 $-30°$，横刃处前角约 $-55°$。因此麻花钻工作时定心差，轴向力大，刚性差，排屑困难，一般只适于孔的粗加工。将钻头横刃磨短或增大前角，或修磨主刃顶角，或增开分屑槽，可以增加切削刃的锋利程度。如有条件也可按"群钻"进行修磨，将会大大改善麻花钻的切削效能，提高加工质量和钻头的使用寿命。群钻的基本特征如下：三尖七刃锐当先，月牙弧槽分两边，一侧外刃开屑槽，横刃磨得低窄尖。

2）扩孔钻

扩孔钻是用于扩大孔径和提高孔加工精度的刀具。扩孔常用作精加工前的预加工，也可作为要求不高的孔的最终加工。扩孔的加工精度为 IT10～IT9，表面粗糙度为 $Ra6.3\sim3.2\mu m$。如图 2.35 所示，扩孔钻的结构与麻花钻相近，但齿数较多，一般有 3 或 4 齿，因而导向性好。扩孔钻无横刃，容屑槽较浅，钻心直径大，强度和刚度较高，其加工经济精度为 IT10～IT9，表面粗糙度为 $Ra6.3\sim3.2\mu m$。扩孔钻的加工质量和生产率均比麻花钻高。扩孔钻结构形式有高速钢整体式和硬质合金镶齿套装式两种。整体式适于孔径 $\phi10\sim\phi30$mm，套装式适于孔径 $\phi30\sim\phi80$mm。近些年来，硬质合金可转位式扩孔钻也被广泛采用。

3）锪钻

锪钻用于加工各种沉孔、锥孔和凸台端面等。图 2.36（a）所示为带导柱平底锪钻，适用于加工圆柱形沉孔。它在端面和圆周上都有刀齿，前端有导柱，通过导柱作用使沉孔及其端面与圆柱孔保持一定的同轴度与垂直度。导柱尽可能做成可拆卸的，以利于制造和刃磨。图 2.36（b）所示为锥面锪钻，它的钻尖角有 $60°$、$90°$ 和 $120°$ 三种，用于加工中心孔或

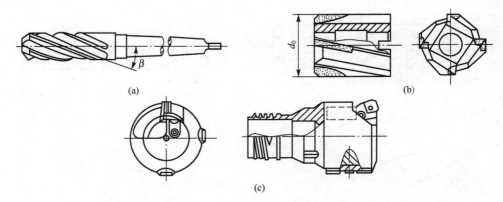

(a)

(b)

(c)

图 2.35　扩孔钻

孔口倒角。图 2.36(c)所示为端面锪钻，仅在端面上有切削齿，用来加工孔的端面，导柱可以保证端面与孔垂直。锪钻可制成高速钢锪钻、硬质合金锪钻和可转位式锪钻等。

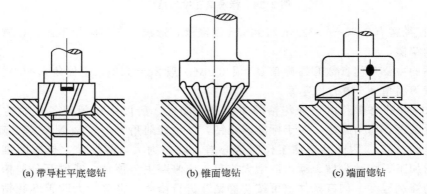

(a) 带导柱平底锪钻　　　　(b) 锥面锪钻　　　　(c) 端面锪钻

图 2.36　锪钻

2.3.2　铰削加工

铰削加工是用铰刀从未淬硬工件的孔壁上切除微量金属层，以提高其尺寸精度和降低表面粗糙度值的加工方法。铰孔可加工圆柱孔和圆锥孔，可以在机床上进行(机铰)，也可以手工进行(手铰)。铰孔是中、小尺寸孔的精加工方法之一，相对于内圆磨削和精镗而言，铰孔是一种较为经济实用的加工方法。

1. 铰削加工的特点

(1) 铰刀具有校准部分，可起校准孔径、修光孔壁的作用，使孔的加工质量得到提高。

(2) 铰刀是标准刀具，一定直径的铰刀只能加工一种直径和尺寸公差等级的孔。

(3) 铰孔只能保证孔本身的精度，而不能校正轴线的偏斜及孔与其他相关表面的位置误差。

(4) 生产率高，尺寸一致性好，适于成批和大量生产。钻→扩→铰是生产中常用的加工较高精度孔的工艺方案。

(5) 铰削适用于加工钢、铸铁和非铁金属材料，但不能加工硬度很高的材料(如淬火钢、冷硬铸铁等)。

2. 铰刀

铰刀（图 2.37）分为手用铰刀和机用铰刀两类。手用铰刀柄部为直柄，导向性好，常用于单件小批量生产或装配工作中，直径范围为 $\phi 1 \sim \phi 71 \mathrm{mm}$。机用铰刀分为直柄和锥柄两种，直径范围分别为 $\phi 1 \sim \phi 20 \mathrm{mm}$ 和 $\phi 5.5 \sim \phi 50 \mathrm{mm}$，铰直径较大的孔可采用套式铰刀，其直径范围为 $\phi 25 \sim \phi 80 \mathrm{mm}$。机用铰刀常用于成批生产中，可在钻床、车床、铣床和镗床等机床上进行铰孔。

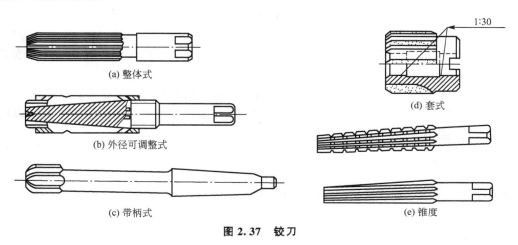

(a) 整体式

(b) 外径可调整式

(c) 带柄式

(d) 套式

(e) 锥度

图 2.37　铰刀

铰刀由工作部分、颈部及柄部组成。工作部分又分为切削部分与校准部分，如图 2.38 所示。

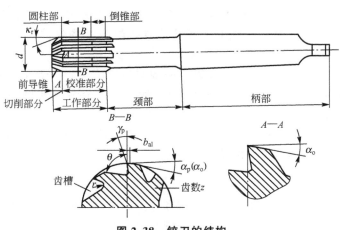

图 2.38　铰刀的结构

铰刀是多齿刀具，一般为 6～12 个齿。铰刀加工余量小，容屑槽浅，刚性大，导向性好，铰孔的加工精度可达 IT7～IT6，表面粗糙度可达 $Ra1.6 \sim 0.4 \mu\mathrm{m}$。

铰刀切削部分承担主要切削工作，主偏角 κ_{r} 一般较小，手用铰刀 κ_{r} 值一般取 $0.5° \sim 1.5°$，机用铰刀为提高切削效率，κ_{r} 一般为 $5° \sim 15°$。铰削时前角 γ_{o} 对切削变形的影响不显著，为了制造方便一般取 $\gamma_{\mathrm{o}}=0°$。仅在加工不锈钢等韧性材料时，取 $\gamma_{\mathrm{o}}=5° \sim 10°$。铰刀的后角一般取 $\alpha_{\mathrm{o}}=6° \sim 8°$，以使铰刀重磨后直径尺寸变化小些。铰刀切削部分的刀齿刃磨后应锋利，不留刃带；校准部分刀齿则必须留有 0.05～0.3mm 宽的刃带，以起修光和导向作用，也便于铰刀的制造和检验。

校准部分起校准孔径、修光孔壁及导向作用，包括圆柱部分和倒锥部分。圆柱部分的作用是保证被加工孔的加工精度和表面质量要求；倒锥部分的作用是减少铰刀与孔壁的摩擦和避免孔径扩大现象。

3. 铰削工艺要点

(1) 合理选择铰削用量，一般粗铰时余量为 0.15～0.5mm，精铰时余量为 0.05～0.15mm；切削速度 $v_c \leq 5$m/min；宜选用较大的进给量 0.3～1mm/r。

(2) 铰刀在孔中不可倒转，否则，铰刀与孔壁之间易挤住切屑，造成孔壁划伤或刀刃崩裂。

(3) 机铰时铰刀与机床最好用浮动连接方式，避免铰刀轴线与被铰孔轴线偏移。

(4) 铰制工件时，应经常清除刀刃上的切屑，并加注切削液进行润滑、冷却，以降低孔的表面粗糙度值。

2.3.3 镗削加工

【参考视频】

镗削加工是指利用镗刀对预制孔进行加工的方法。镗孔主要在镗床上进行，也可以在车床上进行。

1. 镗削加工的特点

(1) 镗削适宜加工机座、箱体、支架等外形复杂的大型零件上孔径较大、尺寸精度较高、有位置精度要求的孔和孔系。

(2) 镗削加工灵活性大，适应性强。一把镗刀可加工一定直径和长度范围内的孔，生产批量亦可大可小。在镗床上除镗削孔和孔系外，配备一些附件后，还可车外圆、车端面、铣平面等。

(3) 镗削加工能获得较高的精度和较小的表面粗糙度值。一般尺寸精度等级为 IT8～IT7，表面粗糙度为 $Ra1.6～0.8\mu m$。若采用坐标镗床、金刚镗床和加工中心，则加工精度和表面质量可更高。

(4) 镗床和镗刀调整复杂，操作技术要求高，在不使用镗模的情况下，生产率较低。在大批量生产中，可使用镗模来提高生产率。

2. 镗床

镗床的主要类型有卧式镗床、坐标镗床和金刚镗床等。镗床的工艺范围较广，除镗孔外，还可以进行铣削、钻孔、扩孔、铰孔和锪平面等加工。

1) 卧式镗床

图 2.39 所示为卧式镗床。加工时，镗刀安装在镗轴 4 前端的锥孔中或装在平旋盘 5 上，由主轴箱 8 获得各种转速和进给量。主轴箱 8 可沿前立柱 7 的导轨上下移动，以实现垂直进给运动或调整镗轴轴线的位置。工件安装在工作台 3 上，与工作台一起随上滑座 11 或下滑座 12 做横向或纵向移动。工作台还可在上滑座的圆导轨上绕垂直轴线转位，以便加工相互成一定角度的孔或平面。装在主轴上的镗刀不仅完成旋转主运动，还可沿轴向移动做进给运动。当镗杆悬伸长度较长时，用后支架 1 来支承它的悬伸端，以增加刚性。后

支架 1 可沿后立柱 2 的垂直导轨与主轴箱 8 同步升降，以保证其支承孔与主轴在同一轴线上。后立柱还可沿床身导轨调整纵向位置，以适应不同长度的镗杆的需求。当刀具装在平旋盘 5 上的径向刀架上时，径向刀架带着刀具做径向进给，可车削端面。

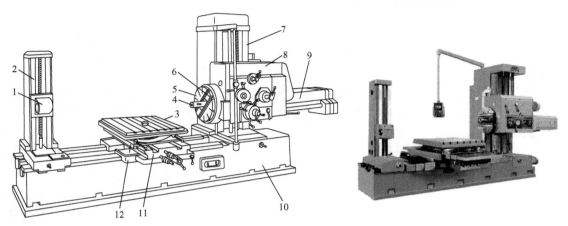

图 2.39　卧式镗床

1—后支架；2—后立柱；3—工作台；4—镗轴；5—平旋盘；6—径向刀具溜板；
7—前立柱；8—主轴箱；9—后尾筒；10—床身；11—上滑座；12—下滑座

卧式镗床的主要参数是主轴直径。其工艺范围广泛，尤其适合大型、复杂的箱体类零件上孔的加工。卧式镗床的结构复杂，生产效率较低，通常适用于单件小批生产。

2）坐标镗床

坐标镗床是指具有精密坐标定位装置的镗床。这种机床主要零部件的制造和装配精度很高，具有良好的刚性和抗振性。它主要用来镗削精密孔(IT5 或更高)和位置精度要求很高的孔系（定位精度达 0.002～0.01mm)，如钻模、镗模上的精密孔。

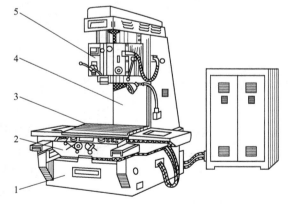

坐标镗床除镗孔外，还可进行钻孔、扩孔、铰孔、精铣平面和沟槽等加工。此外，还可进行孔距和直线尺寸的精密测量及精密刻线、划线等工作。

坐标镗床按其布局形式不同分为立式单柱、立式双柱和卧式等类型。图 2.40 所示为立式单柱坐标镗床。加工时，刀具由主轴带动旋转做主运动，并在垂直方向做机动进给运动。工件固定在工作台 3 上，坐标位置由工作台的移动来确定。

图 2.40　立式单柱坐标镗床

1—床身；2—床鞍；3—工作台；
4—立柱；5—主轴箱

3. 镗刀

镗刀可分为单刃镗刀和双刃镗刀。单刃镗刀如图 2.41 所示，结构与车刀类似，只有一个主切削刃。单刃镗刀一般均有调整装置。在精镗机床上常采用微调镗刀以提高调整精度，如图 2.42 所示。松开紧固螺钉 1，旋转有精密刻度的精调螺母 2，将镗刀直径调到所需直径后再拧紧紧固螺钉即可镗孔。单刃镗刀的结构简单、通用性强，能纠正镗孔轴线的偏斜。但刀具刚性差，精度不容易控制，生产效率低，多用于单件小批生产。

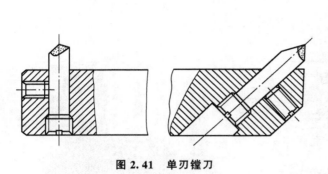

图 2.41　单刃镗刀

图 2.42　微调镗刀

1—紧固螺钉；2—精调螺母；

3—镗刀头；4—刀片；5—镗杆；6—导向键

双刃镗刀两边都有切削刃，工作时径向力平衡，工件的孔径尺寸精度由镗刀尺寸保证。镗刀上的两个刀块可以径向调整，因此，可以加工一定尺寸范围的孔。双刃镗刀有固定式镗刀和浮动式镗刀。固定式镗刀两个刀块经调整后夹紧在镗刀杆上，主要用于粗镗或半精镗。精镗多采用浮动式镗刀(图 2.43)。刀块 1 以间隙配合装入镗杆的径向孔中，无需夹紧。工作时，刀块 1 在切削力的作用下保持平衡，可以减少镗刀块安装误差及镗杆径向跳动引起的加工误差，但不能纠正孔的直线度误差和相互位置误差。

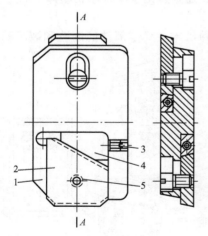

图 2.43　浮动式镗刀

1—刀块；2—刀片；3—调节螺钉；

4—斜面垫板；5—紧固螺钉

4. 镗孔的三种加工方式

(1) 刀具旋转、工件做进给运动，如图 2.44(a)所示为在镗床上镗孔的情况，镗床主轴带动镗刀旋转，工作台带动工件做进给运动。这种镗孔方式镗杆悬伸长度 L 一定，镗杆变形对孔的轴向形状精度无影响，但工作台进给方向的偏斜会使孔中心线产生位置误差。镗深孔或离主轴端面较远的孔时，为提高镗杆刚度和镗孔质量，镗杆由主轴前端锥孔和镗床立柱的尾座支承。

(2) 刀具旋转并做进给运动，如图 2.44(b)所示的镗孔方式，镗杆的悬伸长度是变化的，带来镗杆的受力变形的变化必然使被加工孔产生形状误差，使靠近主轴箱处的孔径大、远离主轴箱处的孔径小，形成轴向误差。此外，镗孔的悬伸长度增大，主轴因自重引起的弯曲变形也增大，孔轴线将产生相应的弯曲。这种镗孔方式只适用于加工较短的孔。

(3) 工件旋转、刀具做进给运动，如图 2.44(c)所示，类似于车床上大多数镗孔方式，其工艺特点如下：加工后孔的轴心线与工件的回转轴线一致，孔的圆度主要取决于机床主

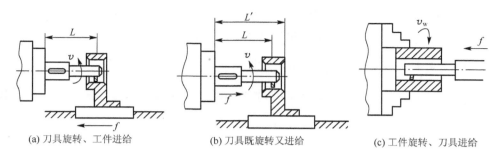

(a) 刀具旋转、工件进给　　　　　　(b) 刀具既旋转又进给　　　　　　(c) 工件旋转、刀具进给

图 2.44　不同镗孔方式

轴的回转精度，孔的轴向几何形状误差主要取决于刀具进给方向相对于工件回转轴线的位置精度。这种镗孔方式适用于加工与外圆表面有同轴度要求的孔。

【**小思考 2 - 2**】　加工不同类型的孔时，如何判定是选择钻削、铰削还是镗削？

2.4　铣削加工

铣削加工是用铣刀在铣床或加工中心上加工的方法。铣削时铣刀的旋转运动为主运动，工件的直线运动为进给运动。它是一种应用非常广泛的加工方法。

2.4.1　铣削加工的特点

（1）工艺范围广。铣削可以加工平面、台阶面、沟槽、螺旋表面、成形表面等，还可以切断，如图 2.45 所示。

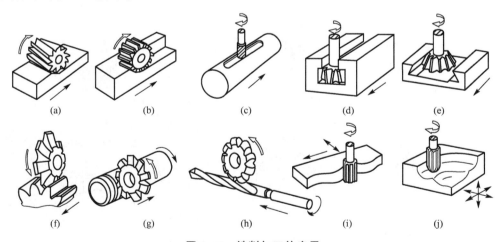

(a)　　　　(b)　　　　(c)　　　　(d)　　　　(e)

(f)　　　　(g)　　　　(h)　　　　(i)　　　　(j)

图 2.45　铣削加工的应用

（2）生产效率高。铣刀是多刃刀具，铣削时同时参加切削的刀齿数多，并可采用较高的切削速度，所以铣削的生产效率较高。

（3）切削过程不平稳。铣削是断续切削过程，铣削力在不断变化，使切削过程不平稳。刀齿切入切出时受到很大的机械冲击，易引起振动。同时，刀齿还经受时冷时热的热应力冲击，容易出现裂纹和崩刃。

（4）加工质量中等。粗铣的加工精度可达 IT13～IT11，表面粗糙度为 $Ra12.5\mu m$；精铣的加工精度可达 IT8～IT7，表面粗糙度为 $Ra6.3～1.6\mu m$。

2.4.2 铣床

【参考视频】

铣床的类型很多，主要有卧式铣床、立式铣床、龙门铣床、数控铣床及加工中心等。

1．卧式升降台铣床

卧式万能铣床是目前应用较广泛的一种升降台铣床，如图 2.46 所示。床身 2 固定在底座上，内部装有主电动机、主轴变速机构 1 及主轴 3 等。床身顶部的导轨上装有横梁 4，可沿水平方向调整其前后位置。安装铣刀的铣刀杆，一端插入主轴，另一端由横梁 4 上的刀杆支架 5 支承，主轴带动铣刀旋转实现主运动。升降台 9 安装在床身前侧的垂直导轨上，可上下垂直移动。升降台内装有进给变速机构 10，用于工作台的进给运动和快速移动。在升降台的横向导轨上装有回转盘 7，它可绕垂直轴在 ±45° 范围内调整角度。工作台 6 安装在回转盘 7 上的床鞍导轨上，可沿导轨做纵向移动。横溜板可带动工作台沿升降台横向导轨做横向移动。因此，固定工件的工作台，可以在三个方向上调整位置，并可以带动工件实现其中任一方向的进给运动。

2．立式升降台式铣床

图 2.47 所示为立式升降台铣床。立式升降台铣床与卧式升降台铣床的主要区别是安装铣刀的主轴 2 垂直于工作台面，其工作台 3、床鞍 4 及升降台 5 与卧式升降台铣床相同。在立式铣床上可用各种面铣刀或立铣刀加工平面、斜面、沟槽、凸轮及成形表面等。立铣头 1 可根据加工要求在垂直平面内调整角度，主轴 2 可沿轴线方向进行调整。

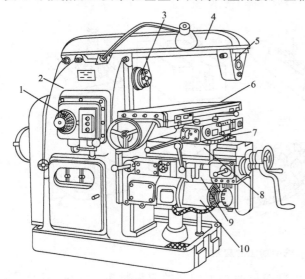

图 2.46　卧式升降台铣床

1—主轴变速机构；2—床身；3—主轴；4—横梁；

5—刀杆支架；6—工作台；7—回转盘；

8—横滑板；9—升降台；10—进给变速机构

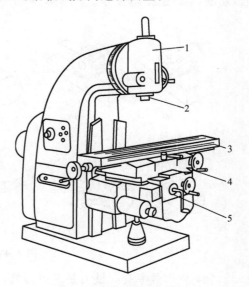

图 2.47　立式升降台铣床

1—立铣头；2—主轴；3—工作台；

4—床鞍；5—升降台

3. 龙门铣床

龙门铣床主体采用龙门式框架，如图 2.48 所示，在它的横梁 3 和立柱 5、7 上安装着铣削头。横梁可在立柱上升降，以适应不同高度工件的加工。两个垂直铣削头 4、8 可在横梁上沿水平方向调整位置。两个水平铣头 2、9 可沿垂直方向调整位置。每个铣削头都是一个独立的部件，铣刀旋转为主运动，工作台带动工件做纵向进给运动，铣削头可沿各自轴线做轴向移动，实现进给运动。

龙门铣床主要用于大型工件的平面、沟槽的加工。龙门铣床的刚性好，加工精度较高，可用多把铣刀同时铣削，所以生产率较高，适于成批和大量生产。

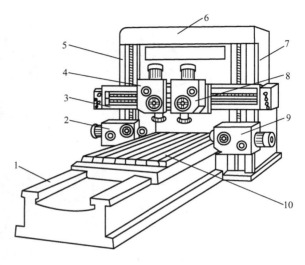

图 2.48　龙门铣床

1—床身；2、9—水平铣头；3—横梁；
4、8—垂直铣头；5、7—立柱；6—顶梁；10—工作台

2.4.3　铣刀

铣刀的种类很多，按用途可分为加工平面用铣刀、加工沟槽用铣刀、加工成形面用铣刀三种类型。

1. 加工平面用铣刀

1）圆柱铣刀

圆柱铣刀如图 2.49(a)所示，切削刃分布在圆柱表面上，没有副切削刃。圆柱铣刀按结构形式可分为高速钢整体式和硬质合金镶齿式。圆柱铣刀安装后刚性较差，容易产生振动，生产率低，主要用于卧式铣床上加工宽度小于铣刀长度的狭长平面。

根据加工要求不同，圆柱铣刀有粗齿、细齿之分。粗齿的容屑槽大，用于粗加工，细齿的用于精加工。

2）面铣刀

面铣刀如图 2.49(b)所示，主切削刃分布在圆柱或圆锥表面上，端面切削刃为副切削刃，铣刀的轴线垂直于被加工表面。面铣刀按刀齿材料分为高速钢和硬质合金两大类，多制成套式镶齿结构。主要用在立式铣床上加工平面，特别适合较大平面的加工。面铣刀安装后刚性好，可采用较大的切削用量，生产效率高；有副切削刃的修光作用，使加工表面粗糙度值小，因此应用广泛。

2. 加工沟槽用铣刀

1）盘形铣刀

盘形铣刀有槽铣刀、两面刃铣刀、三面刃铣刀和错齿三面刃铣刀，如图 2.49(c)～图 2.49(f)所示。槽铣刀一般用于加工浅槽；两面刃铣刀用于加工台阶面；三面刃铣刀用于切槽和加工台阶面。锯片铣刀是薄片的槽铣刀，只在圆周上有刀齿，用于切削窄槽或切断工件。为了避免夹刀，其厚度由边缘向中心减薄，使两侧形成副偏角。

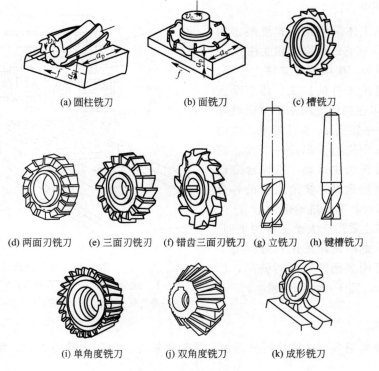

(a) 圆柱铣刀　(b) 面铣刀　(c) 槽铣刀

(d) 两面刃铣刀　(e) 三面刃铣刀　(f) 错齿三面刃铣刀　(g) 立铣刀　(h) 键槽铣刀

(i) 单角度铣刀　(j) 双角度铣刀　(k) 成形铣刀

图 2.49　铣刀类型

2) 立铣刀

立铣刀如图 2.49(g)所示，用于加工平面、台阶面和沟槽等。立铣刀一般由 3 或 4 个刀齿组成，圆柱面上的切削刃是主切削刃，端刃是副切削刃。用立铣刀铣槽时槽宽有扩张，故应取直径比槽宽略小的铣刀(0.1mm 以内)。

3) 键槽铣刀

键槽铣刀如图 2.49(h)所示，它的外形与立铣刀相似，所不同的是它在圆周上只有两个螺旋刀齿，其端面刀齿的刀刃延伸至中心，因此在铣削圆头封闭键槽时，可以做适量的轴向进给。键槽铣刀重磨时只磨端刃。

4) 角度铣刀

角度铣刀有单角度铣刀[图 2.49(i)]和双角度铣刀[图 2.49(j)]，用于铣削沟槽和斜面。角度铣刀大端和小端直径相差较大时，往往造成小端刀齿过密，容屑空间较小。

加工沟槽的铣刀已标准化，由工具厂生产。

3. 加工成形面用铣刀

1) 成形铣刀

如图 2.49(k)所示，成形铣刀是用于加工成形表面的刀具，其刀齿廓形要根据被加工工件的廓形专门设计。

2) 模具铣刀

模具铣刀用于加工模具型腔或凸模成形表面，在模具制造中广泛应用。按工作部分外形可分为圆锥形平头、圆柱形球头、圆锥形球头等。硬质合金模具铣刀可取代金刚石锉刀和磨头来加工淬火后硬度小于 65HRC 的各种模具，切削效率可提高几十倍。

2.4.4　铣削方式

选择合适的铣削方式可减少振动，使铣削过程保持平稳，从而提高工件加工质量、铣刀寿命及铣削生产率。

1. 端铣和周铣

铣削方式分为端铣和周铣两种：用排列在铣刀端面上的刀齿进行铣削称为端铣；用排列在铣刀圆柱面上的刀齿进行铣削称为周铣。端铣的生产率和加工表面质量都比周铣高。目前在平面铣削中，大多采用端铣。周铣用来加工成形表面和组合表面。

2. 逆铣和顺铣

周铣有逆铣和顺铣两种方式，如图 2.50 所示。

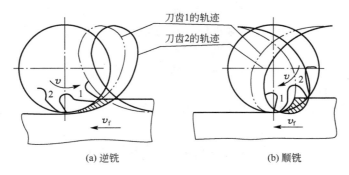

(a) 逆铣　　　　　　　　(b) 顺铣

图 2.50　逆铣和顺铣

1）逆铣

铣削时，铣刀切入工件时的切削速度方向和工件的进给方向相反，这种铣削方式称为逆铣，如图 2.50(a) 所示。逆铣时，刀齿的切削厚度从零逐渐增大至最大值。刀齿在开始切入时，由于切削刃钝圆半径的影响，刀齿在已加工表面上滑擦一段距离后才能真正切入工件，因而刀齿磨损快，加工表面质量较差。此外，刀齿对工件的垂直铣削分力向上，不利于工件的夹紧。但在逆铣时，工作台所受纵向铣削分力与纵向进给方向相反，使丝杠与螺母间传动面始终贴紧，故工作台不会发生窜动现象，铣削过程较平稳。

2）顺铣

铣削时，铣刀切出工件时的切削速度方向与工件的进给方向相同，这种铣削方式称为顺铣，如图 2.50(b) 所示。顺铣时，刀齿的切削厚度从最大逐渐减至零，没有逆铣时的刀齿滑行现象，刀具使用寿命比逆铣时长，已加工表面质量较高。从图 2.50(b) 中可以看出，顺铣时刀齿对工件的垂直铣削分力始终将工件压向工作台，避免了上下振动，故加工比较平稳。但纵向铣削分力方向始终与进给方向相同，如果工作台驱动丝杠与螺母传动副有间隙，会使工作台带动丝杠窜动，造成工作台振动和进给不均匀，容易打刀。因此，如采用顺铣，必须要求铣床工作台进给丝杠螺母副有消除侧向间隙机构。

3．对称铣削与不对称铣削

端铣时有以下三种铣削方式。

（1）对称铣削[图 2.51(a)]：工件安装在端铣刀的对称位置上，切入、切出时切削厚度相同，具有较大的平均切削厚度，可避免刀齿在前一刀齿切过的冷硬层上工作。一般端铣多用这种铣削方式，尤其适于铣削淬硬钢。

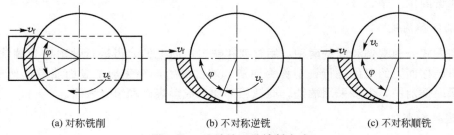

(a) 对称铣削　　　　　　(b) 不对称逆铣　　　　　　(c) 不对称顺铣

图 2.51　端铣的三种铣削方式

（2）不对称逆铣[图 2.51(b)]：这种铣削在切入时切削厚度最小，切出时切削厚度最大，铣削碳钢和一般合金钢时，可减小切入时的冲击，提高端铣刀的使用寿命。

（3）不对称顺铣[图 2.51(c)]：这种铣削方式在切入时切削厚度最大，切出时切削厚度最小。实践证明，不对称顺铣用于加工不锈钢和耐热合金时，可减少硬质合金的剥落磨损，可将切削速度提高 $40\% \sim 60\%$。

【小思考 2-3】　车削和铣削的主要区别是什么？

2.5　刨削和拉削加工

2.5.1　刨削加工

刨削加工是在刨床上利用刨刀对工件进行切削加工的一种方法。刨刀或工件所做的直线往复运动是主运动，进给运动是工件或刀具沿垂直于主运动方向所做的间歇运动。刨削主要用于加工平面、沟槽和成形面，如图 2.52 所示。刨削加工精度一般可达 IT8～IT7，表面粗糙度可达 $Ra6.3 \sim 1.6\mu m$。

1．刨削加工的特点

（1）加工费用低。刨床结构简单，操作方便，通用性好；刨刀结构简单，易于刃磨。

（2）适于加工窄长的平面及沟槽，可达到较高的直线度。

（3）生产率较低。由于主运动是直线往复运动，因而限制了切削速度的提高，又存在空行程，故生产率不高，适于单件小批生产。但在加工窄长平面和进行多件或多刀加工时，生产率较高。

（4）刨削过程中有冲击，冲击力的大小与切削用量、工件材料、切削速度等有关。

2．刨床

【参考视频】　刨削类机床主要有牛头刨床、龙门刨床和插床三种类型。

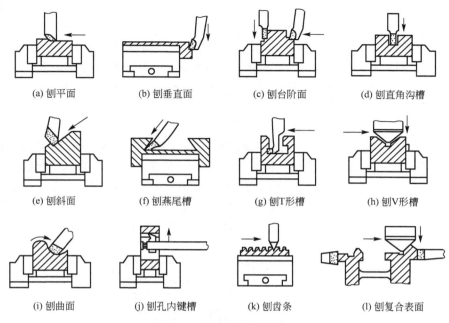

(a) 刨平面　　　　　　(b) 刨垂直面　　　　　(c) 刨台阶面　　　　　(d) 刨直角沟槽

(e) 刨斜面　　　　　　(f) 刨燕尾槽　　　　　(g) 刨T形槽　　　　　(h) 刨V形槽

(i) 刨曲面　　　　　　(j) 刨孔内键槽　　　　(k) 刨齿条　　　　　　(l) 刨复合表面

图 2.52　刨削的工艺范围

1）牛头刨床

牛头刨床主要由床身、滑枕、刀架、横梁、工作台等组成，如图 2.53 所示。

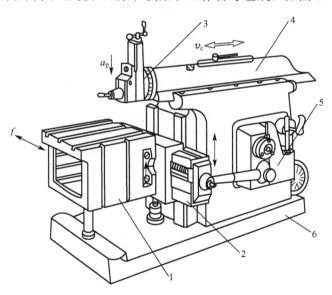

图 2.53　牛头刨床

1—工作台；2—滑座；3—刀架；4—滑枕；5—床身；6—底座

　　牛头刨床工作时，装有刀架的滑枕 4 由床身 5 内部的摆杆带动，沿床身顶部的导轨做直线往复运动，使刀具实现切削过程的主运动。通过调整变速手柄可以改变滑枕的运动速度，行程长度可通过滑枕行程调节手柄调节。刀具安装在刀架 3 前端的抬刀板上，转动刀架上方的手轮,可使刀架沿滑枕前端的垂直导轨上下移动。刀架还可沿水平轴偏转,用以刨削侧面和斜面。滑枕回程时,抬刀板可将刨刀朝前上方抬起,以免刀具擦伤已加工表面。夹具或工件则安装在工作台1上,并可沿横梁上的导轨做间歇的横向移动,实现切削过程的进给运动,横梁还可以沿床身的竖直导轨上、下移动,以调整工件与刨刀的相对位置。

牛头刨床的主要参数是最大刨削长度,它适用于单件小批生产或机修车间,主要用于加工中、小型零件。

【参考视频】

2)龙门刨床

龙门刨床主要用于加工大型或重型零件上的平面、沟槽和各种导轨面。如图2.54所示,它由床身1、工作台2、横梁3、立刀架4、顶梁5、立柱6、侧刀架9等部分组成。龙门刨床的主参数是最大刨削宽度。与牛头刨床相比,其体积大,结构复杂、刚性好,传动平稳,工作行程长,主要用来加工大型复杂零件的平面,或同时加工多个中、小型零件,加工精度和生产率都比牛头刨床高。

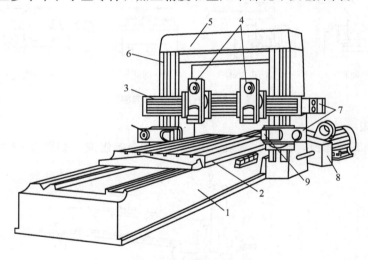

图2.54 龙门刨床

1—床身;2—工作台;3—横梁;4—立刀架;
5—顶梁;6—立柱;7—进给箱;8—驱动机构;9—侧刀架

【参考视频】

3)插床

插床多加工与安装基面垂直的面,如插键槽等,故为立式。插床相当于立式牛头刨床,滑枕带动刀具做上下往复运动,工件可做纵横两个方向的移动。圆工作台还可作分度运动,以插削按一定角度分布的几条键槽。

牛头刨床和插床,刀具的回程都无法利用,换向冲击又限制了切削速度的提高,故生产率较低,多用于单件、小批生产车间和工具、修理车间。牛头刨床和插床已在很大程度上分别被铣床和拉床所代替。

3. 刨刀

刨削所用的刀具是刨刀。按加工表面的形状和用途分类,刨刀一般可分为平面刨刀、偏刀、角度偏刀、切刀、弯切刀和样板刀等,如图2.55所示。平面刨刀用来刨平面;偏刀用来刨垂直面或斜面;角度偏刀用来刨燕尾槽和角度;弯切刀用来刨T形槽及侧面槽;

切刀及割槽刀用来切断工件或刨沟槽。此外，还有成形刀，用来刨特殊形状的表面。刨刀的形状与车刀相似，但由于刨削过程是不连续的，刨削冲击力易损坏刀具，因而刨刀刀杆截面通常要比车刀的大。为了避免刨刀扎入工件，刨刀常做成弯头的。

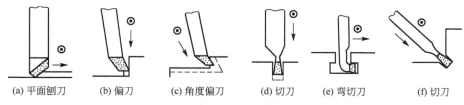

(a) 平面刨刀　　(b) 偏刀　　(c) 角度偏刀　　(d) 切刀　　(e) 弯切刀　　(f) 切刀

图 2.55　刨刀类型

2.5.2　拉削加工

拉削加工是用各种不同的拉刀在拉床上切削出内、外几何表面的一种加工方式。拉削时，拉刀与工件的相对运动为主运动，一般为直线运动，如图 2.56 所示。拉刀是多齿刀具，后一刀齿比前一刀齿高，进给运动靠刀齿的齿升量（前后刀齿高度差）来实现。

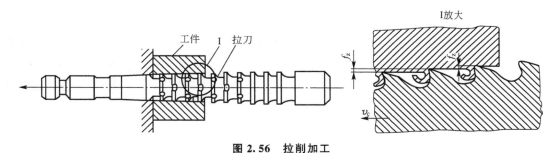

图 2.56　拉削加工

当刀具在切削过程中不是承受拉力而是压力时，这种加工方法称为推削加工，这时的刀具叫推刀。推削加工主要用于修光孔和校正孔的变形。

1. 拉削加工的特点

(1) 生产率高。由于拉刀是多齿刀具，同时参加工作的刀齿数较多，总的切削宽度大，并且拉削的一次行程能够完成粗加工、半精加工和精加工。

(2) 加工质量好。拉刀为定尺寸刀具，具有校准齿进行校准修光工作，拉床一般采用液压传动，拉削过程平稳。

(3) 拉床简单，只有一个主运动，结构简单，操作方便。

(4) 拉刀使用寿命长。拉削时切削速度较低，刀具磨损慢，拉刀刀齿磨钝后可多次重磨。

(5) 拉削属于封闭式切削，容屑、排屑和散热均较困难。

(6) 拉刀结构复杂，制造成本高，且属于专用刀具，所以拉削适用于成批大量生产。

拉削可以加工各种形状的内孔、平面及成形表面等，但只能加工贯通的等截面表面。图 2.57 所示为拉削的一些典型表面形状。拉削的加工精度可达 IT8～IT7，表面粗糙度可达 $Ra3.2\sim0.8\mu m$。

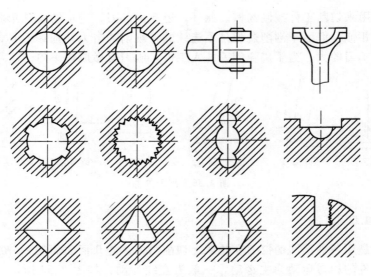

图2.57 拉削的典型表面形状

2. 拉床

拉床按用途可分为内拉床和外拉床；按布局可分为卧式、立式、连续式拉床等。卧式内拉床是最常用的拉床，外形如图2.58所示，主要用于加工各种内表面，如圆孔、花键孔、键槽等。

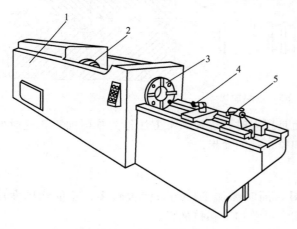

图2.58 卧式内拉床
1—床身；2—液压缸；3—支撑座；
4—滚柱；5—护送夹头

3. 拉刀

1）拉刀的种类

拉刀按所加工表面的不同分为内拉刀和外拉刀两大类。内拉刀常用的有圆孔拉刀、方孔拉刀、花键拉刀、渐开线齿轮拉刀等。外拉刀常用的有平面拉刀、齿槽拉刀、直角拉刀等。

2）拉刀的结构

拉刀的种类很多，但其组成部分基本相同。图2.59所示为圆孔拉刀结构。拉刀的头部是拉刀的夹持部分，用于传递动力。颈部是头部和过渡锥之间的连接部分，以便于头部穿过拉床的挡壁，此处可以打标记。过渡锥用于引导拉刀逐渐进入工件孔中。前导部用于引导拉刀正确地进入孔中，防止拉刀歪斜。切削部担负全部余量的切削工作，由粗切齿、过渡齿和精切齿三部分组成。相邻刀齿的半径差称为齿升量 f_z，粗切齿齿升量较大，由过渡齿齿升量逐步递减至精切齿。校准部起修光和校准作用，并可作为精切齿的后备齿，校准齿齿升量等于零。后导部用于保持拉刀最后的正确位置，防止拉刀即将切离工件时因下垂而损坏已加工表面或刀齿。尾部用于又长又重的拉刀，可以支承并防止拉刀下垂，一般拉刀则不需要。

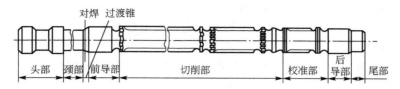

图 2.59 圆孔拉刀结构

【小思考 2-4】 刨削和拉削各自的优缺点是什么?

2.6 磨 削 加 工

用磨料磨具(砂轮、砂带、油石、研磨料等)对工件表面进行加工的方法称为磨削加工。它不仅可以加工内外圆柱面和圆锥面、平面、螺旋面、齿面等各种表面,还可以刃磨刀具,应用十分广泛。磨削一般常用于半精加工和精加工,在毛坯制造精度日益提高的情况下,也可以直接把毛坯磨削至成品。

2.6.1 磨削加工的特点

磨削加工本质上属于切削加工,但与通常的切削加工相比又有以下显著特点。

(1)具有很高的加工精度和很小的表面粗糙度值。磨削精度可达 IT5~IT6 或更高。普通磨削时表面粗糙度为 $Ra0.8 \sim 0.2\mu m$,精密磨削表面粗糙度可达 $Ra0.025\mu m$;镜面磨削表面粗糙度可达 $Ra0.01\mu m$。

(2)具有很高的磨削速度。在磨削时,砂轮的转速很高,普通磨削可达 30~35m/s,高速磨削可达 45~60m/s,甚至更高。

(3)磨削温度高。磨削时单位能耗大,磨削速度高,产生大量的切削热,加上砂轮的导热性很差,所以磨削区会形成瞬时高温,一般可达 800~1000℃。因此,在磨削时要充分供给切削液以将热量带走,否则易烧伤工件。

(4)具有很小的切削余量。磨粒的切削厚度极薄,均在微米级以下,因此,加工余量比其他切削加工要小得多。

(5)能够磨削硬度很高的材料。磨削除能加工普通材料外,还能加工一般刀具难以切削的高硬度材料,如淬硬钢、硬质合金及其他坚硬材料。但磨削不宜精加工塑性较大的有色金属工件。

2.6.2 磨床

用磨料磨具对工件进行磨削加工的机床称为磨床。磨床的种类很多,主要类型有外圆磨床、内圆磨床、平面磨床、工具磨床、各种刀具刃磨床和专门化磨床(如曲轴磨床、花键轴磨床),以及珩磨机、研磨机等。近年来,随着各种高强度高硬度材料的广泛应用,以及零件加工要求的不断提高,磨削加工的应用范围日益扩大。在工业发达国家,磨床占机床总数的 30%~40%,在轴承制造业中则达 60% 左右。

1. 万能外圆磨床

万能外圆磨床主要用于磨削内、外圆柱和圆锥表面,也能磨削阶梯轴的轴肩和端面。

其主参数是最大磨削直径，一般加工精度为 IT6～TT7，表面粗糙度 $Ra1.25～0.08\ \mu m$。万能外圆磨床的通用性好，但磨削效率不高，适用于单件小批生产。

1) 机床结构

图 2.60 所示为 M1432A 型万能外圆磨床。机床由以下主要部件组成。

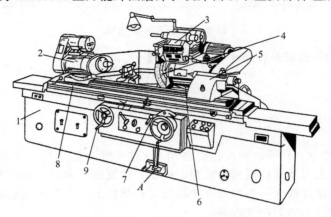

图 2.60　M1432A 型万能外圆磨床

1—床身；2—头架；3—内圆磨具；

4—砂轮架；5—尾座；6—滑鞍；7—手轮；8—工作台

（1）床身 1：磨床的基础支承件，上面装有砂轮架 4、工作台 8、头架 2、尾座 5 等，使它们在工作时保持准确的相对位置。床身内部有油箱和液压系统。

（2）头架 2：用于装夹工件并带动工件旋转。在水平面内可绕垂直轴线转动一定角度，以磨削短圆锥面或小平面。

（3）工作台 8：由上下两层组成。上工作台可相对于下工作台在水平面内旋转一个不大的角度以磨削锥度较小的长圆锥面。上工作台的台面上装有支承工件的头架 2 和尾座 5，它们随下工作台一起，沿床身导轨做纵向往复运动。

（4）砂轮架 4：用来支承并带动砂轮随主轴高速旋转。砂轮架装在滑鞍上，利用进给机构实现横向进给运动。当需要磨削短圆锥面时，砂轮架可绕垂直轴线转动一定角度。

（5）内圆磨具 3：用于支承并带动磨削内孔的砂轮随主轴旋转。该主轴由单独的电动机驱动。

（6）尾座 5：尾座上的后顶尖和头架的前顶尖一起支承工件。

2) 机床的运动

图 2.61 所示为万能外圆磨床加工示意图。由图 2.61 可以看出，为了实现磨削加工，机床必须具备以下运动：砂轮的旋转主运动 n_1；工件的圆周进给运动 n_2；工件的往复纵向进给运动 f_1（通常由液压传动实现）；砂轮的周期或连续横向进给运动 f_2（由手动或者液压传动实现）。此外，还有砂轮架快速进退和尾座套筒缩回两个辅助运动，它们也采用液压传动方式。

【参考视频】

2. 平面磨床

平面磨床用于磨削各种零件上的平面。根据砂轮主轴的布置和工作台形状的不同，平面磨床主要有卧轴矩台式、卧轴圆台式、立轴矩台式和立轴圆

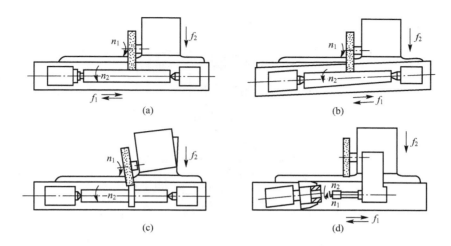

图 2.61 万能外圆磨床加工示意图

台式四种类型，如图 2.62 所示。

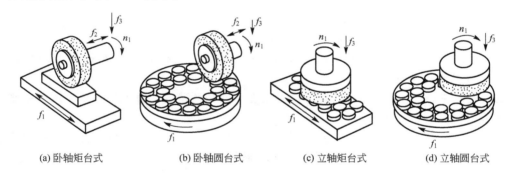

(a) 卧轴矩台式　　(b) 卧轴圆台式　　(c) 立轴矩台式　　(d) 立轴圆台式

图 2.62 平面磨床的类型

目前，卧轴矩台式平面磨床和立轴圆台式平面磨床应用比较广泛。图 2.63 所示为卧轴矩台式平面磨床。其砂轮主轴是内连式异步电动机的轴，电动机的定子就装在砂轮架 3 的壳体内，砂轮架 3 可沿滑座 4 的燕尾导轨做横向间歇进给运动（可手动或液动）。滑座 4 与砂轮架 3 一起可沿立柱 5 的导轨做间歇的垂直进给运动。工作台 2 沿床身 1 的导轨做纵向往复运动（液压传动）。

2.6.3 磨料与磨具

砂轮是磨削的主要工具。它是用结合剂把磨粒粘结起来，经压坯、干燥、焙烧及修整而成的。砂轮的特性主要由磨料、粒度、结合剂、硬度、组织及形状尺寸等因素决定。

1. 磨料

磨料是制造砂轮的主要材料，直接担负切削工作。磨料应具有高硬度、高耐热性和一定的韧性，在切削过程中受力破碎后还要能形成锋利的形状。常用的磨料有氧化物系、碳化物系和超硬磨料系三类。

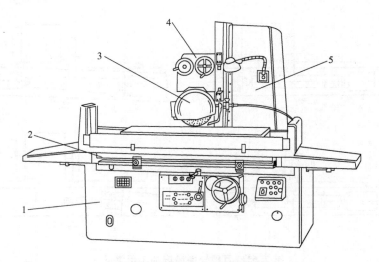

图 2.63　卧轴矩台式平面磨床

1—床身；2—工作台；3—砂轮架；4—滑座；5—立柱

1) 氧化物系(刚玉类)

它的主要成分是 Al_2O_3，适宜磨削各种钢材，常用的有以下几种。

(1) 棕刚玉(A)：呈棕褐色，硬度较高，韧性较好，价格低廉，适于磨削碳素钢、合金钢、可锻铸铁和硬青铜等。

(2) 白刚玉(WA)：呈白色，比棕刚玉硬度高而韧性稍低，适于磨削淬火钢、高速钢、高碳钢及薄壁零件。

(3) 铬刚玉(PA)：呈玫瑰红色，韧性比白刚玉好，硬度较低，磨削表面粗糙度值小，适于磨削高速钢、不锈钢及成形磨削、高表面质量磨削等。

2) 碳化物系

它的主要成分是碳化硅、碳化硼。硬度比刚玉类高，磨粒锋利，但韧性较差，适于磨削脆性材料。常用的碳化物系磨料有以下两类：

(1) 黑色碳化硅(C)：呈黑色，有光泽，硬度高，韧性低，导热性好，适于磨削铸铁、黄铜、耐火材料及其他非金属材料。

(2) 绿色碳化硅(GC)：呈绿色，有光泽，硬度比黑色碳化硅高，导热性好，韧性差，适于磨削硬质合金、玻璃、陶瓷等高硬度材料。

3) 超硬磨料

超硬磨料主要有以下两类：

(1) 人造金刚石(D)：无色透明或淡黄色、黄绿色、黑色，硬度最高，耐热性较差，适于磨削硬质合金、玻璃、陶瓷、宝石等高硬度材料及有色金属等。

(2) 立方氮化硼(CBN)：棕黑色，硬度仅次于金刚石，耐热性好，与铁元素亲和力小，适于磨削高速钢、不锈钢、耐热钢及其他难加工材料。

2. 粒度

粒度是指磨料颗粒的大小，它分为磨粒(尺寸 $>40\mu m$)和微粉(尺寸 $\leqslant40\mu m$)两类。磨粒用筛选法分级，以磨粒刚能通过的筛网的网号来表示磨料的粒度，如 $60^{\#}$ 磨粒，表示其大小正好能通过每英寸长度上有 60 个孔眼的筛网。粒度号越大，磨料颗粒越小。微粉按其颗粒的实际尺寸分级，如 W20 是指用显微镜测得微粉实际尺寸为 $20\mu m$。

粒度对加工表面粗糙度和磨削生产率影响较大。一般来说，粗磨用粗粒度（$30^\#$～$46^\#$），精磨用细粒度（$60^\#$～$120^\#$）；当工件材料硬度低、塑性大和磨削面积大时，为避免堵塞砂轮，应采用粗粒度的砂轮。

3. 结合剂

结合剂的作用是将磨粒粘结在一起，使砂轮具有一定的形状和强度。结合剂的性能对砂轮的强度、耐冲击性、耐热性、抗腐蚀性，以及磨削温度和磨削表面质量都有较大影响。常用的结合剂有以下几类。

1）陶瓷结合剂（V）

陶瓷结合剂是由黏土、长石、滑石、硼玻璃和硅石等材料配成。其特点是化学性质稳定，耐热、耐蚀，价格低廉，但性脆。除切断砂轮外，大多数砂轮都采用陶瓷结合剂，其线速度一般为 35m/s。

2）树脂结合剂（B）

树脂结合剂主要成分为酚醛树脂，也可采用环氧树脂。树脂结合剂强度高、弹性好，多用于高速磨削、切断和切槽等工作。它的耐蚀、耐热性较差，当磨削温度达 200～300℃时，结合能力大大下降，但自锐性好。

3）橡胶结合剂（R）

橡胶结合剂多数采用人造橡胶。橡胶结合剂比树脂结合剂强度更高，弹性更好，具有良好的抛光作用，多用于制作无心磨的导轮和切断、车槽及抛光砂轮。它的耐蚀、耐热性差（200℃），自锐性好，加工表面质量好。

4）金属结合剂（M）

常用的金属结合剂是青铜结合剂，主要用于制作金刚石砂轮。其特点是强度高，成形性好，有一定的韧性，但自锐性差。

4. 硬度

砂轮硬度是指磨粒在磨削力的作用下从砂轮表面脱落的难易程度。它反映了磨粒与结合剂的粘结强度，而与磨料硬度无关。砂轮硬，磨粒不易脱落；砂轮软，磨粒易脱落。

砂轮的硬度从低到高分为超软（代号 D、E、F）、软（G、H、J）、中软（K、L）、中（M、N）、中硬（P、Q、R）、硬（S、T）和超硬（Y）7 个等级，并细分为 16 个小级。

选择砂轮硬度时可参考以下原则：

（1）磨削硬材料时，应选软砂轮，以使磨钝的磨粒及时脱落，新的锋利磨粒参加工作；磨削软材料时，磨粒不易变钝，应选硬砂轮，以使磨粒脱落慢些，充分发挥其作用。

（2）砂轮与工件接触面积大、工件的导热性差时，不易散热，应选软砂轮以避免工件烧伤。

（3）精磨或成形磨时，应选较硬的砂轮，以保持砂轮的廓形精度；粗磨时，应选较软的砂轮，以提高磨削效率。

（4）砂轮粒度号越大时，砂轮硬度应选软些，以避免砂轮堵塞。

5. 组织

砂轮的组织是指砂轮中磨料、结合剂和气孔三者体积的比例关系。磨料在砂轮中所占的体积比例越大，砂轮的组织越紧密，气孔越小；反之，磨料的比例越小，组织越疏松，气孔越大。砂轮的组织分为紧密（组织号 0～3）、中等（组织号 4～7）和疏松（组织号 8～12）3 个类别，并细分为 13 级。

紧密组织的砂轮适于重压力下的磨削。在成形磨削和精密磨削时，紧密组织的砂轮能保持砂轮的成形性，并可获得较高的加工表面质量。

中等组织的砂轮适于一般磨削工作，如淬火钢、刀具刃磨等。

疏松组织的砂轮不易堵塞，适于平面磨、内圆磨等磨削接触面积较大的工序，以及磨削热敏性强的材料或薄工件。

6. 砂轮的标志方法

根据不同的用途、磨削方式和磨床类型，砂轮被制成各种形状和尺寸，并已标准化。

一般在砂轮的端面都印有标识，用来表示砂轮的形状、尺寸、磨料、粒度、硬度、组织、结合剂和最高线速度。

砂轮标识方法示例如图 2.64 所示。

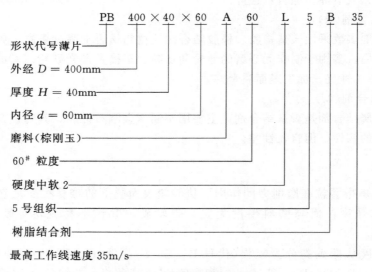

图 2.64　砂轮标识方法示例

2.6.4　常用磨削加工方法

磨削加工可分为普通磨削、高效磨削、低粗糙度磨削和砂带磨削等。其中低粗糙度磨削属于精密加工范畴。

1. 普通磨削

普通磨削是应用十分广泛的精加工方法，它可以磨削外圆、内孔、锥面、平面及其他特殊型面等。

1) 磨外圆

外圆磨削的具体方法有纵磨法、横磨法、综合磨法及深磨法四种，如图 2.65 所示。纵磨的磨削力小，散热条件好，磨削工件的质量高，但生产率低，适宜单件小批生产；横磨的生产率高适宜大批量生产，但磨削力大，产生的热量多，要求工件的刚性好；综合磨结合了纵磨、横磨两者的优点；深磨适用于大批量生产刚度好的工件。

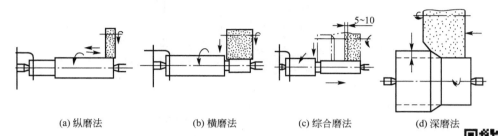

|(a) 纵磨法|(b) 横磨法|(c) 综合磨法|(d) 深磨法|

图 2.65　外圆磨削方法

2) 磨内圆（包括内锥面）

磨内圆砂轮受孔径限制，切削速度难以达到磨外圆的速度；砂轮轴直径小，悬伸长，刚度差，易弯曲变形和振动，而且只能采用很小的背吃刀量；砂轮与工件成内切圆接触，接触面积大，磨削热多，散热条件差，表面易烧伤。因此，磨内圆生产率低。但是与铰孔和拉孔相比，内圆磨削的适应性较强，在一定范围内可磨削不同直径的孔，还可纠正孔的位置误差；能加工淬火工件，加工盲孔、大孔等，如图 2.66 所示。

3) 磨平面

磨平面的方法有周磨法[图 2.67(a)]和端磨法[图 2.67(b)]两种。

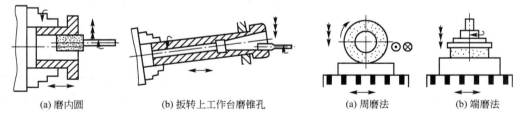

|(a) 磨内圆|(b) 扳转上工作台磨锥孔|(a) 周磨法|(b) 端磨法|

图 2.66　磨内圆的方法　　　　　　图 2.67　磨平面的方法

周磨法磨削平面时，砂轮与工件的接触面积小，排屑和散热条件好，工件热变形小，砂轮周面磨损均匀，因此表面加工质量高，但效率低，适于单件小批生产。

端磨法磨削平面时，由于砂轮轴立式安装，刚性好，可采用较大的磨削用量，并且砂轮与工件接触面积大，同时工作的磨粒数多，故生产率高。但砂轮端面上各处切削速度不同，磨损不均匀，冷却和排屑条件差，因此加工质量低，故适用于粗磨。

4) 无心磨削

无心磨削在无心磨床上进行。如图 2.68 所示，无心磨削时，工件 4 不用顶尖或卡盘定位，而是放在磨削砂轮 1 和导轮 3 之间并用托板 2 支承。导轮为刚玉砂轮（一般用橡胶结合剂），不起磨削作用，它与工件间的摩擦系数较大，依靠摩擦力带动工件旋转，实现圆周进给运动。

为了避免磨削出棱圆形工件，工件中心必须高于磨削砂轮和导轮的中心连线（高出工

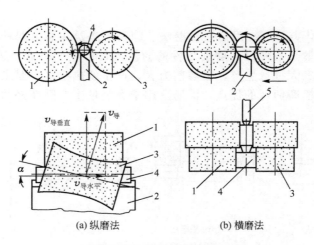

(a) 纵磨法　　　　　　　　　(b) 横磨法

图 2.68　无心磨削方法

1—磨削砂轮；2—托板；3—导轮；4—工件；5—挡块

件直径的 15％～25％)，使工件与砂轮及工件与导轮间的接触点不在同一直径线上，从而可以使工件在多次转动中逐步被磨圆。

无心磨削通常有纵磨法(贯穿磨法)和横磨法(切入磨法)两种。图 2.68(a)所示为纵磨法。导轮轴线相对于工件轴线偏转 $\alpha=1°\sim4°$ 的角度，粗磨时取大值，精磨时取小值。此偏转角使工件获得轴向进给速度。图 2.68(b)所示为横磨法。工件无轴向运动，导轮做横向进给运动，为了使工件在磨削时紧靠挡块，一般取偏转角 $\alpha=0.5°\sim1°$。

使用无心磨床加工时，工件精度较高。由于工件不用钻中心孔，且装夹辅助时间短，可以连续磨削，因此生产效率高。无心磨床适用于大批量生产中磨削细长轴及不带中心孔的轴、套、销等小型零件。

2. 高效磨削

随着科学技术的发展，作为传统精加工方法的普通磨削正在逐步向高效率和高精度的方向发展。高效磨削常见的有高速磨削、缓进给深磨削、宽砂轮与多砂轮磨削及砂带磨削等。

1) 高速磨削

砂轮线速度一般高于 45m/s，目前，试验速度已达 400～500m/s，单位时间磨除量大，表面质量高，我国已生产出高速外圆磨床、凸轮磨床和轴承磨床等。

2) 缓进给深磨削

缓进给深磨削又称深槽磨削或蠕动磨削。其磨削深度为普通磨削的 100～1000 倍，可达 3～30mm，是一种强力磨削的方法，如图 2.69 所示。大多经一次行程磨削即可完成。缓进给深磨削生产效率高，砂轮损耗小，磨削质量好；其缺点是设备费用高。将高速快进给磨削与深磨削相结合，其效果更佳。

3) 宽砂轮与多砂轮磨削 (图 2.70)

宽砂轮磨削是用增大磨削宽度来提高磨削效率的。普通外圆磨削的砂轮宽度为 50mm 左右，而宽砂轮外圆磨削砂轮宽度可达 300mm，平面磨削可达 400mm，无心磨削可达 1000mm。宽砂轮外圆磨削一般采用横磨法。多砂轮磨削是宽砂轮磨削的另一种形式，

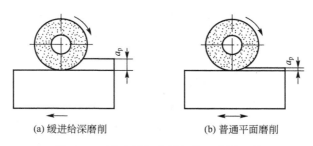

(a) 缓进给深磨削　　　　　(b) 普通平面磨削

图 2.69　缓进给深磨削与普通磨削比较

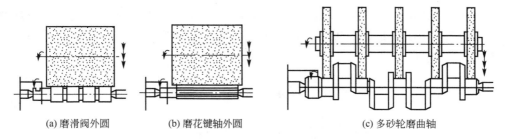

(a) 磨滑阀外圆　　　　(b) 磨花键轴外圆　　　　　(c) 多砂轮磨曲轴

图 2.70　宽砂轮与多砂轮磨削

它们主要用于大批量生产。

4) 砂带磨削

用高速运动的砂带作为磨削工具磨削各种表面的方法称为砂带磨削。它是近年来发展起来的一种新型高效工艺方法。图 2.71 所示为砂带磨削的几种形式。

砂带磨削的优点是生产率高,加工质量好,能保证恒速工作,不需修整,磨粒锋利,发热少;适于磨削各种复杂的型面;砂带磨床结构简单,操作安全。

砂带磨削的缺点是砂带消耗较快,砂带磨削不能加工小直径孔、盲孔,也不能加工阶梯外圆和齿轮等。

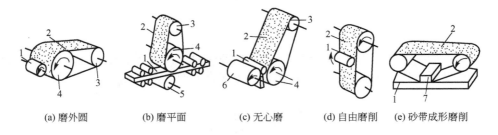

(a) 磨外圆　　　(b) 磨平面　　　(c) 无心磨　　　(d) 自由磨削　　　(e) 砂带成形磨削

图 2.71　砂带磨削的几种形式

1—工件;2—砂带;3—张紧轮;4—接触轮;

5—承载轮;6—导轮;7—成形导向板

2.6.5　精密与光整加工

精密加工是指在一定发展时期,加工精度和表面质量达到较高程度的加工工艺,当前是指零件的加工精度为 $1\sim0.1\mu m$,表面粗糙度为 $Ra0.1\sim0.008\mu m$ 的加工技术,主要指研磨、珩磨、超级光磨、抛光和金刚石精密切削等。如果从广义的角度看，它还包括刮削、宽刀细刨等。

1. 研磨

研磨是用研具与研磨剂对工件表面进行精密加工的方法。研磨时，研磨剂置于研具与工件之间，在一定压力的作用下，研具与工件做复杂的相对运动，通过研磨剂的机械及化学作用，研去工件表面极薄的一层材料，从而达到很高的精度和很小的表面粗糙度。

2. 珩磨

珩磨是利用珩磨工具对工件表面施加一定压力，珩磨工具同时做相对旋转和直线往复运动，切除工件极小余量的一种精密加工方法，珩磨多在精镗后进行，多用于加工圆柱孔，如图 2.72 所示。

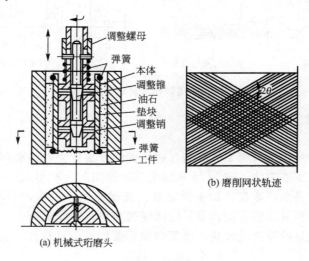

图 2.72　珩磨

3. 抛光

抛光是用涂有抛光膏的软轮(即抛光轮)高速旋转对工件表面进行光整加工，从而降低工件表面粗糙度，提高光亮度的一种精密加工方法，如图 2.73 所示。

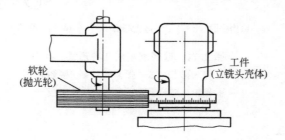

图 2.73　抛光立铣头壳体刻度盘

4. 金刚石精密切削

金刚石精密切削是指用金刚石车刀加工工件表面，获得尺寸精度为 $0.1\mu m$ 数量级和表面粗糙度为 $Ra0.01\mu m$ 数量级的超精加工表面的一种精密切削方法。

一般来讲，超精密车削加工余量只有几微米，切屑非常薄，常在 $0.1\mu m$ 以下。能否切除如此微薄的金属层，主要取决于刀具的锋利程度。单晶体金刚石车刀的刃口钝圆半径 ρ 可达 $0.02\mu m$，且金刚石与有色金属的亲和力极低，摩擦系数小，在车削有色金属时不产生积屑瘤。因此，单晶体金刚石精密切削是加工铜、铝或其他有色金属材料，获得超精加工表面的一种精密切削方法。

5. 刮削

刮削是用刮刀刮除工件表面薄层的加工方法，它一般在普通精刨和精铣的基础上，由钳工手工操作进行，如图 2.74 所示。刮削余量为 $0.05\sim0.4mm$。

6. 宽刀细刨

宽刀细刨是在普通精刨的基础上，通过改善切削条件，使工件获得较高的形状精度和较低的表面粗糙度的一种平面精密加工方法，如图 2.75 所示。

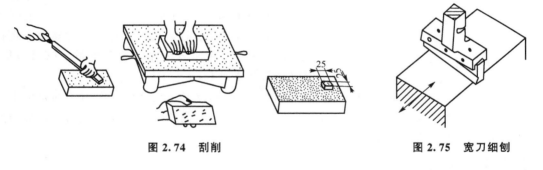

图 2.74　刮削　　　　　　　　　　　图 2.75　宽刀细刨

【小思考 2-5】　磨削为什么既能用作精加工又能用作粗加工？

2.7　齿轮齿面加工

齿轮是机器设备和仪器仪表中的重要零件，常见的有圆柱齿轮、锥齿轮、蜗轮蜗杆、花键等。本节只介绍圆柱齿轮的齿面加工。

2.7.1　齿轮齿面加工方法

【参考视频】

按齿面成形原理不同，齿面加工方法可分为两大类：成形法和展成法。成形法加工是用与齿轮齿槽形状完全相符的成形刀具加工出齿面的方法，如铣齿、拉齿和成形磨齿等。展成法加工时齿轮刀具与工件按齿轮副的啮合关系做展成运动，工件齿面由刀具的切削刃包络而成，如滚齿、插齿、剃齿和珩齿等，加工精度和生产率都较高，应用十分广泛。

1. 铣齿

铣齿是在铣床上利用成形铣刀加工齿面的方法。模数 $m \leq 8mm$ 的齿轮，一般用盘状成形铣刀在卧式铣床上加工；$m > 8mm$ 的齿轮，用指状成形铣刀在立式铣床上加工。铣齿时，加工完一个齿槽后，由分度盘分度，再加工下一个齿。齿轮齿面形状精度由分组的齿轮铣刀刀齿形状来保证，但实际生产中各组内不同齿数的齿轮都用同一把铣刀加工，而这把铣刀的刀齿形状是按该组中最小齿数设计的，所以加工其他齿数的齿轮时，就会产生齿形误差。因铣齿加工精度和生产率较低，一般用于单件小批生产或齿轮修配情况。

2. 滚齿

滚齿时，齿轮滚刀与工件模拟一对螺旋齿轮啮合过程。如图 2.76 所示，齿轮滚刀是一个经过开槽和铲齿的蜗杆，具有切削刃和后角，其轴向剖面近似齿条。滚刀旋转时相当

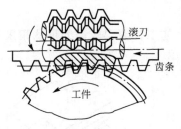

图 2.76　滚齿过程

于齿条在连续移动，被切齿轮的分度圆沿齿条节线做纯滚动，滚刀切削刃的包络线就形成了渐开线齿形。

滚齿是齿形加工中生产效率较高、应用最广泛的一种加工方法。滚齿的通用性好，用一把滚刀可以加工模数相同而齿数不同的直齿或斜齿轮。滚齿的加工尺寸范围较大，既可加工小模数小直径齿轮，又可加工大模数大直径齿轮。但在加工双联或多联齿轮时应留有足够的退刀槽，对于内齿轮则不能加工。

滚齿可直接加工精度为 IT8～IT9 的齿轮，也可进行 IT7 级精度以上齿轮的粗加工和半精加工，表面粗糙度达 $Ra3.2～1.6\mu m$。滚齿可获得较高的运动精度，但因参加切削的刀齿数有限，齿面的表面粗糙度较差。

【参考视频】

3. 插齿

插齿加工是模拟一对圆柱齿轮的啮合过程。如图 2.77 所示，在其中一个齿轮的端面磨出前角，齿顶和齿侧面磨出后角，就形成了有切削刃的插齿刀。插齿刀与齿轮工件在作无间隙啮合的过程中，加工出工件齿形。

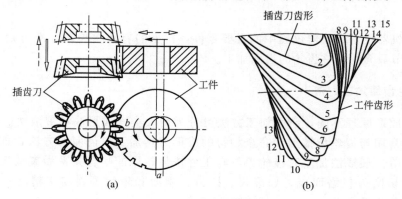

(a)　　　　　　　　　(b)

图 2.77　插齿原理

插齿加工应用也很广泛，不仅能加工直齿轮，更适合加工内齿轮、多联齿轮，还可加工人字齿轮、扇形齿轮、齿条、斜齿轮等。其加工精度为 IT7～IT8，表面粗糙度为 $Ra1.6\mu m$。

插齿过程为往复运动，有空行程；插齿系统刚度较差，切削用量不能太大，故生产率一般比滚齿低。但在加工小模数、齿宽窄的齿轮时，插齿生产率不低于滚齿。

4. 齿面的精加工

对于 IT7 级精度以上的齿轮或淬火后的硬齿面，需要进一步精加工，常用的方法有剃齿、珩齿、磨齿等。

1）剃齿

剃齿是软齿面(工件硬度应低于 30HRC)精加工最常用的加工方法。剃齿是根据一对轴线交叉的螺旋齿轮啮合时、沿齿向有相对滑动而建立的一种加工方法。剃齿刀实质上是一个在齿面上沿渐开线方向开了很多小槽、以形成切削刃的斜齿轮。剃齿时，剃齿刀交替地进行正反转动，带动工件做双面无侧隙的对滚，使两啮合面产生相对滑移，刀刃从工件齿面上剃下很薄的切屑。

剃齿有利于提高齿轮的齿形精度，加工效率高，成本比磨齿低。其加工精度为 IT7～IT6，表面粗糙度为 $Ra0.8～0.4\mu m$。

2）珩齿

珩齿是对热处理后的齿轮进行精整加工的方法。珩齿的加工原理和所用的机床与剃齿类似，不同的是所用的刀具为珩磨轮。珩磨轮是用磨料与环氧树脂等材料混合后浇注或热压而成的斜齿轮。珩齿时，珩磨轮高速带动被珩齿轮正反转动，在齿面上产生相对滑移，磨粒进行切削，为磨削、研磨和抛光的综合过程。

珩齿生产效率高，成本较低，加工精度达 IT7～IT6，表面粗糙度达 $Ra0.8～0.4\mu m$，多用于成批大量生产中淬火后齿形的精加工。

3）磨齿

磨齿主要用于高精度齿轮或淬硬齿轮齿面的精加工。磨齿精度可达 IT6 级以上，表面粗糙度可达 $Ra0.8～0.2\mu m$。但生产率低，加工成本高，多用作齿面淬硬后的光整加工。

按齿廓的形成方法，磨齿有成形法和展成法两种，在生产中常用展成法。展成法磨齿又分为连续磨齿和分度磨齿两大类，如图 2.78 所示。

(1) 连续磨齿。连续磨齿的工作原理与滚齿相似。砂轮为蜗杆形，相当于滚刀，加工时它与工件做展成运动，磨出渐开线。加上进给运动就可以磨出全齿，如图 2.78(a)所示。连续磨齿生产效率高，但砂轮形状复杂，修整较困难，常用于大批量生产。

(2) 分度磨齿。分度磨齿所使用的砂轮形状有碟形砂轮、大平面砂轮和锥形砂轮三种，如图 2.78(b)～图 2.78(d)所示。其工作原理都是利用齿轮和齿条的啮合，以砂轮代替齿条来磨出齿面。加工时，被磨齿轮在假想齿条上滚动，每往复滚动一次，可完成一个或两个齿面的磨削。因此，磨削全部齿面需多次分度，所以生产率低。

2.7.2 齿轮加工机床

齿轮加工机床是用来加工齿轮轮齿的机床。按展成法加工齿面的机床主要有滚齿机、插齿机、剃齿机、珩齿机和磨齿机等。

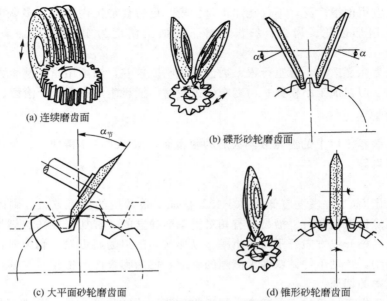

(a) 连续磨齿面

(b) 碟形砂轮磨齿面

(c) 大平面砂轮磨齿面

(d) 锥形砂轮磨齿面

图 2.78 展成法磨齿面

1. 滚齿机的传动原理

滚齿机是根据滚切斜齿圆柱齿轮的原理设计的。

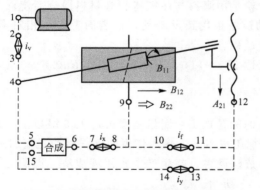

图 2.79 滚切斜齿圆柱齿轮的传动原理

由齿面形成原理知，用滚刀加工斜齿圆柱齿轮时必须具备两个复合成形运动：形成渐开线齿廓(母线)的展成运动和形成螺旋线齿长(导线)的运动。要完成这两个成形运动，机床必须具有四条传动链。图 2.79 所示为滚切斜齿圆柱齿轮的传动原理。

(1) 主运动传动链：滚刀的旋转是主运动，由电动机—1—2—i_v—3—4—滚刀构成的传动链即主运动传动链，使滚刀和工件获得一定速度和方向的运动。

(2) 展成运动传动链：由滚刀—4—5—合成—6—7—i_x—8—9—工件构成，产生展成运动并保证滚刀与工件之间严格的传动比，即滚刀转一周，工件转 K/z 转(z 为工件的齿数)。展成运动是一个复合运动 $B_{11} + B_{12}$，由机床的内联系传动链实现。

(3) 轴向进给运动传动链：由工件—9—10—i_f—11—12—刀架构成，使刀架沿工件轴线方向做进给运动，工件转一周刀架移动 f。

(4) 差动运动传动链：由刀架—12—13—i_y—14—15—合成—6—7—i_x—8—9—工件构成，当使刀架沿工件轴向移动时，工件在展成运动的基础上再产生一个附加转动，以形成螺旋齿形线。差动运动要保证严格的传动关系，即刀架移动一个导程，工件附加转一周，属于内联系传动链。

在滚齿机上加工直齿圆柱齿轮时，将差动运动传动链断开，并把合成机构固定成一个如同联轴器的整体。

2. 滚刀的安装角

滚齿时，为了切出准确的齿形，应使滚刀在切削点处的螺旋方向与被切齿轮齿槽方向一致。因此，需要将滚刀轴线与工件端面调整一定的角度，即为安装角 δ。安装角不仅与滚刀的螺旋升角 λ 有关，还与工件的螺旋角 β 有关。即 $\delta = \beta \pm \lambda$。当滚刀与工件的旋向相同时取"一"号；当与旋向相反时，取"＋"号（同减异加）。所以，采用与工件旋向相同的滚刀，可以减小安装角 δ，有利于提高机床的运动平稳性及加工精度。

3. 滚齿机的结构

图 2.80 所示为 Y3150E 型滚齿机。机床主要用于加工直齿、斜齿圆柱齿轮，也可以滚切蜗轮。立柱 2 固定在床身 1 上，刀架溜板 3 可沿立柱导轨做垂直进给运动和快速移动，以实现滚刀的轴向进给及调整。安装滚刀的刀杆 4 装在滚刀架 5 的主轴上，滚刀与滚刀架可一起沿刀架溜板上的圆形导轨在 240° 范围内调整安装斜角度。工件安装在工作台 9 的心轴 7 上，由工作台带动做旋转运动。工作台和后立柱 8 装在同一溜板上，可沿床身的水平导轨移动，以调整工件的径向位置或做手动径向进给运动。后立柱上的支架 6 可通过轴套或顶尖支承工件的心轴。

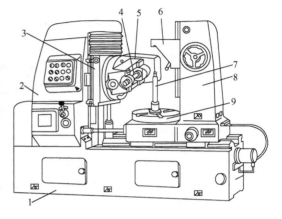

图 2.80　Y3150E 型滚齿机
1—床身；2—立柱；3—刀架溜板；
4—刀杆；5—滚刀架；6—支架；
7—心轴；8—后立柱；9—工作台

2.7.3　齿轮加工刀具

1. 齿轮刀具的类型

齿轮刀具按其工作原理，可分为成形法齿轮刀具和展成法齿轮刀具两大类。

（1）常用的成形法齿轮刀具有盘形齿轮铣刀、指状齿轮铣刀等。这类铣刀结构简单，制造容易，可在通用铣床上使用，但加工精度和效率较低，主要用于单件小批生产和修配。

（2）展成法齿轮刀具齿形不同于被加工齿轮的齿槽形状，同一把刀具可以加工模数、压力角相同而齿数不同的齿轮。常用的展成齿轮刀具有齿轮滚刀、插齿刀、剃齿刀等。

2. 齿轮滚刀

1）齿轮滚刀的基本蜗杆

齿轮滚刀相当于一个齿数很少、螺旋角很大，且轮齿很长的斜齿圆柱齿轮。因此，其外形就像一个蜗杆。为了使这个蜗杆能起到切削作用，需在其上开出几个容屑槽以形成很多较短的刀齿，同时产生了前刀面和切削刃。每个刀齿有两个侧刃和一个顶刃，对齿顶后刀面和侧后刀面进行铲齿加工，从而形成后角。滚刀的切削刃必须保持在蜗杆的螺旋面上，这个蜗杆就是滚刀的产形蜗杆，也称为滚刀的基本蜗杆，如图 2.81 所示。

在理论上，加工渐开线齿轮的齿轮滚刀基本蜗杆应该是渐开线蜗杆。渐开线蜗杆在其端剖面内的截形是渐开线，在其基圆柱的切平面内的截形是直线，但在轴剖面和法剖面内

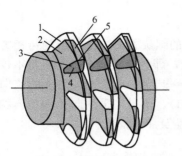

图 2.81 齿轮滚刀基本蜗杆

1—蜗杆表面；2—侧刃后刀面；
3—侧刃；4—滚刀前刀面；
5—齿顶刃；6—顶刃后刀面

的截形都是曲线，这就使滚刀的制造和检验较为困难。因此，生产中一般采用阿基米德蜗杆作为齿轮滚刀的基本蜗杆。用阿基米德滚刀加工出来的齿轮齿形虽然在理论上存在一定的加工误差，但由于齿轮滚刀的分度圆柱上的螺旋升角很小，故加工出的齿形误差也很小，能够满足一般工业上的使用要求，因此生产上常用的均为阿基米德齿轮滚刀。

2）齿轮滚刀的选用

基准压力角为 20° 的渐开线齿轮滚刀已经标准化，均为整体式滚刀。当齿轮滚刀模数较大时，一般做成镶齿结构。齿轮滚刀大多为单头，这样螺旋升角较小，加工精度较高。粗加工滚刀有时做成多头，以提高生产率。选用齿轮滚刀时，应注意以下几点：

（1）滚刀的基本参数应与被加工齿轮的参数相同。

（2）滚刀的精度等级，应按被加工齿轮的精度要求相应选取。

（3）滚刀的旋向，应尽可能与被加工齿轮的旋向相同，以减小滚刀的安装角。滚切直齿轮时，一般用右旋滚刀。

3. 插齿刀

1）插齿刀工作原理

如图 2.82 所示，插齿刀的形状与圆柱齿轮相似，但其具有前角、后角和切削刃。插齿时，切削刃做上下往复运动在空间形成一个渐开线齿轮，称为产形齿轮。插齿过程相当于产形齿轮与被切齿轮在做无间隙啮合。插齿刀的直线往复运动是主运动；同时插齿刀绕自身轴线做圆周进给运动，工件与插齿刀之间做展成运动；在开始切削时，还有径向进给运动，切到全齿深时径向进给运动自动停止。为了避免后刀面与工件的摩擦，插齿刀每次空行程退刀时，应有让刀运动。

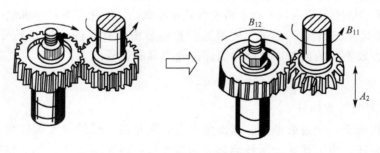

图 2.82 插齿刀的工作原理

2）插齿刀的齿面特点

为了形成后角和重磨后齿形不变，插齿刀在不同端截面具有不同变位系数的变位齿轮的形状。如图 2.83 所示，O—O 剖面处的变位系数为 0，具有标准齿形，称该剖面为原始剖面。在原始剖面的前端各剖面中，变位系数为正值，且越接近前端面变位系数越大；在原始平面的后端各剖面中，变位系数为负值，且越接近后端面变位系数越小。根据变位齿轮的特点，插齿刀各剖面中的分度圆和基圆直径不变，故渐开线齿形不变。但由于各剖面的变位量不同，故分度齿厚不同，前端齿厚最大。齿顶圆半径的变化，使插齿刀顶刃后面呈圆锥形，形成顶刃后角。而齿厚的变化，使刀齿的左、右两侧后面呈方向相反的渐开螺旋面，从而形成侧刃后角。

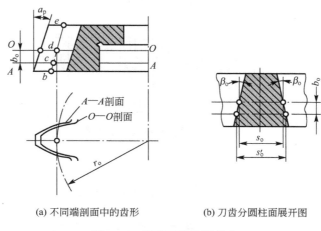

(a) 不同端剖面中的齿形　　　　(b) 刀齿分圆柱面展开图

图 2.83　插齿刀的齿面特点

如果用前端平面作为插齿刀的前刀面，则其前角为 0°，切削条件较差，为了使插齿刀的顶刃都有一定的前角，可将前刀面磨成内凹的圆锥面。

3）插齿刀的选用

标准直齿插齿刀按其结构分为盘形、碗形和锥柄形三种。盘形插齿刀用于加工直齿齿轮和大直径内齿轮；碗形插齿刀用于加工多联齿轮和某些内齿轮；锥柄插齿刀主要用于加工内齿轮。插齿刀精度分 AA、A、B 三级，分别用来加工 IT6、IT7、IT8 精度的齿轮。

【小思考 2 - 6】　齿轮加工的原理是什么？

2.8　数控机床与加工中心

2.8.1　数控机床

【参考视频】　【参考视频】

应用数字化信息实现自动控制的技术称为数字控制技术（Numerical Control），简称数控（NC）。采用数控技术控制的机床就是数控机床。现代数控机床普遍采用计算机数控系统，即 CNC 系统。数控机床是综合运用计算机技术、自动控制、精密测量和新型机械结构等新技术成果的先进加工设备。它较好地解决了机电产品日趋复杂、精密、小批量及多变化的问题，满足了社会生产日益发展的需求。

1. 数控机床的工作原理

用数控机床加工工件时，首先将被加工零件的几何信息和工艺信息数字化，按规定的代码和格式编制出数控加工程序。然后将加工程序输入到数控系统，数控系统对输入信息进行处理，计算出刀路轨迹和运动速度。再将处理结果输入机床的伺服系统，控制机床运动部件按预定的轨迹和速度运动，即可加工出符合要求的工件。数控机床的加工过程如图2.84所示。

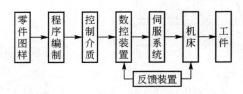

图 2.84　数控机床的加工过程

2. 数控机床的组成

数控机床主要由控制介质(信息载体)、数控装置、伺服系统和机床本体四部分组成。

1) 控制介质

控制介质用来存储以数控加工程序形式表示的各种加工信息，以控制机床的运动和各种动作，实现零件的机械加工。常用的控制介质有磁盘、光盘等。控制介质上的各种加工信息要经输入装置(如磁盘驱动器等)输送给数控装置。对于用微型计算机控制的数控机床，可用操作面板上的按钮和键盘将加工信息直接输入，也可以通过通信接口从其他计算机上获取加工信息，并将其存入数控装置的存储器中。

2) 数控装置

数控装置是数控机床的运算和控制系统。它接收输入装置送来的加工信息，经编译、运算和逻辑处理后，输出各种信号和指令给伺服系统和主运动控制部分，以控制机床各部分进行有序的动作。由于微型计算机在数控装置上的成功应用，使数控装置的性能和可靠性不断提高，成本不断下降，促进了数控机床的发展。

3) 伺服系统

伺服系统接收来自数控系统的指令信息，经过一定的信号变换及功率放大，再驱动机床的运动部件做相应的运动，以加工出符合要求的零件。伺服系统包括伺服驱动器、电动机和执行部件等。对于闭环控制系统，还包括位置检测装置。

4) 机床本体

机床本体就是机床的机械部分，它主要包括主运动部件、进给运动部件(工作台、刀架等)、支承部件(床身、立柱等)及其他辅助装置(冷却、润滑、转位、夹紧、换刀等部件)。图2.85所示为MJ-50型数控车床。

3. 数控机床的特点

与普通机床相比，数控机床具有以下优点：

(1) 能加工形状复杂的零件，如型面复杂的模具、涡轮叶片及螺旋桨等。

(2) 加工精度高，产品质量稳定。

(3) 具有充分的柔性，只需更换零件程序就能加工不同零件。

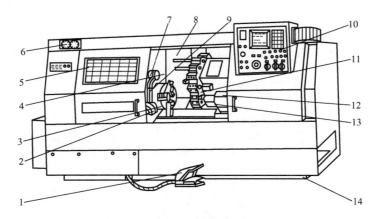

图 2.85　MJ－50 型数控车床

1—主轴卡盘松、夹开关；2—对刀仪；3—卡盘；4—主轴箱；5—机床防护门；
6—压力表；7—对刀仪防护罩；8—导轨防护罩；9—对刀仪转臂；10—操作面板；
11—回转刀架；12—尾座；13—床鞍；14—床身

（4）生产率高，生产周期较短。

（5）工人劳动强度低。

（6）便于现代化的生产管理。

4. 数控机床的分类

数控机床可按以下几种方式来划分：

（1）按机床类型，可分为数控车床、数控铣床、数控钻镗床、数控磨床等。

（2）按机床控制运动的方式，可分为点位控制、直线控制和轮廓控制数控机床。

（3）按伺服系统控制方式，可分为开环、闭环和半闭环控制数控机床。

（4）按数控功能水平，可分为高、中、低(经济型)三类数控机床。

2.8.2　加工中心

加工中心是具有刀库和自动换刀装置的数控机床，常配有交换工作台及多动力头等装置。工件在一次装夹后，数控系统能控制机床按不同要求自动选择和更换刀具，自动连续完成铣(车)、钻、镗、铰、锪、攻螺纹等多种加工。它适用于箱体、支架、盖板、壳体、模具、凸轮、叶片等复杂零件的多品种小批量加工。由于工件的装夹、换刀、对刀等辅助时间大为减少，因此生产效率高。

加工中心按主轴在加工时的空间位置分为卧式、立式和万能加工中心。图 2.86 所示为 JCS－018A 型立式加工中心。床身 10 上有滑座 9，做前后运动(y 轴)；工作台 8 在滑座上做左右运动(x 轴)；主轴箱 5 在立柱导轨上做上下运动(z 轴)。立柱左前部有刀库 4(16 把刀具)和换刀机械手 2，左后部是数控柜 3，内装有数控系统。立柱右侧是驱动电源柜 7，有电源变压器、强电系统和伺服装置。操作面板 6 悬伸在机床右前方，以便操作。

除镗铣加工中心之外，还有车削加工中心、钻削加工中心和复合加工中心等。

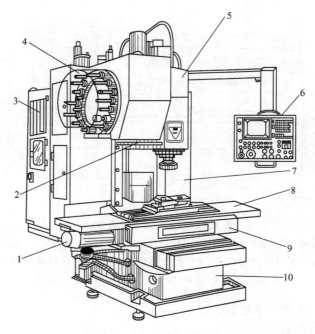

图 2.86　JCS－018A 型立式加工中心

1—直流伺服电动机；2—换刀机械手；3—数控柜；4—盘式刀库；5—主轴箱；
6—操作面板；7—驱动电源柜；8—工作台；9—滑座；10—床身

【参考视频】

2.9　高速切削技术

2.9.1　高速切削技术的概念

高速切削技术是当今世界机械制造业中一项迅速发展的高新技术，其核心是速度与精度。高速切削(High Speed Cutting，HSC)一般指高于常规切削速度 5～10 倍以上条件下的切削加工。高速切削理论是 1931 年由德国切削物理学家 Carl Salomon 博士提出的。他认为在常规切削速度范围内，切削温度随着切削速度的增大而提高，但当切削速度增大到某个临界值之后，切削温度反而随切削速度的提高而降低，同时切削力也会大幅下降。Salomon 的理论引发了人们极大的兴趣，并由此产生了"高速切削"的概念。

由于刀具材料、工件材料和切削条件的多样性，高速切削具有不同的速度范围，目前尚无统一定义。国际生产工程科学院(CIRP)切削委员会提出以线速度 500～7000m/min 的切削速度加工为高速切削加工；对铣削加工而言，以主轴转速高于 8000r/min 的加工为高速切削加工。20 世纪 80 年代，德国 Darmstadt 工业大学的生产工程与机床研究所(PTW)对钢、铸铁、镍基合金、钛合金、铝合金、铜合金和纤维增强塑料等材料分别进行了高速切削实验，提出不同材料的高速切削速度范围，并获得国际认可，如图 2.87 所示。然而随着机床和刀具设计制造水平的提高，最小界限值已大大提高。

除高速切削外，高速磨削技术也已进入实用阶段。常规磨削速度为 30～40m/s，而超

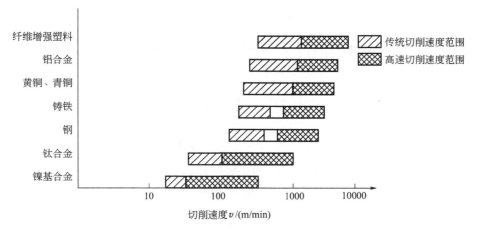

图 2.87　不同材料的铣削速度

高速磨削的速度可达 150m/s 以上。

2.9.2　高速切削技术的特点及应用

高速切削技术具有以下主要特点：

(1)加工效率高、生产成本低。高速切削虽然切削深度和厚度小，但切削速度很高，所以单位时间内材料去除率可提高 3～6 倍，进给速率提高 5～10 倍，加工效率大大提高，加工成本可降低 20%～40%。

(2)切削力小。在高速切削加工范围内，随着切削速度的提高，切削力相应减小，较常规切削降低至 30%，径向力降低更明显，有利于减小工件受力变形。加工薄壁件和刚性较差的零件，高速铣削是非常有效的加工方法。

(3)刀具和工件热变形小。加工过程迅速，95% 以上的切削热被高速流出的切屑带走，工件温升低，适合加工热敏感材料。

(4)加工表面质量好。转速的提高使切削系统工作频率远离机床低阶固有频率，不易产生振动，又因切削力、热变形和残余应力小，鳞刺和加工硬化也得到抑制，因而能保证加工精度和表面质量，加工表面质量可提高 1～2 个等级。

(5)刀具使用寿命长。高速切削技术能够保证刀具在不同速度下工作的负载恒定，而且刀具每刃的切削量比较小，有利于延长刀具使用寿命。

(6)可完成淬硬钢(硬度 45～65HRC)的精加工。高速切削加工淬硬的模具可以减少甚至取代放电加工和磨削加工，同样满足加工质量要求。

(7)高速切削刀具热硬性好，可进行高速干切削，不用冷却液，减少了对环境的污染，能实现绿色加工。

经过几十年的研究和发展，特别是近些年在刀具和机床设备等关键技术领域的突破性进展，高速切削技术日渐成熟，已逐步走向工业实用化。目前已在航空航天、汽车工业、模具工业和仪器仪表等领域得到广泛应用。例如，采用高速切削技术加工飞机零件中大量的轻合金薄壁零件时材料去除率可达 $100～180cm^3/min$，对于镍合金和钛合金加工切削速度可达 200～1000m/min，同时可有效避免切削变形，大大提高加工效率。在汽车工业中采用高速数控机床和高速加工中心组成高速柔性生产线，可实现多品种、中小批量的高效生产。模具工业中采用高速铣削代替传统的电火花成形加工，效率可提高 3～5 倍，缩短了交货周期，提高了模具制造质量，图 2.88 所示为传统的模具加工和采用高速切削加工过程的对比。此外，在仪器仪表行业可以采用高速切削技术加工精密光学零件。据统计，在美国和日本约 30％的公司已经使用高速加工，在德国，这个比例可达到 40％。

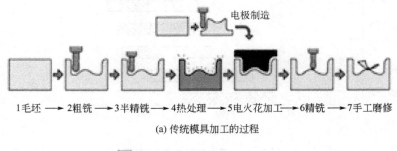

电极制造

1毛坯 ⟶ 2粗铣 ⟶ 3半精铣 ⟶ 4热处理 ⟶ 5电火花加工 ⟶ 6精铣 ⟶ 7手工磨修

(a) 传统模具加工的过程

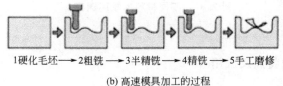

1硬化毛坯 ⟶ 2粗铣 ⟶ 3半精铣 ⟶ 4精铣 ⟶ 5手工磨修

(b) 高速模具加工的过程

图 2.88　两种模具加工过程对比

2.9.3　高速切削的关键技术

高速切削对刀具材料、结构、装夹及机床主轴部件、进给驱动和 CNC 系统都提出了特殊的要求，需要开发新的技术。高速切削的关键技术主要包括高速切削机床、刀具技术及高速切削加工安全防护与监控技术等，它们对高速切削加工技术的发展和应用，起着决定性的作用。

1. 高速切削机床

高速切削加工一般采用高速数控加工中心、高速铣床或钻床等，它们是实现高速切削加工的基础。高速切削机床技术主要包括高速单元技术(高速主轴单元、高速进给系统、高速 CNC 控制系统等)和机床整机技术(机床床身、冷却系统、安全措施和加工环境等)。

1) 高速主轴单元

高速主轴单元主要包括动力源、主轴、轴承和机架四部分，它在很大程度上决定了高速机床的性能。传统的皮带和齿轮传动的主轴系统，其最高转速一般不超过 15000r/min，而目前主轴转速在 15000～30000r/min 的加工中心越来越普及，甚至有的转速达 100000r/min 以上。高速切削时因为离心力产生振动及大量摩擦热引起热变形，所以高速主轴必须具备以下性能：结构紧凑、刚性好，热稳定性好，耐冲击性和抗振性好，具有先进的润滑和冷却系统等。高速主轴的设计制造必须综合考虑高转速和高刚度的矛盾、高速度和大转矩的矛盾等。目前高速主轴的设计是将主轴电动机和主轴合二为一，制成电主轴，实现无中间环节的直接传动，这是高速主轴单元比较理想的结构。而且电主轴可采用温控系统，水冷或油冷循环系统，使主轴在高速旋转时保持恒温，同时使用油雾润滑、混合陶瓷轴承等新技术，使主轴免维护、长寿命、高精度。

2）高速进给系统

高速切削时，若保持刀具每齿进给量基本不变，则随着主轴转速的提高，进给速度必然大幅度地提高。但同时进给系统必须在很短的时间内达到高速或实现准停，这就对机床导轨、滚珠丝杠、伺服系统、工作台结构等提出了新的要求。目前理想的高速进给系统主要有高速滚珠丝杠副和直线电动机驱动两种方案。

高速滚珠丝杠副驱动系统工艺成熟，应用广泛，使用成本较低，采用交流伺服电动机驱动，进给加速度可以达到 1.5g，最大移动速度可以达到 90m/min。迄今为止它仍是高速加工中心和数控机床进给系统所采用的主要形式。直线电动机驱动实现了零传动直接驱动，避免了滚珠丝杠、齿轮和齿条传动中的反向间隙、惯性、摩擦力和刚度不足等缺点，具有极好的稳定性、高速响应性、高传动刚度、高定位精度、进给速度快，加减速度快、行程不受限制等优点，是高速高精加工机床特别是中、大型机床较理想的驱动方式。目前使用直线电动机的机床最大快移速度已达 208m/min，加速度 2g，并且还有改进的空间。近年来，并联虚拟轴机构驱动方式的出现为实现机床高速进给提供了崭新的解决方案，具有比刚度高、适应性强和响应速度快等优点，但还存在自动编程和自动补偿难等问题，让工程界广泛接受和应用尚需时日。

3）高速 CNC 控制系统

高速切削加工要求 CNC 控制系统具有快速数据处理能力和较大的程序存储量，以保证在高速切削时，特别是在 4～5 轴坐标联动加工复杂曲面时仍具有良好的加工性能。衡量高速切削机床数据处理能力的指标主要包括单个程序段的处理时间和插补精度。因此，要求高速 CNC 控制系统具备高速处理数据的能力、迅速控制信息流将加工误差最小化的能力、尽量减小冲击使机床平稳运行的能力、具有容纳及高速运行大容量加工程序的能力等。

另外，高速机床的床身、立柱及工作台、冷却系统和切屑处理方式也属于高速机床的关键技术。

2. 刀具技术

刀具技术是实现高速切削的关键技术之一，主要包括刀具材料、结构及刀柄系统。高速切削时产生的切削热对刀具的磨损要比常规切削时大得多，因此高速切削对刀具材料有更高的要求，主要表现在：①高硬度、高强度和耐磨性；②高韧度和抗冲击性；③高的热稳定性和抗热冲击能力；④刀具具有很好的断屑、卷屑和排屑性能。目前高速切削领域使用的刀具材料主要有金刚石（用于高速加工铝、铜及其合金等有色金属和非金属材料及钛合金等）、立方氮化硼和陶瓷（用于高速加工铸铁、淬硬钢及镍基合金等）、TiC（N）基硬质合金（用于高速加工钢材、铸铁等）、涂层刀具和超细晶粒硬质合金（用于小尺寸整体刀具，高速加工孔、攻螺纹和齿轮）等。

刀具结构主要有整体式和镶嵌式两类，镶嵌式刀具目前使用范围较广。镶嵌式刀具主要采用机夹结构，要求刀片与刀体之间具有足够的连接强度、韧性及刚性，防止刀具在离心力的作用下造成刀体和刀片夹紧结构破坏及刀片破裂或被甩掉。为减小离心力，刀体重量应尽量轻，使用前须进行动平衡校核。

高速切削时刀柄系统必须满足下列要求：装夹刚性好，能传递较大扭矩；动平衡性好，振动小；夹紧精度高；高速运转时安全可靠等。目前采用的刀柄形式主要有改进型 7∶24 锥度刀柄和 1∶10 中空短锥刀柄。改进型 7∶24 锥度刀柄主要改进点在于刀柄与主轴的锥面及端面同时接触，增大了刚度和力矩，跳动精度和重复精度更高，而且可以与常规 7：24 刀柄系统互换，有 BIG – PLUS、WSU、ABSC 等系统。但由于采用了过定位，对形状精度和位置精度要求更高，制造起来较困难。1：10 中空短锥刀柄系统采用双面定位结构，其径向和轴向刚性好，转动惯量小，定位精度和重复定位精度高且夹紧力大，有德国的 HSK、美国的 KM 及日本的 NC5 等系统。

3. 加工安全防护与监控技术

高速切削加工时，高速回转的零部件由于离心力的作用聚集着巨大的能量，即使是微小碎片飞出也会造成重大伤害，因此对高速切削加工的安全问题必须充分重视。高速切削加工的安全问题主要包括操作者及机床周围现场人员的安全保障；避免机床、刀具、工件及相关设施的损伤；识别和避免可能引起重大事故的工况等方面。

在机床结构方面，机床要有安全保护墙和门窗，机床起动应与安全装置互锁。防护窗的材料主要有安全玻璃和聚合物玻璃，试验表明 8mm 厚的聚合物玻璃相当于 3mm 厚的钢板强度，而且相对于安全玻璃而言更容易吸收冲击能量。

切削刀具方面，主要是高速旋转的铣刀和镗刀的安全性。对于机夹可转位刀片铣刀的安全性，除了刀体的强度外，还有零件、刀片夹紧的可靠性等。刀片，特别是抗弯强度低的材料制成的机夹刀片，除结构上防止由于离心力的作用而飞出外，还要进行极限转速的测定。高速切削时，离心力是铣刀破坏的主要原因，防止离心力造成的破坏关键在于刀体的强度是否足够，机夹刀的零件夹紧是否可靠。刀具失效形式主要有夹紧刀片的螺钉被剪断，刀片或其他夹紧元件在离心力的作用下被甩飞及刀体的爆碎。这两种失效形式基本上先后出现，即先甩飞后爆碎。刀体一旦爆碎，操作者根本来不及采取措施制止或躲避，对操作者会造成巨大伤害，并且带来较大的经济损失。

总之，高速切削加工要从机床和刀具的设计、制造及安装，刀具动平衡校核等源头环节来保障其加工安全性，同时对于操作者的安全教育和培训也极其重要。除安全防护外，高速切削过程的工况检测系统的可靠性也非常重要。机床及切削过程的监测包括切削力监测及控制刀具磨损；机床功率监测也可间接获得刀具磨损信息；主轴转速监测及判别切削参数与进给系统间关系；刀具破损、主轴轴承状况及电器控制系统过程稳定性监测等。

2.10 特 种 加 工

社会发展对制造技术提出了越来越高的要求，如各种难加工材料(如硬质合金、淬火钢、钛合金、玻璃、陶瓷等)的加工，具有较低刚度或复杂曲面形状的特殊零件(如薄壁零件、复杂型面的模具、涡轮叶片、喷丝头异型孔等)的加工等。传统的切削加工方法难以胜此重任，特种加工方法正是为了适应这些要求而产生和发展起来的。

特种加工方法是指利用电、光、声、热、磁、电化学、原子能等能源来进行加工的非传统加工方法的总称。这些加工方法包括电火花加工(EDM)、电化学加工(ECM)、超声波加工(USM)、激光加工(LBM)、离子束加工(IBM)、电子束加工(EBM)、等离子体加工(PAM)、磨料喷射加工(AJM)及各类复合加工等。

2.10.1 电火花加工

电火花加工是利用工具和工件两电极之间瞬时火花放电所产生的高温熔蚀工件表面材料来实现加工的。电火花加工在专用的电火花加工机床上进行。图2.89所示为电火花成形加工机床的工作原理。电火花加工机床一般由脉冲电源8、自动进给调节系统6、机床本体及工作液循环过滤系统9等部分组成。工件固定在机床工作台3上。脉冲电源8提供加工所需的能量，其两极分别接在工具电极5与工件4上。工具电极和工件均浸泡在工作液7中，当工具电极在自动进给调节装置的驱动下向工件靠近时，极间电压击穿间隙而产生火花放电，释放大量的热。工件表层吸收热量后达到很高的温度（10000℃以上），其局部材料因熔化甚至汽化而被蚀除下来，形成一个微小的凹坑。工作液以一定的压力通过工具电极与工件之间的间隙，及时排除电蚀产物。以很高的频率多次重复放电，工件表面产生大量凹坑。工具电极不断地向工件进给，其轮廓形状便被复制到工件上（工具电极材料尽管也会被蚀除，但速度远小于工件材料）。

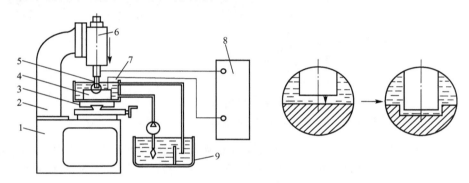

图2.89 电火花成形加工机床的工作原理

1—床身；2—立柱；3—工作台；4—工件；5—工具电极；
6—自动进给调节系统；7—工作液；8—脉冲电源；9—工作液循环过滤系统

图2.90所示为电火花线切割加工机床的工作原理。储丝筒1正反方向交替转动，带动电极丝4相对工件5上下移动；脉冲电源6的两极分别接在工件和电极丝上，使电极丝与工件之间发生脉冲放电，对工件进行切割；工件安装在数控工作台上，工作台由驱动电动机2驱动，在垂直于电极丝的平面内相对于电极丝做二维曲线运动，将工件加工成所需的形状。

电火花加工的应用范围很广，既可以加工各种硬、脆、韧、软和高熔点的导电材料，也可以在满足一定条件情况下加工半导体材料及非导电材料；既可以加工各种型孔（如圆孔、方孔、异形孔）和微小孔（如拉丝模和喷丝头小孔），也可以加工各种立体曲面型腔，如锻模、压铸模、塑料模的模腔；既可以用来进行切断、切割，也可以用来进行表面强化、刻写、打印铭牌和标记等。

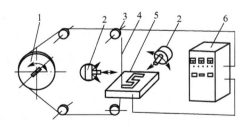

图2.90 电火花线切割加工机床的工作原理

1—储丝筒；2—工作台 $X-Y$ 向驱动电动机；
3—导轮；4—电极丝；5—工件；6—脉冲电源

2.10.2 电解加工

电解加工是利用金属在电解液中产生阳极溶解的电化学原理对工件进行成形加工的一种方法。电解加工原理如图 2.91 所示。工件 2 接电源正极，工具电极 3 接负极，两极之间加 6～24V 的直流电压。电解液 4 以 15～60m/s 的速度从两极之间的缝隙(0.1～0.8mm)中高速流过，使两极之间形成导电通路。当工具阴极向工件不断进给时，工件表面上的金属材料按阴极型面的形状不断溶解，电解产物被高速流动的电解液带走，于是工具型面的形状就相应地复制到工件上。

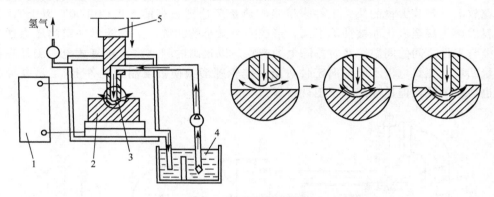

图 2.91 电解加工原理
1—直流电源；2—工件；3—工具电极；4—电解液；5—进给机构

电解加工具有以下特点：①工作电压低，电流大(500～20000A)；②能以简单的进给运动一次加工出形状复杂的型面或型腔(如锻模、叶片等)；③可加工难加工材料；④生产率较高，为电火花加工的 5～10 倍；⑤加工中无机械切削力，适于易变形或薄壁零件的加工；⑥平均加工精度可达 ±0.1mm 左右；⑦附属设备多，占地面积大，造价高；⑧电解液既腐蚀机床，又容易污染环境。

电解加工主要用于批量生产条件下难切削材料和复杂型面、型腔、薄壁零件及异型孔的加工，还可应用于去毛刺、刻印、表面光整加工等。

2.10.3 激光加工

【参考视频】　　激光是一种亮度高、方向性好(发散角极小)、单色性好(波长和频率单一)、相干性好的光。由于激光的这些特性，通过光学系统可以使它聚焦到微米级，从而获得极高的能量密度($10^7 \sim 10^{10}$ W/cm^2)和极高的温度(10000℃以上)。在此高温下，任何坚硬的材料都将瞬时熔化或蒸发，并产生强烈的冲击波，使熔化的物质爆炸式地喷射去除。激光加工就是利用这种原理蚀除材料进行加工的。为了帮助蚀除物的排除，还需对加工区吹氧(加工金属用)，或吹保护性气体，如二氧化碳等(加工可燃物质用)。

激光加工设备通常由激光器、电源、光学系统和机械系统等组成(图 2.92)。激光器 1 把电能转变为光能，产生所需的激光束，经光学系统聚焦后，照射在工件 5 上进行加工。工件固定在三坐标精密工作台 6 上，由数控系统控制和驱动，完成加工所需的进给运动。

激光加工具有以下特点：①不需要加工工具，故不存在工具磨损、工件受力变形等问题；②激光束的功率密度很高，几乎对任何难加工的金属和非金属材料（如耐热合金、陶瓷、金刚石等）都可以加工，还可以进行焊接、热处理、表面强化等加工；③激光加工热影响区小，工件热变形很小；④激光加工速度快、效率高（打孔速度达每孔几毫秒，切割 20mm 厚的不锈钢板，切割速度可达 1.27m/min）。另外，激光切割的切缝窄，切割边缘质量好。

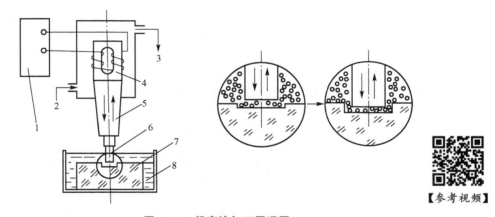

图 2.92 激光加工设备原理示意图
1—激光器；2—光阑；3—反射镜；
4—聚焦镜；5—工件；
6—工作台；7—电源

2.10.4 超声波加工

超声波加工是利用超声频(16～25kHz)振动的工具端面冲击磨料悬浮液，通过磨料对工件表面的撞击抛磨来实现成形加工的方法，其加工原理如图 2.93 所示。

【参考视频】

图 2.93 超声波加工原理图
1—超声波发生器；2、3—冷却水；4—换能器；5—振幅扩大棒；
6—工具；7—工件；8—工作液

超声波加工适于各种硬脆材料，特别是非金属材料，如陶瓷、玻璃、宝石及各种半导体材料的加工，能获得较好的加工质量，一般尺寸精度可达 0.01～0.05mm，表面粗糙度为 $Ra0.4～0.1\mu m$。

在加工难切削材料时，常将超声振动与其他加工方法结合起来进行复合加工，如超声切削加工、超声电解加工、超声电火花加工等。采用复合加工方法，能起到取长补短的作用，使加工效率、加工精度及工件表面质量显著提高。

 **知识总结 2-1**

加工方法的选择

机械零件的形状千变万化，但其轮廓通常是由平面和内、外回转曲面及自由曲面等表面按一定位置关系组合而成。结合机床与刀具，各种表面的常用加工方法见表 2-8。

表 2-8 各种表面的常用加工方法

加工方法	表面形状					
	平面	孔	外圆	回转曲面	自由曲面	齿轮齿面
车	车端面	钻孔 车孔	车外圆	成形车刀车、靠模车、数控车		
铣	铣平面、铣阶梯面	铣孔	数控铣	旋风铣	数控铣、仿形铣	铣齿、滚齿
刨	刨平面、插键槽					锥齿刨齿、插齿
磨	磨平面	磨内孔	磨外圆	成形磨、仿形磨、数控磨	曲线磨、靠模磨	磨齿、数控磨齿
钻	锪台阶面	钻孔、扩孔、铰孔				
镗		镗孔及孔系保证精确的位置关系				

　　选择加工方法主要考虑零件的表面形状、尺寸精度和位置精度要求、表面粗糙度要求、材料的可加工性、结构形状和大小、生产类型及现有生产条件、生产率等因素。

　　以平面加工为例,若是回转体的端面,则可选择车平面;若是要求不高的台阶面,则可采用铣削方法;若是狭长平面时,宜选用刨削方法;当加工精度高或为淬火钢的终加工时,可选择平面磨床磨削平面。

　　再如孔的加工,如孔在回转体中心,且轴线与外圆轴线平行,则可在车床上钻孔、镗孔;如是一般物体上的孔,要求不高时可以钻、扩加工完成;如孔为中、小尺寸,精度和表面质量要求较高,则选择钻、扩、铰加工完成;若要求该孔与其他表面或孔有精确的位置关系,则选择镗床或加工中心进行加工;如属大批量生产,可采用专用机床加工;如属多品种、中小批量生产,适宜在加工中心上加工。

习　题

一、填空题

1. 实现切削加工的基本运动是_____和_____。

2. 机床型号中必须包含机床的_____代号、_____代号、_____代号和_____代号。

3. 目前在切削加工中最常用的刀具材料是_____和_____。

4. 切削用量一般包括_____、_____和_____。

5. 车削加工中,影响切削层宽度的因素有_____和_____。

二、选择题

1. 在外圆磨床上磨削工件外圆面时,其主运动是( )。
   A. 砂轮回转运动　　B. 工件回转运动　　C. 砂轮直线运动　　D. 工件直线运动

2. 在立式钻床上钻孔,其主运动和进给运动( )。

A. 均由工件来完成   B. 均由刀具来完成

C. 分别由工件和刀具来完成   D. 分别由刀具和工件来完成

3. 背吃刀量是指主切削刃与工件切削表面的接触长度（   ）。

    A. 在切削平面的法线方向上测量的值

    B. 在正交平面的法线方向上测量的值

    C. 在基面上的投影值

    D. 在主运动和进给运动方向所组成平面的法线方向上测量的值

4. 普通车床的主参数是（   ）。

    A. 车床最大轮廓尺寸   B. 主轴与尾座之间最大距离

    C. 主轴中心高   D. 床身上工件最大回转直径

5. 确定刀具标注角度的参考系选用的三个主要基准平面是（   ）。

    A. 切削平面、已加工平面和待加工平面

    B. 前刀面、主后刀面和副后刀面

    C. 基面、切削平面和正交平面（主剖面）

    D. 基面、进给平面和法平面

6. 通过切削刃上选定点，垂直于主运动方向的平面称为（   ）。

    A. 切削平面   B. 进给平面   C. 基面   D. 主剖面

7. 刃倾角是在切削平面内测量的主切削刃与（   ）之间的夹角。

    A. 切削平面   B. 基面   C. 主运动方向   D. 进给方向

8. 刀具在基面内测量的角度有（   ）。

    A. 前角和后角   B. 主偏角和副偏角   C. 刃倾角   D. 副后角

9. 在正交平面内测量的角度有（   ）。

    A. 前角和后角   B. 主偏角和副偏角   C. 副后角   D. 刃倾角

10. 车外圆时若刀尖低于工件轴线，其工作角度与标注角度相比将会（   ）。

    A. 前角不变，后角减小   B. 前角变大，后角变小

    C. 前角变小，后角变大   D. 前角、后角均不变

11. 下列刀具材料中，综合性能最好、适宜制造形状复杂机动刀具的材料是（   ）。

    A. 硬质合金   B. 高速钢   C. 合金工具钢   D. 碳素工具钢

三、问答题

1. 简述外联系传动链和内联系传动链的区别。

2. 试说明 CK6132、B6050、Y3150E 和 XK5040 机床型号的含义。

3. 能加工外圆、内孔、平面的有哪些机床？它们的适用范围有何区别？

4. 机床的传动链中为什么要设置换置机构？

5. 举例说明何谓简单的成形运动？何谓复合的成形运动？

6. 试用简图分析用下列方法加工表面时的成形方法，并标明所需的机床运动。

(1)用成形车刀车成形表面；

(2)用普通外圆车刀车外圆锥面；

(3)用圆柱铣刀铣平面；

(4)用插齿刀插削直齿圆柱齿轮；

(5)用钻头钻孔;

(6)用丝锥攻螺纹;

(7)用(窄)砂轮磨(长)圆柱体。

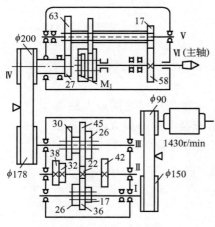

图 2.94　问答题 7 图

7. 根据图 2.94 所示的传动系统:

(1)写出传动路线表达式;

(2)分析主轴的转速级数;

(3)计算主轴的最高、最低转速。

(注:图中 M_1 为齿轮式离合器)

8. 在 CA6140 型车床上车削 $P=10mm$ 的米制螺纹,试分析能够加工这一螺纹的传动路线有哪几条?

9. CA6140 型车床的主传动链中,能否用双向牙嵌式离合器或双向齿轮式离合器代替双向多片式摩擦离合器,实现主轴的开停及换向?在进给传动链中,能否用单向摩擦离合器代替齿轮式离合器 M_3、M_4、M_5?为什么?

10. 为什么卧式车床溜板箱中要设置互锁机构?丝杠传动与纵向、横向机动进给能否同时接通?纵向和横向机动进给之间是否需要互锁?为什么?

11. 说明转塔车床、立式车床的特点及主要加工用途。

12. 摇臂钻床可以实现哪几个方向的运动?

13. 卧式镗床可实现哪些运动?

14. 单柱及卧式坐标镗床布局各有什么特点?各适用什么场合?

15. 试述铣床的种类及其适用范围。

16. 万能外圆磨床在磨削外圆柱面时需要哪些运动?

17. 应用展成法与成形法加工圆柱齿轮各有何特点?

18. 对比滚齿机和插齿机的加工方法,说明它们各自的特点及主要应用范围。

19. 简述数控机床的特点及应用范围。

20. 什么是高速切削加工,它与常规的切削加工相比具备哪些优势?

21. 论述高速切削加工的关键技术。

22. 高速切削加工过程中如何保证安全性?

第3章
金属切削过程及控制

教学目标

1. 了解金属切削过程中切削力、切削温度、刀具磨损与刀具寿命、积屑瘤等物理现象；

2. 掌握金属切削过程中的基本规律，以提高生产率、保证加工质量、降低生产成本。

教学要求

知识要点	能力要求	相关知识
三个变形区	掌握三个变形区的变形特点	积屑瘤对金属切削过程的影响
切削力、切削功率	掌握切削力、切削功率的计算方法及影响因素	切削用量、刀具几何参数的合理选择
刀具磨损与刀具使用寿命	理解刀具磨损原因，掌握影响刀具使用寿命的主要因素	刀具使用寿命的合理选择
工件材料的切削加工性	了解工件材料的切削加工性，掌握改善工件材料切削加工性的途径	金属材料及热处理

导入案例

车削一轴类零件,材料为 45 钢,毛坯尺寸为 $\phi50mm \times 350mm$,加工要求车外圆至 $\phi44mm$,表面粗糙度 $Ra3.2\mu m$,刀具几何参数和切削用量应怎样选取?切削力和切削功率如何计算?

金属切削过程就是刀具从工件表面上切除多余的金属层而形成切屑和已加工表面的全过程。这一过程中伴随着许多物理现象,如切削力、切削热、积屑瘤、刀具磨损、卷屑与断屑等。研究切削过程的物理本质和基本规律,对于保证加工质量,提高生产率,降低生产成本和促进切削加工技术的发展,具有十分重要的意义。

3.1　金属切削过程

3.1.1　切屑形成过程及变形区的划分

大量实验和理论分析证明,切削塑性金属时切屑的形成过程就是切削层金属产生变形的过程。根据实验时切削层的金属变形情况,可绘制出如图 3.1 所示的金属切削过程中滑移线和流线示意图。流线表示被切削金属的某一点在切削过程中流动的轨迹。由图 3.1 可知,金属的切削变形可大致划分为三个变形区。

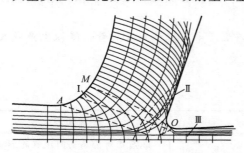

图 3.1　金属切削过程中滑移线和流线示意图

1. 第一变形区

从 OA 线开始发生塑性变形,到 OM 线晶粒的剪切滑移基本完成。这一区域(Ⅰ)称为第一变形区。

2. 第二变形区

切屑沿前刀面排出时进一步受到前刀面的挤压和摩擦,使靠近前刀面处的金属纤维化,其方向基本上与前刀面平行。这一部分(Ⅱ)称为第二变形区。

3. 第三变形区

已加工表面受到切削刃钝圆部分与后刀面的挤压和摩擦,产生变形与回弹,造成纤维化与加工硬化。这一部分(Ⅲ)的晶格变形是较密集的,称为第三变形区。

这三个变形区汇集在切削刃附近,此处的应力比较集中且复杂,切削层金属在此处与工件本体分离,大部分变成切屑,很小一部分留在已加工表面上。

在第一变形区内金属的变形如图 3.2 所示。当切削层中金属某点 P 向切削刃逼近,到达点 1 的位置时,其切应力达到材料的屈服强度 τ_s,点 1 在向前移动的同时,也沿 OA 滑移,其合成运动将使点 1 流动到点 2,2—2′就是它的滑移量。随着滑移的产生,切应力将逐渐增加，也就是当 P 点向 1、2、3…各点流动时，它的切应力不断增加，直到点 4 位置，其流动方向与前刀面平行，不再沿 OM 线滑移。所以 OM 线称为终滑移线，OA 线称为始滑移线。在 OA 到 OM 之间整个第一变形区内，其变形的主要特征就是沿滑移线的剪切变形，以及随之产生的加工硬化。

在一般切削速度范围内，第一变形区的宽度为 $0.02\sim0.2\text{mm}$，切削速度越高，变形区越窄，因此可把第一变形区看作一个剪切平面。剪切平面与切削速度方向之间的夹角称为剪切角，以 ϕ 表示。

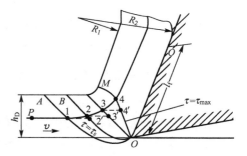

图 3.2　第一变形区金属的滑移

3.1.2　变形程度的表示方法

1. 剪切角 ϕ

实验证明，剪切角 ϕ 的大小与切削力的大小有直接联系。对于同一工件材料，用同样的刀具，切削同样大小的切削层，当切削速度较高时，ϕ 角较大，剪切面积变小，即变形程度减小，切削比较省力。所以可以用剪切角 ϕ 作为衡量切削过程变形程度的参数。

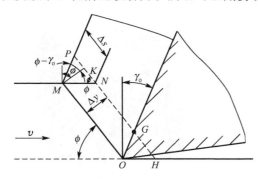

图 3.3　剪切变形示意图

2. 相对滑移 ε

切削过程中金属变形的主要形式是剪切滑移变形，且主要集中于第一变形区，其变形程度可用相对滑移 ε 来表示。如图 3.3 所示，当切削层单元平行四边形 $OHNM$ 发生剪切滑移后，变为 $OGPM$，相对滑移 ε 为滑移距离 Δs 与单元厚度 Δy 之比，即

$$\varepsilon = \frac{\Delta s}{\Delta y} = \frac{NP}{MK} = \frac{NK + KP}{MK}$$

$$= \cot\phi + \tan(\phi - \gamma_o) \qquad (3-1)$$

3. 变形系数 Λ_h

切削实践表明，刀具切下的切屑厚度 h_{ch} 通常要大于切削厚度 h_D，而切屑长度 l_{ch} 则小于切削长度 l_c，如图 3.4 所示。切屑厚度 h_{ch} 与切削厚度 h_D 之比称为厚度变形系数 Λ_h（也称切屑厚度压缩比），而切削长度 l_c 与切屑长度 l_{ch} 之比称为长度变形系数 Λ_l，即

$$\Lambda_h = \frac{h_{ch}}{h_D}; \qquad \Lambda_l = \frac{l_c}{l_{ch}} \qquad (3-2)$$

由于切削宽度与切屑平均宽度差异很小，根据体积不变原理，有

$$\Lambda_h = \Lambda_l > 1 \qquad (3-3)$$

变形系数直观地反映了切屑的变形程度，且容易测量。如图 3.4 所示，经过几何计算可得到 Λ_h 与剪切角 ϕ 的关系：

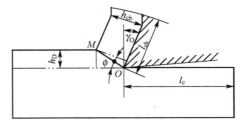

图 3.4　变形系数 Λ_h 的确定

$$\Lambda_{h}=\frac{h_{ch}}{h_D}=\frac{\cos(\phi-\gamma_o)}{\sin\phi} \tag{3-4}$$

由式(3-1)和式(3-4)可以看出，ε、Λ_h 与 ϕ 和 γ。有关，一般 $\phi\approx\pi/4-\beta+\gamma_o$，所以 γ_o 越大，ϕ 值越大，相对滑移 ε、变形系数 Λ_h 就越小。

3.1.3　刀-屑接触区的挤压摩擦与积屑瘤

当切屑沿前刀面排出时，受到前刀面的挤压和摩擦，使切屑底层进一步产生塑性变形，金属晶粒再度伸长，沿着前刀面方向呈纤维化，从而使切屑底层流速减慢形成滞流层，甚至产生粘结现象。该处的摩擦情况与一般的滑动摩擦不同。如图3.5所示，刀-屑接触区分为粘结区和滑动区两部分。粘结区的摩擦为金属间的内摩擦，即金属内部的剪切滑移，这部分的切向应力等于被切材料的剪切屈服强度 τ_s。滑动区的摩擦为外摩擦，即滑动摩擦，这部分的切向应力随着远离切削刃由 τ_s 逐渐减小至零。刀-屑接触区上正应力 σ_γ 的分布是不均匀的，刃口处最大，远离刃口逐渐减小，在刀-屑分离处为零。所以前刀面上各点的摩擦是不同的。一般情况下金属的内摩擦力要比外摩擦力大得多，应着重考虑内摩擦。

加工塑性金属材料时，在切削速度不高而又能形成连续性切屑的情况下，常在前刀面刃口附近形成一楔块。它的硬度很高，通常是工件材料的2～3倍，在处于较稳定的状态时，能够代替刀刃进行切削。这块冷焊在前刀面上的金属称为积屑瘤，其剖面的金相磨片如图3.6所示。

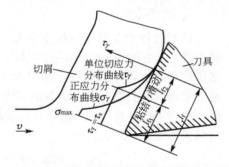

图 3.5　切屑和前刀面摩擦情况示意图

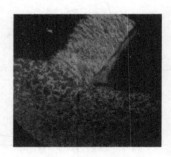

图 3.6　积屑瘤显微照片

积屑瘤的成因：切削加工时，切屑底层与前刀面发生强烈摩擦，当接触面具有适当的温度和较高的压力时，就会产生粘结(冷焊)现象，切屑底层金属粘结滞留在前刀面上。随后形成的切屑则沿着粘结层相对流动，切屑底层因内摩擦而变形又产生新的滞流层。当新、旧滞流层之间的摩擦阻力大于切屑层金属与新滞流层之间的内摩擦力时，新的滞流层又产生粘结，这样逐层地滞流、粘结，最后形成积屑瘤。

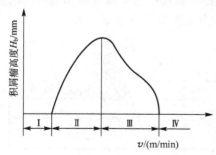

图 3.7　积屑瘤高度与切削速度的关系

积屑瘤的产生及其积聚高度主要与金属材料的塑性和切削温度有关。一般来说，工件材料的塑性越大，越易产生积屑瘤；切削温度很低时，不会产生积屑瘤；反之，切削温度很高时，切屑底层金属变软，也不易产生积屑瘤。对碳素钢来说，在300～500℃时积屑瘤最高，到500℃以上时趋于消失。在背吃刀量和进给量保持一定时，积屑瘤高度与切削速度有密切关系，如图3.7所示。在低速范围Ⅰ区内不产生积屑瘤；在Ⅱ区内积屑瘤高度随切削速度增高而达到最大值；在Ⅲ区内积屑瘤高度随切削速度增高而减小；在Ⅳ区内积屑瘤不再生成。

知识提醒 3-1

积屑瘤对切削过程有积极的作用，也有消极的影响。

1. 实际前角增大

积屑瘤粘附在前刀面上的情况如图3.8所示，它加大了刀具的实际前角，可使切削力减小，对切削过程起积极的作用。积屑瘤越高，实际前角越大。

2. 增大切削厚度

积屑瘤的前端伸出切削刃之外，使切削厚度增大了 Δh_D。由于积屑瘤的产生、成长与脱落是个周期性的动态过程，Δh_D 值是变化的，因而影响工件的尺寸精度，并容易引起振动。

3. 使加工表面粗糙度增大

积屑瘤的底部相对稳定一些，其顶部则很不稳定，容易破裂，一部分连附于切屑底部而排出，一部分残留在加工表面上，积屑瘤高度的变化使已加工表面粗糙度值变大。

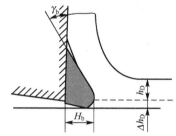
图 3.8　积屑瘤前角和伸出量

4. 对刀具寿命的影响

积屑瘤粘附在前刀面上，在相对稳定时，可代替刀刃切削，有减少刀具磨损、提高寿命的作用。但在积屑瘤不稳定时，积屑瘤的破裂有可能导致硬质合金刀具颗粒剥落，使磨损加剧。

在精加工时应避免或减小积屑瘤，其主要措施如下：

(1) 控制切削速度，尽量采用低速或高速切削，避开中速区。

(2) 采用润滑性能良好的切削液，以减小摩擦。

(3) 增大刀具前角，以减小刀屑接触区的摩擦。

(4) 适当提高工件材料硬度，降低塑性。

3.1.4　已加工表面的形成

刀具切削刃的刃口实际上无法磨得绝对锋利，总存在刃口圆弧，如图3.9所示，刃口圆弧半径为 r_n。切削时由于刃口圆弧的切削和挤压摩擦作用，使刃口前区的金属内部产生复杂的塑性变形。通常以 O 点为分界点，O 点以上金属晶体向上滑移形成切屑；O 点以下厚度 Δh 的金属层晶体向下滑移绕过刃口形成已加工表面。这层金属被刃口圆弧挤压后，还继续受到后刀面磨损带 BC 的摩擦，以及已加工表面弹性恢复层 Δh_1 与后刀面上 CD 部分接触产生的挤压摩擦，因而发生了剧烈的塑性变形。

经过切削变形使得已加工表面层的金属晶格产生扭曲、挤紧和碎裂，造成已加工表面的硬度和强度增高，这种现象称为加工硬化(冷硬)。硬化程度严重的材料使得切削变得困难。冷硬还会使已加工表面出现残余应力和显微裂纹等。这层金属称为加工变质层。

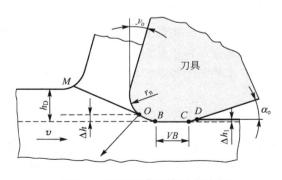
图 3.9　已加工表面的形成过程

3.1.5 切屑的类型及控制

由于工件材料以及切削条件不同，切削变形情况就不同，因而产生的切屑形态也就多种多样，归纳起来可分为四种类型，如图 3.10 所示。

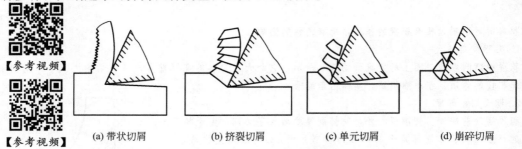

(a) 带状切屑　　　　(b) 挤裂切屑　　　　(c) 单元切屑　　　　(d) 崩碎切屑

图 3.10　切屑类型

1. 带状切屑

带状切屑是最常见的一种切屑，它的形状像一条带子，底面光滑，外表面呈毛茸状。如果用显微镜观察，在外表面上可看到剪切面的条纹，但每个单元很薄，肉眼看起来大体上是平整的。加工塑性金属材料时，若切削厚度较小、切削速度较高、刀具前角较大，一般常得到这类切屑。形成带状切屑时切削过程较平稳，切削力波动较小，已加工表面粗糙度值较小，但切屑容易缠绕，应采取适当的断屑措施。

2. 挤裂切屑

挤裂切屑与带状切屑不同之处在于外表面呈锯齿形，底面有时有裂纹。其原因是由于它的第一变形区较宽，在剪切滑移过程中滑移量较大。由滑移变形所产生的加工硬化使剪切力增加，在局部地方达到材料的断裂强度。这种切屑大多在切削速度较低、切削厚度较大、刀具前角较小时产生。

3. 单元切屑

如果在挤裂切屑的剪切面上，裂纹扩展到整个面上，则整个单元被切离，形成了大致为梯形的单元切屑。

以上三种切屑是切削塑性材料时得到的。在生产中最常见的是带状切屑，有时得到挤裂切屑，单元切屑则很少见。这三种切屑中，带状切屑的切削过程最平稳，单元切屑的切削力波动最大。切屑形态是随切削条件的改变而转化的。在形成挤裂切屑的情况下，如果减小刀具前角，降低切削速度或加大切削厚度，就会得到单元切屑。反之，则可转化为带状切屑。这说明掌握了切屑的变化规律，就可以控制它的形态和形状，以达到卷屑、断屑的目的。

4. 崩碎切屑

崩碎切屑是加工铸铁、黄铜等脆性材料时形成的切屑。这种切屑的形状是不规则的，加工表面凸凹不平。切削脆性材料时，切屑在破裂前变形很小，主要是由于材料所受应力超过了它的抗拉强度而脆断，这和塑性材料的切屑形成机理不同。形成崩碎切屑的过程不平稳，切削振动大，切削力又集中在切削刃附近，刀刃容易损坏，已加工表面较粗糙。

以上是四种典型的切屑形态，但加工现场的切屑形状是多种多样的，常常会有一些"不可接受"的切屑。这类切屑或拉伤工件的已加工表面，或划伤机床，卡在机床运动副之间，或造成刀具的早期磨损，有时甚至影响操作者的安全。特别是对于数控机床、生产自动线及柔性制造系统，如不进行有效的切屑控制，轻则限制机床能力的发挥，重则使生产无法正常进行。在切削加工中应采取适当的措施来控制切屑的卷曲、流出与折断，以形成"可接受"的良好屑形。在实际加工中，应用最广的切屑控制方法就是在前刀面上磨制出断屑槽或使用压块式断屑器。

3.2 切 削 力

切削加工时，刀具切入工件使切削层材料发生变形而成为切屑所需的力，称为切削力。在切削过程中，切削力直接影响切削热、刀具磨损、破损、加工精度和已加工表面质量。在生产中，切削力又是计算切削功率，监控切削状态，设计和使用机床、刀具、夹具的必要依据。因此，研究和掌握切削力的变化规律和计算方法，对于生产实际具有重要意义。

3.2.1 切削力的来源及力的分解

切削力的来源有两个方面：一是被加工材料的弹性、塑性变形所产生的抗力；二是刀具与切屑、工件表面间的摩擦力。上述各力的总和形成了作用在刀具上的切削合力 F，它的大小和方向是变化的。为了便于测量和应用，将 F 分解为相互垂直的三个分力，如图 3.11 所示。

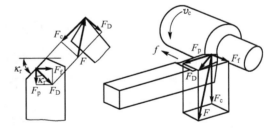

【参考视频】

图 3.11 切削合力和分力

（1）主切削力 F_c：切削合力在主运动方向上的分力，又称为切向力。F_c 垂直于基面并与切削速度方向一致，一般情况下它是三个分力中最大的，是计算刀具强度、确定机床功率、设计机床零件等的主要依据。

（2）进给力 F_f：切削合力在进给运动方向上的分力，又称为走刀力。F_f 在基面内并与进给方向平行，是计算进给功率、设计进给机构所必需的。

（3）背向力 F_p：切削合力在垂直于进给运动方向上的分力，又称为切深抗力、吃刀力。F_p 在基面内并与进给方向垂直。它虽不做功，但会使工件变形或造成振动，对加工精度和已加工表面质量影响较大，用于计算工件挠度和刀具、机床零件的强度等。

由图 3.11 可知，合力 F 先分解为 F_c 和 F_D，F_D 再分解为 F_f 和 F_p，因此

$$F = \sqrt{F_c^2 + F_D^2} = \sqrt{F_c^2 + F_f^2 + F_p^2} \tag{3-5}$$

如果不考虑副切削刃的作用及其他造成切屑流向改变因素的影响，合力 F 就作用在刀

具的正交平面内，由图 3.11 又可知

$$F_f = F_D \sin\kappa_r; \quad F_p = F_D \cos\kappa_r \tag{3-6}$$

根据实验，当车刀 $\kappa_r = 75°$，$\lambda_s = 0°$ 和 $\gamma_o \approx 15°$ 时，F_f、F_p 和 F_c 之间有以下近似关系：

$$F_f = (0.35 \sim 0.5)F_c; \quad F_p = (0.35 \sim 0.5)F_c \tag{3-7}$$

由此可得

$$F = (1.12 \sim 1.22)F_c$$

随着刀具材料、几何参数、切削用量、工件材料和刀具磨损等切削条件的不同，F_f、F_p 和 F_c 之间的比例可在较大范围内变化。

3.2.2 切削力与切削功率的计算

为了能够从理论上分析和计算切削力，人们进行了大量的试验和研究。但迄今为止所得到的理论公式还不能较精确地进行切削力的计算。所以，目前生产中采用的计算公式都是通过大量的试验和数据处理而得到的经验公式。常用的经验公式分为指数形式和单位切削力形式两类。

1. 指数形式的经验公式

指数形式的切削力经验公式应用比较广泛，形式如下：

$$F_c = C_{F_c} a_p^{x_{F_c}} f^{y_{F_c}} v_c^{z_{F_c}} K_{F_c} \tag{3-8}$$

$$F_f = C_{F_f} a_p^{x_{F_f}} f^{y_{F_f}} v_c^{z_{F_f}} K_{F_f} \tag{3-9}$$

$$F_p = C_{F_p} a_p^{x_{F_p}} f^{y_{F_p}} v_c^{z_{F_p}} K_{F_p} \tag{3-10}$$

式中，F_c、F_f、F_p 为主切削力、进给力和背向力；C_{F_c}、C_{F_f}、C_{F_p} 是取决于工件材料和切削条件的系数；x_{F_c}、y_{F_c}、z_{F_c}、x_{F_f}、y_{F_f}、z_{F_f}、x_{F_p}、y_{F_p}、y_{F_p} 为三个分力公式中 a_p、f 和 v_c 的指数；K_{F_c}、K_{F_f}、K_{F_p} 为当实际加工条件与求得经验公式的试验条件不符时，各种因素对各切削分力的修正系数。

式(3-8)～式(3-10)中各种系数和指数及切削条件修正系数都可以在切削用量手册中查到。

2. 用单位切削力计算切削力

单位切削力指的是单位切削面积上的主切削力，用 k_c 表示：

$$k_c = \frac{F_c}{A_D} = \frac{F_c}{h_D b_D} = \frac{F_c}{a_p f} \tag{3-11}$$

各种材料的单位切削力可在有关手册中查到，表 3-1 列出了硬质合金外圆车刀切削几种常用材料的单位切削力。根据式(3-11)可得到切削力 F_c 的计算公式：

$$F_c = k_c A_D K_{F_c} = k_c a_p f K_{F_c} \tag{3-12}$$

式中，K_{F_c} 为切削条件修正系数，可在有关手册中查到。

表 3-1 硬质合金外圆车刀切削几种常用材料的单位切削力

工 件 材 料				单位切削力/ (N/mm²)	实 验 条 件		
名称	牌号	热处理状态	硬度/HBS		刀具几何参数		切削用量范围
钢材	45	正火或热轧	187	1962 (200)	$\gamma_o=15°$ $\kappa_r=75°$ $\lambda_s=0°$	前刀面带卷屑槽	$b_{\gamma 1}=0$	$a_p=1\sim5$mm $f=0.1\sim0.5$mm/r $v_c=1.5\sim1.75$m/s (90～105m/min)
		调质	229	2305 (235)			$b_{\gamma 1}=0.1\sim$ 0.15mm $\gamma_{o1}=-20°$	
	40Cr	正火或热轧	212	1962 (200)			$b_{\gamma 1}=0$	
		调质	285	2305 (235)			$b_{\gamma 1}=0.1\sim$ 0.15mm $\gamma_{o1}=-20°$	
灰铸铁	HT200	退火	170	1118 (114)		$b_{\gamma 1}=0$ 平前刀面无卷屑槽		$a_p=2\sim10$mm $f=0.1\sim0.5$mm/r $v_c=1.17\sim1.42$m/s (70～85m/min)

3. 计算切削功率

切削功率 P_c 是切削过程中各切削分力消耗功率的总和。因 F_p 方向没有位移，故不消耗功率。因此，切削功率 P_c 可按式(3-13)计算：

$$P_c=\left(F_c v_c+\frac{F_f nf}{1000}\right)\times10^{-3} \quad (kW) \tag{3-13}$$

式中，F_c 为主切削力(N)；v_c 为切削速度(m/s)；F_f 为进给力(N)；n 为主运动转速(r/s)；f 为进给量(mm/r)。

由于 F_f 远小于 F_c，而 F_f 方向的运动速度又很小，因此 F_f 所消耗的功率相对于 F_c 所消耗的功率来说，一般很小(<1%～2%)，可以忽略不计，于是

$$P_c=F_c v_c 10^{-3} \quad (kW) \tag{3-14}$$

根据切削功率选择机床电动机时，还要考虑机床的传动效率。机床电动机的功率 P_E 应满足：

$$P_E\geqslant\frac{P_c}{\eta_m} \tag{3-15}$$

式中，η_m 为机床的传动效率，一般取为 0.75～0.85。

在生产实际中，切削力的大小一般采用由实验结果建立起来的经验公式计算。在需要较为准确地知道某种切削条件下的切削力时，还需进行实际测量。随着测试手段的现代化，切削力的测量方法有了很大的进展，在很多场合下已经能用商业化的测力仪精确地测量切削力。

3.2.3 影响切削力的主要因素

凡是影响切削过程中材料变形及摩擦的因素都会影响切削力。影响切削力的主要因素有工件材料、切削用量、刀具几何参数、刀具磨损和切削液等。

1. 工件材料的影响

工件材料的物理力学性能、加工硬化程度、化学成分、热处理状态及切削前的加工状态等都会对切削力的大小产生影响。

工件材料的强度、硬度越高,则屈服强度 τ_s 越高,切削力越大。强度、硬度相近的材料,其塑性、韧性越大,则切削变形程度越大,并且切屑与前刀面的接触长度越长,摩擦越大,因而切削力越大。切削灰铸铁等脆性材料时一般形成崩碎切屑,切屑与前刀面的接触长度短,摩擦小,故切削力较小。工件材料加工硬化程度越大,切削力也越大。

2. 切削用量的影响

背吃刀量 a_p 或进给量 f 增大,均使切削力增大,但二者的影响程度不同。

背吃刀量 a_p 增大,切削面积 A_D 成正比增加,弹塑性变形总量及摩擦力增加,而单位切削力不变,而因切削力成正比增加。背向力和进给力也近似成正比增加。在车削力经验公式中 a_p 的指数 x_F 近似等于1,即当背吃刀量增大1倍时,切削力约增加1倍。

进给量 f 增大,切削面积 A_D 也成正比增加,但变形程度减小,使单位切削力减小,因而切削力的增大与 f 不成正比,在切削力经验公式中 f 的指数 y_F 小于1(0.75~0.9),即当进给量增加1倍时,切削力增加不到一倍(68%~86%)。因此,在切削加工中,如果从切削力的角度考虑,加大进给量比加大背吃刀量有利。

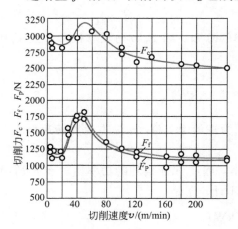

图 3.12 车削速度对切削力的影响

用 YT15 车刀加工 45 钢,
$a_p=4mm$, $f=0.3mm/r$

切削塑性金属时,切削速度对切削力的影响分为有积屑瘤和无积屑瘤两个阶段。在积屑瘤增长阶段,随着切削速度 v_c 增加,积屑瘤逐渐增大,使刀具的实际前角增大,切屑变形程度减小,从而使切削力逐渐减小。当积屑瘤最大时,切削力达到最低点。随着切削速度继续增加,积屑瘤又逐渐减小,故切削力逐渐增大。在无积屑瘤阶段,随着切削速度 v_c 的增加,切削温度逐渐升高,前刀面摩擦系数减小,变形程度减小,使切削力又逐渐减小,且渐趋稳定,如图3.12所示。

切削脆性金属时,因其塑性变形很小,切屑与前刀面的摩擦很小,所以切削速度对切削力的影响较小。

3. 刀具几何参数的影响

在刀具的几何参数中,前角 γ_o 对切削力影响最大。加工塑性材料时,前角 γ_o 增大,变形程度减小,因此切削力减小。加工脆性材料时,由于切屑变形很小,所以前角对切削力的影响不显著。

主偏角 κ_r 对切削力 F_c 的影响较小，影响程度不超过 10%。主偏角为 $60° \sim 75°$ 时，切削力 F_c 最小。然而主偏角 κ_r 对背向力 F_p 和进给力 F_f 的影响较大。由图 3.11 和式（3-6）可知，F_p 随 κ_r 的增大而减小，F_f 则随 κ_r 增大而增大。

实践证明，刃倾角 λ_s 在较大范围内变化时对切削力 F_c 没有多大影响，但对 F_p 和 F_f 的影响较大，如图 3.13 所示。随着 λ_s 增大，F_p 减小，而 F_f 增大。

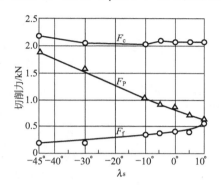

图 3.13　刃倾角对切削力的影响

工件材料：45 钢（正火），HB＝187；刀具：外圆车刀 YT15；

刀具几何参数：$\gamma_o＝15°$，$\alpha_o＝6°$，$\alpha_o'＝4° \sim 6°$，$\kappa_r＝75°$，$\kappa_r'＝10° \sim 12°$

切削用量：$a_p＝3mm$，$f＝0.35mm/r$，$v_c＝100m/min$

在切削刃上磨出适当的负倒棱（图 3.14），可以提高刃区的强度，但使切削力有所增加。负倒棱宽度 $b_{\gamma1}$ 与进给量 f 之比（$b_{\gamma1}/f$）增大，切削力随之增大。但当切削钢 $b_{\gamma1}/f \geqslant 5$，或切削灰铸铁 $b_{\gamma1}/f \geqslant 3$ 时，切削力趋于稳定，接近于负前角 γ_{o1} 刀具的切削状态。

刀尖圆弧半径 r_ε 增大，如图 3.15 所示，使切削刃曲线部分的长度和切削宽度增大，切削厚度减薄，各点的 κ_r 减小。所以 r_ε 增大相当于 κ_r 减小时对切削力的影响。

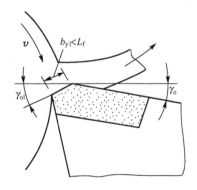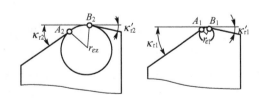

图 3.14　负倒棱对切削力的影响　　　**图 3.15　刀尖圆弧半径对切削力的影响**

4. 刀具磨损的影响

刀具后刀面磨损带中间部分的平均宽度以 VB 表示，磨损面上后角为 $0°$。图 3.16 表示切削 45 钢时，后刀面磨损量对切削力的影响。后刀面磨损量 VB 增大，使主后刀面与加工表面的摩擦力增大，故切削力加大。VB 对背向力 F_p 的影响最为显著。

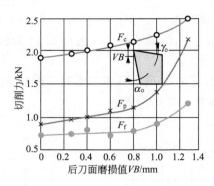

图 3.16 刀具磨损对切削力的影响

工件材料：45 钢(正火)，HB＝187；

刀具：外圆车刀 YT15；

刀具几何参数：$\gamma_o=15°$，$\alpha_o=6°$，$\alpha_o'=4°\sim6°$，

$\kappa_r=75°$，$\kappa_r'=10°\sim12°$，$\lambda_s=0°$；

切削用量：$a_p=3mm$，$f=0.3mm/r$，$v_c=105m/min$

5. 切削液的影响

以冷却为主的水溶液对切削力影响很小，而润滑作用较强的切削油，可有效减小刀具前刀面与切屑、后刀面与工件表面之间的摩擦，甚至还能减小被加工材料的塑性变形，从而能显著地降低切削力。在较低的切削速度下，切削液的润滑作用更为突出。

6. 刀具材料的影响

刀具材料与工件材料之间的摩擦系数影响其摩擦力，所以直接影响切削力的大小。一般按立方氮化硼刀具、陶瓷刀具、涂层刀具、硬质合金刀具、高速钢刀具的顺序，切削力依次增大。

3.3 切削热与切削温度

切削热是切削过程中重要的物理现象之一。大量的切削热使得切削温度升高，这将直接影响刀具的磨损和使用寿命，并影响工件的加工精度和表面质量。因此，研究切削热和切削温度的产生及变化规律具有重要的实际意义。

3.3.1 切削热的产生与传导

【参考视频】

被切削的金属在刀具的作用下，发生弹性和塑性变形而消耗功，这是切削热的一个主要来源。同时，切屑与前刀面、工件与后刀面之间的摩擦也要消耗功，是切削热的又一个来源。因此，切削热产生于三个区域，即剪切面、切屑与前刀面接触区、后刀面与切削表面接触区，如图 3.17 所示，三个产热区与三个变形区相对应。

切削过程中所消耗的能量，除一小部分用以增加变形晶格的势能外，98%～99%转换为热能。如果忽略进给运动所消耗的功，并假定主运动所消耗的功全部转化为热能，则单位时间内产生的切削热 Q 就等于切削功率 P_c，即

$$Q\approx P_c\approx F_c v_c \qquad (3-16)$$

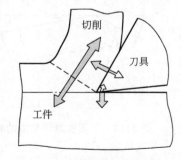

图 3.17 切削热的产生与传导

式中，Q 为单位时间内产生的切削热(J/s)；F_c 为主切削力(N)；v_c 为切削速度(m/s)。

将切削力 F_c 的表达式(F_c 的条件是用硬质合金车刀车削 $\sigma_b=0.637GPa$ 的结构钢)代入

式(3-16)后，得

$$Q=C_{F_c}a_p f^{0.75} v_c^{-0.15} K_{F_c} v_c=C_{F_c}a_p f^{0.75} v_c^{0.85} K_{F_c} \qquad (3-17)$$

由式(3-17)可知，背吃刀量 a_p 增加一倍，切削热 Q 也增加一倍；切削速度 v_c 对 Q 的影响次之，进给量 f 的影响最小；其他因素对 Q 的影响与对 F_c 的影响相似。

切削热由切屑、工件、刀具及周围的介质传导出去。影响热传导的主要因素是工件和刀具材料的导热系数及周围介质的状况。据有关资料介绍，切削热由切屑、刀具、工件和周围介质传出的比例大致如下：

(1) 车削加工时，50%～86%的切削热由切屑带走，10%～40%的切削热传入车刀，3%～9%的切削热传入工件，1%左右的切削热通过辐射传入空气。切削速度越高或切削厚度越大，切屑带走的热量越多。

(2) 钻削加工时，28%的切削热由切屑带走，14.5%的切削热传给刀具，52.5%的切削热传入工件，5%的切削热传给周围介质。

3.3.2 切削温度的分布

在切削变形区内，工件、切屑和刀具上各点的温度分布称为切削温度场。它对研究刀具的磨损规律、工件材料的性能变化和已加工表面质量具有重要意义。

图 3.18 所示为用红外线胶片法测得的切削钢料时正交平面内的温度场，由此可分析归纳出切削温度分布的一些规律。

(1) 剪切区内，沿剪切面方向上各点温度几乎相同，而在垂直于剪切面方向上的温度梯度很大。由此可推断在剪切面上各点的应力和应变的变化不大，而且剪切区内的剪切滑移变形很强烈，产生的热量十分集中。

(2) 前刀面和后刀面上的最高温度点都不在刀刃上，而是在离刀刃有一定距离的地方。这是摩擦热沿着刀面不断增加的缘故。在刀面后一段接触长度上，由于摩擦逐渐减小，热量又在不断传出，所以切削温度逐渐下降。

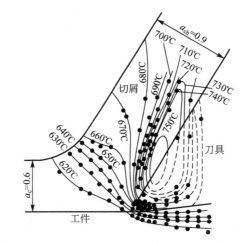

图 3.18　二维切削中的温度分布

工件材料：低碳易切钢；刀具：$\gamma_o=30°$，$a_o=7°$；

切削用量：$a_c=0.6mm$，$v_c=0.38m/s$；

切削条件：干切削，预热 611℃

(3) 在靠近前刀面的切屑底层上温度梯度很大，离前刀面 0.1～0.2mm，温度就可能下降一半。这说明前刀面上的摩擦热集中在切屑底层，对切屑底层金属的抗剪强度会有较大影响。因此，切削温度上升会使前刀面上的摩擦系数下降。

(4) 后刀面的接触长度较小，因此工件加工表面上温度的升降是在极短时间内完成的，刀具通过时加工表面受到一次热冲击。

3.3.3 影响切削温度的主要因素

分析各因素对切削温度的影响，主要应从这些因素对单位时间内产生和传出热量的影响入手。如果产生的热量大于传出的热量，则这些因素将使切削温度升高；而有利于切削热传出的因素都会降低切削温度。根据理论分析和实验研究可知，切削温度主要受切削用量、刀具几何参数、工件材料、刀具磨损和切削液的影响。下面对这几个主要因素加以分析。

1. 切削用量的影响

由实验得出的切削温度经验公式如下：

$$\theta = C_\theta v_c^{z_\theta} f^{y_\theta} a_p^{x_\theta} \tag{3-18}$$

式中，θ 为实验测出的前刀面接触区平均温度($^\circ$C)；C_θ 为与工件、刀具材料和其他切削参数有关的切削温度系数；z_θ、y_θ、x_θ 为 v_c、f、a_p 的指数。

实验得出，用高速钢和硬质合金刀具切削中碳钢时，切削温度系数 C_θ 及指数 z_θ、y_θ、x_θ 见表 3-2。

表 3-2 切削温度系数及指数

刀具材料	加工方法	C_θ	z_θ		y_θ	x_θ
高速钢	车削	140~170	0.35~0.45		0.2~0.3	0.08~0.1
	铣削	80				
	钻削	150				
硬质合金	车削	320	f /(mm/r) 0.1 0.2 0.3	0.41 0.31 0.26	0.15	0.05

由表 3-2 中的数据可以看出：v_c 的指数最大，f 的次之，a_p 的最小。这说明：切削速度 v_c 对切削温度 θ 的影响最大，随着切削速度的提高，切削温度迅速上升；进给量 f 对切削温度 θ 的影响比切削速度的小；背吃刀量 a_p 变化时，使产生的切削热和散热面积按相同的比率变化，故 a_p 对切削温度的影响很小。

2. 刀具几何参数的影响

前角 γ_o 增大时，切屑变形程度减小，使产生的切削热减少，因而切削温度 θ 下降。但前角大于 20° 时，对切削温度的影响减小，这是因为刀具楔角变小而使散热体积减小的缘故。

主偏角 κ_r 减小时，刀尖角和切削刃工作长度加大，散热条件改善，故切削温度降低。

负倒棱和刀尖圆弧半径对切削温度影响很小。因为随着它们的增大，会使切屑变形程度增大，产生的切削热增加，但同时也使散热条件有所改善，两者趋于平衡，所以切削温度基本不变。

3. 工件材料的影响

工件材料的强度、硬度、塑性等力学性能越高，切削时所消耗的功越多，产生的切削热越多，切削温度就越高。而工件材料的热导率越大，通过切屑和工件传出的热量越多，切削温度下降越快。图3.19是几种工件材料的切削温度随切削速度的变化曲线。

4. 刀具磨损的影响

刀具后刀面磨损量增大，切削温度升高；磨损量达到一定值后，对切削温度的影响加剧。切削速度越高，刀具磨损对切削温度的影响越显著。合金钢的强度大，导热系数小，所以切削合金钢时刀具磨损对切削温度的影响比切削碳素钢时的大。

5. 切削液的影响

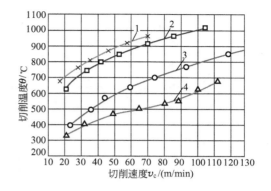

图3.19　不同切削速度下各种材料的切削温度

1—GH131；2—1Cr18Ni9Ti；

3—45钢；4—HT200

刀具材料：YT15，YG8；

刀具角度：$\gamma_o = 15°$，$\alpha_o = 6° \sim 8°$，$\kappa_r = 75°$，$\lambda_s = 0°$，

　　　　　$b_{\gamma 1} = 0.1mm$，$\gamma_1 = -10°$，$r_\epsilon = 0.2mm$；

切削用量：$a_p = 3mm$，$f = 0.1mm/r$

使用切削液对降低切削温度、减少刀具磨损和提高已加工表面质量有明显的效果。切削液的热导率、比热容和流量越大，切削温度越低。切削液本身的温度越低，其冷却效果越显著。

3.4　刀具的磨损、破损及使用寿命

切削加工中刀具在切下切屑的同时，本身也会发生磨损或破损。磨损是材料连续的逐渐的损耗；破损一般是随机的突发性破坏。当刀具磨损量达到一定程度时，可明显地发现切削力增大、切削温度升高，工件加工精度降低，表面粗糙度增大，甚至出现振动等现象，致使加工无法正常进行，因此必须及时对刀具进行重磨或更换新刀。刀具的磨损、破损和使用寿命直接关系到加工效率、质量和成本，是切削加工中十分重要的问题之一。

3.4.1　刀具的磨损形式

切削时刀具的前刀面与切屑、后刀面与工件接触，产生剧烈摩擦，同时在接触区内有很高的温度和压力，因此，前、后刀面都会发生磨损。

1. 前刀面磨损（月牙洼磨损）

切削塑性材料时，如果切削速度和切削厚度较大，则在刀具前刀面上距切削刃一定距离处会形成月牙洼磨损，如图3.20所示。这主要是由于切削温度高和切屑对前刀面压力较大导致的。当月牙洼扩大到一定程度时，刀具极易崩刃。月牙洼磨损量以其最大深度KT表示[图3.21(b)]。

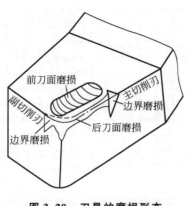

图 3.20　刀具的磨损形态

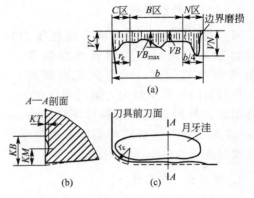

图 3.21　刀具磨损的测量位置

2. 后刀面磨损

毗邻切削刃的后刀面部分与加工表面之间接触压力很大，相互强烈摩擦，在此处很快被磨出后角为零的小棱面，这就是后刀面磨损。加工脆性材料或在切削速度较低、切削厚度较小的情况下加工塑性材料时，主要发生这种磨损。后刀面磨损带往往不均匀[图 3.21(a)]，刀尖部分(C 区)强度较低，散热条件又差，磨损比较严重，其最大值为 VC。主切削刃靠近工件待加工表面处的后刀面(N 区)上，磨出较深的沟，以 VN 表示。在后刀面磨损带中间部位(B 区)上，磨损比较均匀，平均磨损带宽度以 VB 表示，而最大磨损带宽度以 VB_{max} 表示。

3. 边界磨损

切削钢料时，常在主切削刃靠近工件待加工表面处及副切削刃靠近刀尖处的后刀面上，磨出较深的沟纹，常被称为边界磨损。边界磨损主要是由于工件在边界处的加工硬化层、硬质点及刀具在边界处较大的应力梯度和温度梯度造成的。加工铸、锻件等外皮粗糙的工件时，容易发生边界磨损。

3.4.2　刀具磨损的原因

刀具磨损不同于一般机械零件的磨损：与刀具接触的切屑、工件表面经常是活性很高的新鲜表面；刀面上的接触压力很大(可达 2～3GPa)，有时超过被切材料的屈服强度；接触面的温度也很高，如硬质合金刀具加工钢料时可达 800～1000℃。因此，刀具磨损经常是机械、热、化学等多种作用的综合结果。

1. 磨料磨损

工件材料的硬度虽然低于刀具的硬度，但其中常含有一些氧化物、碳化物、氮化物及积屑瘤碎片等硬质点，会像磨料一样在刀具表面上刻划出沟纹而造成刀具磨损，这种磨损称为磨料磨损。在各种切削速度下，刀具都存在磨料磨损。但在低速切削时，其他形式的磨损还不显著，磨料磨损便成为刀具磨损的主要原因。一般可以认为磨料磨损量与切削路程成正比。

2. 粘结磨损

粘结是指刀具与工件材料的接触达到了原子间结合的现象，又称为冷焊。切削加工中，刀具与工件的摩擦面上具备高温高压和新鲜表面接触的条件，极易产生粘结。由于摩擦面间的相对运动，粘结点受到较大的剪切或拉伸应力而破裂，一般发生在硬度较低的工件或切屑一侧，但由于交变应力、热应力及刀具表层结构缺陷等原因，冷焊结的破裂也会发生在刀具一方，使刀具表面上的微粒被工件或切屑带走，从而造成刀具的粘结磨损。

粘结磨损一般在中等偏低的切削速度下，形成不稳定的积屑瘤时比较严重。刀具与工件材料的硬度比越小，相互间的亲和力越大，粘结磨损就越严重。刀具表面的刃磨质量差，也会加剧粘结磨损。

3. 扩散磨损

在切削高温下，刀具与切出的工件、切屑新鲜表面接触，化学活性很大，双方的某些化学元素在固态下相互扩散，改变了原来材料的成分与结构，削弱了刀具材料的性能，加速了磨损过程，这种磨损称为扩散磨损。例如，用硬质合金刀具切削钢件时，从 800℃ 开始，硬质合金中的 Co、C、W 等元素会扩散到切屑、工件中而被带走，同时切屑、工件中的 Fe 也会向硬质合金中扩散，形成低硬度、高脆性的复合碳化物。由于 Co 的扩散，会使刀具表面上 WC、TiC 等硬质相的粘结强度降低，因此加速了刀具磨损。

温度是影响扩散磨损的主要因素，切削温度升高，扩散磨损会急剧增加。不同元素的扩散速度不同，如 Ti 的扩散速度比 Co、W 等元素低得多，TiC 又不易分解，故切削钢时 YT 类硬质合金的抗扩散磨损能力优于 YG 类合金，YN 类合金和涂层合金则更佳。此外，扩散速度与接触表面的相对滑动速度有关，相对滑动速度越高，扩散越快。所以切削速度越高，刀具的扩散磨损越快。

4. 化学磨损

在一定温度下，刀具材料与某些周围介质（如空气中的氧及切削液中的添加剂硫、氯等）发生化学作用，在刀具表面形成一层硬度较低的化合物，极易被工件或切屑擦掉而造成磨损，这称为化学磨损。

一般情况下，空气不易进入刀-屑接触区，化学磨损中因氧化而引起的磨损最容易在主、副切削刃的工作边界处形成，从而产生较深的磨损沟纹。

除上述几种主要磨损外，还有热电磨损，即在切削区高温作用下，刀具与工件材料形成热电偶，产生热电势，使刀具与工件之间有电流通过，可加快扩散速度，从而加剧刀具磨损。

总之，在不同的工件材料、刀具材料和切削条件下，磨损原因和磨损强度是不同的。图 3.22 所示为硬质合金刀具加工钢料时，在不同的切削速度（切削温度）下各类磨损所占的比例。由此可见，在低速（低温）区以磨料磨损和粘结磨损为主，在高速（高温）区以扩散磨损和化学磨损为主。此外，在某一切削速度下，刀具的磨损强度最低。

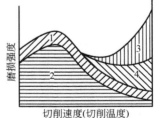

图 3.22 切削速度对刀具磨损强度的影响

1—磨料磨损；2—粘结磨损；
3—扩散磨损；4—化学磨损

3.4.3 刀具磨损过程及磨钝标准

1. 刀具磨损过程

随着切削时间的延长，刀具磨损增加。根据切削实验，可得图 3.23 所示典型的刀具磨损曲线。从图可知，刀具磨损过程可分为三个阶段。

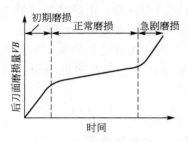

图 3.23 典型的磨损曲线

1）初期磨损阶段

因为新刃磨的刀具切削刃较锋利，后刀面与加工表面接触面积很小，压应力较大，加之新刃磨的刀具后刀面存在微观粗糙不平及显微裂纹、氧化或脱碳等缺陷，所以这一阶段的磨损很快。一般初期磨损量为 $0.05\sim$ $0.1mm$，其大小与刀面刃磨质量有很大关系，研磨过的刀具初期磨损量较小。

2）正常磨损阶段

经过初期磨损后，刀具的粗糙表面已经磨平，承压面积增大，压应力减小，从而使磨损速率明显减小，刀具进入正常磨损阶段。这个阶段的磨损比较缓慢均匀，后刀面的磨损量随切削时间延长而近似地成比例增加，磨损曲线基本上是一条向上的斜线，其斜率代表刀具的磨损强度。正常切削时，这个阶段时间较长。

3）急剧磨损阶段

当刀具磨损带增加到一定限度后，加工表面粗糙度增大，切削力和切削温度迅速升高，刀具磨损速度急剧增加。生产中为了合理使用刀具，保证加工质量，应该在发生急剧磨损之前及时换刀。

2. 刀具磨钝标准

刀具磨损到一定限度后就不能继续使用，这个磨损限度称为磨钝标准。

在生产实际中，卸下刀具来测量磨损量会影响生产的正常进行，所以常常根据切削中发生的一些现象(切屑颜色、加工表面粗糙度、机床声音、振动等)来判断刀具是否已经磨钝。在评定刀具材料切削性能和试验研究时，是以刀具表面的磨损量作为衡量刀具的磨钝标准。因为一般刀具的后刀面都发生磨损，且测量比较方便，所以国际 ISO 标准规定以 1/2 背吃刀量处后刀面上测量的磨损带宽度 VB 作为刀具的磨钝标准。自动化生产中的精加工刀具，常以沿工件径向的刀具磨损尺寸作为刀具的磨钝标准，称为径向磨损量 NB。

制定磨钝标准时需考虑被加工对象的特点和加工条件的具体情况。例如，精加工比粗加工的磨钝标准小；工艺系统刚性不足时磨钝标准应小一些；切削难加工材料时应取较小的磨钝标准；硬质合金刀具比高速钢刀具的磨钝标准要小些。磨钝标准的具体数值可参阅有关手册。

3.4.4 刀具使用寿命及与切削用量的关系

1. 刀具使用寿命

刃磨后的刀具自开始切削直到磨损量达到磨钝标准为止的切削时间，称为刀具使用寿命(以往称为刀具耐用度),以 T 表示。而刀具从第一次投入使用直到报废为止的总切削时间称为刀具总使用寿命。需要明确的是,刀具使用寿命和总使用寿命是两个不同的概念。对于重磨刀具,刀具总使用寿命等于其平均使用寿命乘以刃磨次数。

也有用达到磨钝标准前的切削路程 l_m 来定义刀具使用寿命的。l_m 等于切削速度 v_c 和使用寿命 T 的乘积。

刀具使用寿命是一个重要参数。它既是确定换刀时间的重要依据,也是衡量刀具、工件材料性能优劣、刀具几何参数和切削用量的选择是否合理的重要指标。在相同切削条件下切削某种工件材料时,可用刀具使用寿命来比较不同刀具材料的切削性能,使用寿命越高,表明刀具材料的耐磨性越好;用同一刀具切削不同的工件材料时,刀具使用寿命越高,表明工件材料的切削加工性越好。

2. 刀具使用寿命与切削用量的关系

凡是影响切削温度和刀具磨损的因素,都影响刀具使用寿命。当刀具、工件材料和刀具几何参数选定之后,切削用量是影响刀具使用寿命的主要因素。其中切削速度的影响最明显,一般说切削速度增高,刀具使用寿命降低。

1)切削速度与刀具使用寿命的关系

切削速度与刀具使用寿命的关系是由实验方法求得的。固定其他切削条件,在常用的切削速度范围内,取不同的切削速度 v_{c1}、v_{c2}、v_{c3}、…,进行刀具磨损试验,得出一组刀具磨损曲线,如图 3.24 所示,根据规定的磨钝标准 VB 求出在各切削速度下对应的使用寿命 T_1、T_2、T_3、…,经处理后得到关系式如下:

$$v_c T^m = C_0 \qquad\qquad (3-19)$$

式中,T 为刀具使用寿命(min);m 为指数,表示 v_c 对 T 的影响程度;C_0 为系数,与刀具、工件材料和切削条件有关。

式(3-19)为重要的刀具使用寿命方程式,也称为泰勒(F. W. Taylor)公式。把它画在双对数坐标系中基本是一条直线,$-m$ 为该直线的斜率;C_0 为直线的纵截距(图 3.25)。对于高速钢刀具,一般 $m=0.1\sim0.125$;硬质合金刀具,$m=0.2\sim0.3$;陶瓷刀具 m 值约为 0.4。m 值越小,则 v_c 对 T 的影响越大,即切削速度稍改变一点,而刀具寿命变化较大;m 值越大,则 v_c 对 T 的影响越小,即刀具材料的切削性能较好。图 3.25 所示为几种刀具材料加工同一工件材料时的刀具使用寿命曲线,其中陶瓷刀具寿命曲线的斜率比硬质合金和高速钢的都大,这是因为陶瓷刀具的耐热性很高,所以在非常高的切削速度下仍有较高的使用寿命。但在低速时其刀具寿命比硬质合金的还要低。

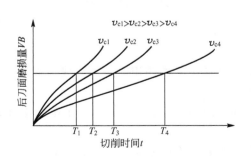

图 3.24　不同切削速度下的磨损曲线

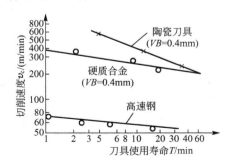

图 3.25　几种刀具寿命曲线比较

应当指出，在常用的切削速度范围内式(3-19)适用，但在较宽的切削速度范围内进行实验，特别是在低速区内，式(3-19)就不完全适用了。

2) 进给量和背吃刀量与刀具使用寿命的关系

切削时增加进给量和背吃刀量，刀具使用寿命也会降低。经过实验，可得到类似的关系式：

$$\left.\begin{array}{l} fT^n = C_1 \\ a_p T^p = C_2 \end{array}\right\} \tag{3-20}$$

综合式(3-19)和式(3-20)可得到切削用量与刀具使用寿命的一般关系式：

$$T = \frac{C_T}{v_c^{\frac{1}{m}} f^{\frac{1}{n}} a_p^{\frac{1}{p}}}$$

令 $x = \dfrac{1}{m}$，$y = \dfrac{1}{n}$，$z = \dfrac{1}{p}$，则

$$T = \frac{C_T}{v_c^{x} f^{y} a_p^{z}} \tag{3-21}$$

式中，C_T 为刀具寿命系数，与刀具、工件材料和切削条件有关；x、y、z 为指数，分别表示 v_c、f、a_p 对刀具使用寿命的影响程度。

用 YT15 硬质合金车刀切削 $\sigma_b = 0.637 \mathrm{GPa}$ 的碳钢时，切削用量与刀具使用寿命的关系为

$$T = \frac{C_T}{v_c^{5} f^{2.25} a_p^{0.75}} \tag{3-22}$$

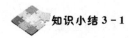 **知识小结 3-1**

由式(3-22)可知，切削用量增大，刀具使用寿命降低。切削速度 v_c 对刀具使用寿命影响最大，进给量 f 次之，背吃刀量 a_p 影响最小。这与三者对切削温度的影响顺序完全一致，这反映出切削温度对刀具使用寿命有着重要的影响。

【小思考 3-1】 刀具使用寿命是否越长越好？

3.4.5 刀具的破损

在切削加工中，刀具如果经受不住强大的应力，就可能发生突然损坏，提前失去切削能力，这种情况称为刀具破损。刀具破损的形式主要分为脆性破损和塑性破损两类。

1. 刀具破损的形式

1) 刀具的脆性破损

硬质合金和陶瓷刀具切削时，在机械应力和热应力冲击作用下，经常发生以下几种形式的脆性破损。

(1) 崩刃：在切削刃上产生的小缺口。此时刀刃还能继续工作，但小缺口会不断扩大，导致更大的破损。

(2) 碎断：在切削刃上发生小块碎裂或大块断裂，不能继续正常工作。硬质合金和陶瓷刀具断续切削时，常出现这种破损。

（3）剥落：在前、后刀面上几乎平行于切削刃而剥下一层碎片，经常连切削刃一起剥落，也有在离切削刃一小段距离处剥落，根据刀面上受冲击位置不同而异。

（4）裂纹破损：在较长时间断续切削后，由于疲劳而引起裂纹的一种破损。热冲击和机械冲击均会引发裂纹。当这些裂纹不断扩展合并，就会引起切削刃的碎裂或断裂。

2）刀具的塑性破损

切削过程中由于高温高压的作用，有时在前、后刀面和切屑、工件的接触层上，刀具表层材料发生塑性流动而丧失切削能力，这就是刀具的塑性破损。

刀具塑性破损与刀具材料和工件材料的硬度比有关。硬度比越高，越不容易发生塑性破损。硬质合金、陶瓷刀具的高温硬度高，一般不容易发生这种破损；高速钢刀具因其耐热性较差，就容易出现塑性破损。

2. 防止刀具破损的措施

刀具破损的突然性，给其预报带来困难，更容易造成较大的危害和经济损失。为了防止或减少刀具破损，可以采取以下措施：

（1）合理选择刀具材料，如断续切削时，刀具材料应具有较高的强韧性和疲劳强度。

（2）合理选择刀具几何参数，通过调整刀具角度增强切削刃和刀尖的强度，在切削刃上磨出负倒棱可以有效地防止崩刃。

（3）合理选择切削用量，避免切削力过大和切削热过高，以防止刀具破损。

（4）保证焊接和刃磨质量或采用可转位式刀具结构。

（5）工艺系统应具有较好的刚性，以减少切削时的振动。

（6）对刀具工作状态进行实时监控，以防止刀具损坏。

3.5　工件材料的切削加工性

工件材料的切削加工性是指材料被切削加工成合格零件的难易程度。某种材料加工的难易，不仅取决于材料本身，还取决于具体的加工要求及切削条件。在某一加工条件下它可能是易加工材料，但在另一种加工条件下又可能是难加工材料。因此，工件材料的切削加工性是一个相对的概念。

3.5.1　衡量材料切削加工性的指标

根据不同的加工要求，可以用不同的指标来衡量材料的切削加工性。

1. 以刀具使用寿命 T 或切削速度 v_T 来衡量

在相同切削条件下加工不同材料时，刀具使用寿命 T 较长，或在一定刀具使用寿命下所允许的切削速度 v_T 较高的材料，其加工性较好。反之，T 较短或 v_T 较小的材料，加工性较差。

v_T 的含义是当刀具使用寿命为 T（min）时，切削某种材料所允许的切削速度。通常取 $T = 60$min，v_T 写作 v_{60}；对于特别难加工的材料，可取 $T = 30$min 或 15min，相应的 v_T 为 v_{30} 或 v_{15}。

一般以正火状态 45 钢（$\sigma_b = 0.637$GPa）的 v_{60} 为基准，写作 $(v_{60})_j$，将其他材料的 v_{60} 与

它相比，这个比值 K_r 称为相对加工性，即

$$K_r = v_{60}/(v_{60})_j \qquad (3-23)$$

常用工件材料的相对加工性可分为 8 级，见表 3-3。凡 K_r 大于 1 的材料，其加工性比 45 钢好；K_r 小于 1 者，加工性比 45 钢差。v_T 和 K_r 是最常用的切削加工性衡量指标。

表 3-3 材料切削加工性等级

加工性等级	名称及种类		相对加工性 K_r	代表性材料
1	很容易切削材料	一般有色金属	>3.0	5-5-5 铜铅合金，9-4 铝铜合金，铝镁合金
2	容易切削材料	易切削钢	2.5～3.0	退火 15Cr，$\sigma_b = 0.373～0.441GPa$ 自动机钢 $\sigma_b = 0.393～0.491GPa$
3		较易切削钢	1.6～2.5	正火 30 钢 $\sigma_b = 0.441～0.549GPa$
4	普通材料	一般钢及铸铁	1.0～1.6	45 钢，灰铸铁
5		稍难切削材料	0.65～1.0	2Cr13 调质 $\sigma_b = 0.834GPa$ 75 钢 $\sigma_b = 0.883GPa$
6	难切削材料	较难切削材料	0.5～0.65	45Cr 调质 $\sigma_b = 1.03GPa$ 65Mn 调质 $\sigma_b = 0.932～0.981GPa$
7		难切削材料	0.15～0.5	50CrV 调质，1Cr18Ni9Ti，某些钛合金
8		很难切削材料	<0.15	某些钛合金，铸造镍基高温合金

2. 以切削力或切削温度来衡量

在相同切削条件下，切削力大、切削温度高的材料较难加工，即加工性差；反之，则加工性好。在粗加工或机床刚性、动力不足时，常用切削力作为衡量指标。对于某些导热性差的难加工材料，也常以切削温度来衡量。

3. 以已加工表面质量来衡量

精加工时，常以已加工表面质量(包括表面粗糙度、加工硬化程度和表面残余应力等)来衡量切削加工性。凡容易获得好的已加工表面质量的材料，其切削加工性较好，反之则较差。

4. 以切屑控制的难易来衡量

切削加工时，凡切屑易于控制或断屑性能良好的材料，其切削加工性较好，反之较差。在自动机床、数控机床或自动线上，常以此作为切削加工性的衡量指标。

3.5.2 材料的物理力学性能对切削加工性的影响

材料物理力学性能主要指材料的强度、硬度、塑性、韧性和热导率等。一般认为，工件材料的力学性能越高，其切削加工的难度越大。可以根据它们的数值大小来划分加工性等级，见表 3-4。

表 3-4 工件材料加工性分级表

切削加工性		易切削			较易切削		较难切削			难切削			
等级代号		0	1	2	3	4	5	6	7	8	9	9_a	9_b
硬度	HBS	≤50	>50 ~100	>100 ~150	>150 ~200	>200 ~250	>250 ~300	>300 ~350	>350 ~400	>400 ~480	>480 ~635	>635	
	HRC						>14 ~24.8	>24.8 ~32.3	>32.3 ~38.1	>38.1 ~43	>43 ~50	>50 ~60	>60	
抗拉强度 σ_b/GPa		≤ 0.196	>1.196 ~0.441	>0.441 ~0.588	>0.588 ~0.784	>0.784 ~0.98	>0.98 ~1.176	>1.176 ~1.372	>1.372 ~1.568	>1.568 ~1.764	>1.764 ~1.96	>1.96 ~2.45	> 2.45
伸长率 δ/(%)		≤10	>10 ~15	>15 ~20	>20 ~25	>25 ~30	>330 ~35	>35 ~40	>40 ~50	>50 ~60	>60 ~100	>100	
冲击韧度 a_k/(kJ/m²)		≤196	>196 ~392	>392 ~588	>588 ~748	>784 ~980	>980 ~1372	>1372 ~1764	>1764 ~1962	>1962 ~2450	>2450 ~2940	>2940 ~3920	
热导率 k/[W/(m·K)]		418.68 ~ 293.08	<293.08 ~ 167.47	<167.47 ~ 83.47	<83.47 ~ 62.80	<62.80 ~ 41.87	<41.87 ~ 33.5	<33.5 ~ 25.12	<25.12 ~ 16.75	<16.75 ~ 8.37	<8.37		

材料的强度和硬度越高，切削力越大，切削温度也越高，所以切削加工性就越差。特别是材料高温硬度的影响尤为显著，此值越高，切削加工性越差，因为刀具与工件材料的硬度比降低，加速了刀具的磨损。这正是某些耐热、高温合金切削加工性差的主要原因。

材料的塑性以伸长率 δ 表示，δ 越大则塑性越大，材料切削加工性越差。其原因是 δ 越大使材料塑性变形所消耗的功越大，切削变形、加工硬化与刀具表面的冷焊现象都比较严重，同时也不易断屑和不易获得好的已加工表面质量，如某些高锰钢和奥氏体不锈钢的加工。但是当加工塑性太低的材料时，切屑与前刀面的接触长度过短，使切削力和切削热都集中在切削刃附近，加剧了切削刃的磨损，会使切削加工性变坏。

材料的冲击韧性值 a_k 值越大，表示材料在破裂以前所吸收的能量越多，于是切削力和切削温度也越高，越不易断屑，所以切削加工性也越差。

热导率的影响相反，工件材料的热导率越大，由切屑带走、工件散出的热量就越多，越有利于降低切削区的温度，所以切削加工性越好。

"难加工材料"一般指相对加工性 K_r<0.65 的材料，难加工的原因有以下几个方面：①高硬度；②高强度；③高塑性高韧性；④低塑性高脆性；⑤低导热性；⑥有大量微观硬质点或硬夹杂物；⑦化学性质活泼。在切削加工这些材料时，常表现出切削力大，切削温度高，刀具磨损剧烈，使已加工表面质量恶化，有时切屑难以控制，所以切削加工性很差。

3.5.3 改善材料切削加工性的途径

1.调整材料的化学成分

在不影响材料使用性能的前提下,在钢中添加一些能明显改善切削加工性的元素,如硫、铅等,可获得易切钢。易切钢加工时切削力小,易断屑,刀具使用寿命长,已加工表面质量好。在铸铁中适当增加石墨成分,也可改善其切削加工性。

2.进行适当的热处理

同样化学成分、不同金相组织的材料,切削加工性有较大差异。生产中常对工件材料进行适当的热处理,除得到合乎要求的金相组织和力学性能外,还可改善其切削加工性。低碳钢塑性太高,经正火或冷拔处理,可适当降低塑性,提高硬度,改善切削加工性。高碳钢的硬度较高,且有较多的网状、片状渗碳体组织,通过球化退火,可降低硬度,均匀组织,有利于切削加工。热轧中碳钢经正火处理可使其组织与硬度均匀。马氏体不锈钢则需调质到28HRC左右为宜,硬度过低则塑性大,不易得到光洁的已加工表面;而硬度过高又使刀具磨损加大。铸铁件在切削加工前常进行退火处理,降低表皮硬度,消除内应力,均匀组织,利于切削加工。

3.6 切削条件的合理选择

【参考视频】 ### 3.6.1 刀具几何参数的合理选择

刀具几何参数的选择是否合理,对刀具使用寿命、加工质量、生产效率和加工成本有着重要影响。刀具几何参数分为两类,一类是刀具几何角度参数;另一类是刀具刃形、刃面、刃区型式及参数。一把刀具的形状和结构,是由一套几何参数所决定的。各参数之间存在相互依赖、相互制约的作用,因此应综合考虑,以便进行合理选择。

1.前角的选择

前角的作用规律有以下两方面:

(1)增大前角,能使刀具锋利减小切削变形,并减轻刀-屑间的摩擦,从而减小切削力、切削热和功率消耗,减轻刀具磨损,提高刀具使用寿命;还可以抑制积屑瘤和鳞刺的产生,减轻切削振动,改善加工质量。

(2)增大前角会使切削刃和刀头强度降低,易造成崩刃使刀具过早失效;还会使刀头的散热面积和容热体积减小,导致切削区温度升高,影响刀具寿命;由于减小了切屑变形,也不利于断屑。

由此可见,增大或减小前角各有利弊,在一定的条件下应存在一个合理值。由图3.26可知,对于不同的刀具材料,刀具使用寿命随前角的变化趋势为驼峰形。对应最大刀具使用寿命的前角称为合理前角 γ_{opt},高速钢的合理前角比硬质合金的大。由图3.27可知,工件材料不同时,同种刀具材料的合理前角也不同,加工塑性材料的合理前角 γ_{opt} 比脆性材料的大。

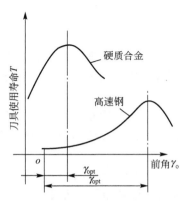

图 3.26 刀具的合理前角

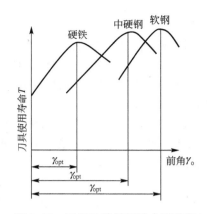

图 3.27 不同工件材料的合理前角

选择合理前角可遵循以下原则：

(1) 在刀具材料的抗弯强度和韧性较低，或工件材料的强度和硬度较高，或切削用量较大的粗加工，或刀具承受冲击载荷的条件下，为确保刀具强度，宜选用较小的前角，甚至可采用负前角。

(2) 当加工塑性大的材料，或工艺系统刚性差，易引起切削振动时，或机床功率不足时，宜选较大的前角，以减小切削力。

(3) 对于成形刀具或自动化加工中不宜频繁更换的刀具，为保证其工作的稳定性和刀具使用寿命，宜取较小的前角。

硬质合金车刀合理前角的参考值见表 3-5。高速钢车刀的前角一般比表中数值增大 $5° \sim 10°$。

表 3-5　硬质合金车刀合理前角、后角参考值

工件材料种类	合理前角参考范围/(°)		合理后角参考范围/(°)	
	粗车	精车	粗车	精车
低碳钢	20~25	25~30	8~10	10~12
中碳钢	10~15	15~20	5~7	6~8
合金钢	10~15	15~20	5~7	6~8
淬火钢	−15~−5		8~10	
不锈钢(奥氏体)	15~20	20~25	6~8	8~10
灰铸铁	10~15	5~10	4~6	6~8
铜及铜合金(脆)	10~15	5~10	6~8	6~8
铝及合金	30~35	35~40	8~10	10~12
钛合金 $\sigma_b \leqslant 1.177\text{GPa}$	5~10		10~15	

注：粗加工用的硬质合金车刀，通常都磨有负倒棱及负刃倾角。

2. 后角的选择

后角的作用规律有以下方面:

(1) 增大后角,可增加切削刃的锋利性,减轻后刀面与已加工表面的摩擦,从而降低切削力和切削温度,改善已加工表面质量。但也会使切削刃和刀头强度降低,减小散热面积和容热体积,加速刀具磨损。

(2) 如图 3.28 所示,在同样的磨钝标准 VB 条件下,增大后角($\alpha_2 > \alpha_1$),刀具材料的磨损体积增大,有利于提高刀具的使用寿命。但径向磨损量 NB 也随之增大($NB_2 > NB_1$),这会影响工件的尺寸精度。

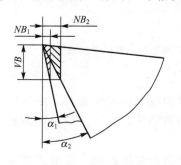

图 3.28　后角对刀具磨损的影响

由此可见,在一定条件下刀具后角也存在一个合理值。选择合理后角一般遵循下列原则:

(1) 切削厚度较大或断续切削条件下,需要提高刀具强度,应减小后角。但若刀具已采用了较大负前角则不宜减小后角,以保证切削刃具有良好的切入条件。

(2) 工件材料越软,塑性越大,刀具后角应越大。

(3) 以尺寸精度要求为主时,宜减小后角,以减小径向磨损量 NB 值;若以加工表面质量要求为主,则宜加大后角,以减轻刀具与工件间的摩擦。

(4) 工艺系统刚性较差时,易产生振动,应适当减小后角。

表 3-5 列出了硬质合金车刀合理后角的数值,可供参考。

3. 主偏角的选择

一般来说,减小主偏角可提高刀具使用寿命。当背吃刀量和进给量不变时,减小主偏角会使切削厚度减小,切削宽度增大,从而使单位长度切削刃所承受的负荷减轻,同时刀尖角增大,刀尖强度提高,散热条件改善,因而刀具使用寿命提高。

但是,减小主偏角会导致背向力增大,加大工件的变形,降低加工精度。同时刀尖与工件的摩擦加剧,容易引起系统振动,使加工表面的粗糙度加大,也会导致刀具使用寿命下降。

综合上述两方面,主要按以下原则来合理选择主偏角:

(1) 看系统的刚性如何,若系统刚性好,不易产生变形和振动,则主偏角可取较小值;若系统刚性差(如车细长轴),主偏角宜取较大值,如 90°。

(2) 考虑工件形状、切削冲击和切屑控制等方面的要求。例如,车台阶轴时,取主偏角为 90°,镗盲孔时主偏角应大于 90°。采用较小的主偏角,可使刀具与工件的初始接触处于远离刀尖的地方,改善了刀具的切入条件,不易造成刀尖冲击。较小的主偏角易形成长而连续的螺旋屑,不利于断屑,故对于切屑控制严格的自动化加工来说,宜取较大的主偏角。

4. 副偏角的选择

副偏角的主要作用是最终形成已加工表面。副偏角越小,切削刀痕理论残留面积的高度越小,加工表面粗糙度减小。同时还增强了刀尖强度,改善了散热条件。但副偏角过小，会增加副刃的工作长度，增大副后刀面与已加工表面的摩擦，易引起振动，反而增大表面粗糙度。

副偏角的大小主要根据表面粗糙度的要求和系统刚性选取。一般地，粗加工取大值，精加工取小值；系统刚性好时取较小值，刚性差时取较大值。对于切断刀、车槽刀等，为了保证刀尖强度，副偏角一般取 $1°\sim2°$。

5. 刃倾角的选择

刃倾角的作用可归纳为以下几方面：

(1) 影响切削刃的锋利性。当刃倾角 $\lambda_s \leqslant 45°$ 时，刀具的工作前角和工作后角将随 λ_s 的增大而增大，而切削刃钝圆半径则随之减小，增大了切削刃的锋利性，提高了刀具的切薄能力。

(2) 影响刀尖强度和散热条件。负的刃倾角可增加刀尖强度，其原因是切入时从切削刃开始，而不是从刀尖开始，如图 3.29 所示，进而改善了散热条件，有利于提高刀具使用寿命。

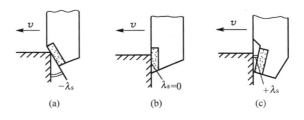

图 3.29　刃倾角对刀尖强度的影响(以 $\kappa_r=90°$ 刨刀为例)

(3) 影响切削力的大小和方向。刃倾角对背向力和进给力的影响较大，当负刃倾角绝对值增大时，背向力会显著增大，易导致工件变形和工艺系统振动。

(4) 影响切屑流出方向。图 3.30 表示了刃倾角对切屑流向的影响。当刃倾角为正值时，切屑流向待加工表面；当刃倾角为负值时，切屑流向已加工表面，易划伤工件表面。

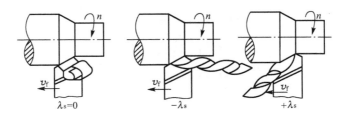

图 3.30　刃倾角对排屑方向的影响

在加工一般钢料和铸铁时，无冲击的粗车取 $\lambda_s=-5°\sim0°$，精车取 $\lambda_s=0°\sim+5°$；有冲击负荷时取 $\lambda_s=-5°\sim-15°$，当冲击特别大时，可取 $\lambda_s=-30°\sim-45°$。加工高强度钢、冷硬钢时，取 $\lambda_s=-20°\sim-30°$。

除了合理地选择上述刀具角度参数外，还应合理选用刀具的刃形、刃区等参数，具体选择可参阅有关资料。

应用案例 3-1

现精车一细长轴，材料 45 钢，试选择车刀几何角度 κ_r、λ_s、γ_o，并说明其原因。

解： 车细长轴时系统刚性差，工件易弯曲变形，影响加工精度，所以选择 κ_r、λ_s、γ_o 时应考虑减小切削力，特别是切深抗力 F_p，以减小工件变形，减小振动。一般选择 $\kappa_r = 90°$，从理论上讲，$F_p = F_D \cos \kappa_r = 0$。取 $\lambda_s = 5°$（>0），使 F_p 减小，且切屑流向待加工表面，有利于提高工件表面质量。精加工时 γ_o 取较大值（$20° \sim 25°$），以减小切削力 F_c、F_p。

3.6.2 刀具使用寿命的选择

在生产实际中，刀具使用寿命同生产效率和加工成本之间存在较复杂的关系。如果把刀具使用寿命选得过高，则切削用量势必限制在较低的水平，虽然此时刀具消耗及费用较少，但加工效率过低，会使总的经济效果较差。若刀具使用寿命选得过低，虽可采用较高的切削用量使金属切除率增大，但由于刀具磨损过快而使换刀、磨刀工时和费用增加，同样达不到高效率低成本的要求。合理的刀具使用寿命应根据优化目标来定，一般有最高生产率刀具使用寿命和最低成本刀具使用寿命两种。

1. 最高生产率刀具使用寿命

最高生产率刀具使用寿命是根据单件工时最短的目标确定的。

单件工序工时 t_w 为

$$t_w = t_m + t_{ct} t_m / T + t_{ot} \tag{3-24}$$

式中，t_m 为该工序的切削时间；t_{ct} 为换刀一次所消耗的时间；T 为刀具使用寿命；t_{ot} 为除换刀时间外的其他辅助工时。

设工件切削长度为 l_w，工件转速为 n_w，工件直径为 d_w，进给量为 f，背吃刀量为 a_p，工件加工余量为 Δ，则

$$t_m = \frac{l_w \Delta}{n_w f a_p} = \frac{\pi d_w l_w \Delta}{1000 v_c f a_p} \tag{3-25}$$

将式(3-19)代入式(3-25)可得

$$t_m = \frac{\pi d_w l_w \Delta}{1000 C_0 f a_p} T^m \tag{3-26}$$

在选择 v_c 时，f、a_p 等均为常数，故

$$t_m = KT^m \quad （K \text{ 为一常数}） \tag{3-27}$$

将式(3-27)代入式(3-24)，可得

$$t_w = KT^m + t_{ct} KT^{m-1} + t_{ot} \tag{3-28}$$

要使单件工时最小，令 $dt_w / dT = 0$，即

$$mKT^{m-1} + t_{ct}(m-1)KT^{m-2} = 0$$

$$T = \left(\frac{1-m}{m} \right) t_{ct} = T_p \tag{3-29}$$

T_p 即为最大生产率刀具使用寿命。与 T_p 对应的最大生产率切削速度可由式（3 - 30）求得：

$$v_{cp} = \frac{C_0}{T_p{}^m} \qquad (3-30)$$

2. 最低成本刀具使用寿命

最低成本刀具使用寿命是根据单件成本最低的目标确定的，也称为经济使用寿命。

每个工件的工序成本为

$$C = t_m M + t_{ct}\frac{t_m}{T}M + \frac{t_m}{T}C_t + t_{ot}M \qquad (3-31)$$

式中，M 为该工序单位时间内所分担的全厂开支；C_t 为刀具每刃磨一次分摊的费用（刀具总成本/刃磨次数）。

将 $t_m = KT^m$ 代入式（3 - 31），令 $dC/dT = 0$，得

$$T = \frac{1-m}{m}\left(t_{ct} + \frac{C_t}{M}\right) = T_c \qquad (3-32)$$

T_c 即为最低成本刀具使用寿命。与 T_c 对应的经济切削速度可由式（3 - 33）求得：

$$v_{cc} = C_0 / T_c^m \qquad (3-33)$$

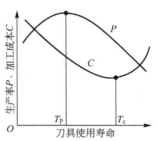

图 3.31 刀具使用寿命对生产率和加工成本的影响

比较式（3 - 32）与式（3 - 29）可知，$T_c > T_p$，即 $v_{cc} < v_{cp}$。图 3.31 表示了刀具使用寿命对生产率和加工成本的影响。一般情况下，多采用最低成本刀具使用寿命，只有当生产任务紧迫或生产中出现不平衡环节时，才选用最大生产率刀具使用寿命。

综合分析上述两式和各种具体情况，选择刀具使用寿命时应考虑以下几点：

（1）根据刀具复杂程度和制造、重磨的费用来选择。结构简单、成本不高的刀具，使用寿命应选得低些，结构复杂和精度高的刀具应选得高些。例如，硬质合金焊接车刀的使用寿命取为 60~90min，高速钢钻头的使用寿命取为 80~120min，硬质合金端铣刀取为 90~180min，齿轮刀具取为 200~300min。

（2）对于装刀、换刀和调刀比较复杂的多刀机床、组合机床与自动化加工刀具，刀具寿命应选得高些，尤应保证刀具的可靠性，一般为通用机床上同类刀具的 2~4 倍。对于机夹可转位刀具，由于换刀时间短，为了充分发挥其切削性能，提高生产效率，刀具寿命可选得低些，大致为 30min。

（3）某工序的生产率限制了整个车间生产率的提高时，该工序的刀具寿命要选得低些；当某工序单位时间内所分担到的全厂开支 M 较大时，刀具寿命也应选得低些。

（4）大件精加工时，为避免切削时中途换刀，刀具寿命应按零件精度和表面粗糙度来确定，一般为中、小件加工时的 2~3 倍。

3.6.3 切削用量的合理选择

选择合理的切削用量是切削加工中十分重要的环节，在机床、刀具和工件等条件一定

的情况下，切削用量的选择具有灵活性和能动性。目前较先进的做法是进行切削用量的优化选择和建立切削数据库。所谓切削用量优化，就是在一定约束条件下选择实现预定目标的最佳切削用量值。切削数据库存储有各种加工方法加工不同工程材料的切削数据，并建立其管理系统，用户通过网络查询或索取所需要的数据。而一般工厂多采用一些经验数据并附以必要的计算。

1. 切削用量的选择原则

粗加工时毛坯余量大，加工精度和表面粗糙度要求不高，所以切削用量的选择应在保证必要的刀具使用寿命的前提下，以尽可能提高生产率和降低成本为目的。通常生产率以单位时间内的金属切除率表示：

$$Z_w \approx 1000 v_c f a_p \quad (\mathrm{mm^3/min}) \tag{3-34}$$

由式(3-34)可以看出，金属切除率与切削用量三要素均保持线性关系，即 v_c、f、a_p 任一参数增大一倍，都可使生产率提高一倍。但根据刀具使用寿命与切削用量的关系式(3-22)可知，在这三要素中 a_p 对刀具使用寿命影响最小，f 次之，v_c 影响最大。因此，在粗加工中选择切削用量时，应首先选择尽可能大的背吃刀量 a_p，其次按工艺系统和技术条件的允许选择较大的进给量 f，最后根据合理的刀具使用寿命，用计算法或查表法确定切削速度 v_c。这样在保证一定的刀具使用寿命前提下，使 v_c、f、a_p 的乘积最大，以获得最高的生产率。

精加工时则主要按表面粗糙度和加工精度要求确定切削用量。

2. 切削用量的选择方法(以车削为例)

1) 背吃刀量的选择

切削加工一般分为粗加工、半精加工和精加工。粗加工($Ra50 \sim 12.5\mu m$)时，应尽可能一次走刀切除粗加工的全部余量，在中等功率机床上，背吃刀量可达 $8 \sim 10mm$。半精加工($Ra6.3 \sim 3.2\mu m$)时，背吃刀量可取为 $0.5 \sim 2mm$。精加工($Ra1.6 \sim 0.8\mu m$)时，背吃刀量取为 $0.1 \sim 0.4 mm$。

在加工余量过大或工艺系统刚性不足的情况下，粗加工可分几次走刀。若分两次走刀，应使第一次走刀的背吃刀量占全部余量的 $2/3 \sim 3/4$，而第二次走刀的背吃刀量取小些，以使精加工工序具有较高的刀具寿命和加工精度及较小的表面粗糙度。

切削表层有硬皮的铸、锻件或切削不锈钢等加工硬化严重的材料时，应尽量使背吃刀量超过硬皮或冷硬层厚度，以避免刀尖过早磨损。

2) 进给量的选择

粗加工时，工件的表面质量要求不高，但切削力往往很大，进给量的大小主要受机床进给机构强度、刀具的强度与刚性、工件的装夹刚度等因素的限制。精加工时，进给量的大小则主要受加工精度和表面粗糙度的限制。

生产实际中常根据经验或查表法确定进给量。粗加工时根据工件材料、车刀刀杆尺寸、工件直径及已确定的背吃刀量按表3-6来选择进给量。在半精加工和精加工时，则按加工表面粗糙度要求，根据工件材料、刀尖圆弧半径、切削速度按表3-7来选择进给量。

表 3-6 硬质合金车刀粗车外圆时进给量的参考值

工件材料	车刀刀杆/mm	工件直径/mm	背吃刀量 a_p/mm				
			≤3	>3～5	>5～8	>8～12	>12
			进给量 f/(mm/r)				
碳素结构钢、合金结构钢及耐热钢	16×25	20	0.3～0.4	—	—	—	—
		40	0.4～0.5	0.3～0.4	—	—	—
		60	0.5～0.7	0.4～0.6	0.3～0.5	—	—
		100	0.6～0.9	0.5～0.7	0.5～0.6	0.4～0.5	—
		400	0.8～1.2	0.7～1.0	0.6～0.8	0.5～0.6	—
	20×30 25×25	20	0.3～0.4	—	—	—	—
		40	0.4～0.5	0.3～0.4	—	—	—
		60	0.6～0.7	0.5～0.7	0.4～0.6	—	—
		100	0.8～1.0	0.7～0.9	0.5～0.7	0.4～0.7	—
		400	1.2～1.4	1.0～1.2	0.8～1.0	0.6～0.9	0.4～0.6
铸铁及铜合金	16×25	40	0.4～0.5	—	—	—	—
		60	0.6～0.8	0.5～0.8	0.4～0.6	—	—
		100	0.8～1.2	0.7～1.0	0.6～0.8	0.5～0.7	—
		400	1.0～1.4	1.0～1.2	0.8～1.0	0.6～0.8	—
	20×30 25×25	40	0.4～0.5	—	—	—	—
		60	0.6～0.9	0.5～0.8	0.4～0.7	—	—
		100	0.9～1.3	0.8～1.2	0.7～1.0	0.5～0.8	—
		400	1.2～1.8	1.2～1.6	1.0～1.3	0.9～1.1	0.7～0.9

表 3-7 按表面粗糙度选择进给量的参考值

工件材料	表面粗糙度 Ra/μm	切削速度范围/(m/min)	刀尖圆弧半径 r_ε/mm		
			0.5	1.0	2.0
			进给量 f/(mm/r)		
碳素结构钢、合金结构钢	10～5	<50	0.30～0.50	0.45～0.60	0.55～0.70
		>50	0.40～0.55	0.55～0.65	0.65～0.70
	5～2.5	<50	0.18～0.25	0.25～0.30	0.30～0.40
		>50	0.25～0.30	0.30～0.35	0.35～0.50
	2.5～1.25	<50	0.10	0.11～0.15	0.15～0.22
		50～100	0.11～0.16	0.16～0.25	0.25～0.35
		>100	0.16～0.20	0.20～0.25	0.25～0.35
铸铁、青铜及铝合金	10～5	不限	0.25～0.40	0.40～0.50	0.50～0.60
	5～2.5		0.15～0.20	0.25～0.40	0.40～0.60
	2.5～1.25		0.10～0.15	0.15～0.20	0.20～0.35

3）切削速度的确定

根据已选定的背吃刀量 a_p、进给量 f 及刀具使用寿命 T，切削速度 v_c 可按式（3-35）计算求得：

$$v_c = \frac{C_v}{T^m a_p^{x_v} f^{y_v}} K_v \qquad (3-35)$$

式中各系数和指数可查阅切削用量手册。切削速度也可查表3-8来选定。

表3-8 车削加工的切削速度参考数值

工件材料	硬度/HBS	背吃刀量 a_p/mm	高速钢刀具		硬质合金刀具	
			进给量 f/(mm/r)	切削速度 v_c/(m/min)	进给量 f/(mm/r)	切削速度 v_c/(m/min)
低碳钢 易切钢	125~225	1	0.18	43~52	0.18	140~165
		4	0.40	33~40	0.50	115~125
		8	0.50	27~30	0.75	88~100
中碳钢	175~275	1	0.18	34~41	0.18	115~130
		4	0.40	25~32	0.50	90~100
		8	0.50	20~26	0.75	70~80
合金钢	175~275	1	0.18	34~40	0.18	105~120
		4	0.40	23~30	0.50	85~90
		8	0.50	20~24	0.75	67~73
高强度钢	225~350	1	0.18	20~26	0.18	90~105
		4	0.40	15~20	0.40	69~84
		8	0.50	12~15	0.50	53~66
灰铸铁	160~240	1	0.18	26~43	0.18	84~120
		4	0.40	17~27	0.50	69~100
		8	0.50	14~23	0.75	60~80
可锻铸铁	160~240	1	0.18	30~40	0.18	120~160
		4	0.40	23~30	0.50	90~120
		8	0.50	18~24	0.75	76~100
铝及铝合金	40~150	1	0.18	245~305	0.25	550~610
		4	0.40	215~275	0.50	425~550
		8	0.50	185~245	1.0	305~365
铜及铜合金	60~150	1	0.18	40~175	0.18	84~345
		4	0.40	34~145	0.50	69~290
		8	0.50	27~120	0.75	64~270

在生产中选择切削速度的一般原则如下：

（1）粗车时，a_p 和 f 均较大，故选择较低的 v_c；精车时，a_p 和 f 均较小，故选择较高的 v_c。

（2）工件材料强度、硬度高时，应选较低的 v_c；反之，选较高的 v_c。

（3）刀具材料性能越好，v_c 选得越高。如硬质合金的 v_c 比高速钢刀具要高好几倍。

（4）精加工时应尽量避免积屑瘤和鳞刺的产生。

（5）断续切削时，为减小冲击和热应力，宜适当降低切削速度。

（6）在易发生振动的情况下，切削速度应避开自激振动的临界速度。

（7）加工大件、细长件和薄壁件或加工带外皮的工件时，应适当降低切削速度。

切削用量三要素选定之后，还应校核机床功率。

3. 提高切削用量的途径

提高切削用量的途径，从切削原理的角度看，主要有以下几个方面：

（1）采用切削性能更好的新型刀具材料。

（2）在保证工件力学性能的前提条件下，改善工件材料的切削加工性。

（3）采用性能优良的新型切削液和高效的冷却润滑方法，改善冷却润滑条件。

（4）改进刀具结构，提高刀具制造质量。

应用案例 3-2

已知条件：工件材料 45 钢（热轧），$\sigma_b = 0.637$GPa；毛坯尺寸 $d_w \times l = \phi50$mm $\times 350$mm，装夹如图 3.32 所示；加工要求为车外圆至 $\phi44$mm，表面粗糙度 $Ra3.2\mu$m，加工长度 $l_w = 300$mm。

机床：CA6140 型卧式车床。

刀具：焊接式硬质合金外圆车刀，刀片材料为 YT15，刀杆截面尺寸为 16mm $\times$ 25mm；几何参数 $\gamma_o = 15°$，$\alpha_o = 8°$，$\kappa_r = 75°$，$\kappa'_r = 10°$，$\lambda_s = 6°$，$r_\varepsilon = 1$mm，$b'_{r1} = 0.3$mm，$\gamma_{o1} = -10°$。

试确定车削外圆的切削用量。

解： 因表面粗糙度有一定要求，故应分粗车和半精车两道工序加工。

1）粗车

（1）确定背吃刀量 a_p。单边加工余量为 3mm，粗车取 $a_{p1} = 2.5$mm，半精车取 $a_{p2} = 0.5$mm。

（2）确定进给量 f。根据工件材料、刀杆截面尺寸、工件直径及背吃刀量，从表 3-6 中查得 $f = 0.4 \sim 0.5$mm/r。按机床说明书中实有的进给量，取 $f = 0.51$mm/r。

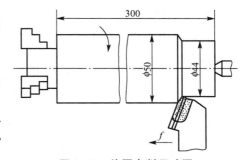

图 3.32　外圆车削尺寸图

（3）确定切削速度 v_c。切削速度可由式（3-35）计算，也可从表 3-8 中查出。现根据已知条件从表 3-8 中查得 $v_c = 90$m/min，然后求出机床主轴转速如下：

$$n = \frac{1000v_c}{\pi d_w} = \frac{1000 \times 90}{3.14 \times 50} \approx 573(\text{r/min})$$

按机床说明书选取实际的机床主轴转速为 560r/min，故实际切削速度如下：

$$v_c = \frac{\pi d_w n}{1000} = \frac{3.14 \times 50 \times 560}{1000} = 87.9(\text{m/min})$$

（4）校验机床切率 P_c。由表 3-1 查得单位切削力 k_c 为 1962N/mm²，故切削功率 P_c 如下：

$$P_c = F_c v_c \times 10^{-3} = k_c a_p f v_c \times 10^{-3} = 1962 \times 2.5 \times 0.51 \times (87.9/60) \times 10^{-3} = 3.665(\text{kW})$$

从机床说明书知，CA6140 型车床电动机功率为 $P_E = 7.5$kW。若取机床传动效率 $\eta_m = 0.8$，则

$$\frac{P_c}{\eta_m} = \frac{3.665}{0.8} = 4.581\text{kW} < P_E$$

所以机床功率是足够的。

2）半精车

（1）确定背吃刀量 $a_p = 0.5$mm。

（2）确定进给量。根据表面粗糙度 $Ra3.2\mu m$、$r_\varepsilon = 1$mm，从表 3-7 查得（预估切削速度 $v_c > 50$m/min）$f = 0.3 \sim 0.35$mm/r。按机床说明书中实有的进给量，确定 $f = 0.3$mm/r。

（3）确定切削速度。根据已知条件和已确定的 a_p 和 f 值，从表 3-8 中选用 $v_c = 130$m/min。然后计算出机床主轴转速如下：

$$n = \frac{1000 \times 130}{\pi(50-5)} = 920(\text{r/min})$$

按机床说明书选取机床主轴实际转速为 900r/min，故实际切削速度如下：

$$v_c = \frac{\pi(50-5) \times 900}{1000} = 127.2(\text{m/min})$$

本题的解如下：粗车切削用量 $a_p = 2.5$mm，$f = 0.51$mm/r，$v_c = 87.9$m/min；

半精车切削用量 $a_p = 0.5$mm，$f = 0.3$mm/r，$v_c = 127.2$m/min。

3.6.4 切削液的合理选用

在切削加工中，合理使用切削液，可以减小切屑、工件与刀具间的摩擦，降低切削力和切削温度，延长刀具使用寿命，并能减小工件热变形，抑制积屑瘤和鳞刺的生长，从而提高加工精度和减小已加工表面粗糙度值。

1. 切削液的分类

切削加工中常用的切削液可分为三大类：水溶液、乳化液、切削油。

（1）水溶液：主要成分是水，再加入一定的防锈剂或添加剂，使其既有良好的冷却性能，又有一定的防锈和润滑性能。

（2）乳化液：将乳化油用水稀释而成。乳化油由矿物油、乳化剂和添加剂配制而成，用 95%～98% 的水稀释后即成为乳白色或半透明状的乳化液。为了提高其防锈和润滑性能，再加入一定的添加剂。

（3）切削油：属非水溶性切削液，主要成分是矿物油，少数采用动植物油，实际使用中常加入油性、极压添加剂等形成混合油，主要起润滑作用。

离子型切削液是一种新型水溶性切削液，其母液是由阴离子型、非离子型表面活性剂和无机盐配制而成的。它的水溶液能离解成各种强度的离子，切削时，由于强烈摩擦所产生的静电荷，可与这些离子反应而迅速消除，并能降低切削温度，提高刀具使用寿命。

2. 切削液的作用

（1）冷却作用：切削液主要靠热传导带走大量的切削热，降低切削温度，从而提高刀具使用寿命和加工质量。切削液冷却性能的好坏，取决于它的热导率、比热容、汽化热、流量和流速等。一般来说，水溶液的冷却性能最好，油类最差，乳化液介于二者之间。

（2）润滑作用：金属切削时切屑、工件和刀具之间的摩擦可分为干摩擦、流体润滑摩擦和边界润滑摩擦三类。不使用切削液形成干摩擦时金属与金属直接接触，摩擦系数较大。形成流体润滑摩擦时，金属直接接触面积很小，摩擦系数很小。但在很多情况下，由于流体油膜承受着高温高压而被破坏，造成部分金属直接接触和部分润滑膜接触，这就是边界润滑摩擦。边界润滑摩擦的摩擦系数大于流体润滑，但小于干摩擦。切削液的润滑性能与其渗透性、形成润滑膜的能力及润滑膜的强度有着密切关系。

（3）清洗作用：切削液具有冲刷切屑的作用，利于切屑的排除。清洗性能与切削液的渗透性、流动性和使用压力有关，如深孔加工时，要利用高压切削液来进行排屑。

（4）防锈作用：在切削液中加入防锈添加剂后，能在金属表面形成保护膜，起到防锈作用。防锈性能取决于切削液本身的性能和加入的防锈添加剂的性质。

3. 切削液的选用

选择切削液时应综合考虑工件材料、刀具材料、加工方法、加工要求等因素。

（1）从加工要求方面考虑：粗加工时，金属切除量大，产生的热量多，因此应着重考虑降低切削温度，选用以冷却为主的切削液，如 3%～5% 的低浓度乳化液或离子型切削液；精加工时主要要求提高加工精度和加工表面质量，应选用具有良好润滑性能的切削液，如极压切削油或高浓度极压乳化液，它们可减小刀具与切屑之间的摩擦与粘结，抑制积屑瘤。

（2）从工件材料方面考虑：切削钢材等塑性材料时，需要用切削液；切削铸铁、黄铜等脆性材料时可不用切削液，其原因是作用不明显，且会污染工作场地；切削高强度钢、高温合金等难加工材料时，属于高温高压边界摩擦状态，宜选用极压切削油或极压乳化液。

（3）从刀具材料方面考虑：高速钢刀具耐热性差，应采用切削液；硬质合金刀具耐热性好，一般不用切削液，必要时可采用低浓度乳化液或水溶液，但应连续地、充分地浇注，否则刀片会因冷热不均而导致破裂。

（4）从加工方法方面考虑：铰孔、拉削、螺纹加工等工序刀具与已加工表面摩擦严重，宜采用极压切削油或极压乳化液；成形刀具、齿轮刀具等价格昂贵，要求刀具使用寿命长，可采用极压切削油；磨削加工时温度很高，工件易烧伤，还会产生大量的碎屑及脱落的砂粒会划伤已加工表面，因此要求切削液应具有良好的冷却清洗作用，故一般常采用乳化液或离子型切削液。

习　　题

一、判断题

1. 工艺系统刚性较差时（如车削细长轴），刀具应选用较大的主偏角。　　　　　（　　）

2. 加工塑性材料与加工脆性材料相比，应选用较小的前角和后角。　　　　　（　　）

3. 高速钢刀具与硬质合金刀具相比，应选用较小的前角和后角。　　　　　（　　）

4. 精加工时应避免积屑瘤的产生，所以切削塑性金属时，常采用高速或低速精加工。
　　　　　　　　　　　　　　　　　　　　　　　　　　　　　　　　　　（　　）

5. 在三个切削分力中，车外圆时主切削力 F_c 最大，磨外圆时背向力 F_p 最大。（　　）

6. 在切削用量中，对切削力影响最大的是切削速度，其次是进给量，影响最小的是背吃刀量。　　　　　　　　　　　　　　　　　　　　　　　　　　　　　　（　　）

7. 在切削用量中，对切削热影响最大的是背吃刀量，其次是进给量，影响最小的是切削速度。　　　　　　　　　　　　　　　　　　　　　　　　（　　）

8. 在生产率保持不变的情况下，适当降低切削速度，且加大切削层面积，可以提高刀具使用寿命。　　　　　　　　　　　　　　　　　　　　　　　　（　　）

9. 在刀具角度中，对切削温度有较大影响的是刃倾角和副偏角。　　　（　　）

10. 精车钢件时可使用高浓度的乳化液或切削油，主要是因为它的润滑作用好。

（　　）

二、选择题

1. 影响刀具的锋利程度、影响切削变形和切削力的刀具角度是（　　）。

    A. 主偏角　　　　　　B. 副偏角　　　　　　C. 前角　　　　　　D. 后角

2. 影响切削层参数、切削分力的分配、刀尖强度及散热情况的刀具角度是（　　）。

    A. 主偏角　　　　　　B. 副偏角　　　　　　C. 前角　　　　　　D. 后角

3. 影响刀尖强度和切屑流动方向的刀具角度是（　　）。

    A. 主偏角　　　　　　B. 前角　　　　　　C. 后角　　　　　　D. 刃倾角

4. 影响工件已加工表面粗糙度值的刀具角度是（　　）。

    A. 主偏角　　　　　　B. 副偏角　　　　　　C. 前角　　　　　　D. 后角

5. 车外圆时，切削热传出途径中所占比例最大的是（　　）。

    A. 刀具　　　　　　　B. 工件　　　　　　　C. 切屑　　　　　　D. 空气介质

6. 钻削时，切削热传出途径中所占比例最大的是（　　）。

    A. 刀具　　　　　　　B. 工件　　　　　　　C. 切屑　　　　　　D. 空气介质

7. 当工件的强度、硬度、塑性较大时，刀具使用寿命（　　）。

    A. 不变　　　　　　　B. 有时长有时短　　　C. 越长　　　　　　D. 越短

8. 切削铸铁工件时，刀具的磨损部位主要发生在（　　）。

    A. 前刀面　　　　　　B. 后刀面　　　　　　C. 前、后刀面

9. 粗车碳钢工件时，刀具的磨损部位主要发生在（　　）。

    A. 前刀面　　　　　　B. 后刀面　　　　　　C. 前、后刀面

10. 加工塑性材料时，容易产生积屑瘤和鳞刺的是（　　）切削。

    A. 低速　　　　　　　B. 中速　　　　　　　C. 高速　　　　　　D. 超高速

三、问答题

1. 绘图并标出切削过程的三个变形区，并说明各有何特点。

2. 常用哪些参数来衡量金属切削变形程度？

3. 切屑与前刀面之间的摩擦有什么特点？

4. 试分析积屑瘤产生的原因及其对加工过程的影响。

5. 切屑的种类有哪些？其变形规律如何？

6. 切削合力为什么要分解为三个分力？试说明各分力的作用。

7. 试从工件材料、刀具及切削用量三方面分析各因素对切削力的影响，并用图形将其变化归纳在一起。

8. 实际生产中常采用哪几种计算切削力的方法？各有什么特点？

9. 影响切削热产生和传出的因素有哪些？

10. 影响切削温度的主要因素有哪些？如何产生影响？

11. 为什么切削钢件时刀具前刀面的温度比后刀面的高？而切削灰铸铁等脆性材料时则相反？

12. 刀具磨损有哪些形式？造成刀具磨损的原因主要有哪些？

13. 刀具磨损过程一般可分为几个阶段？各阶段的特点是什么？

14. 何谓刀具使用寿命？它与刀具磨钝标准有何关系？

15. 为什么硬质合金刀具与高速钢刀具相比，所规定的磨钝标准要小些？

16. 切削用量三要素对刀具使用寿命的影响有何不同？试分析其原因。

17. 在一定的生产条件下，切削速度是否越快越好？刀具使用寿命是否越长越好？为什么？

18. 刀具破损与磨损的原因在本质上有何区别？

19. 何谓工件材料的切削加工性？常用的衡量指标有哪些？

20. 影响工件材料切削加工性的主要因素有哪些？

21. 如何改善工件材料的切削加工性？

22. 刀具前角、后角有什么作用？说明选择合理前角、后角的原则。

23. 分析主偏角、副偏角、刃倾角对切削过程的影响及合理选择原则。

24. 何谓最大生产率刀具使用寿命和最低成本刀具使用寿命？粗加工和精加工所选用的刀具使用寿命是否相同？为什么？

25. 切削液分为哪几大类？如何选用？

四、计算题

1. 已知工件材料为 40Cr 合金钢（正火状态），用 YT15 硬质合金车刀车削外圆时，工件转数为 6r/s，加工前直径为 70mm，加工后直径为 62mm，刀具每秒钟沿工件轴向移动 2.4mm，刀具几何参数为 $\gamma_o = 15°$，$\kappa_r = 75°$，$\lambda_s = -5°$，$\kappa_r' = 10°$，$\alpha_o = \alpha_o' = 6°$，机床为 CA6140 型卧式车床（电动机功率为 7.5kW）。试计算切削分力 F_c、F_f、F_p 及切削功率 P_c，并验算机床电动机功率。

2. 已知工件材料为 45 钢（调质），硬度为 220HBS，毛坯尺寸 $d_w \times l = \phi80mm \times 450mm$，装夹在卡盘和顶尖中。加工要求：车外圆至 $\phi72mm$，表面粗糙度为 $Ra3.2\mu m$，加工长度 $l_w = 400mm$；机床为 CA6140 型卧式车床；刀具为 YT15 机夹外圆车刀。试选择刀具的几何参数及切削用量。

第 4 章
机床夹具设计原理

教学目标

    1. 掌握工件定位的基本原理，根据工件加工的技术要求，合理选择定位基准，并能进行定位误差的分析计算；

    2. 合理选择或设计定位元件；

    3. 合理选择或设计夹紧机构；

    4. 熟悉典型机床夹具的特点，掌握机床夹具设计的一般方法。

教学要求

知识要点	能力要求	相关知识
定位原理	(1) 理解六点定位原理 (2) 掌握六点定位原理的应用	刚体自由度
定位元件	(1) 熟悉常见的定位方式与定位元件 (2) 合理选择或设计定位元件	定位方法
定位误差	(1) 了解定位误差产生的原因 (2) 掌握定位误差的分析计算方法	定位基准
夹紧装置	(1) 了解夹紧装置的组成及基本要求 (2) 合理选择或设计夹紧装置	夹紧力的大小、方向、作用点
典型机床夹具	(1) 熟悉典型机床夹具的特点 (2) 掌握机床夹具设计的一般方法	钻床夹具、铣床夹具、车床夹具

加工图 4.1(a)所示套筒零件上的 $\phi6H7$ 径向孔，应使工件相对于刀具和机床切削成形运动具有正确的位置，才能保证孔的位置尺寸 38±0.5 与 $\phi25H7$ 孔的垂直度要求。批量加工时经常使用钻床夹具，如图 4.1(b)所示，工件以内孔及其端面作为定位基准面进行安装，通过旋紧螺母将工件夹紧，然后由钻模板上的钻套引导钻头或铰刀进行钻孔或铰孔。

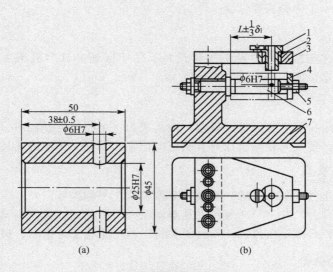

图 4.1　套筒零件钻床夹具
1—快换钻套；2—衬套；3—钻模板；4—开口垫圈；5—螺母；6—定位销；7—夹具体

4.1　概　　述

在机床上用来装夹工件(和引导刀具)的装置称为机床夹具。它的作用是将工件定位，使工件相对于机床和刀具获得正确的位置，并把工件可靠地夹紧，以保证加工的正常进行。

夹具最早出现在 18 世纪后期。随着科学技术的不断进步，机床夹具已从一种辅助工具发展成为门类齐全的工艺装备，在整个制造业中占有极其重要的地位。

4.1.1　机床夹具的组成

机床夹具种类繁多，结构各异，但都由下列几个基本部分组成。

1. 定位元件

【参考视频】

定位元件与工件的定位基准相接触，用于确定工件在夹具中的正确位置，从而保证工件加工时相对于刀具和机床成形运动具有正确的位置，如图 4.1 中的定位销 6。

2. 夹紧装置

夹紧装置用来夹紧工件，在切削过程中使工件在夹具中保持既定位置，不会因受外力而产生位移或振动，如图 4.1 中的螺母 5 和开口垫圈 4。

3. 对刀、导向元件

对刀、导向元件的作用是保证工件与刀具之间的正确位置。用于确定刀具在加工前正确位置的元件称为对刀元件，如对刀块。用于确定刀具位置并引导刀具进行加工的元件称为导向元件，如图 4.1 中的快换钻套 1。

4. 连接元件

使夹具与机床相连接的元件称为连接元件，用于保证夹具与机床之间的相互位置关系，如铣床夹具的定位键。

5. 夹具体

用来连接或固定夹具上各元件及装置，使其成为一个整体的基础件。它与机床有关部件进行连接、对定，使夹具相对机床具有确定的位置，如图 4.1 中的夹具体 7。

6. 其他元件及装置

有些夹具根据工件的加工要求，需要有分度机构、平衡铁等。

以上这些组成部分，并不是对每种夹具都是缺一不可的。但任何夹具都必须有定位元件和夹紧装置，它们是保证工件加工精度的关键，目的是使工件定准、夹牢。

4.1.2 机床夹具的分类

机床夹具可按不同方法分类，按使用范围的不同，可分为通用夹具、专用夹具、通用可调夹具和成组夹具、组合夹具和随行夹具等；按所使用的机床不同，可分为车床夹具、铣床夹具、钻床夹具(钻模)、镗床夹具(镗模)、磨床夹具和齿轮机床夹具等；按所采用的夹紧动力源不同，可分为手动夹具、气动夹具、液压夹具、电动夹具、磁力夹具和真空夹具等。

【参考图文】　　**1. 通用夹具**

通用夹具是指已经标准化的，在一定范围内可用于加工不同工件的夹具。例如，车床上的三爪自定心卡盘、四爪卡盘，顶尖和鸡心夹头，铣床上的平口钳、分度头、回转工作台，磨床上的磁力工作台等。这类夹具一般由专业工厂生产，常作为机床附件提供给用户。其特点是适应性广，生产准备周期短，但生产效率较低，主要适用于单件小批生产。

2. 专用夹具

专用夹具是专为某一工件的某道工序而设计制造的夹具。其特点是结构紧凑、操作简单、使用方便，可以保证较高的加工精度和生产效率。但它的设计制造周期较长，成本也较高，产品变更时无法再使用，因而适用于成批及大量生产中。本章主要介绍专用夹具的设计原理。

3. 通用可调夹具和成组夹具

通用可调夹具和成组夹具的共同特点是部分元件可以更换，部分装置可以调整，以适应多种零件的加工。用于相似零件的成组加工的夹具，称为成组夹具。通用可调夹具与成组夹具相比，加工对象不很明确，适用范围更广一些。由于它们兼有通用性与专用性的特点，因此，适用于多品种、中小批量零件的加工，是工艺装备发展的一个方向。

4. 组合夹具

组合夹具是按零件的加工要求，由一套预先制造好的标准元件和部件组装而成的夹具。组合夹具是一种模块化的夹具，并已商品化。标准的模块元件由专业厂家制造，具有较高精度和耐磨性，具有不同的形状、规格和功能，使用时可按工件的加工要求选用组装。组合夹具的特点是灵活多变，适应性强，制造周期短，元件能反复使用，特别适用于多品种工件单件小批生产和新产品试制的场合，是一种较经济的夹具。

5. 随行夹具

随行夹具是一种在自动线上使用的夹具。它既要起到对工件的定位和夹紧作用，又要与工件成为一体沿着自动线从一个工位移到下一个工位，进行不同工序的加工，承担着沿自动线输送工件的任务，故称为随行夹具。

4.1.3 机床夹具的功用

1. 易于保证加工精度

使用夹具装夹工件时，工件相对于刀具及机床的位置精度由夹具来保证，不受工人技术水平与熟练程度的影响，从而使一批工件的加工精度趋于一致。

2. 提高劳动生产率

使用夹具装夹工件方便、快捷，工件不需要划线找正，可显著地减少辅助工时；若使用多件、多工位装夹工件的夹具，并采用高效夹紧机构，可进一步提高劳动生产率。

3. 扩大机床的工艺范围

根据机床的成形运动，附以不同类型的夹具，可扩大机床原有的工艺范围，实现一机多能。例如，在车床的溜板上或摇臂钻床工作台上装上镗模，就可以进行箱体零件的镗孔加工。

4. 减轻工人的劳动强度

使用夹具后，不但操作方便，而且工件的加工质量易于保证，降低了对工人技术水平的要求，也减轻了工人的劳动强度，保证了生产安全。

4.2 工件在夹具中的定位

为了加工出符合技术要求的表面，工件在加工前相对于刀具和机床必须占据正确的位置，这称之为定位。夹具在工件定位过程中起着决定性的作用，本节主要介绍工件在夹具中的定位。

4.2.1 六点定位原理

由运动学可知：自由刚体在空间直角坐标系 $oxyz$ 中具有六个自由度，即沿三个坐标轴移动的自由度 $\vec{x}$、$\vec{y}$、$\vec{z}$ 和绕三个坐标轴转动的自由度 $\hat{x}$、$\hat{y}$、$\hat{z}$（图 4.2）。工件没有定位时可看作自由刚体，要使工件在夹具中（或机床上）完全定位就必须限制它在空间的六个自由度。

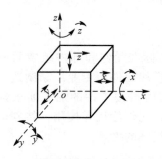

图 4.2　物体在空间的六个自由度

在夹具设计时，采用各种定位元件来限制工件的自由度，从而实现工件的定位。为了便于分析工件的定位问题，可以将具体的定位元件抽象为相应的定位支承点，每个定位支承点限制工件的一个自由度。合理布置夹具上六个定位支承点的位置，使工件的六个自由度被完全限制后，则该工件在空间的位置就完全确定了，这就称之为六点定位原理。

　应用案例 4-1

如图 4.3 所示为长方体形工件的六点定位情况。在工件的底面布置三个不共线的定位支承点 1、2、3，限制工件 $\vec{z}$、$\hat{x}$、$\hat{y}$ 三个自由度。在侧面沿水平方向布置两个定位支承点 4、5，限制工件 $\vec{x}$、$\hat{z}$ 两个自由度。在端面布置一个定位支承点 6，限制工件 $\vec{y}$ 一个自由度。于是六个定位支承点就完全限制了工件的六个自由度，实现了工件的完全定位。在实际夹具中，可用六个支承钉代表六个定位支承点，每个支承钉与工件的接触面较小，可视为支承点。

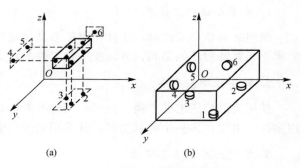

图 4.3　长方体形工件的六点定位

分析工件定位时应注意，只有当定位支承点与工件的定位基面接触时才具有限制自由度的作用，若脱离接触，则失去定位作用。分析定位作用时，不考虑工件受外力的影响。工件的某一自由度被限制即在某一方向上位置确定，但并非指工件在外力的作用下不会与定位支承点脱离接触，要使工件定位后保持位置不变，是夹紧的任务，定位仅使工件占据规定的位置。也不能认为工件被夹紧后其位置不能动了，就是所有的自由度都被限制了。定位和夹紧是两个概念，应注意区别。

在实际生产中，并不是在任何情况下都要限制工件的六个自由度，而是只需限制按照加工要求必须限制的那些自由度就可以了。下面分四种情况进行讨论。

1. 完全定位

工件的六个自由度全部被限制，在夹具中占据唯一确定的位置，称为完全定位。当工件在三个坐标方向上都有尺寸精度和位置精度要求时，需采用这种定位方式。

2. 不完全定位

根据工件的加工要求，没有必要限制其六个自由度的定位，称为不完全定位。例如，在长方体工件上铣一个通槽时[图 4.4(a)]，只需要限制的五个自由度为$\vec{x}$、$\vec{z}$、$\hat{x}$、$\hat{y}$、$\hat{z}$。

因为工件在 x、z 方向的位置移动，将引起槽的位置尺寸 L、H 的变化。工件绕 x、y、z 轴的位置转动，将影响槽侧与槽底的位置精度，同时对尺寸 L、H 也有影响。而沿 y 轴移动的自由度$\vec{y}$对铣通槽工序的加工要求并无影响，故这一自由度可以不限制。又如在平面磨床上磨削平面时[图 4.4(b)]，仅需保证被加工平面与底平面之间的尺寸精度和两平面的平行度。因此，只需限制工件$\vec{z}$、$\hat{x}$、$\hat{y}$三个自由度，而$\vec{x}$、$\vec{y}$、$\hat{z}$三个自由度可以不限制，因为这些对保证上述两项加工要求没有影响。

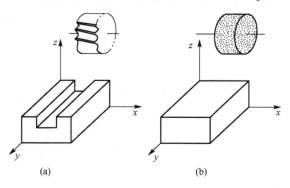

图 4.4 不完全定位示例

由以上分析可知，工件定位时，对影响加工要求的自由度必须限制，对不影响加工要求的自由度可以不限制。采用完全定位还是部分定位，主要根据工件的形状特点和工序加工要求来确定，一般应遵循以下几条原则：

(1) 由于工件的形状特点，限制工件某些方向的自由度没有必要，也无法限制，则可不必限制该方向的自由度。例如，对于完整的球形工件、光滑的轴、套筒、圆盘类工件(图 4.5)，限制其绕自身回转轴线转动的自由度是不可能的，也没有必要。所以，在圆球上铣平面，或在光滑圆柱形工件上车阶梯面或铣键槽时，则可以不限制工件绕自身轴线转动的自由度。

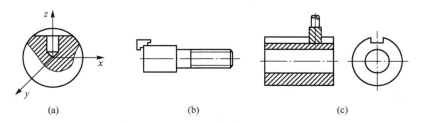

图 4.5 不必限制绕自身轴线回转自由度的示例

(2) 由于加工特点，工件在某些方向的自由度并不影响加工精度要求，则该方向的自由度可以不必限制。工件定位时，首先应根据加工要求确定必须限制的由自度，对不影响加工要求的自由度可以不限制，然后选择或设计适当的定位元件对工件定位。例如，图 4.4所示的铣通槽、磨平面，仅需限制工件的部分自由度。但有时在不需限制自由度的方向上（如主切削力作用方向上）设置挡销，其目的不是为了定位，而是为了承受切削力和便于控制刀具的行程。

(3) 在保证加工要求的条件下，限制自由度的数目应尽量少，使夹具结构简单。一般情况下，限制自由度的数目越多，夹具的结构越复杂，故限制的自由度数能满足加工要求即可。但有的定位元件相当于数个定位支承点，每个定位支承点都能限制相应的由自度。

当选用该定位元件后，其所能限制的自由度数虽然按加工要求不一定都是必需的，但其限制自由度的能力仍然存在。例如，图 4.6(a)所示的轴套工件，若要钻一个 ϕD 的通孔，本工序必须限制的自由度有 $\vec{x}$、$\vec{y}$、$\hat{y}$、$\hat{z}$，而自由度 $\hat{z}$ 和 $\vec{x}$ 并不影响加工要求。但是在选用定位元件时，无论是用心轴[图 4.6(b)]还是 V 形块[图 4.6(c)]定位，都会自然地限制 $\vec{z}$ 这个自由度。此时若人为地不限制该自由度，不但不能简化夹具结构，反而会增加设计和制造的难度。

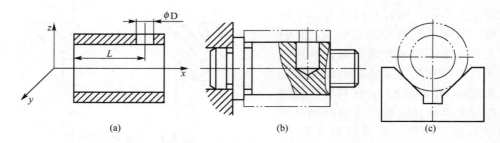

图 4.6　因定位件结构必须多限制的自由度

（4）在实际加工中，为使工件安装稳定，对工件限制的自由度数目一般不少于三个。如图 4.7(a)所示，在圆球上铣平面，要求加工面到球心的距离为 H，理论上只需限制一个自由度 $\vec{z}$。但生产中为使安装稳定，常采用图 4.7(a)中所示的定位方式，限制工件 $\vec{x}$、$\vec{y}$、$\vec{z}$ 三个自由度。再如图 4.7(b)所示，在圆柱上铣平面，要求加工表面到圆柱下母线的距离为 H，理论上只需限制 $\vec{z}$ 和 $\hat{x}$ 两个自由度。但生产中常采用四点定位，限制工件 $\vec{x}$、$\vec{z}$、$\hat{x}$、$\hat{z}$ 四个自由度。

在夹具上有时增设定位支承点，限制工件的其他自由度，其目的是为了承受切削力、夹紧力，而并非工件加工要求所必需的。一般需根据加工方法、工件形状、受力位置等因素来考虑。

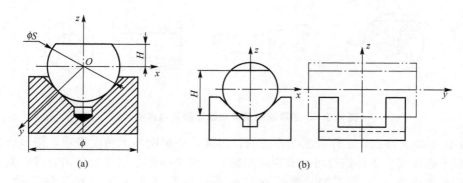

图 4.7　实际加工中需要限制的自由度

3. 欠定位

如果工件应该被限制的自由度未给予限制，这样的定位称为欠定位。欠定位无法保证工序加工要求，因此决不允许欠定位的现象产生。例如，图 4.8 所示的轴在铣床上铣不通槽时，为了保证尺寸 l，必须限制工件沿 x 轴移动的自由度 $\vec{x}$。但图示的定位方式没有限制该自由度，加工出的键槽长度尺寸 l 不能保证一致，故欠定位是不允许的。

4. 过定位

过定位是指工件的同一个自由度被几个定位支承点重复限制的定位，也称重复定位或超定位。过定位时，由于工件的一个或几个自由度被定位元件重复限制，将会对工件定位产生矛盾，工件或定位元件受力后产生变形，或工件的安装产生干涉，所以一般应尽量避免过定位。

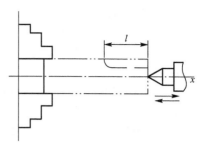

图 4.8　欠定位示例

 应用案例 4－2

如图 4.9 所示工件以底平面和两孔为定位基准。若采用的定位元件为支承平面和两短

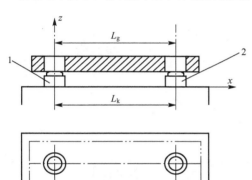

图 4.9　一面两销的重复定位
1、2—短圆柱销

圆柱销 1、2，则属于过定位。因为两短圆柱销都有限制 $\tilde{x}$ 自由度的作用。通常工件两孔中心距 L_g 不可能完全与夹具上两销中心距 L_k 一致。当误差较大、并且孔与销的配合间隙又较小时，将导致两孔不能同时套进两销，限制同一自由度的两定位元件出现了干涉，这种过定位是不允许的。解决办法是将其中一个销在 x 方向上的两边削去（成为削边销），使其失去限制 $\tilde{x}$ 自由度的作用，只限制工件 $\tilde{z}$ 自由度。再加上支承平面限制 $\vec{z}$、$\hat{x}$、$\hat{y}$ 三个自由度，另一销限制 $\tilde{x}$、$\tilde{y}$ 两个自由度，工件被完全定位。若增大孔与销的配合间隙，虽可解除干涉，但将增大定位误差。

但在实际生产中，也常有用过定位方式定位的。它不但不会产生有害影响，反而可增加工件装夹刚度和稳定性，称为可用过定位。因此应根据具体情况进行具体分析。若工件定位基准的位置精度和定位元件的位置精度都很高，过定位不会影响工件获得正确位置，这时是允许的，否则是不允许的。

4.2.2　常见定位方法与定位元件

工件在夹具中定位时，是根据工件上定位基准面的形状，采用相应结构形状的定位元件实现定位的。本节将介绍常用典型定位方式及定位元件的结构形状，同时介绍如何将各种定位元件转化为相应的定位支承点，这是夹具设计中正确选用定位元件和应用定位原理进行定位分析的关键。

1. 工件以平面定位

工件以平面为定位基准是常见的定位方式。例如，箱体、支架、圆盘、板状类工件等，在其主要加工工序中都用平面作为定位基准进行定位。平面定位的主要形式是支承定位，即将定位基准平面支承在定位元件上。工件以平面定位时常用的定位元件如下。

1）固定支承

固定支承有支承钉和支承板两种形式，它们在夹具中的位置固定不变。工件以粗基准定位时，由于定位基准面粗糙不平，若采用平面支承定位，显然只能与粗基准上的最高三点接触。对于一批工件，与平面支承接触的三点位置是不同的，常因三点过于接近或偏向一边而使定位不稳定。因此，必须采用布置较远的三个定位支承点，以保证接触点位置的相对稳定。图 4.10(b)所示的圆头支承钉常用于工件以粗基准定位的情况。由于圆头支承钉容易磨损，常用如图 4.10(c)所示的网状顶面支承钉，它能增大摩擦系数，防止工件受力后滑动。但在水平位置时，容易积屑，影响定位准确性，故常用于侧平面定位。

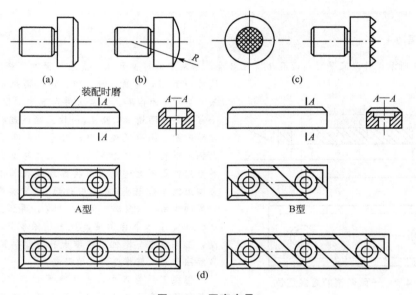

图 4.10　固定支承

工件以精基准定位时，定位基准面也不是绝对平面，因此也只能采用小面积接触的定位元件。图 4.10(a)所示的平头支承钉与定位基准面之间有一定的接触面积，可减小接触压强，不易磨损，常用于精基准定位。

上述的每一个支承钉相当于一个定位支承点，可限制工件的一个自由度，大平面的定位只需布置三个支承钉。精基准的定位可布置四个平头支承钉，但仍相当于三个定位支承点的作用。

大、中型工件的精基准定位则常采用支承板。图 4.10(d)中所示的 A 型支承板结构简单，制造方便。但螺钉与螺钉孔间的间隙易积屑，不易清除，适用于侧平面定位。B 型支承板工作表面有斜槽，易于清除切屑，保证工作表面清洁，适用于底面定位。支承板有较大的面积，多用于经过精加工的平面定位。

每一个支承板相当于两个定位支承点，可限制工件的两个自由度，组合两个支承板能确定一个平面的位置，相当于三个定位支承点的作用。

各种支承钉和支承板的结构和尺寸都已标准化。一般情况下，为保证几个支承钉和支承板在装配后等高，且与夹具体底面具有必要的位置精度（平行或垂直），最终应精磨工作表面。因此，在选用标准定位元件或自行设计定位元件时，须注意在定位元件的高度尺寸上预留最终磨削余量。

2）可调支承

支承点位置可以调整的支承称为可调支承。当工件毛坯的尺寸及形状变化较大时，若采用固定支承会引起加工余量发生较大变化，影响加工质量，这种情况就需使用如图 4.11 所示的可调支承。

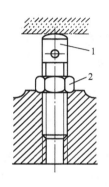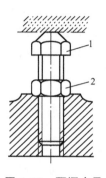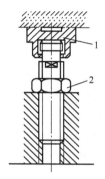

图 4.11　可调支承

1—可调支承螺钉；2—螺母

可调支承的顶端位置能在一定范围内调整，图 4.11 中的可调支承结构都是用螺钉螺母的型式，安装一批工件前，根据毛坯的情况调整可调支承螺钉 1 的高度，调整后用螺母 2 锁紧，以防止松动而使高度发生变化。

每个可调支承的定位作用相当于一个固定支承。因可调支承一旦调整好，在同一批工件加工中，其作用即相当于固定支承。可调支承的结构已经标准化。

3）自位支承（浮动支承）

自位支承的特点是其支承点的位置能随工件定位基准面位置的变化而自动与之适应。在结构上做成浮动或联动的，可与工件有两点或三点接触，但一般只起一个定位支承点的作用，限制工件一个自由度。由于增加了接触点数，可提高工件安装的刚性和稳定性，但结构稍复杂。

例如，图 4.12(a)所示是两点式用于断续平面定位；图 4.12(b)所示是两点式用于阶梯平面的定位；图 4.12(c)所示是球面三点式用于有基准角度误差的平面定位。

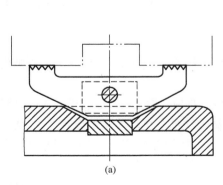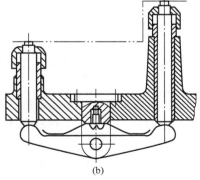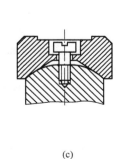

(a)　　　　　　　　　　　　　(b)　　　　　　　　　　　(c)

图 4.12　自位支承

知识提醒 4-1

固定支承、可调支承和自位支承都是工件以平面定位时起定位作用的支承，一般称为基本支承，运用定位基本原理分析平面定位问题时，基本支承可以转化为定位支承点。

4）辅助支承

辅助支承是在工件定位后才参与的支承，它不起限制工件自由度的作用，不能转化为定位支承点。在生产中，工件因尺寸、形状特征或局部刚度较差，在切削力、夹紧力或工件重力的作用下，可能使工件在用基本支承定位后不稳定，或加工部位易产生变形，为提高工件的安装刚度和稳定性，常增设辅助支承。

下面介绍两种常用的辅助支承。

（1）拧出式辅助支承，如图 4.13(a)所示，其结构简单，调节时需要转动支承螺杆，效率较低，适用于单件或中小批生产。

（2）推引式辅助支承，如图 4.13(b)所示，它适用于工件较重、垂直作用的切削力、负荷较大的场合，工件定位后，推动手轮，使支承与工件接触，然后转动手轮使斜楔开槽部分张开而锁紧。斜楔的斜面角可取 8°～10°，过小则支承的升程小；过大则可能失去自锁作用。

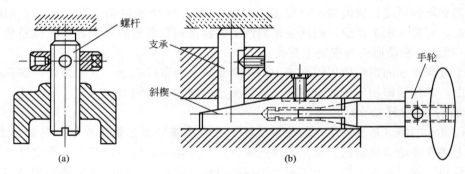

图 4.13 辅助支承

2. 工件以圆柱孔定位

套筒、法兰盘、齿轮等工件常以圆柱孔(孔的中心线)作为定位基准。夹具上与之相适应的定位元件有定位心轴和定位销。

1）定位心轴

盘套类工件在车削、磨削、铣削、齿轮加工中经常采用心轴定位。下面介绍几种典型的心轴结构。

（1）刚性心轴，可分为过盈配合心轴与间隙配合心轴两种。图 4.14(a)和图 4.14(b)所示为过盈配合心轴。心轴有导向部分 1、工作部分 2 及传动部分 3。导向部分的作用是引导工件迅速而正确地套在心轴的工作部分上。其直径 D_3 可按间隙配合 e8 制造。D_3 的基本尺寸为工件孔的最小极限尺寸，其长度约为孔长度的一半。当工件孔的长径比 $L/D>1$ 时。心轴的工作部分应略带锥度。此时直径 D_1 按 r6 制造，其基本尺寸为孔的最大极限尺寸。直径 D_2 按 h6 制造，其基本尺寸为孔的最小极限尺寸。当工件孔的长径比 $L/D<1$ 时，心轴的工作部分可做成圆柱形，其直径按 r6 制造。过盈配合心轴定心精度高。心轴上的凹槽供车削端面时退刀用。图 4.14(a)所示的心轴定位，可同时加工工件外圆和一个端面；图 4.14(b)所示的心轴定位，则可同时加工外圆和两个端面，工件的轴向位置 L_1 在工件压入心轴时予以保证[图 4.14(c)]；图 4.14(d)所示为间隙配合心轴。心轴工作部分一般按基轴制 h6 或 g6、f7 制造，装卸工件比较方便，但定心精度不高。装卸工件时通过螺母和开口垫圈进行。

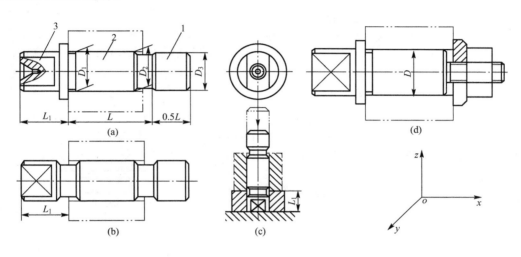

图 4.14 刚性心轴的结构
1—导向部分；2—工作部分；3—传动部分

（2）小锥度心轴。这类心轴的定位表面带有很小的锥度，可以与工件孔作无间隙配合。常用锥度为 1∶5000～1∶1000。定位时，工件楔紧在心轴上(图 4.15)，依靠孔的弹性变形产生的少许过盈，使工件孔与心轴在长度 L 上配合，使工件不致倾斜；同时楔紧产生的摩擦力可带动工件回转，而不需要另加夹紧装置。小锥度心轴定心精度较高，一般可达 0.005～0.01mm，多用于孔与外圆有较高同轴度要求的工件定位。定位孔的精度不应低于 H7 级，否则孔径的尺寸变化将影响工件的轴向位置。

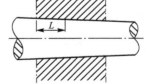

图 4.15 小锥度心轴定位

（3）弹性心轴。过盈配合心轴和小锥度心轴的定心精度高，但装卸工件比较麻烦。为了提高定心精度，而又使工件装卸方便，常使用弹性心轴。图 4.16 所示为弹簧心轴，其中夹紧元件是一个薄壁带内锥面的弹性套筒，在其两端开有 3 或 4 条轴向槽，称为簧瓣。夹紧工件时旋转螺母 4，通过锥套 3 和心轴体 1 上圆锥面的作用，迫使簧瓣 2 向外扩张，从而对工件进行定心夹紧。

上述各种心轴，从定位基本原理来分析，其限制工件自由度的作用都是相同的。按图 4.2 所示的坐标系统，长心轴定位相当于四个定位支承点，限制工件 $\bar{y}$、$\bar{z}$、$\hat{y}$、$\hat{z}$ 四个自由度；短心轴配合相当于两个定位支承点，限制 $\bar{y}$、$\bar{z}$ 两个自由度。

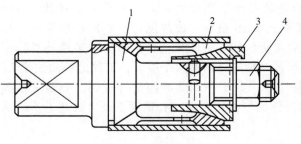

图 4.16 弹簧心轴

1—心轴体；2—簧瓣；3—锥套；4—螺母

2）定位销

定位销分为固定式和可换式两种，图 4.17 所示为定位销的标准结构。图 4.17(a)～图 4.17(c)所示为固定式定位销，结构简单，但不便于更换。当工作部分直径 $D \leqslant 10$mm 时，为增加强度，或避免热处理时淬裂，通常将根部制成圆角 R[图 4.17(a)]，与之配合的夹具体上应有沉孔，使定位销圆角部分沉入孔内而不影响定位。

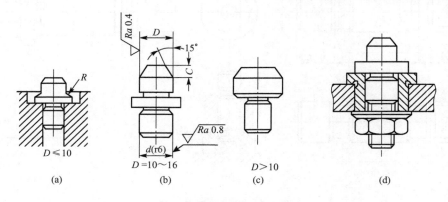

图 4.17 定位销

大量生产时，为便于更换定位销，可设计成图 4.17(d)所示的带衬套的结构形式。定位销的工作部分直径，可根据工件孔的精度和加工要求，按 g5、g6、f6、f7 制造。定位销与夹具体孔的配合采用过盈配合 $\dfrac{H7}{r6}$ 或过渡配合 $\dfrac{H7}{n6}$ 压入。定位销与衬套孔采用间隙配合 $\dfrac{H7}{h6}$ 或 $\dfrac{H7}{h5}$。衬套外径与夹具体孔为过渡配合 $\dfrac{H7}{n6}$。

定位销的材料：$D \leqslant 16$mm 时，一般用 T7A，淬火 53～58HRC；$D > 16$mm 时用 20 钢，渗碳 0.8～1.2mm，淬火 55～60HRC。

圆柱孔工件用定位销定位，与用心轴定位时相似，按工件定位基准面与定位销工作表面接触的相对长度，区分对工件自由度限制的作用。区别长销或短销可参考下列条件：

（1）接触面相对较长的[图 4.18(a)]，即 $H \approx H_a$，可算作长销；接触面相对较短的[图 4.18(b)]，$H \ll H_b$，可算作短销。

（2）定位销直径 d 与定位面长度 H 间有一定的比例，一般以 $\dfrac{H}{d} \geqslant 0.8 \sim 1$ 算作长销；$\dfrac{H}{d} < 0.8$ 算作短销。

综合上述分析可知，长销相当于四个定位支承点，限制 $\vec{x}$、$\vec{y}$、$\hat{x}$、$\hat{y}$ 四个自由度；短销相当于两个定位支承点，限制 $\vec{x}$、$\vec{y}$ 两个自由度。

3）锥销定位

在生产实际中，也常有工件以圆柱孔在锥销上的定位方式（图 4.19）。图 4.19(a)用于粗基准定位，图 4.19(b)用于精基准定位。圆柱孔与锥销圆锥面的接触线是在某一高度上的圆。因此，锥销比圆柱销多限制一个沿工件轴线方向移动的自由度，即锥销能限制工件 $\vec{x}$、$\vec{y}$、$\vec{z}$ 三个自由度。按定位基本原理分析锥销时，可将其转化为三个定位支承点。

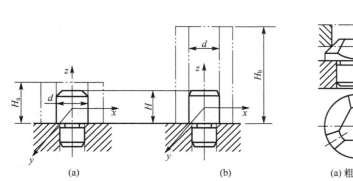

图 4.18　分析定位销定位支承点　　　　图 4.19　圆锥销定位

工件以圆柱孔定位时，是以其中心线为定位基准的定心定位。这种定位与支承定位不同，不是以与定位元件接触的实有表面或其上的点和线为定位基准，而是以并不与定位元件实际接触的工件几何中心线为定位基准。在实际应用中圆柱孔常与平面组合定位。若为短孔，应与大平面组合，并以大平面为第一定位基准；若为长孔，则与小平面组合，并以孔中心线为第一定位基准。

3. 工件以圆锥孔定位

在加工轴类工件或要求精密定心的工件时，为保证各表面间的相互位置要求或同轴度要求，常以工件上的圆锥孔作为定位基准。这类定位方式可看成是圆锥面与圆锥面接触，按两者接触面的相对长度可分为两种情况。

1）接触面较长

如图 4.20(a)中的锥形孔套筒，就是以其圆锥孔在锥形心轴上定位精加工外圆。锥形心轴与圆锥孔接触面较长，相当于五个定位支承点，限制 $\vec{x}$、$\vec{y}$、$\vec{z}$、$\hat{y}$、$\hat{z}$ 五个自由度。

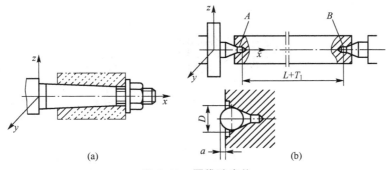

图 4.20　圆锥孔定位

2）接触面较短

如图 4.20(b)所示，工件以中心孔在顶尖上定位车外圆。中心孔与顶尖的接触面较短，其中左端顶尖（称为前顶尖）相当于三个定位支承点，限制 $\bar{x}$、$\bar{y}$、$\bar{z}$ 三个自由度；右端顶尖（称为后顶尖）与前顶尖组合使用时，相当于两个定位支承点，限制 $\bar{y}$、$\bar{z}$ 两个自由度。

4. 工件以外圆柱面定位

工件以外圆柱面定位是生产中常见的定位方式，广泛应用于车削、磨削、铣削、钻削等加工中。外圆柱面定位有三种基本形式：定心定位、支承定位和 V 形块定位。

1）定心定位

定心定位是以外圆柱面的中心线为定位基准，而夹具定位元件仍与外圆柱面保持接触，将其中心线确定在要求的位置上。常见的定心定位元件有定位套筒、半圆套，以及三爪自定心卡盘、弹簧夹头自动定心机构等。

以套筒作为定位元件时，工件以外圆柱面与套筒的内孔保持接触（图 4.21）。套筒可制成很高精度装于夹具体中，故适用于精基准定位。图 4.21(a)中，工件与套筒接触面较短，故以端面为第一定位基准，限制 $\bar{z}$、$\bar{x}$、$\bar{y}$ 三个自由度；中心线为第二定位基准，限制 $\bar{x}$、$\bar{y}$ 两个自由度。图 4.21(b)中，工件与套筒接触面较长，故以中心线为第一定位基准，限制 $\bar{y}$、$\bar{z}$、$\bar{y}$、$\bar{z}$ 四个自由度；工件端面与套筒端面小面积接触，为第二定位基准，限制 $\bar{x}$ 一个自由度。

无论何种定心定位方式，在分析其限制自由度的作用时，所遵循的原则与工件以圆柱孔定位相似。一般来说，相对接触面较长时，可限制四个自由度；相对接触面较短时，可限制两个自由度。

2）支承定位

支承定位是以支承钉或支承板作为定位元件的外圆柱面定位。图 4.22(a)中工件的定位基准为与支承板接触的一条母线 A，限制工件 $\bar{z}$ 和 $\bar{x}$ 两个自由度。实际中常用外圆柱面上的两条母线 A、B 为定位基准，用两个支承板进行组合定位，如图 4.22(b)所示。其中母线 A 限制工件 $\bar{z}$ 和 $\bar{x}$ 两个自由度；母线 B 限制工件 $\bar{x}$ 和 $\bar{z}$ 两个自由度。

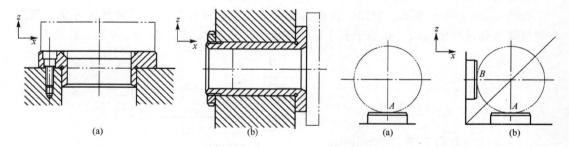

图 4.21　外圆柱面以套筒定位　　　　图 4.22　外圆柱面的支承定位

3）V 形块定位

圆柱形工件采用 V 形块定位最为常见。V 形块不仅适用于完整的外圆柱面定位，也适用于非完整的外圆柱面定位。图 4.23 所示为常用的 V 形块结构。图 4.23(a)所示结构用于较短的精基准定位；图 4.23(b)所示结构用于较长的粗基准或阶梯形圆柱面定位；

图 4.23(c)所示结构用于两段精基准相距较远或基准面较长时的定位；如果定位基准直径与长度较大，则 V 形块不必做成整体钢件，而采用铸铁底座上镶淬火钢支承板的结构，如图 4.23(d)所示。

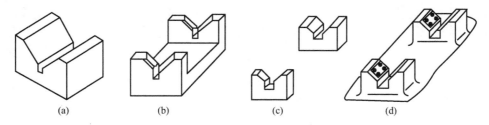

图 4.23　常用 V 形块结构形式

　　用 V 形块定位时主要起对中作用，即它能使工件的定位基准——外圆柱面中心线，对中在 V 形块两斜面的对称平面上。

　　V 形块两斜面之间的夹角 α 一般取 $60°$、$90°$ 或 $120°$，其中以 $90°$ 应用最多。V 形块的典型结构和尺寸均已标准化。

　　工件以外圆柱面在 V 形块中定位时，两条母线与 V 形块的两斜面接触。对于固定 V 形块，根据与母线的接触长度，可分为两种情况：接触线较长时[图 4.24(a)]，相当于四个定位支承点，限制工件 $\vec{x}$、$\vec{z}$、$\hat{x}$、$\hat{z}$ 四

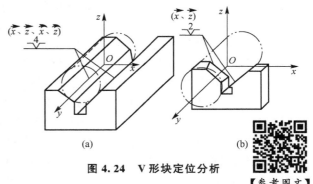

图 4.24　V 形块定位分析

【参考图文】

个自由度。接触线较短时[图 4.24(b)]，相当于两个定位支承点，限制工件 $\vec{x}$、$\vec{z}$ 两个自由度。活动 V 形块在可移动方向上对工件不起定位作用。

4.2.3　定位误差的分析计算

1. 定位误差及其组成

　　定位误差是由于工件在夹具上定位不准确而引起的加工误差。采用调整法加工时，工件在夹具中定位，夹具相对于刀具及切削成形运动的位置调好后一般不再变动，可以认为加工表面的位置是固定的。但因一批工件中每个工件在尺寸形状及表面相互位置上均存在误差，所以定位后各表面会有不同的位置变动。若加工面的工序基准产生位置变动，必然引起加工工序尺寸误差。所以定位误差是指一批工件定位时，工序基准在加工尺寸方向上的最大位置变动量，以 Δ_{DW} 表示。定位误差由两部分组成：基准位移误差和基准不重合误差。

1）基准位移误差

　　如图 4.25(a)所示，工件以圆柱孔在水平放置的心轴上定位铣键槽。加工时要求保证尺寸 $b^{+T_b}_{0}$ 和 $H^{0}_{-T_H}$，其中尺寸 $b^{+T_b}_{0}$ 由铣刀的刃宽尺寸保证，而尺寸 $H^{0}_{-T_H}$ 则由工件相对刀具的位置决定。

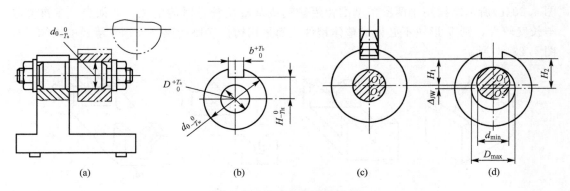

图 4.25　基准位移误差分析

图 4.25(b)中工序尺寸 $H_{-T_H}^{0}$ 是以孔轴心线为工序基准。从理论上讲，工件以圆柱孔在心轴上定位时，若工件圆柱孔直径与心轴直径相等，即无间隙配合，则工件孔的轴心线与心轴的轴心线重合。因此，工件以圆柱孔作为定位基面时，即是以轴心线作为定位基准，定位基准与工序基准是重合的。加工时按心轴的轴心线调整刀具位置后，若不考虑其他因素，则尺寸 H 保持不变[图 4.25(c)]，不存在因定位引起的误差。这是定位副(将工件定位基面与定位元件的工作表面合称为定位副)没有制造误差的情况。

但实际上定位副不可能无制造误差，另外为了使工件孔易装入心轴，在定位副之间也需预留一配合间隙。定位心轴水平放置，工件在重力作用下单边靠紧在心轴的上母线上，如图 4.25(d)所示。虽然按心轴轴心线调整好刀具的位置不变，但同批工件的定位基准却在 O_1 和 O_2 之间变动。从而造成工序基准的位置发生变化，致使这批工件加工后的 H 尺寸产生了误差。这种误差不是基准不重合引起的，而是由于定位副制造不准确造成的。把工件定位基准在加工尺寸方向上的最大位置变动量称为基准位移误差，用 Δ_{JW} 表示[详细推导见式(4-3)]。

$$\Delta_{JW}=H_2-H_1=\frac{1}{2}(T_D+T_d)$$

2) 基准不重合误差

图 4.26(a)所示工件的加工尺寸 $H_{-T_H}^{0}$ 从下母线标注，即工序基准为下母线。若采用心轴定位，工件的定位基准为圆柱孔中心线。假设圆柱孔与心轴为无间隙配合，则定位基准不会产生位置变动，也就不产生基准位移误差，如图 4.26(b)所示。但由于工件外圆有制造误差，当一批工件的外圆直径在 d_{1min} 和 d_{1max} 范围内变化时，工序基准在 $B_1 \sim B_2$ 范围内变动。因而导致加工尺寸在 H_1 和 H_2 之间变动，使该批工件的 H 尺寸中附加了工件外圆半径的变化量。造成加工尺寸这一变动的原因是工序基准(工件外圆下母线)与定位基准(工件圆柱孔轴心线)不重合。工序基准相对于定位基准在加工尺寸方向上的最大变动量称为基准不重合误差，用 Δ_{JB} 表示。

工件下母线的位置变动量，即是工件工序基准的位置变动量，其最大变动量出现在工件为最大和最小极限尺寸时，则基准不重合误差如下：

$$\Delta_{JB}=B_1B_2=\frac{1}{2}(d_{1max}-d_{1min})=\frac{1}{2}T_{d1} \tag{4-1}$$

当工件圆柱孔与心轴采用间隙配合时，同时存在 Δ_{JW} 和 Δ_{JB} 两项误差，使一批工件的加

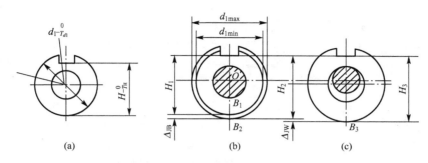

图 4.26 基准不重合误差分析

工尺寸在 $H_1 \sim H_3$ 之间变动[图 4.26(c)]。这两项误差皆是由定位引起的，所以定位误差是因基准位置偏移和基准不重合而引起的工序基准在加工尺寸方向上的最大位置变动量，即

$$\Delta_{DW} = H_3 - H_1 = \Delta_{JW} + \Delta_{JB} \qquad (4-2)$$

通过以上分析，可以得出如下结论：

（1）定位误差的表现形式为工序基准在加工尺寸方向相对加工表面产生了位置变动，从而引起工序尺寸的变动。

（2）定位误差包括的基准位移误差和基准不重合误差是彼此独立存在的误差。基准位移误差产生的原因是工件定位基面与定位元件之间的间隙及制造误差。基准不重合误差产生的原因是工件的定位基准与加工表面的工序基准不重合，它取决于两个基准之间联系尺寸在加工尺寸方向上的变动量。

（3）求定位误差时可分别求基准位移误差与基准不重合误差，然后求出它们在加工尺寸方向上的矢量和，即定位误差。

（4）定位误差只产生在按调整法加工一批工件过程中，如果按试切法逐件加工，则不存在定位误差问题。

在夹具设计过程中，确定定位方案和选择定位元件时，允许的定位误差值可初步按工序尺寸公差的 1/3 考虑。

2. 定位误差的分析计算

通过计算定位误差，可以判断定位误差是否在允许的范围内及定位方案是否合理。下面介绍几种典型定位方式定位误差的分析与计算。

1）工件以平面定位的定位误差计算

工件以平面定位时，基准位移误差是由定位表面的平面度误差引起的。一般情况下，用已加工过的平面作定位基准时，其基准位移误差可以忽略不计，即 $\Delta_{JW} = 0$。所以，工件以平面定位时，其定位误差主要由基准不重合引起。

 应用案例 4-3

如图 4.27(a)所示定位方式，在铣床上铣工件的台阶面，要求保证工序尺寸 20 ± 0.15，试分析和计算该定位方式的定位误差，并判断该定位方案是否可行。

图 4.27(a)所示工件以 B 面为定位基准，而工件尺寸 20 ± 0.15 的工序基准为 A 面，基准不重合，因

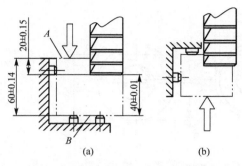

图 4.27　平面定位的定位误差分析

此必然有基准不重合误差。基准不重合误差的大小由定位基准与工序基准联系尺寸的公差值确定。题中的联系尺寸 $L_d = 60 \pm 0.14$，其公差值 $T_{D_d} = 0.28$mm，所以 $\Delta_{JB} = 0.28$mm。以精基准平面定位，基准位移误差可以不考虑，即 $\Delta_{JW} = 0$，故

$$\Delta_{DW} = \Delta_{JB} = 0.28\text{mm}$$

本工序要求保证的尺寸为 20 ± 0.15，除去定位误差的影响后，加工直接保证的尺寸应为 40 ± 0.01，公差值只有 0.02mm，增加了制造难度，故此定位方案不合理。改进方法有两种：一种是定位方式不变，但需在上

工序提高联系尺寸 60 的加工精度，以减小定位误差。此法定位、安装方便，适宜采用。另一种是采用图 4.27(b)所示的定位方式，因基准重合，故 $\Delta_{DW} = \Delta_{JB} = 0$。但需从下向上夹紧，安装工件不方便，从工艺角度考虑，不如第一种方法好。

2) 工件以圆柱孔定位的定位误差计算

工件以圆柱孔定位时，定位基准是孔轴心线。其定位误差与定位元件放置的方式、定位副的制造精度及它们之间的配合性质等有关。下面分几种情况进行讨论。

(1) 工件孔与定位心轴无间隙配合定位。工件以圆柱孔在过盈配合的心轴、小锥度心轴和弹性心轴上定位时，定位副间不存在径向间隙，可认为圆柱孔轴心线与心轴轴心线重合，故没有基准位移误差，即 $\Delta_{JW} = 0$。

(2) 工件孔与定位心轴间隙配合定位。工件以圆柱孔在间隙配合心轴上定位时，因心轴的放置位置不同或工件所受外力的作用方向不同，孔与心轴有以下两种接触方式。

① 孔与心轴固定单边接触：心轴水平放置，在重力作用下圆柱孔与心轴固定上母线接触。由于定位副间有径向间隙，圆柱孔与心轴固定单边接触，间隙只存在于单边且固定在一个方向上，如图 4.28 所示 z 轴方向。

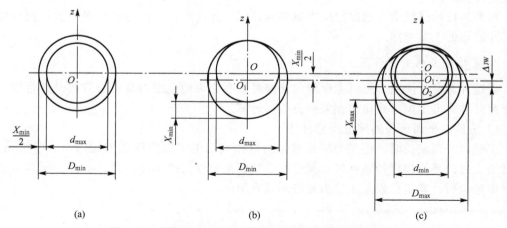

图 4.28　圆柱孔与心轴固定单边接触时的基准位移误差

为了安装工件方便，在工件孔直径最小与心轴直径最大相配合时，预留一个最小安装间隙 $X_{\min}$，此时工件孔轴心位置为 O_1［图 4.28(b)］。当工件孔直径最大与心轴直径最小相配合时，就出现最大间隙 $X_{\max}$，此时工件孔轴心位置为 O_2［图 4.28(c)］。所以工件孔轴心

线位置的最大变动量 O_1O_2，即为基准位移误差。

若孔与轴尺寸的公差都按入体原则标注，即 $d_{\min}=d-T_d$，$D_{\max}=D+T_D$；而 $D=d+X_{\min}$，所以 $D_{\max}=d+X_{\min}+T_D$，于是可得基准位移误差如下：

$$\Delta_{\mathrm{JW}}=O_1O_2=OO_2-OO_1=\frac{1}{2}(X_{\max}-X_{\min})=\frac{1}{2}(D_{\max}-d_{\min}-X_{\min})$$

$$=\frac{1}{2}[(d+X_{\min}+T_D)-(d-T_d)-X_{\min}]=\frac{1}{2}(T_D+T_d)\qquad(4-3)$$

这种定位方式，在 x 轴方向的基准位移误差 $\Delta_{\mathrm{JW}}=0$。

② 孔与心轴任意边接触：心轴垂直放置，圆柱孔与心轴可以在任意方向接触。由于定位副间有径向间隙，圆柱孔对于心轴可以在间隙范围内作任意方向、任意大小的位置变动。孔中心线的最大位置变动量即为基准位移误差。圆柱孔轴心线的变动范围为以最大间隙 $X_{\max}$ 为直径的圆柱体，最大间隙发生在圆柱孔直径最大与心轴直径最小相配合时，且方向是任意的(图 4.29)，故基准位移误差为

$$\Delta_{\mathrm{JW}}=X_{\max}=T_D+T_d+X_{\min}\qquad(4-4)$$

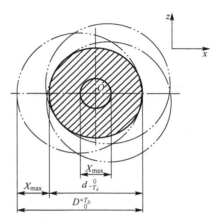

图 4.29 圆柱孔与心轴任意边接触时的基准位移误差

任意边接触的基准位移误差较固定单边接触时大一倍多。因基准误差的方向是任意的，$X_{\min}$ 无法在调整刀具时预先予以补偿，故无法消除其对基准位移误差的影响。

以上分析了工件以圆柱孔定位在不同情况下基准位移误差的计算方法。至于是否有基准不重合误差，取决于工件的定位基准是否为工件加工尺寸的工序基准。在计算定位误差时，要看具体情况进行具体分析。

3) 工件以外圆柱面定位的定位误差计算

工件以外圆柱面定心定位的定位误差分析计算方法与工件以圆柱孔定位相同；工件以外圆柱面支承定位的分析计算方法与工件以平面定位相同。下面主要分析工件以外圆柱面在 V 形块上定位的定位误差。

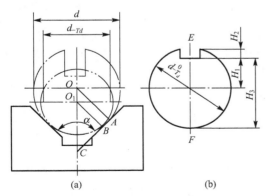

图 4.30 V 形块定位误差分析

V 形块是一种对中定心元件，当 V 形块和工件外圆柱面没有制造误差时，外圆柱轴心线应在 V 形块的理论中心位置上。但对一批工件而言，外圆直径有制造误差，这将引起工件外圆柱轴心线在 V 形块对称平面垂直方向上产生位置偏移，即基准位移误差，但在水平方向上没有位置偏移。

如图 4.30(a)所示，两个极限尺寸的工件放置在 V 形块上，其中心的位置偏移 OO_1 就是工件定位的基准位移误差，其值为

$$\Delta_{JW} = OO_1 = OC - O_1C$$

$$= \frac{OA}{\sin \frac{\alpha}{2}} - \frac{O_1B}{\sin \frac{\alpha}{2}} = \frac{d}{2\sin \frac{\alpha}{2}} - \frac{d - T_d}{2\sin \frac{\alpha}{2}} = \frac{T_d}{2\sin \frac{\alpha}{2}} \tag{4-5}$$

式(4-5)表明，当工件外圆直径的公差 T_d 一定时，基准位移误差 Δ_{JW} 随 V 形块夹角 α 增大而减小。当 $\alpha = 180°$ 时，$\Delta_{JW} = \frac{1}{2}T_d$ 为最小，这时 V 形块的两斜面展开为水平面，失去对中作用，这种情况也可以按支承定位分析定位误差。

由于加工尺寸的工序基准不同，有如图 4.30(b)所示的三种标注形式（即 H_1、H_2、H_3），其定位误差分别如下：

(1) 工序基准为外圆柱轴心线。图 4.30(b)中加工尺寸为 H_1，工序基准与定位基准重合，$\Delta_{JBH_1} = 0$，故仅有基准位移误差，即

$$\Delta_{DWH_1} = \Delta_{JW} = \frac{T_d}{2\sin \frac{\alpha}{2}}$$

(2) 工序基准为外圆柱的上母线。图 4.30(b)中加工尺寸为 H_2，工序基准与定位基准不重合，两项误差都存在。基准不重合误差为两个基准之间联系尺寸的公差，即 $\Delta_{JBH_2} = \frac{1}{2}T_d$。基准位移误差 Δ_{JW} 为 $T_d / \left(2\sin \frac{\alpha}{2}\right)$。

当工件外圆柱直径变化时，定位基准 O 和工序基准（上母线）的移动方向相同，两者的变化都使加工尺寸产生相同方向的变化，所以加工尺寸 H_2 的定位误差为两项误差的和，即

$$\Delta_{DWH_2} = \Delta_{JW} + \Delta_{JBH_2}$$

$$= \frac{T_d}{2\sin \frac{\alpha}{2}} + \frac{1}{2}T_d = \frac{T_d}{2}\left(\frac{1}{\sin \frac{\alpha}{2}} + 1\right) \tag{4-6}$$

(3) 工序基准为外圆柱的下母线。图 4.30(b)中加工尺寸为 H_3，工序基准与定位基准不重合，两项误差都有。基准不重合误差 $\Delta_{JBH_3} = \frac{1}{2}T_d$，基准位移误差同样为 $T_d / \left(2\sin \frac{\alpha}{2}\right)$。

假设定位基准位置不动，工件外圆柱直径由 d 减小到 $d - T_d$，工序基准从 F 上移到 F_1，移动量为 $\frac{1}{2}T_d$，这是基准不重合误差，它使工序尺寸 H_3 减小。实际上当工件外圆柱直径减小时，定位基准 O 下移至 O_1，$OO_1 = \Delta_{JW}$，这是基准位移误差，它使工序尺寸 H_3 增大。在这种情况下，两个基准在加工尺寸方向的移动方向相反，故 H_3 的定位误差是两项误差的差，即

$$\Delta_{DWH_3} = \Delta_{JW} - \Delta_{JBH_3}$$

$$= \frac{T_d}{2\sin \frac{\alpha}{2}} - \frac{1}{2}T_d = \frac{T_d}{2}\left(\frac{1}{\sin \frac{\alpha}{2}} - 1\right) \tag{4-7}$$

通过以上分析可知，当定位方式确定之后，定位误差就取决于工序尺寸的标注方式。以外圆柱面在 V 形块上定位，以外圆柱的下母线为工序基准时，定位误差最小。所以，控制轴类工件键槽深度最好以下母线为工序基准。

在夹具设计过程中，为了比较不同的定位方案，或确定定位方案能否保证加工要求，都需要分析和计算定位误差，以其作为决定定位方案的重要依据。

 应用案例 4 - 4

按图 4.31 所示的定位方式，在外圆柱面上铣互相垂直的两个平面。已知 $d_1 = \phi25^{\ 0}_{-0.021}$，$d_2 = \phi40^{\ 0}_{-0.025}$，两外圆柱面的同轴度为 $\phi0.02$mm，V 形块夹角 $\alpha = 90°$，加工工序尺寸为 $H = 35^{\ 0}_{-0.17}$，$L = 30^{+0.15}_{\ 0}$，试计算其定位误差，并分析其定位精度。

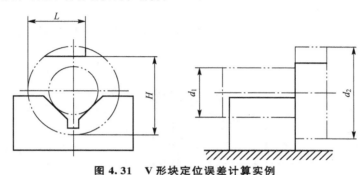

图 4.31　V 形块定位误差计算实例

解：按题意，工件的定位基准为 d_1 外圆柱轴心线，尺寸 H 的工序基准为 d_2 外圆柱下母线，尺寸 L 的工序基准为 d_2 外圆柱左边母线，都与定位基准不重合。同轴度可标注为 $e = 0 \pm 0.01$。下面分别求这两个尺寸的定位误差。

1）工序尺寸 H

以 d_1 外圆柱轴心线为定位基准在 V 形块上定位，基准位移误差为

$$\Delta_{\mathrm{JWH}} = \frac{T_{d_1}}{2\sin\frac{\alpha}{2}} = \frac{0.021}{2 \times \frac{\sqrt{2}}{2}} = 0.707 \times 0.021 = 0.0148(\mathrm{mm})$$

定位基准和工序基准间联系尺寸由同轴度和 d_2 外圆柱半径 $\frac{d_2}{2}$ 组成，故基准不重合误差为

$$\Delta_{\mathrm{JBH}} = T_e + \frac{1}{2}T_{d_2} = 0.02 + 0.0125 = 0.0325(\mathrm{mm})$$

工序尺寸 H 的定位误差为

$$\Delta_{\mathrm{DWH}} = \Delta_{\mathrm{JWH}} + \Delta_{\mathrm{JBH}} = 0.0148 + 0.0325 = 0.0473(\mathrm{mm})$$

2）工序尺寸 L

L 尺寸是水平方向的。因 V 形块是对中元件，d_1 外圆柱的轴心线一定在 V 形块对称平面上，故没有水平方向的基准位移误差，即 $\Delta_{\mathrm{JWL}} = 0$。两基准间联系尺寸也由 e 和 $\frac{d_2}{2}$ 组成，故基准不重合误差与 H 尺寸相同，即

$$\Delta_{\mathrm{JBL}} = \Delta_{\mathrm{JBH}} = 0.0325\mathrm{mm}$$

工序尺寸 L 的定位误差为

$$\Delta_{\mathrm{DWL}} = \Delta_{\mathrm{JWL}} + \Delta_{\mathrm{JBL}} = 0.0325\mathrm{mm}$$

3）定位精度分析

H 与 L 尺寸的定位误差均小于工序尺寸公差值的 1/3，即 $0.0473 < \frac{0.17}{3}$，$0.0325 < \frac{0.15}{3}$。故定位精度能够保证加工要求，定位方案是可行的。

4.3　工件在夹具中的夹紧

夹紧装置的合理设计，对生产效率及加工的安全性、可靠性都有很大影响。

4.3.1　夹紧装置的组成和基本要求

1. 夹紧装置的组成

工件在夹具中正确定位后，由夹紧装置将其夹紧。一般夹紧装置由三部分组成，如图 4.32 所示。

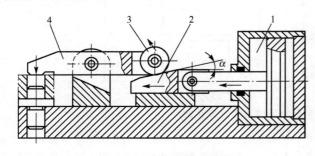

图 4.32　夹紧装置的组成
1—气缸；2—斜楔；3—滚子；4—压板

（1）力源装置：产生夹紧动力的装置。

（2）夹紧元件：直接用于夹紧工件的元件。

（3）中间传力机构：将原动力传递给夹紧元件的机构。

图 4.32 中气缸 1 为动力装置，压板 4 为夹紧元件，由斜楔 2、滚子 3 和杠杆等组成的斜楔铰链传力机构为中间传力机构。在有些夹具中，夹紧元件(如图 4.32 中的压板 4)往往就是中间传力机构的一部分，难以区分，统称为夹紧机构。

2. 对夹紧装置的要求

（1）在夹紧过程中，不改变工件定位后所占据的正确位置。

（2）夹紧力的大小适当，既要保证工件在整个加工过程中的位置稳定不变、无振动，又要使工件不产生过大的变形。

（3）工艺性好，夹紧装置的复杂程度要与生产纲领相适应，在保证生产效率的前提下，其结构力求简单、便于制造和维修。

（4）使用性好，夹紧装置的操作应当安全、方便、省力。

4.3.2　夹紧力的确定

夹紧力包括大小、方向和作用点三个要素，下面分别予以讨论。

1. 夹紧力的方向

（1）夹紧力应朝着主要定位面。主要定位面限制的自由度最多，支承面积较大，夹紧力朝着主要定位面可使工件定位稳定，夹紧可靠。当有几个夹紧力时，应使主要夹紧力朝着主要定位面。

（2）夹紧力方向应有助于定位。如图 4.33(a)所示，夹紧力施加后易使工件向右面滑动而脱离左面的支承。采用图 4.33(b)所示方式夹紧时，能保证定位的可靠性。

（3）夹紧力的方向应有利于减小夹紧力。如图 4.34 所示的几种钻孔位置，当夹紧力与切削力、重力的方向都相同时［图 4.34（a）］，所需的夹紧力最小，夹具结构也比较简单。夹紧力与钻孔轴向力和工件重力垂直时［图 4.34（b）］，夹紧力乘以摩擦系数（一般 $f=0.1\sim0.15$）后要克服这两个力，所需的夹紧力最大。图 4.34（c）中的夹紧方式，所需的夹紧力要大于钻削轴向力和工件重力，夹具结构也比较复杂。

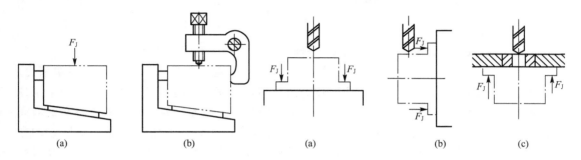

图 4.33　夹紧力应有助于定位　　图 4.34　夹紧力与切削力、重力的方向一致

（4）夹紧力的方向应指向工件刚性最大的方向，以减少工件夹紧变形。对于薄壁套筒的夹紧，用图 4.35（a）所示的径向夹紧方式，由于工件径向刚度差，产生的夹紧变形大；用图 4.35（b）所示的轴向夹紧方式，由于工件轴向刚度大，夹紧变形相对较小。

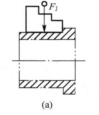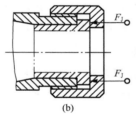

【参考动画】

2. 夹紧力作用点的确定

（1）夹紧力作用点应使夹紧力落在支承面积之内，否则夹紧时会破坏工件的定位，如图 4.36 所示。

图 4.35　夹紧力与工件刚度最大方向一致

（2）夹紧力应作用在工件刚性好的部位。对于刚性较差的工件，要特别注意减少夹紧力造成的变形。图 4.37（a）所示为箱体零件的夹紧方案，夹紧力不应作用在箱体的顶面，而应作用在刚性好的凸边上；如果不能在凸边上夹紧，则应将单点夹紧改为三点浮动夹紧［图 4.37（b）］，以减少箱体顶面的变形。

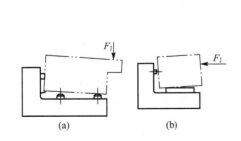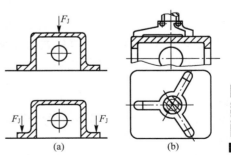

【参考动画】

图 4.36　夹紧力作用点的设置　　图 4.37　夹紧力作用点与工件刚性关系

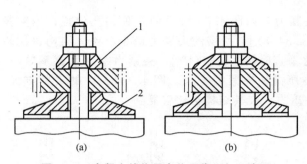

图 4.38　夹紧力的作用点位于靠近加工表面

1—压盖；2—基座

（3）夹紧力作用点应靠近工件加工面，以提高工件切削部位的刚度和抗振性。如图 4.38 所示，滚齿加工工件的两种装夹方案中，图 4.38(a)中夹紧力的作用点离工件加工部位远，加工时容易振动；图 4.38(b)中夹紧力作用点离工件加工部位近，夹紧可靠。

3. 夹紧力的大小

在加工过程中，工件受到切削力、惯性力及重力的作用，夹紧力要克服上述力的作用，保证工件的加工位置不变。如果工件在这些力的作用下产生瞬间的少量位移，即为夹紧失效。因此，要以对夹紧最不利的瞬间状态来估算所需的夹紧力。同时，对于受力状态复杂的工件，通常只考虑主要因素的影响，略去次要因素，再乘以安全系数，以使计算过程简化。粗加工时一般取安全系数 $K=2.5\sim3$，精加工时取 $K=1.5\sim2$。

4.3.3 常用夹紧机构

夹具用手动夹紧时，必须采用具有增力和自锁特性的夹紧机构。常用夹紧机构的形式有斜楔、螺旋和偏心夹紧及其他们的组合。

1. 斜楔夹紧机构

图 4.39 所示为几种用斜楔夹紧机构夹紧工件的实例。图 4.39(a)所示是在工件上钻互相垂直的 $\phi8mm$、$\phi5mm$ 两个孔，工件装入后，用锤击楔块大头，夹紧工件。加工完毕后，锤击斜楔小头，松开工件。用斜楔直接夹紧工件的夹紧力不大，操作不方便，生产中较多采用斜楔和其他机构的联合机构。图 4.39(b)所示是将斜楔与滑柱组合成一种夹紧机构，可以手动，也可以气压驱动。图 4.39(c)所示是由端面斜楔与压板组合而成的夹紧机构。

斜楔的楔角是斜楔夹紧机构的主要参数，它对斜楔的增力比、自锁性、夹紧行程及操作性能都起决定性的作用。

1）斜楔的夹紧力与增力比

斜楔夹紧机构的驱动力与夹紧力按式(4-8)计算(推导从略)：

$$F_{\mathrm{J}}=\frac{F_{\mathrm{Q}}}{\tan\varphi_1+\tan(\alpha+\varphi_2)} \tag{4-8}$$

式中，F_{J} 为斜楔对工件的夹紧力；α 为斜楔升角；F_{Q} 为加在斜楔上的作用力；φ_1 为斜楔与工件之间的摩擦角；φ_2 为斜楔与夹具体之间的摩擦角。

夹紧力与作用力之比称为增力比 i：

$$i=\frac{1}{\tan\varphi_1+\tan(\alpha+\varphi_2)} \tag{4-9}$$

从式(4-9)可知，楔角 α 越小，增力比越大；摩擦角(摩擦系数)越大，增力比越小。

2）斜楔自锁条件

根据力学原理，自锁条件是压力角(此处是斜楔升角)应小于摩擦角，即

$$\alpha<\varphi_1+\varphi_2 \tag{4-10}$$

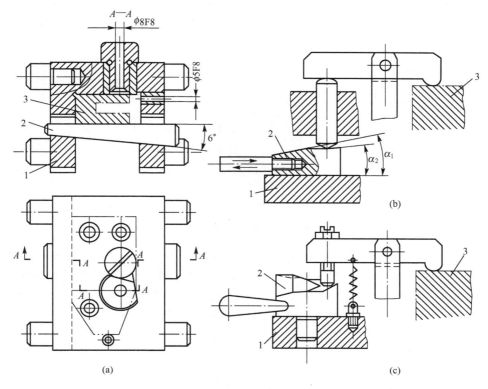

图 4.39　斜楔夹紧机构
1—夹具体；2—斜楔；3—工件

对于金属材料 $f=\tan\varphi=0.1\sim0.15$。为保证自锁的可靠性，手动夹紧机构一般取 $\alpha=6°\sim8°$。用气压或液压装置驱动的斜楔不需自锁，可取 $\alpha=15°\sim30°$。

3）斜楔的夹紧行程

斜楔向工件夹紧的行程 h 与推动斜楔前进的距离 s（图 4.40）有如下关系：$h=s\tan\alpha$，说明楔角越小，对工件夹紧的行程也越小，操作时动作越慢。

综上分析，楔角取大值，增力小，自锁性差；楔角取小值，增力大，自锁性好，但夹紧行程小，动作慢。如图 4.39（b）中采用双重斜角能较好地解决这一矛盾。

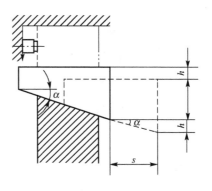

图 4.40　斜楔的夹紧行程

2. 螺旋夹紧机构

利用螺旋直接夹紧工件，或与其他元件组合实现夹紧的机构，称为螺旋夹紧机构。所用的螺旋相当于斜楔绕在圆柱体上，所以它的实质也是斜楔夹紧。它的特点是楔角很小，因此增力比很大，自锁性很好。由于斜楔绕在圆柱体上，它的夹紧行程几乎不受限制，但最大的问题是夹紧的动作慢，所以常与其他元件结合使用来解决这个问题。

图 4.41 所示是直接用单个螺钉夹紧工件的机构。但在使用时会存在一些问题：

图 4.41(a)中的螺钉直接在工件表面上转动，会损伤工件表面。解决这一问题的办法是采用图 4.41(b)所示的压块。图 4.41(c)所示的夹紧机构在装卸工件时，需将螺母全部拧出，操作很费时。

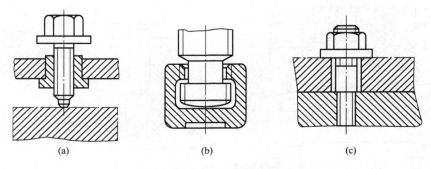

(a)　　　　　　　　(b)　　　　　　　　(c)

图 4.41　螺旋夹紧机构

图 4.42(a)所示是使用开口垫圈和小螺母的结构，工件的孔径必须大于螺母的最大直径。将螺母松开，即可将开口垫圈抽出，快速卸下工件。图 4.42(b)所示是快卸螺母，旋松螺母并倾斜一角度可顺光孔卸下螺母。图 4.42(c)所示是螺旋钩形压板，松开后可将压板转开，便于工件的装卸。这种压板所占空间较小，但夹紧力不大。

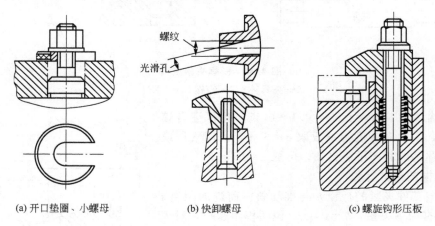

(a) 开口垫圈、小螺母　　　　　(b) 快卸螺母　　　　　(c) 螺旋钩形压板

图 4.42　快速螺旋夹紧机构

图 4.43 所示为几种螺旋压板机构。设计夹具时，可参阅夹具设计手册，尽量在标准结构中选择合适的夹紧装置。螺旋夹紧机构的夹紧力大小可直接按螺钉的设计规范，根据螺钉的直径确定。

3. 偏心夹紧机构

偏心夹紧机构的工作原理如图 4.44 所示。圆偏心轮的回转中心 O_2 与几何中心 O_1 间的偏心距为 e，手柄下压，偏心轮将工件夹紧。若以 O_2 为圆心，以 r 为半径画圆（虚线圆），便把偏心轮分成了三个部分，其中虚线圆部分是个"基圆盘"，另两部分是两个相同的弧形楔。当偏心轮绕 O_2 顺时针转动时，相当于一个弧形楔逐渐楔入"基圆盘"与工件之间而夹紧工件。所以，偏心夹紧的实质也是斜楔的作用。

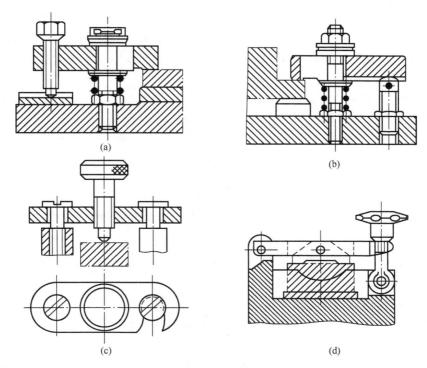

图 4.43 螺旋压板机构

1）圆偏心轮的夹紧行程及工作段

如图 4.45 所示，偏心轮从 $0°$ 转到 $180°$ 时，其夹紧行程为 $2e$。偏心轮上各点的楔角 α 是变化的，设轮周上任意点 x 的回转角为 φ_x，夹角 α_x 为该点的楔角。根据正弦定理：

$$\frac{\sin\alpha_x}{e}=\frac{\sin(180°-\varphi_x)}{\dfrac{D}{2}}$$

当 φ_x 为 $90°$ 时，得到 α_x 的最大值 $\alpha_{\max}$：

$$\sin\alpha_{\max}=\frac{2e}{D}\qquad(4-11)$$

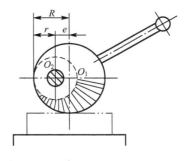

图 4.44 圆偏心轮的工作原理

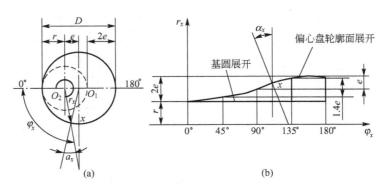

图 4.45 弧形楔展开图

工作转角范围内的那段轮周称为圆偏心轮的工作段。常用的工作段 $\varphi_x = 45° \sim 135°$ 或 $\varphi_x = 90° \sim 180°$。在 $\varphi_x = 45° \sim 135°$ 范围内，升角大，夹紧力较小；但夹紧行程大 $(h \approx 1.4e)$。在 $\varphi_x = 90° \sim 180°$ 范围内，升角由大到小，夹紧力增大；但夹紧行程小 $(h=e)$。

2) 圆偏心轮的自锁条件

圆偏心轮的自锁条件应与斜楔的自锁条件相同，即

$$\alpha_{max} < \varphi_1 + \varphi_2$$

式中，α_{max} 为圆偏心轮的最大楔角；φ_1 为圆偏心轮与工件之间的摩擦角；φ_2 为圆偏心轮与回转销之间的摩擦角。

由于 φ_2 很小，可以忽略不计，上式可改写为

$$\tan\alpha_{max} < \tan\varphi_1 = f$$

因 α_{max} 较小，取 $\tan\alpha_{max} \approx \sin\alpha_{max} = 2e/D$，所以圆偏心轮的自锁条件如下：

$$2e/D < f \tag{4-12}$$

当 $f=0.1$ 时，$D/e > 20$；$f=0.15$ 时，$D/e > 14$。这是满足自锁条件的偏心夹紧机构设计的主要参数之一。

3) 圆偏心轮的夹紧力

由于圆偏心轮工作段各点的楔角不同，因此各点的增力比也是不等的。近中间段的楔角大，增力比小。需要估算夹紧力时，可查阅机床夹具设计手册。

采用偏心夹紧机构时，很少用偏心轮直接夹紧工件，常和其他元件联合使用。图 4.46 所示为几种利用偏心原理的夹紧机构。

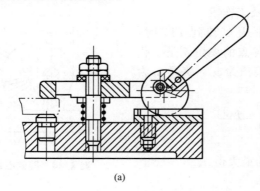

(a)

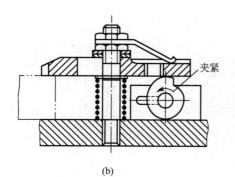

(b)

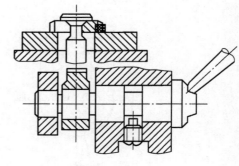

(c)

图 4.46　圆偏心夹紧机构

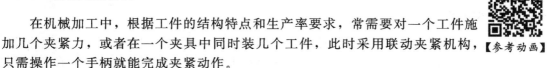

偏心夹紧机构的特点是操作方便，夹紧迅速，但夹紧力和夹紧行程都较小，自锁的可靠性较差，一般用于切削力不大、振动小、没有离心力作用的加工中。

4.3.4 联动夹紧机构

在机械加工中，根据工件的结构特点和生产率要求，常需要对一个工件施加几个夹紧力，或者在一个夹具中同时装几个工件，此时采用联动夹紧机构，【参考动画】只需操作一个手柄就能完成夹紧动作。

1. 单件联动夹紧机构

图 4.47(a)所示是在互相垂直的两面同时对工件夹紧的夹具。螺母对压板 1 向下夹紧的同时，拉压板 2 顺时针转动压紧工件。松开时，压板还能快速退离工件。图 4.47(b)所示为两力同向的单件联动夹紧机构。左压板下压时，螺栓将杠杆 4 左部上拉，使右压板也同时夹紧工件。

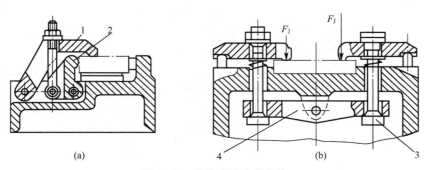

图 4.47　单件联动夹紧机构
1、2—压板；3—螺栓；4—杠杆

2. 多件联动夹紧机构

多件联动夹紧机构多用于夹紧中、小型工件，它在铣床夹具中应用较为广泛，是提高生产率的有效措施。如图 4.48 所示，夹紧力方向与工件排列方向垂直，各个夹紧力互相平行，理论上分配到各个工件的夹紧力 F_{Ji} 应相等，即

$$F_{Ji}=F_J/n \qquad\qquad (4-13)$$

式中，F_J 为夹紧机构产生的总夹紧力；n 为被夹紧的工件数。

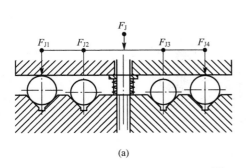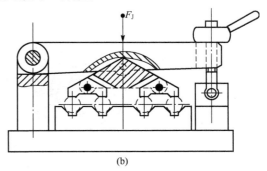

图 4.48　平行多件夹紧

但是，若采用刚性压板[图 4.48(a)]，由于工件尺寸有误差，理论上只有两个工件被压紧，其余工件夹不住。为了能均匀地夹住工件，夹紧元件必须做成浮动的。如图 4.48(b)所示，采用摆动压块且两个摆块之间也要浮动。

4.3.5 定心夹紧机构

当工件的工序基准是定位基面的对称中心时，用定心夹紧机构可避免因定位基面的尺寸误差所引起的基准位移误差。如图 4.49 所示的夹紧装置，各夹紧元件做同步、等速移动，夹紧时能自动对中。定心夹紧机构的定位元件也是夹紧元件，在夹紧的同时完成定位。实现定心夹紧的原理主要有以下两种。

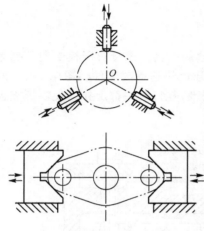

图 4.49　定心夹紧示意图

1. 等速移动定心夹紧机构

此类机构是利用定心-夹紧元件的等速度移动来实现定心夹紧的。图 4.50(a)所示的定心夹具，用两个 V 形块钳口 1 定心夹紧工件。两个 V 形块本身具有上下自动对中的功能，再通过等螺距的左、右螺旋带动两个滑座 2 等速移动，实现左、右方向的自动对中。理论上，不管工件直径有多大误差，定位基准的位置是不变的。图 4.50(b)所示是一个斜楔——滑柱定心夹紧机构。拉杆 3 向左拉动时(气压或液压传动)，三个滑块 4 沿斜楔 5 的斜槽涨开，使工件内径定心并被夹紧。

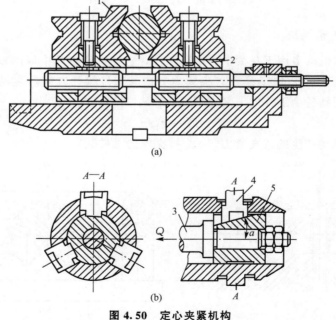

(a)

(b)

图 4.50　定心夹紧机构

1—V 形块钳口；2—滑座；3—拉杆；4—滑块；5—斜楔

2. 弹性定心夹紧机构

这类机构的特点是利用薄壁弹性元件受力后的均匀弹性变形使工件定心并被夹紧。图 4.51(a)所示为弹簧心轴。工件以内孔和端面在弹性筒夹 4、定位套 3 上定位。当拉杆 1 带动螺母 5 和弹性筒夹 4 向左移动时，夹具体 2 上的锥面使轴向开槽的弹性筒沿径向涨大而从工件孔内对工件定心夹紧。图 4.51(b)所示是液性介质的弹性心轴。拧紧加压螺钉 7，使柱塞 8 对密封腔内的液性塑料施加压力，迫使薄壁套 10 产生均匀的径向变形（涨开），从而将工件定心并夹紧。

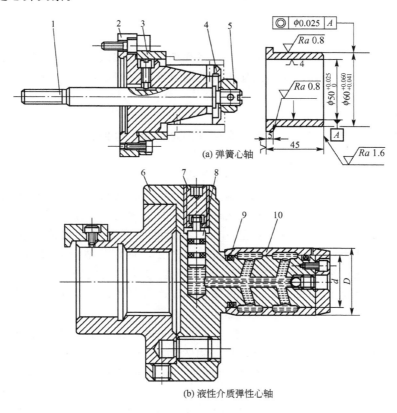

(a) 弹簧心轴

(b) 液性介质弹性心轴

图 4.51　弹性心轴

1—拉杆；2—夹具体；3—定位套；4—弹性筒夹；5—螺母；

6—夹具体；7—加压螺钉；8—柱塞；9—密封圈；10—薄壁套

4.4　典型机床夹具

各类机床夹具都由定位元件、夹紧装置、夹具体和其他装置或元件组成，但因各种机床的加工工艺特点和夹具与机床的连接方式不同，使各类机床夹具都各有一些特征性结构和技术要求。比较典型的机床夹具有钻床夹具、铣床夹具、车床夹具和镗床夹具等。

4.4.1 钻床夹具

在钻床上钻孔,重要的工艺要求是孔的位置精度。孔的位置精度不便用试切法获得,而用划线法加工能获得的位置精度和生产率都很低;用量块、样板等找正虽然精度高一些,但生产率更低。所以在成批生产时,常使用钻床夹具,通过钻床夹具上的钻套引导刀具进行加工,既保证了位置精度,又可提高刀具的刚性,使加工质量和生产率都得到显著提高。在机床夹具总量中,钻床夹具占的比例最大。钻床夹具因其使用钻套的特征,习惯上称为钻模。

1. 钻套

钻套是钻模上特有的元件,钻头、铰刀等孔加工刀具通过钻套再切入工件,一方面确定了加工孔的位置;另一方面在靠近加工面的地方给刀具以引导,提高了刀具的刚性,防止其在加工过程中偏斜。

1) 钻套的类型

按钻套的结构和使用情况,可将钻套分为固定钻套、可换钻套、快换钻套和特殊钻套四种类型,前三种钻套都已标准化。

(1) 固定钻套。如图 4.52(a)所示,固定钻套有 A、B 两种型号,即无肩钻套和带肩钻套两种形式。这种钻套的外圆用 H7/r6 或 H7/n6 的过盈配合压入钻模板或夹具体的底孔内,其结构简单,钻孔精度较高,适用于单一钻孔工序的小批量生产。

(2) 可换钻套。当工件为单一钻孔工序、大批量生产时要考虑钻套磨损后的更换问题。如图 4.52(b)所示,在钻套与钻模板之间加衬套,衬套与钻模板用 H7/n6 过盈配合,衬套与钻套用 F7/m6 间隙配合,使钻套的更换不会造成钻模板的磨损。为防止钻孔时钻套转动和滑出,一侧要用螺钉压紧。可换钻套用于大批量生产中,由于钻套外圆与衬套内孔采用间隙配合的关系,其加工精度不如固定式钻套。

(3) 快换钻套。当工件需钻、扩、铰多工步加工时,在工步间需要更换不同孔径的钻套。为使钻套的更换方便迅速,快换钻套采用图 4.52(c)所示的结构。更换时,将钻套逆时针转至缺口处螺钉即可取出。钻孔时,摩擦力是顺时针方向,钻套不会脱出。螺钉与钻套在轴向还留有一点间隙,不直接压紧钻套。

(4) 特殊钻套。当标准钻套不能适用时,要根据工件的具体要求设计特殊钻套,如图 4.53 所示。图 4.53(a)所示是加长钻套,用于加工凹面上的孔。由于钻套的导向尺寸 H 和排屑空间的高度 h 要按一定规范设计,所以加长钻套就设计成"缩节"形。图 4.53(b)所示为斜面钻套。如果工件孔口端面与孔不垂直,只有采用这样的钻套才能够钻孔。为了尽可能增加钻头刚度,避免钻头引偏或折断,排屑空间的高度 h 要尽量小。图 4.53(c)所示为小孔距钻套,用一个定位销确定钻套的周向位置。

2) 钻套的尺寸和材料

一般钻套导向孔的基本尺寸取刀具的最大极限尺寸,公差为 F7 或 F8。用于铰孔的钻套,粗铰用 G7,精铰用 G6。钻套的导向尺寸 H 一般取$(1\sim1.5)d$(孔径)。H 越大,导向性越好,刀具刚度提高,加工精度高,但钻套与刀具的摩擦也大,钻套易磨损。

排屑空间 h 是钻套底部到工件表面的空间,增大 h 值可使切屑流出顺畅,但刀具钻孔时的刚度和加工孔的精度都会降低。钻削易排屑的铸铁时,取 $h=(0.3\sim0.7)d$;钻

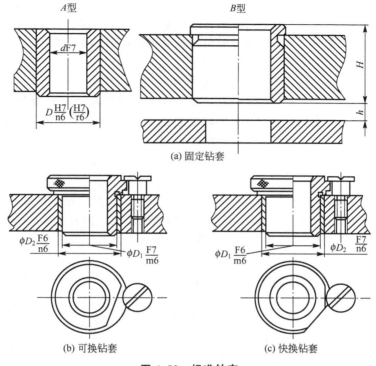

图 4.52　标准钻套

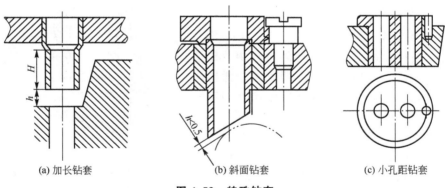

图 4.53　特殊钻套

塑性材料时，取 $h = (0.7 \sim 1.5)d$。工件精度要求高时，可取 $h = 0$，使切屑全部从钻套中排出。

钻套材料一般用 T10A 钢淬火，或 20 钢渗碳淬火。

2. 钻模板

钻模板用于安装钻套，并确保钻套在钻模上的正确位置。钻模板多装在夹具体或支架上，常见的钻模板有以下几种。

1) 固定式钻模板

钻模板用机械连接的形式固定在夹具体上，钻模板上的钻套相对于夹具体上的定位元

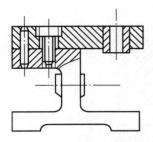

图 4.54　固定式钻模板

件间的位置固定不变，从而使工件被加工孔的位置精度高。由于是固定式结构，对某些工件的装卸将不够方便，如图 4.54 所示。在装配时可通过调整来保证钻套的位置，减少了加工难度，因而使用较为广泛。

2）铰链式钻模板

当钻模板妨碍工件装卸或钻孔后要攻螺纹，要求钻模板让位时，可采用如图 4.55 所示的铰链式钻模板。钻模板用铰链装在夹具体上，钻模板可以绕铰链轴翻转。由于铰链轴与孔间的配合间隙（一般采用 H8/h7），所以精度不如固定式的钻模板高。但装卸工件方便。

图 4.55 中钻模板 2 的左端通过铰链销 6 与铰链座 4 连接，钻模板放下时，由支承钉 3 及铰链两侧面定位。钻孔时，由菱形螺母 1 将钻模板锁住。为避免钻模板的受力变形，一般不允许将夹紧装置装在钻模板上，使钻模板承受夹紧力的反作用力。

3）可卸式钻模板

可卸式钻模板不与夹具体连接，钻模板与夹具体分开而成为一个独立的部分，工件在夹具中每装卸一次，钻模板也跟着装卸一次，操作较麻烦。当钻模板上设有定位元件和引导元件时，能保证被加工孔的位置精度；如果定位元件和引导元件做在夹具体上，则加工精度较低。

3．钻模的主要类型

1）固定式钻模

固定式钻模在加工一批工件的过程中，钻模的位置固定不动。这种钻模主要用于在立式钻床上加工直径较大的单孔，或在摇臂钻床上加工平行孔系。

2）回转式钻模

回转式钻模可按分度要求而绕一固定轴线每次转过一定的角度。当加工分布在同一平面内围绕轴线的平行孔系，或在圆柱面上呈辐向分布的径向孔系时，工件能在一次安装中靠分度装置带

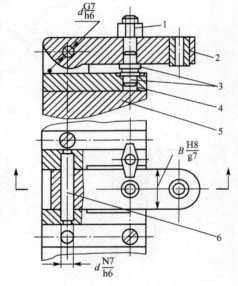

图 4.55　铰链式钻模板

1—菱形螺母；2—钻模板；3—支承钉；
4—铰链座；5—夹具体；6—铰链销

动夹具体回转，依次加工各孔，生产率高，精度也容易得到保证。

3）翻转式钻模

当小型工件有几个面上要钻孔时，钻模不在机床上固定，可用手翻转至不同的方向进行钻孔，这种钻模方式称为翻转式钻模，一般用于在较小的工件上钻孔，它可以减少安装次数，提高被加工孔的位置精度，结构较简单，加工时钻模一般手工进行翻转，所以夹具及工件应小于 10kg 为宜。

4）盖板式钻模

大型工件的轴孔可采用盖板式钻模，这种钻模无夹具体，即将钻模装在工件上，其定

位元件和夹紧装置直接装在钻模板上。钻模板在工件上装夹，适合于体积大而笨重的工件上的小孔加工。夹具结构简单、轻便，易清除切屑；但是每次夹具需从工件上装卸，较费时，故此钻模的质量一般不宜超过 10kg。

4.4.2 铣床夹具

铣床夹具主要用于加工零件上的平面、凹槽、键槽、花键、缺口及各种成形面。铣床夹具需固定安装在铣床工作台上。由于铣削加工一般切削用量较大，且为断续切削，因此，设计铣床夹具时，要注意工件的装夹刚性和夹具在机床上的安装稳定性。以下讨论铣床夹具的一些结构特点。

1. 定位键

图 4.56 所示的是定位键结构及其安装情况。一般在铣床夹具底部开纵向槽，定位键分置于槽的两头，并用埋头螺钉固定。定位键分开越远，定向精度就越高。定位键通过与铣床工作台上的 T 形槽配合确定夹具在机床上的正确位置；还能承受部分切削扭矩，减轻夹紧螺栓的负荷，增加夹具的稳定性。

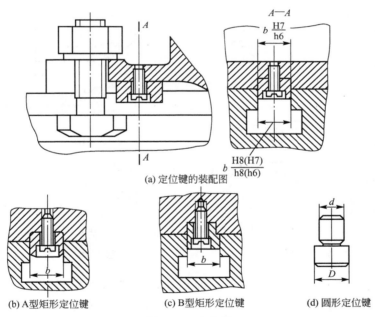

(a) 定位键的装配图

(b) A型矩形定位键　　(c) B型矩形定位键　　(d) 圆形定位键

图 4.56　定位键

定位键有矩形和圆形两种。矩形定位键有 A、B 两种型号，A 型矩形键[图 4.56(b)]上、下尺寸相同，用于定向精度要求不高的场合。B 型矩形键[图 4.56(c)]在键的一侧开槽形成台阶，上、下部分分别与夹具体和铣床工作台的 T 形槽形成不同的配合。用圆形定位销作定位键用[图 4.56(d)]，制造方便，但容易磨损，因而较少使用。

2. 对刀装置

铣床夹具常用对刀块确定刀具与夹具的相对位置。对刀块一般安装在夹具体上，在铣刀进给所经过的部位。根据工件加工表面的形状，应选择相应的对刀块结构形式。图 4.57 所示为几种对刀装置。图 4.57(a)所示为只对一个高度位置，用于铣平面；图 4.57(b)所示为对上下、左右两个位置，适用于铣直角或槽；图 4.57(c)所示为用一个 V 形面对刀，主要用于圆弧形加工面对刀；图 4.57(d)所示为一种特殊形式的对刀块，适用于特定的对称成形面。

为方便对刀，避免对刀块直接与刀具接触，对刀时，要在对刀块与刀具之间加一塞尺，将塞尺轻轻插入刀具与对刀块之间，调整刀具相对于夹具的位置，至与塞尺稍有摩擦即到位。所以设计对刀块时，其对刀面应比加工位置低一个塞尺厚度，从对刀面到相应的定位元件的尺寸为对刀块的位置尺寸，在设计和装配时须严格把握。塞尺的形状有平塞尺和圆柱形塞尺等，其厚度或直径一般为 1～5mm。对刀块和塞尺均已标准化，设计时可查阅夹具设计手册。

3. 铣床夹具的夹具体

铣床夹具的夹具体不仅要有足够的刚度，而且要求稳定性好。设计时，应限制其高宽之比 $H/B \leqslant 1 \sim 1.25$[图 4.58(a)]，以降低夹具的重心。

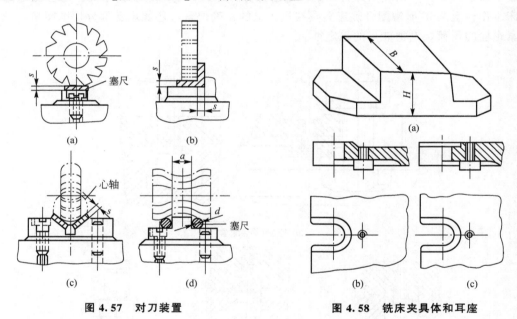

图 4.57　对刀装置　　　　　　图 4.58　铣床夹具体和耳座

此外，为方便夹具在铣床工作台上的固定，夹具体上应设置耳座。凸台式耳座[图 4.58(b)]适用于铸造夹具体，它的平面加工比较方便。夹具体用钢块制成时，则采用内凹式耳座[图 4.58(c)]。耳座的具体结构尺寸要根据铣床工作台规格，参考夹具手册进行设计。小型夹具体一般两端各设一个耳座。夹具体较宽时，可在两端各设置两个耳座，两耳座的距离应与工作台上两 T 形槽的间隔距离一致。当夹具较重，需要行车吊运时，夹具体两端还应设置吊装孔或吊环等。

4.4.3　车床夹具

车床夹具与其他夹具最大的不同是，夹具安装在车床主轴上并与工件一起旋转，要保证工件的回转轴线位置，以及平衡性和安全性等。它常用来在车床上加工工件内、外回转面及端面。

1. **车床夹具的类型**

车床上可选用的通用夹具较多，遇到工件形状比较复杂或生产率要求很高，通用夹具不适用时，才需设计专用车床夹具。根据工件形状、结构和加工要求的不同，车床夹具有多种形式，图 4.59 为几种车床夹具类型的示意图。

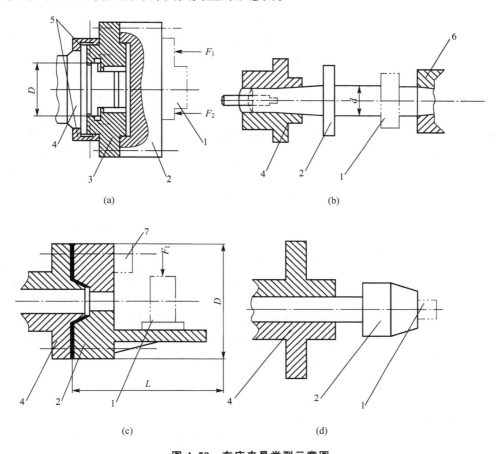

图 4.59 车床夹具类型示意图

1—工件；2—夹具；3—过渡盘；4—主轴；5—压板；6—尾板；7—配重块

图 4.59(a)所示为加工盘类工件的夹具，且主要定位面与回转轴线垂直。这类车床夹具悬伸长度短，类似于花盘，结构比较简单紧凑。图 4.59(b)所示为加工较长工件的夹具，其形式类似于两顶尖装夹。图 4.59(c)所示为加工非回转零件的夹具，其主要定位面与回转轴线平行。为了工件的定位，夹具体需设计成角铁状，称为角铁式车床夹具，这也是结构较为复杂的车床夹具。图 4.59(d)所示为用于加工以回转面作为主要定位面工件的夹具，主要采用定心夹紧机构。

2. **夹具与车床主轴的连接**

由于加工中车床夹具随车床主轴一起回转，所以夹具与主轴的连接精度直接影响夹具的回转精度。因此，要求夹具的回转轴线与车床主轴轴线的同轴度误差尽量小。

3. 对夹具总体结构的要求

1) 尺寸

由于加工时夹具随主轴旋转，其结构应力求紧凑，尽可能减小回转半径和悬伸长度。对于角铁式夹具，应控制其悬伸长度 L 与轮廓直径 D 之比 $(L/D \leqslant 0.6 \sim 2.5)$。

2) 平衡

因夹具要随主轴旋转，如果夹具的重心对轴线偏离，则会产生离心力，对加工安全性有很大影响，因此要考虑平衡问题，通常是设置质量或位置可调整的配重块。

3) 夹具体应制成圆形

圆形的夹具体符合车床夹具回转的特性。夹具上各元件及工件一般都不允许凸出夹具体圆形轮廓之外，以利于安全。

设计车床夹具时较其他夹具要更多地考虑安全问题。例如，夹紧机构本身受离心力影响可能使有效的夹紧力减小，为保证自锁的可靠性，多使用螺旋夹紧或采用气动、液压夹紧；夹具上各元件要连接可靠，防止飞出，不允许使用类似开口垫圈的元件；应注意防止切屑缠绕和切削液的飞溅等问题，必要时可设置防护罩。

4.4.4 组合夹具

夹具设计与制造是机电产品生产中的一项重要工作，传统的夹具设计制造需要大量的工时消耗和金属材料的消耗。目前，基于特征的参数化技术已在机电产品生产的各个阶段得到广泛的应用，夹具设计正朝着标准化、系列化、参数化方向发展。为了适应我国加入WTO后机电产品快速开发、小批量、多品种的需要，增强我国机电产品的创新能力和尽快实现机电产品设计制造的全程仿真，有必要对夹具进行分类、整理、编制图库等工作。组合夹具正是适应了这种需求，所以有必要对其进行更深一步的研究。

组合夹具是在夹具零部件标准化的基础上发展起来的一种新型的工艺装备。它由一套预先制好的、具有各种不同形状和规格尺寸的标准元件和组合件组成。在加工工件前，根据工件的工艺要求、采用的设备和夹具设计原则，选取夹具元件、确定元件间的位置关系、组装出机械加工适用的工装夹具，其构成原理类似于"搭积木"。由于组合夹具应变能力强、设计和制造周期短、成本低、适应产品更新换代的要求，提高了企业的竞争力，所以日益受到厂家的青睐。

1. 组合夹具的工作原理及特点

组合夹具是一种零部件可以多次重复使用的专用夹具。经生产实践证明，与一次性使用的专用夹具相比，它是以组装代替设计和制造，故具有以下特点：

(1) 灵活多变、适应范围广，可大大缩短生产准备周期。

(2) 可节省大量人力、物力，减少金属材料的消耗。

(3) 可大大减少存放专用夹具的库房面积，简化了管理工作。

组合夹具的不足之处是外形尺寸较大、笨重，且刚性较差。此外，由于所需元件的储备量大，故一次性投资费用较高。

由于上述特点，组合夹具特别适用于新产品试制及单件小批生产中，成批生产但产品时常变换的场合也可使用组合夹具。组合夹具元件的精度一般均在 IT7～IT6，可保证工件位置精度达到 IT8～IT7。若对所用元件进行仔细挑选和精心调整，也可达 IT6，组合夹具可用于各类普通机床，也可用在数控机床上，其中以车、钻组合夹具应用最广。

　　2. 组合夹具的组成

　　组合夹具按组装时元件间连接基面的形状，可分为槽系和孔系两个系列。槽系夹具是指组合夹具元件主要靠槽来定位和夹紧。孔系夹具是指组合夹具元件主要靠孔来定位和夹紧。

　　槽系组合夹具以槽（T 形槽、键槽）和键相配合的方式来实现元件间的定位。因元件的位置可沿槽的纵向作无级调节，故组装十分灵活，适用范围广，是最早发展起来的组合夹具系统。槽系组合夹具的特点是平移调整方便，它广泛应用于普通机床上进行一般精度零件的机械加工，其主要元件有基础件、定位件、支承件、导向件、压紧件、紧固件和合件。常见的基本结构有基座加宽结构、定向定位结构、压紧结构、角度结构、移动结构、转动结构、分度结构等，若干个基本结构组成一套组合夹具。

 应用案例 4 - 5

　　如图 4.60 所示为槽系组合钻床夹具，其主要元件上分布有纵横交错的 T 形或矩形槽，组装时通过键和螺栓实现各元件的相互定位和紧固。使用完毕后，可拆卸成单个元件（合件不拆开），经清洗后入库存放，待再次组装新的夹具时使用。

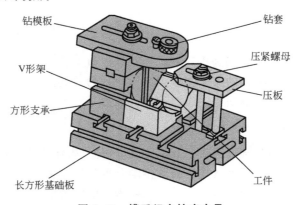

钻模板　　钻套　　压紧螺母　　V形架　　压板　　方形支承　　长方形基础板　　工件

图 4.60　槽系组合钻床夹具

　　孔系组合夹具主要元件表面为圆柱孔和螺纹孔组成的坐标孔系，通过定位销和螺栓来实现元件之间的组装和紧固。孔系夹具的特点是旋转调整方便，精度和刚度都高于槽系夹具。孔系夹具按定位孔直径分为大型和中型两种，其定位直径分别是 12mm 和 16mm，螺纹孔直径分别是 M12 和 M16。孔系夹具的主要元件和结构与槽系夹具基本相同，随着孔系夹具元件设计的不断改进完善，吸取槽系结构的特点，应用范围更加广泛。

 应用案例 4 - 6

　　如图 4.61 所示为孔系组合夹具，其主要元件上按坐标分布有光孔及螺孔，元件之间通过两圆柱销定位，螺栓紧固。

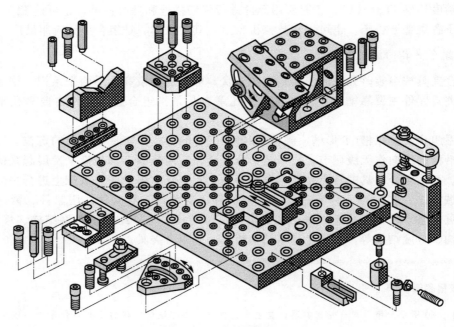

图 4.61　孔系组合夹具

4.4.5　成组夹具

成组夹具是在成组技术原理的指导下，为执行成组工艺而设计的夹具。成组夹具是针对具有一定相似性的一组零件的某个工序加工而设计的夹具，具有小范围柔性，通过调整部分装置或更换部分零件，以适应一组相似零件的加工。

1. 成组夹具的结构特点

成组夹具在结构上由基础部分和可调整部分组成。基础部分是成组夹具的通用部分，在使用中固定不变，通常包括夹具体、夹紧传动装置和操作机构等。此部分结构主要依据零件组内各零件的轮廓尺寸、夹紧方式及加工要求等因素确定。可调整部分通常包括定位元件、夹紧元件和刀具引导元件等。更换工件品种时，只需对该部分进行调整或更换元件，即可进行新的加工。

 应用案例 4-7

如图 4.62 所示为成组车床夹具，该夹具用于精车薄套类零件的外圆和端面。零件组采用工件内孔和端面定位，用弹簧涨套弹性夹紧。在该夹具中夹具体 1 和传递动力的接头 2 是夹具的基础部分，其余零件为可换，构成了夹具的可调整部分。零件组内的零件根据定位孔径大小分为五个组，每组均对应一套可换元件：夹紧螺钉 KH1、定位锥体 KH2、顶环 KH3。在加工不同尺寸组的零件时，这些可换元件皆需更换。为减少夹具调整时间可安排属于同一尺寸组的零件一批进行加工。同一尺寸组内，对于不同定位孔径的工件皆需更换相应尺寸的弹簧涨套 KH5，定位环 KH4 则视工件加工需要来决定是否更换。

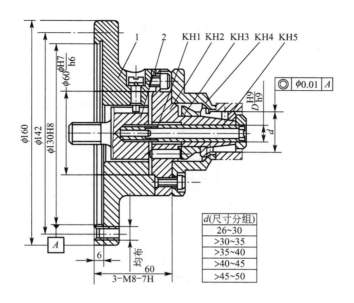

图 4.62 成组车床夹具

1—夹具体；2—接头；KH1—夹紧螺钉；KH2—定位锥体；
KH3—顶环；KH4—定位环；KH5—弹簧涨套

2. 成组夹具的调整方式

成组夹具的调整方式可归纳为更换式、调节式、综合式和组合式四种。

1）更换式

采用更换夹具可调整部分元件的方法，来实现组内不同零件的定位、夹紧、对刀或导向。这种方法的优点是适用范围广、使用方便可靠，且易获得较高的精度。缺点是所需更换元件数量较多，夹具制造费用增加，并给保管工作带来不便。此法多用于夹具上精度要求较高的定位和刀具引导元件。

2）调节式

借助于改变夹具上可调元件位置的方法，来实现组内不同零件的装夹和导向。这种方法的优点是采用调节方法所需元件数量少，制造成本低。缺点是需花费一定时间，且夹具精度受调整精度的影响。调节法多用于加工精度要求不高和切削力较小的场合。

3）综合式

在实际中应用较多的是上述两种方法的综合，即在同一套成组夹具中，既采用更换元件的方法，又采用调节的方法，即综合法。

4）组合式

将一组零件的有关定位或导向元件同时组合在一个夹具体上，以适应不同零件加工的需要。组合式成组夹具避免了元件的更换与调节，节省了夹具调整时间。通常只适用于零件组内零件种类较少而数量又较大的情况。

习　　题

一、选择题

1. 如图 4.63 所示，在小轴上铣槽，保证尺寸 H 和 L，所必须限制的自由度个数是(　　)。

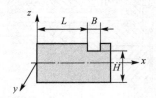

图 4.63　选择题 1 图

    A. 六个　　　　　　　B. 五个　　　　　　　C. 四个　　　　　　　D. 三个

2. 在车床上加工轴，用三爪自定心卡盘安装工件，相对夹持较长，它的定位是(　　)。

    A. 六点定位　　　　B. 五点定位　　　　C. 四点定位　　　　D. 三点定位

3. 工件在夹具中安装时，绝对不允许采用(　　)。

    A. 完全定位　　　　B. 不完全定位　　　　C. 过定位　　　　D. 欠定位

4. 基准不重合误差的大小主要与(　　)有关。

    A. 本工序要保证的尺寸大小　　　　　　B. 本工序要保证的尺寸精度

    C. 工序基准与定位基准间的位置误差

    D. 定位元件和定位基准本身的制造精度

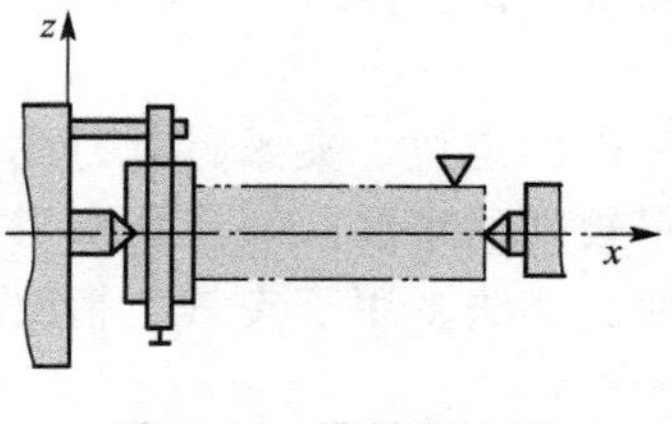

5. 如图 4.64 所示，在车床上用两顶尖安装工件，它的定位是(　　)。

    A. 六点定位　　　　　　　　B. 五点定位

    C. 四点定位　　　　　　　　D. 三点定位

6. 在平面磨床上磨削一平板，保证其高度尺寸，一般应限制工件的(　　)个自由度。

    A. 三个　　　　　　　　　　B. 四个

    C. 五个　　　　　　　　　　D. 六个

图 4.64　选择题 5 图

7. 工程上常讲的"一面两销"一般限制了工件的(　　)个自由度。

    A. 三　　　　　　B. 四　　　　　　C. 五　　　　　　D. 六

8. 下面对工件在加工中定位论述不正确的是(　　)。

    A. 根据加工要求，尽可能采用不完全定位

    B. 为保证定位的准确，尽可能采用完全定位

    C. 过定位在加工中是可以使用的

    D. 在加工中严格禁止使用欠定位

9. 机床夹具中夹紧装置应满足以下除(　　)之外的基本要求。

    A. 夹紧动作准确　　　　　　　　　B. 夹紧动作快速

    C. 夹紧力应尽量大　　　　　　　　D. 夹紧装置结构应尽量简单

10. 工件在夹具中欠定位是指（   ）。

    A. 工件实际限制自由度数少于六个   B. 工件有重复限制的自由度

    C. 工件要求限制的自由度未被限制   D. 工件是不完全定位

二、判断题

1. 图 4.65 所示定位方式是合理的。   （   ）

2. 工件定位时，若定位基准与工序基准重合，就不会产生定位误差。   （   ）

3. 辅助支承是为了增加工件的刚性和定位稳定性，并不限制工件的自由度。   （   ）

4. 浮动支承是为了增加工件的刚性和定位稳定性，并不限制工件的自由度。   （   ）

5. 车削外圆柱表面通常采用图 4.66 所示的装夹定位方式。   （   ）

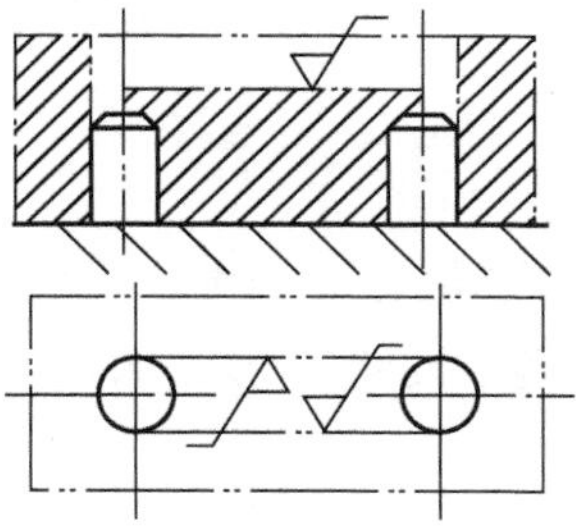

      图 4.65　判断题 1 图 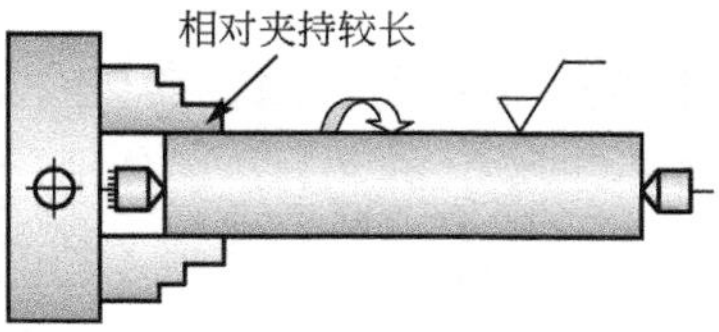   **图 4.66　判断题 5 图**

6. 在使用夹具装夹工件时，不允许采用不完全定位和过定位。   （   ）

7. 采用欠定位的定位方式，既可保证加工质量，又可简化夹具结构。   （   ）

8. 在夹具设计中，不完全定位是绝对不允许的。   （   ）

9. 工件被夹紧，即实现工件的安装。   （   ）

10. 工件在夹具中安装一定要完全限制六个不重复的自由度才能满足要求。   （   ）

三、填空题

1. 根据六点定位原理分析工件的定位方式分为_____、_____、_____和_____。

2. 机床夹具的定位误差主要由_____和_____引起。

3. 生产中最常用的正确的定位方式有_____定位和_____定位两种。

4. 机床夹具最基本的组成部分是_____元件、_____装置和_____。

5. 设计夹具夹紧机构时，必须首先合理确定夹紧力的三要素：_____、_____和_____。

6. 一般大平面限制了工件的_____个自由度，窄平面限制了工件的_____个自由度。

7. 工件以内孔定位常用的定位元件有_____和_____两种。

8. 一般短圆柱销限制了工件的_____个自由度，长圆柱销限制了工件的_____个自由度。

9. 铣床夹具中常用对刀引导元件是_____，钻床夹具中常用的对刀引导元件是_____。

10. 按工序的加工要求，工件应限制的自由度数未予限制的定位，称为_____；工件的同一自由度被两个或两个以上的支承点重复限制的定位，称为_____。

四、简答题

1. 夹具设计的基本要求有哪些？

2. 专用夹具主要由哪些部分构成？各部分的作用是什么？

3. 试述夹紧力的确定原则。

4. 什么是定位？简述工件定位的基本原理。

5. 什么是定位误差？试述产生定位误差的原因。

6. 什么是辅助支承？使用时应该注意哪些问题？

7. 什么是过定位？举例说明过定位可能产生哪些不良后果，可采取哪些措施？

8. 为什么说夹紧不等于定位？

五、计算题

1. 有一批直径为 $d_{-\delta d}^{0}$ 的轴，要铣一键槽，工件的定位方案如图 4.67 所示（V 形块角度为 90°），要保证尺寸 m 和 n。试分别计算各定位方案中尺寸 m 和 n 的定位误差。

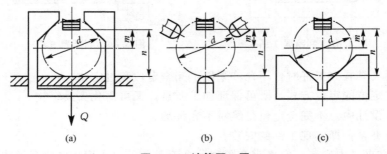

(a)   (b)   (c)

图 4.67 计算题 1 图

2. 有一批套类零件，定位如图 4.68 所示，欲加工键槽，分析 H_1、H_2、H_3 的定位误差。工件外径直径 $d_{-\delta d}^{0}$，工件内孔直径 $D_{0}^{+\delta D}$。

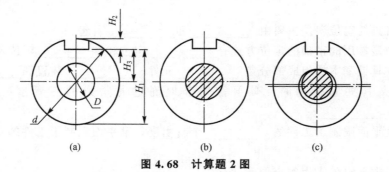

(a)   (b)   (c)

图 4.68 计算题 2 图

（1）用可涨心轴定位；

（2）水平放置刚性心轴间隙定位，心轴直径为 $d_{\delta xd}^{\delta}$；

（3）垂直放置刚性心轴间隙定位，心轴直径为 $d_{\delta xd}^{\delta}$；

（4）工件内外圆同轴度误差为 t，上述三方案定位误差又是多少？

3. 图 4.69 所示工件用 $\alpha = 90°$ 的 V 形块和挡块定位铣削阶梯平面，要求保证尺寸 $25_{-0.1}^{0}$ 和 $5_{0}^{+0.05}$。试计算该定位方案的定位误差，并判断能否满足加工要求，如不能，应如何改进？

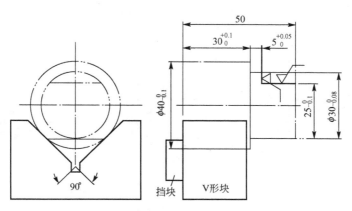

图 4.69 计算题 3 图

4. 如图 4.70(a) 所示的工件，加工时用 V 形块定位如图 4.70(b) 所示，若达不到要求，应如何改进？并绘制简图表示。

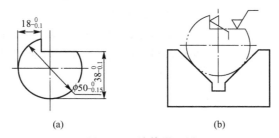

(a)   (b)

图 4.70 计算题 4 图

5. 图 4.71 所示齿坯在 V 形块上定位插键槽，要求保证工序尺寸 $H = 38.5_{0}^{+0.2}\,\text{mm}$。已知：$d = \phi 80_{-0.1}^{0}\,\text{mm}$，$D = \phi 35_{0}^{+0.025}\,\text{mm}$。若不计内孔与外圆同轴度误差的影响，试求此工序的定位误差。

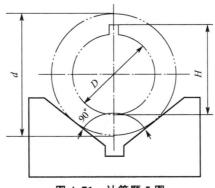

图 4.71 计算题 5 图

六、分析题

1. 根据六点定位原理，试分析图 4.72 定位方案中各个定位元件所限制的自由度，从各定位元件引出分别标明，并指出各定位方案分别属哪种定位现象？

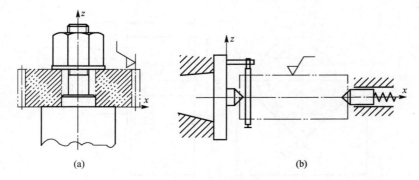

图 4.72　分析题 1 图

2. 分析图 4.73 所示定位方案，回答下面的问题。

(1) 带肩心轴、手插圆柱销各限制工件的哪些自由度？

(2) 该定位属于哪种定位类型？

(3) 该定位是否合理，如不合理，请加以改正。

3. 分析图 4.74 两夹具在设计中有何问题，应如何改进(画出改进后的示意图)？ 其中图 4.74(a)要加工工件的上表面；图 4.74(b)中工件 A 面与 B 面有垂直度误差($\alpha \neq 90°$)，Q 为夹紧力，要求所镗孔要与基准面 A 垂直。

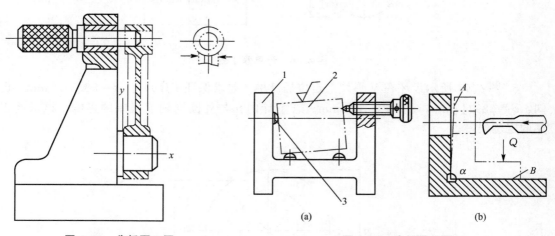

图 4.73　分析题 2 图

图 4.74　分析题 3 图

4. 图 4.75 所示工件的 A、B、C 面，$\phi 10H7$ 及 $\phi 30H7$ 的孔均已加工。试分析加工 $\phi 12H7$ 孔时，选用哪些表面定位最合理？为什么？并说明各定位表面采用的定位元件。

5. 在卧式铣床上用三面刃铣刀铣削一批如图 4.76 所示零件缺口，本工序为最后的切削加工工序。试设计一个能满足加工要求的定位方案，并验证其合理性。

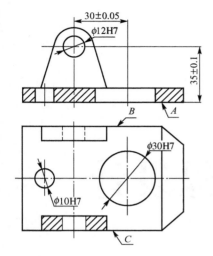

图 4.75　分析题 4 图

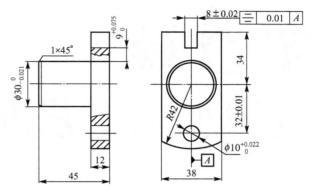

图 4.76　分析题 5 图

第 5 章
机械加工工艺规程设计

教学目标

1. 理解生产过程、工艺过程和工艺规程的基本概念，了解工艺规程的设计原则；

2. 熟悉机械加工工艺规程的设计步骤及内容，掌握工艺路线的拟订，包括选择定位基准、确定表面加工方法、划分加工阶段、确定工序集中与分散程度、安排加工顺序及编制工艺规程文件等；

3. 掌握工艺尺寸链的计算方法及应用，重点掌握用极值法计算工艺尺寸链的方法。

教学要求

知识要点	能力要求	相关知识
零件制造的工艺过程	掌握机械加工工艺过程的组成	工序、安装、工位、工步和走刀
工艺规程的设计步骤	掌握机械加工工艺规程设计步骤及内容	各种表面的加工方法
定位基准的选择	掌握粗基准、精基准的选择原则	设计基准、工艺基准概念
工艺路线的拟订	掌握表面加工方法的选择，加工阶段的划分，工序的集中与分散，工序顺序的安排等	机床与工艺装备的选择
加工余量、工序尺寸	加工余量、工序尺寸及公差的确定	加工余量、工序尺寸的概念
工艺尺寸链	掌握工艺尺寸链的计算方法及应用	尺寸链的基本概念
时间定额和经济分析	了解时间定额组成和工艺方案的技术经济分析	提高劳动生产率的工艺途径

导入案例

要加工如图 5.1 所示带键槽的阶梯轴，应选什么毛坯类型？各表面加工方法、加工顺序、加工余量如何确定？各工序的定位基准怎样选择？各工序尺寸及公差怎样确定？如何制订机械加工工艺规程？

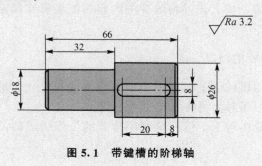

图 5.1　带键槽的阶梯轴

机械加工的目的是将毛坯加工成符合技术要求的零件。通常，一个结构相同、要求相同的机械零件，可以采用不同的工艺过程来完成，但在某一特定条件下总有一种工艺过程是最合理的。在现有的生产条件下，如何选用经济有效的加工方法，合理地安排加工工艺路线以获得合格的零件，是本章所要解决的重点问题。

机械加工工艺规程设计是机械加工中的基本问题之一，它与生产实际有着极其密切的联系，要求设计者既要具备丰富的生产实践知识，也要掌握机械制造工艺基础理论知识。

5.1　概　　述

5.1.1　生产过程和工艺过程

1. 生产过程

机械产品制造时，将原材料或半成品转变为产品的各有关劳动过程的总和称为生产过程。它包括以下几部分内容：

（1）原材料、半成品、成品的运输与保管。

（2）生产技术准备工作，如工艺设计、专用工艺装备的设计制造、时间定额的确定、生产资料的准备、生产组织等。

（3）毛坯制造，如铸造、锻造、冲压、焊接等。

（4）零件加工，包括机械加工、热处理等。

（5）产品的装配，包括装配、调整、检验、试验、油漆、包装等。

工厂的生产过程又可按车间分为若干车间的生产过程。

2. 工艺过程

在生产过程中凡直接改变生产对象的尺寸、形状、性能及相对位置关系的过程，统称为工艺过程。其他过程则称为辅助过程。

工艺过程又可分为铸造、锻造、冲压、焊接、机械加工、热处理、装配等工艺过程，其中铸造、锻造、冲压、焊接、热处理等工艺过程是"工程材料成形技术"课程的研究对象，本课程只研究机械加工工艺过程和装配工艺过程。

具有同样要求的零件，可以采用几种不同的工艺过程来加工，但在给定的条件下总有一种工艺过程是最合理的。把工艺过程的有关内容用图表形式规定下来，用以指导生产，这些文件称为工艺规程。

5.1.2 机械加工工艺过程的组成

在工艺过程中，采用机械加工的方法逐步改变毛坯的尺寸、形状、性质及表面质量，使之成为合格零件的全过程称为机械加工工艺过程。

机械加工工艺过程是由若干个按一定顺序排列的工序组成的，工序又可细分为安装、工位、工步和走刀。

1. 工序

工序是组成机械加工工艺过程的基本单元，它是指一个(或一组)工人在一个工作地点，对一个(或同时对几个)工件连续完成的那一部分工艺过程。工人、工作地点、工件三不变并加上连续完成是工序的四个要素。若其中任一要素发生改变，即成为另一工序。工序也是制订生产计划、进行经济核算的基本单元。在生产中，工序的安排和工序数目的确定与零件的技术要求、生产类型和现有工艺条件等有关。

 应用案例 5-1

如图 5.1 所示阶梯轴的加工，当其生产类型为单件小批或大批量生产时，可分别由第 1 章中表 1-3 和表 1-4 的工艺过程来完成。在车床上加工大端外圆和倒角后若接着调头，再加工小端外圆和倒角，则车两外圆和倒角为一个工序，因为这是连续完成的。如果加工大端外圆和倒角后将工件卸下，换上另一工件加工其大端外圆和倒角，直到一批零件加工完，再加工每个工件的小端外圆和倒角，这中间就有了间断，因此车两外圆和倒角就是两个工序。

---

2. 安装

在一道工序中，工件有时需要装夹几次才能完成加工。工件经一次装夹后所完成的那部分工序内容称为一个安装。例如，单件小批加工阶梯轴时，在车床上加工大端外圆和倒角后随即调头，再加工小端外圆和倒角，整个为一个工序，有两次安装。

从减小装夹误差及减少装夹工件所花费的时间考虑，应尽量减少安装次数。

3. 工位

为了减少工件的安装次数，常采用多工位夹具或多轴(或多工位)机床，使工件在一次装夹后顺次处于几个不同的位置进行加工。在一次安装后，工件在机床上所占据的每一个位置，称为一个工位。如图 5.2 所示是在三轴钻床上利用回转工作台按四个工位连续完成工件的装卸、钻孔、扩孔和铰孔。采用多工位加工，可提高生产率，并容易保证被加工表面的相互位置精度。

如果一个工序只有一个安装，并且该安装中只有
一个工位，则工序内容就是安装内容，同时也就是工
位内容。

4. 工步

在一个安装或工位中，在加工表面、切削刀具、
切削速度和进给量都不变的情况下所完成的那部分内
容，称为一个工步。其中一个因素变化就是另一个工
步。在一个安装或工位中，可能有几个工步。

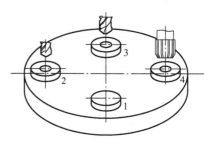

图 5.2　多工位加工

在工件一次安装中，对于那些连续进行的若干个相同工步，为简化工艺文件，通常都
算作一个工步。采用多刀同时加工多个表面均可视为一个复合工步。

按照工步的定义，图 5.3 中若干个相同孔的连续加工可视为一个工步，图 5.4 所示是
立轴转塔车床回转刀架加工齿轮内孔及外圆的一个复合工步。

在工艺过程中，复合工步有广泛应用，如图 5.5 是在龙门刨床上，通过多刀刀架将四
把刨刀安装在不同高度上进行刨削加工。可以看出，应用复合工步主要是为了提高工作
效率。

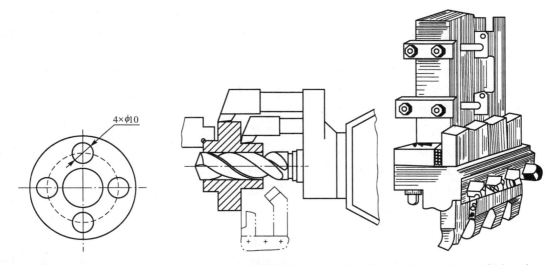

图 5.3　连续加工若干个相同孔　　图 5.4　立轴转塔车床的一个复合工步　　图 5.5　刨平面复合工步

5. 走刀（行程）

切削刀具在加工表面上切削一次所完成的工步内容，称为一次走刀。一个工步可包括
一次或几次走刀。走刀是构成工艺过程的最小单元。当需要切去的金属层很厚，不能在一
次走刀下切完时，则需分几次走刀。如图 5.6 所示是由棒料车削加工成阶梯轴的多次
走刀。

图 5.7 所示为工序、安装、工位、工步和走刀的关系图。

综上分析可知，加工工艺过程的组成是较复杂的，它由许多工序组成，一个工序可能
有几个安装，一个安装可能有几个工位，一个工位可能有几个工步，一个工步可能有几次
走刀。

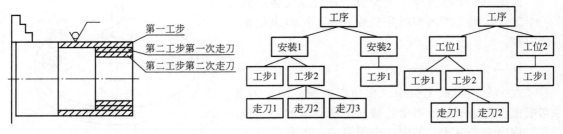

图 5.6　棒料车削加工成阶梯轴　　　　图 5.7　工序、安装、工位、工步与走刀的关系

5.2　机械加工工艺规程设计

5.2.1　机械加工工艺规程的设计步骤及内容

1. 工艺规程的作用

（1）工艺规程是指导生产的主要技术文件。合理的工艺规程是生产技术和实践经验的结晶，因此，它是获得合格产品的技术保证，一切生产和管理人员必须严格遵守。但工艺规程也不是一成不变的，应根据生产实际情况不断改进和完善，但必须有严格的审批手续。

（2）工艺规程是生产组织和管理工作的主要依据。生产中原材料的供应、毛坯的制造、设备和工具的购置、专用工艺装备的设计制造、劳动力的组织、生产进度计划的安排等工作都是依据工艺规程来进行的。

（3）工艺规程是新建或扩建工厂或车间的基本资料。在新建或扩建工厂或车间时，只有依据工艺规程才能确定生产所需要的设备种类及数量、生产面积和厂房布局、人员编制等。因此，在工厂和设计院都有从事这一工作的专业人员。

此外，先进的工艺规程还起着交流和推广先进制造技术的作用。

2. 机械加工工艺规程的设计原则

机械加工工艺规程的设计原则可归结为质量、生产率和经济性三个方面。

在这三项要求中，质量是首要的。质量表现在产品的各项技术性能指标上。对于同一生产对象的工艺方案可能有多种，但首先必须保证制订的工艺方案能满足制造对象的质量要求。

在充分利用现有生产条件的基础上，积极创造良好的工作条件，在保证质量的前提下，最大限度地提高生产效率。为此，要了解国内外本行业的工艺发展，积极采用适用的先进工艺和工艺装备。

应对可能的几种工艺方案进行技术经济分析，选择经济上最合理的方案，尽量降低制造成本。同时要注意方案的社会效益，要用可持续发展的观点指导工艺方案的拟订。

3. 设计机械加工工艺规程所需的原始资料

设计机械加工工艺规程时必须具备下列原始资料：

（1）零件图及该零件所在部件或总成的装配图。

（2）产品验收的质量标准。

（3）产品的生产纲领。

（4）毛坯材料及毛坯生产条件。

（5）工厂现有生产条件，如机床设备、工艺装备、工人的技术水平、技术资料等情况。

（6）国内外同类产品的工艺资料、设计手册和有关标准。

4．机械加工工艺规程的设计步骤及内容

（1）分析零件图和产品装配图。

了解产品的工作原理，熟悉该零件在机器中的作用。分析零件的结构工艺性和加工要求。检查图样的完整性。如果发现问题，及时和产品设计人员商讨解决。

（2）选择毛坯类型及制造方法。选择毛坯的主要依据是零件结构和生产纲领。毛坯的类型一般在零件图上已有规定。要充分考虑毛坯种类和质量对零件机械加工质量的影响，尽可能采用先进的毛坯制造方法，从毛坯和零件加工两方面综合考虑保证零件质量和降低成本的毛坯制造方案，以获得最好的经济效益。

（3）拟订加工工艺路线。主要内容包括选择定位基准、确定各表面加工方法、划分加工阶段、确定工序集中与分散程度、安排加工顺序等。拟订工艺路线时，往往要提出几种可能方案，进行分析比较后确定一种最佳方案。

（4）确定各工序所用的机床设备和工艺装备。要确定各工序所用的机床设备、刀具、夹具、量具及辅具等。对需要改装或重新设计的专用工艺装备应提出设计任务书。

（5）确定各工序的加工余量，计算工序尺寸及公差。

（6）确定各工序的切削用量和时间定额。

（7）确定各主要工序的技术要求及检验方法。

（8）填写工艺文件。

5．对零件进行工艺性分析

1）零件的图样分析

（1）了解该零件在产品中的位置、用途、性能及工作条件。

（2）审查图样的完整性，分析零件主要表面的技术要求，以便做出相应的工序安排。

（3）对图样上的不合理之处提出相应的改进意见。

 应用案例5-2　工艺改进

如图5.8所示的方头销，材料T8A钢，方头部分局部淬火55～60HRC，直径为$\phi 2H7$的小孔在装配时与另一零件配作。分析上述技术条件是否合理。

分析：由于零件尺寸较小，局部淬火时会整体淬硬，则在装配时不能与另一零件配作。

改进意见：材料改为20钢，方头局部渗碳，在$\phi 2H7$小孔处镀铜保护，淬火后既能满足原要求，又能在装配时与另一零件配作。

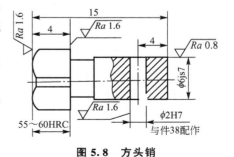

图5.8　方头销

2）零件的结构工艺性分析

零件的结构工艺性是指零件的结构在满足使用性能的前提下制造的经济性和可行性。零件的结构工艺性涉及毛坯制造、机械加工、热处理和装配等方面，本章主要进行零件机械加工中的结构工艺性分析。

零件的切削加工工艺性主要从以下几个方面进行分析评价：

【参考视频】

（1）结构应便于装夹，如增设工艺凸台、工艺孔，增加辅助安装面等。

（2）便于加工和测量，结构应方便刀具的引进和退出，尽量避免不敞开内表面的加工、深孔和弯曲孔的加工。

（3）提高切削效率，保证产品质量，如结构应便于多件一起加工，尽量减少加工面积等。

（4）提高标准化程度，如采用标准配合、标准尺寸等，以便使用标准刀具和通用量具。

【参考视频】

 应用案例 5-3　便于切削加工的结构改进

【参考视频】

图 5.9(a)所示的情况为避免内表面加工的改进；

图 5.9(b)～图 5.9(d)所示的几种情况应有退刀槽；

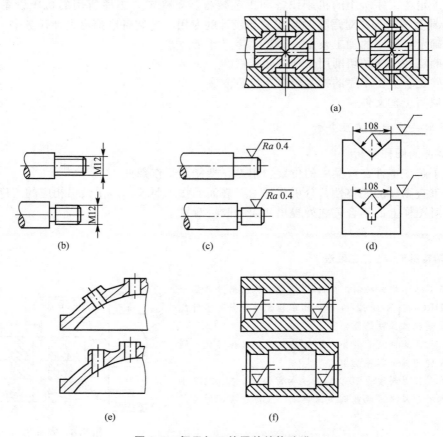

图 5.9　便于加工的零件结构改进

图 5.9(e)所示的情况便于工件安装，减少安装次数；

图 5.9(f)所示的情况可以减少机床调整次数。

5.2.2　工艺路线的拟订

拟订工艺路线是设计工艺规程时最为关键的一步，需顺序完成以下几个方面的工作。

1. 定位基准的选择

零件在加工时需要进行定位，就要选择定位基准，为此首先要明确一下基准的概念。

1）基准的概念

在零件设计和加工过程中，用来确定零件上各几何要素之间几何关系所依据的那些点、线、面，称为基准。

根据基准的作用不同，可分为设计基准及工艺基准。

（1）设计基准：在零件图上用来确定各几何要素之间的尺寸及相互位置关系所依据的那些点、线、面，称为设计基准。如图 5.10 所示，齿轮内孔 $\phi35H7$ 的轴线是小外圆直径 $\phi50$、齿顶圆直径 $\phi88h10$ 和径向跳动以及端面跳动的设计基准，右端面是轴向尺寸的设计基准。

（2）工艺基准：零件在加工工艺过程中所采用的基准，称为工艺基准。工艺基准按用途可分为工序基准、定位基准、测量基准和装配基准。

① 工序基准：在工序图上用来确定本工序所加工表面的尺寸、形状和位置的基准，称为工序基准。在设计工序基准时，主要应考虑以下三个方面的问题：

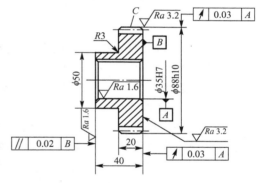

图 5.10　设计基准

a. 应首先考虑用设计基准作为工序基准。

b. 所选工序基准应尽可能用于工件的定位和工序尺寸的检查。

c. 当采用设计基准为工序基准有困难时，可另选工序基准，但必须可靠地保证零件设计尺寸的技术要求。

② 定位基准：在加工时用于工件定位的基准，称为定位基准。定位基准是获得零件尺寸的直接基准，占有很重要的地位。定位基准可进一步分为粗基准、精基准，此外还有附加基准。

a. 粗基准：用未经机械加工的毛坯表面作为定位基准，这种基准称为粗基准。

b. 精基准：用作定位基准的表面是已加工过的，则称为精基准。

③ 测量基准：测量工件已加工表面的尺寸、形状和位置时所采用的基准，称为测量基准。例如，以曲轴主轴颈作为测量基准，检验时可将主轴颈架于 V 形块上。

④ 装配基准：在装配时用来确定零件或部件在产品中的相对位置所采用的基准，称为装配基准。例如，曲轴主轴颈、连杆轴颈部都是装配基准，前者决定曲轴与缸体间的相对位置，后者决定连杆与曲轴间的相对位置。

工艺基准是在加工、测量和装配时所使用的；因此必须是实在的，而设计基准有时是

"虚"的。工艺基准一般多为"面",如果没有合适的工艺基准时,需要专门附加一个基准,称为附加基准。例如,轴类零件常用的中心孔就是一个附加基准,它代表了轴的中心线,作为定位基准及测量基准。

为了便于掌握上述关于基准的分类,可以用框图归纳,如图 5.11 所示。

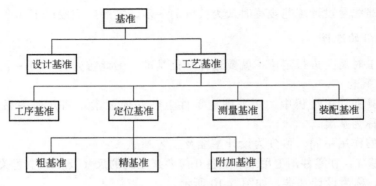

图 5.11　基准的分类

上述各种基准应尽可能使之重合。在设计机械零件时,应尽量选用装配基准作为设计基准;在编制零件的加工工艺规程时,应尽量选用设计基准作为工序基准;在加工及测量工件时,应尽量选用工序基准作为定位基准及测量基准,以消除由于基准不重合而引起的误差。

2）定位基准的选择

正确选择定位基准,对保证零件加工要求、合理安排加工顺序有着至关重要的影响。在选择定位基准时往往先根据零件的加工要求选择精基准,再由工艺路线向前反推,最后考虑选用哪一组作为粗基准以保证把精基准加工出来。

（1）精基准的选择原则。精基准的选择主要考虑如何保证零件加工精度和安装方便可靠。其具体选择原则如下。

① 基准重合原则:尽量选择工序基准作为定位基准,称之为基准重合原则。这样可以避免基准不重合误差,有利于保证零件加工精度。

 应用案例 5-4　基准重合原则的使用

如图 5.12(a)所示支架零件,孔的工序基准是平面 1,定位基准则是底平面,定位基准与工序基准不

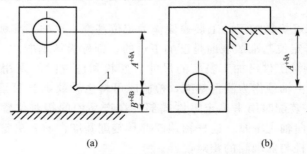

(a) (b)

图 5.12　支架零件定位基准选择

1—平面

重合，存在基准不重合误差 δB。若采用平面 1 定位[图 5.12(b)]，则定位基准与工序基准重合，消除了基准不重合误差 δB。

② 基准统一原则：在零件的加工过程中，各工序所用的定位基准应尽可能相同，以避免基准变换而带来的安装误差，同时可简化加工工艺过程与夹具的设计和制造，提高各加工表面的位置精度。

在实际生产中，经常使用的统一基准形式如下：

a. 轴类零件常使用两个顶尖孔作为统一的定位基准来加工各外圆表面和端面，这样可以保证各外圆表面间的同轴度及端面对轴心线的垂直度要求。

b. 箱体类零件各工序常选用一面两孔作为统一的基准，以保证各表面之间的位置精度。

c. 加工盘套类零件时各工序常使用止口面(一端面和一短圆孔或一长孔和一止推面)作为统一基准。

基准统一原则与基准重合原则有时不可能同时满足，可先用基准统一原则进行粗、半精加工，再采用基准重合原则进行精加工。

③ 互为基准原则：当零件上两个表面的相互位置精度及其自身的尺寸、形状精度都要求很高时，可采用这两个表面互为基准，进行反复多次加工。一般适用于精加工和光磨加工中。

 应用案例 5-5　互为基准原则的使用

精密齿轮高频淬火后需要磨齿面，为保证齿面与内孔之间的位置精度及从齿面上去除的加工余量小而均匀，常以齿面为基准来磨内孔，再以磨过的内孔为基准磨齿面，这样互为基准反复加工，可保证齿面磨削余量均匀，且与内孔间有较高的位置精度，如图 5.13 所示。

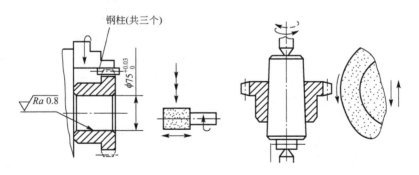

图 5.13　互为基准原则

④ 自为基准原则：在某些精加工工序中，要求加工表面的余量小而均匀，可以以加工表面自身作为定位基准，待工件夹紧后再将定位元件移去，这一原则称作自为基准定位原则。如图 5.14 所示，在导轨磨床上磨床身导轨面，被加工床身 1 通过楔铁 2 支承在工作台 4 上，纵向移动工作台时，轻压在被加工导轨面上的百分表指针便给出了被加工导轨面相对于机床导轨的平行度读数，根据此读数再调整工件 1 底部的 4 个楔铁，

直至工作台带动工件纵向移动时百分表指针基本不动为止，然后将工件 1 夹紧在工作台上进行磨削。

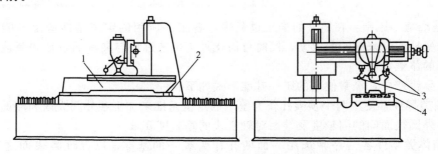

图 5.14　在导轨磨床上磨床身导轨面
1—工件(床身)；2—楔铁；3—百分表；4—机床工作台

再如浮动镗刀镗孔、浮动铰孔、拉孔、珩磨及无心磨外圆等都是采用自为基准原则进行加工的。

这里需要指出，按自为基准原则加工，只能提高加工表面的尺寸精度、形状精度及降低表面粗糙度，而位置精度应由前面工序的加工来保证。

(2) 粗基准的选择原则。粗基准的选择应能保证加工面与不加工面之间的位置精度要求，合理分配各加工面的余量，同时为后续工序提供精基准。

① 保证相互位置要求的原则。一般应以非加工面作为粗基准，这样可以保证不加工表面相对于加工表面具有较高的位置精度。当零件上有几个不加工表面时，应选择与加工表面位置精度要求较高的不加工表面作为粗基准。如图 5.15 所示加工的套筒零件，要求加工的内孔与不加工的外圆面有同轴度要求，选择不加工的外圆作为粗基准。由于三爪卡盘的定心作用，其加工时的回转中心就是毛坯外圆的轴心，则加工后的内孔与不加工的外圆面同心，从而保证了加工表面与不加工表面之间的位置精度。

② 合理分配加工余量的原则。

a. 在工件上有多个表面需要加工时，为保证各表面都具有足够的加工余量，应选择加工余量最小的那个表面作为粗基准。如图 5.16 所示阶梯轴的加工，由于大小圆柱面之间有同轴度误差，较小的圆柱面加工余量小，如果以大圆柱面作为粗基准加工，那么小圆柱面就会因加工余量不足而产生废品。

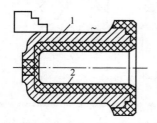

图 5.15　以不加工表面作为粗基准

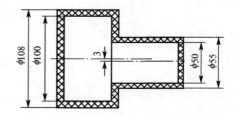

图 5.16　以余量小的表面作为粗基准

b. 为保证重要表面加工余量小而均匀，应选此重要表面作为粗基准。如图 5.17 所示的床身零件，导轨面是最重要的表面，它不仅精度要求高，而且要求导轨面具有均匀的金相组织和较高的耐磨性。由于床身在铸造时导轨面是倒扣在砂箱的最底部浇注成形的，导轨面组织致密，砂眼、气孔相对较少，因此要求加工床身时，导轨面的实际切除量要尽可能地小而均匀，故应选导轨面作粗基准加工床身底面，再以加工过的床身底面作精基准来加工导轨面。

③ 便于工件装夹原则：为使工件定位稳定、夹紧可靠，应尽量选择平整、面积较大，没有浇口、冒口、飞边和其他表面缺陷的毛坯表面作为粗基准。

④ 粗基准一般不得重复使用原则：所选的粗基准应能用来加工出后续工序所用的精基准，以避免粗基准粗糙表面重复定位产生相当大的定位误差，即粗基准一般不得重复使用。

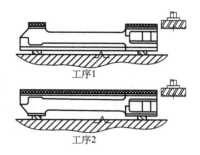

图 5.17　以床身导轨面作为粗基准

粗基准在同一尺寸方向一般只能使用一次，因为粗基准为毛面，定位基准位移误差较大，若重复使用必然产生较大的加工误差。因此在制订工艺规程时，起始工序一般都应加工出后续工序所用的精基准。如图 5.18 所示阶梯轴的加工，毛坯面的定位精度较低，两次使用（加工 A 面和 C 面都用 B 面）必然造成两端加工后的外圆有较大的同轴度误差。

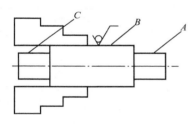

图 5.18　粗基准只能使用一次

上述各项选择定位基准的原则，有时不可能同时满足，应根据零件的加工要求，保证主要方面，兼顾次要方面。

2. 表面加工方法的选择

各种加工方法所能达到的加工经济精度及表面粗糙度是选择零件加工方法和工艺方案的依据。

1）加工经济精度

不同的加工方法所能达到的加工精度和表面粗糙度不同，即使是同一种加工方法在不同的工作条件下所能达到的精度也会有所不同，这是因为加工过程中影响加工精度的因素很多。任何一种加工方法，只要细心操作、精心调整、选择合适的切削用量，就会得到较高的加工精度。但这样会降低生产率，增加加工成本。

经济精度是指在正常加工条件下（采用符合质量标准的设备、工装和标准技术等级的工人，不延长加工时间）所能达到的加工精度（或表面粗糙度）。例如，在卧式车床上加工外圆面，一般可达到 IT9～IT8 精度和 $Ra>2.5～1.25\mu m$ 的表面粗糙度，但如果细心操作，工人技术水平较高，则可能达到 IT7～IT6 精度和 $Ra>1.25～0.63\mu m$ 的表面粗糙度。由统计资料可知，加工成本 C 和加工误差 Δ 成反比关系，如图 5.19 所示。从曲线可知：

（1）同一种加工方法，精度越高，加工成本越高。

（2）精度有一定极限，当超过 A 点后，即使再增加成本，加工精度提高极少。

（3）成本也有一定极限，当超过 B 点后，即使加工精度再降低，加工成本降低极少。

（4）曲线中的 AB 段，加工精度与加工成本是互相适应的，都属于经济精度范围。

随着机械制造技术的不断发展，加工精度不断提高，加工成本不断降低，因此各种加工方法的经济精度也不断提高。图 5.20 表示了经济精度与年代的关系，不难看出，原来属于精密加工精度范畴的加工，现在已经属于一般加工精度范畴了。

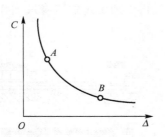

图 5.19 加工误差与加工成本关系

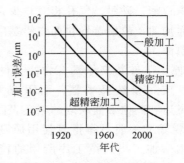

图 5.20 加工精度与年代的关系

不同的加工方法，其经济精度不同，可根据具体情况加以比较，从中选择最合适的加工方法。选择表面加工方案时一般应注意：

(1) 在保证完工合同期前提下，尽可能采用经济加工精度方案进行零件加工。

典型表面的各种加工方法所能达到的加工经济精度和表面粗糙度见表 5-1～表 5-3，以便在选用时参考。

表 5-1　外圆各种加工方法的加工经济精度和表面粗糙度

加工方法	加工情况	加工经济精度 IT	表面粗糙度 $Ra/\mu m$
车	粗车	13～12	80～10
	半精车	11～10	10～2.5
	精车	8～7	5.0～1.25
	金刚石车(镜面车)	6～5	1.25～0.02
铣	粗铣	13～12	80～10
	半精铣	12～11	10～2.5
	精铣	9～8	2.5～1.25
车槽	一次行程	12～11	20～10
	二次行程	11～10	10～2.5
外磨	粗磨	9～8	10～1.25
	半精磨	8～7	2.5～0.63
	精磨	7～6	1.25～0.16
	精密磨(精修整砂轮)	6～5	0.32～0.08
	镜面磨	5	0.08～0.008
抛光			1.25～0.008
研磨	粗研	6～5	0.63～0.16
	精研	5	0.32～0.04
	精密研	5	0.08～0.008
超精加工	精	5	0.32～0.08
	精密	5	0.16～0.01
砂带磨	精磨	6～5	0.16～0.02
	精密磨	5	0.04～0.01
滚压		7～6	1.25～0.16

注：加工有色金属时，表面粗糙度取 Ra 中的小值。

表 5-2　内孔典型加工方法的加工经济精度和表面粗糙度

加工方法	加工情况	加工经济精度 IT	表面粗糙度 $Ra/\mu m$
钻	$\phi15mm$ 以下	13～11	80～5
	$\phi15mm$ 以上	12～10	80～20
扩	粗扩	13～12	50～20
	一次扩孔（铸孔或冲孔）	13～11	40～10
	精扩	11～9	10～1.25
铰	半精铰	9～8	10～1.25
	精铰	7～6	2.5～0.32
	手铰	5	1.25～0.08
拉	粗拉	10～9	5～1.25
	一次拉孔（铸孔或冲孔）	11～10	2.5～0.32
	精拉	9～7	0.63～0.16
推	半精推	8～6	1.25～0.32
	精推	6	0.32～0.08
镗	粗镗	13～12	20～5
	半精镗	11～10	10～2.5
	精镗（浮动镗）	9～7	5～0.63
	金刚镗	7～5	1.25～0.16
内磨	粗磨	11～9	10～1.25
	半精磨	10～9	1.25～0.32
	精磨	8～7	0.63～0.08
	精密磨（精修整砂轮）	7～6	0.16～0.04
珩	粗珩	6～5	1.25～0.16
	精珩	5	0.32～0.04
研磨	粗研	6～5	0.63～0.16
	精研	5	0.32～0.04
	精密研	5	0.08～0.008

注：加工有色金属时，表面粗糙度取 Ra 中的小值。

表 5-3　平面典型加工方法的加工经济精度及表面粗糙度

加工方法	加工情况	加工经济精度 IT	表面粗糙度 $Ra/\mu m$
周铣	粗铣	13～11	20～5
	半精铣	11～8	10～2.5
	精铣	8～6	5～0.63
端铣	粗铣	13～11	20～5
	半精铣	11～8	10～2.5
	精铣	8～6	5～0.63
车	半精车	11～8	10～2.5
	精车	8～6	5～1.25
	细车（金刚石车）	6	1.25～0.02

(续)

加工方法	加工情况	加工经济精度 IT	表面粗糙度 $Ra/\mu m$
刨	粗刨	13～11	20～5
	半精刨	11～8	10～2.5
	精刨	8～6	5～0.63
	宽刀精刨	6	1.25～0.16
平磨	粗磨	10～8	10～1.25
	半精磨	9～8	2.5～0.63
	精磨	8～6	1.25～0.16
	精密磨	6	0.32～0.04
研磨	粗研	6	0.63～0.16
	精研	5	0.32～0.04
	精密研	5	0.08～0.008
砂带磨	精磨	6～5	0.32～004
	精密磨	5	0.04～0.01
滚压		10～7	2.5～0.16

注：加工有色金属时，表面粗糙度取 Ra 中的小值。

(2) 在零件的主要表面和次要表面的加工方案中，首先保证主要表面的加工。零件的主要表面是零件与其他零件相配合的表面或直接参与机器工作过程的表面。主要表面以外的表面称为次要表面。在选择表面加工方案中，首先要根据主要表面的尺寸、精度和表面质量要求，初步选定主要表面最终工序应该采用的加工方法，然后逐一选定该表面各有关前导工序的加工方法，接着再选择次要表面的加工方法。

(3) 零件表面的加工方案要和零件的材料、硬度、外形尺寸和质量尽可能一致。零件的形状和大小影响加工方法的选择。例如，小孔一般可以用铰削，而较大孔则用镗削加工；非圆的通孔应优先考虑用拉削或插削；难以磨削的小孔，则多采用研磨加工。箱体类零件上的孔，一般不采用磨削，而采用镗、珩、研加工方法。

经淬火后的零件表面，一般只能采用磨削加工；未经淬硬的精密零件的配合表面可以磨削，也可以刮削；硬度低、韧性大的有色金属，为避免磨削时砂轮嵌塞，多采用高速精密车削、镗削、铣削等加工方法。

(4) 加工方案要和生产类型、生产率的要求相适应，必须充分考虑本厂的现有技术力量和设备。对于较大的平面，铣削加工生产率高，而对窄长的平面，则宜用刨削加工；对大量孔系的加工，为提高生产率及保证高精度的孔距，宜采用多轴钻；对批量较大的曲面，宜采用靠模铣削、数控加工等方法。总之要根据生产类型，充分利用现有设备，平衡设备负荷，既提高生产率，又注意经济效益，充分挖掘企业潜力，合理安排加工方案。

2) 典型表面加工方案的选择

由于零件的加工要求不同，同一表面往往要采用多种加工方法才能完成。某种表面采用各种加工方法所组成的加工顺序称为加工方案。掌握典型表面的加工方案对制订零件加工工艺过程是十分必要的。

(1) 外圆表面的加工方案。图 5.21 列出了外圆表面的典型加工方案，可以归纳为三种基本方案。

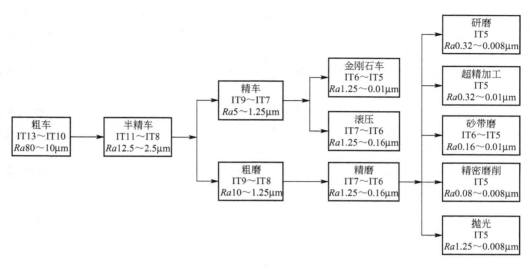

图 5.21　外圆表面的加工方案

①　粗车→半精车→精车。这是对一般常用材料外圆表面加工最主要的加工方案。视加工精度要求，选择最终加工工序。

②　粗车→半精车→粗磨→精磨→研磨、超精加工、砂带磨、精密磨削或抛光。这是对黑色金属材料、加工精度和表面质量均要求较高时的加工方案。对于淬硬零件，后续工序只能用磨削的方法。

③　粗车→半精车→精车→金刚石车。对于有色金属如铜、铝等材料，用磨削加工容易堵塞砂轮，不易得到所要求的表面粗糙度，因此最终工序多用精车或金刚石车（在精密车床上用金刚石车刀进行车削）。

（2）孔的加工方案。图 5.22 列出了孔的典型加工方案，可以归纳为四种基本方案：

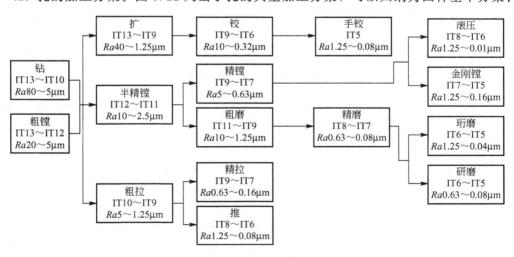

图 5.22　孔表面的加工方案

①　钻→扩→铰。主要用于未淬火件、中小尺寸孔的加工，孔径若超过 $\phi50$mm 时可用镗孔，因为钻孔刀具太大，不经济。

② 钻、粗镗→半精镗→精镗→滚压、金刚镗。对毛坯没有孔时要先钻孔，若毛坯已有孔时，可直接粗镗孔，再顺次加工。这种方案主要用于箱体零件的孔系加工或有色金属材料的孔加工。

③ 钻、粗镗→粗磨→半精磨→精磨→研磨、珩磨。这种加工方案主要用于淬硬零件或精度要求较高的零件加工。

④ 钻→粗拉→精拉。大批量加工盘套类零件上的孔，一般采用这种方案，加工质量稳定，生产率高。特别是带有键槽的孔，用拉削更为方便。若毛坯上已有孔，则粗镗或扩孔后再拉孔。对精度较好的模锻件，也可直接拉孔。

(3) 平面的加工方案。图 5.23 列出了平面的典型加工方案，可归纳为五种基本方案。

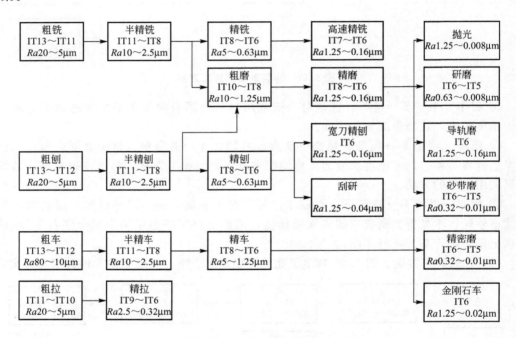

图 5.23 平面的加工方案

① 粗铣→半精铣→精铣→高速精铣。铣削是平面加工应用最广泛的方法，生产率高，高速精铣可获得较高的加工精度和表面质量。

② 粗刨→半精刨→精刨→宽刀精刨、刮研。

刨削也是平面加工常用的方法之一，但生产率一般比铣削低，故适于单件小批生产。对于窄长加工面，刨削的生产率会高些。宽刀精刨多用于刨削大平面或床身的导轨面，可得到较高的加工精度。

③ 粗铣(刨)→半精铣(刨)→粗磨→精磨→研磨、导轨磨、精密磨、砂带磨或抛光。主要用于淬硬零件或精度要求较高的平面加工。导轨磨专门用来加工导轨平面，有较高的精度。

④ 粗拉→精拉。主要用于大批量加工平面、台阶面或沟槽等，生产效率高，加工质量稳定。

⑤ 粗车→半精车→精车→金刚石车。主要用来加工回转体的端面，特别是有色金属零件。经常和车削外圆表面合在一起进行。

 应用案例 5-6　加工方案的确定

加工一个精度等级为 IT6、表面粗糙度为 $Ra0.2\mu m$ 的钢质外圆表面。先由表 5-1 选择最终工序加工方法为精磨，加工经济精度可达到预定要求，再选择前导各工序分别为粗车、半精车和粗磨，所以该外圆的加工方案为粗车→半精车→粗磨→精磨。

3. 加工阶段的划分

为了保证加工质量、生产率和经济性，对质量要求较高的零件，通常把整个加工过程划分为几个阶段，即粗加工阶段、半精加工阶段、精加工阶段和光整加工阶段。

（1）粗加工阶段的主要任务是去除各加工表面的大部分余量，使形状和尺寸基本接近成品。该阶段主要考虑如何提高生产率。

（2）半精加工阶段主要任务是切除粗加工留下的误差，使工件达到一定的技术要求，为主要表面的精加工做好准备，同时完成一些次要表面的终加工，如钻孔、攻螺纹、铣键槽等。

（3）精加工阶段主要任务是使各主要表面达到零件图规定的质量要求。大多数零件经过这一阶段都可以完成加工。

（4）光整加工阶段。对于尺寸精度很高（IT5 以上）、表面粗糙度值很小（$Ra<0.2\mu m$）的表面，还要安排光整加工阶段，以进一步提高尺寸精度和减小表面粗糙度，一般不能提高形状和位置精度。

划分加工阶段的主要目的如下：

（1）保证加工质量。粗加工时切除的余量大，切削时需要较大的夹紧力，同时产生较大的切削力、切削热，由此产生较大的受力变形、热变形，以及内应力重新分布带来的变形，使加工误差很大。这些加工误差，通过半精加工、精加工逐步得到纠正，从而提高了零件的加工质量。同时也减少了粗、精加工混杂而损伤精加工表面的机会。

（2）及时发现毛坯缺陷。粗加工时去掉加工表面的大部分余量，当发现缺陷时可以及时报废，避免了粗、精混杂加工造成精加工工时的浪费。

（3）合理使用加工设备。粗、精加工分开，有利于合理使用加工设备。粗加工可安排在精度低、功率大、生产率高的机床上进行。精加工可安排在精度高、功率小的机床上。使设备能充分发挥各自特点，延长使用寿命。

（4）便于组织生产。各加工阶段的生产条件是不同的，如精密加工要求恒温洁净的环境，所以划分加工阶段便于组织生产。另外，也便于热处理工序的安排。粗加工后进行时效处理，可以减小内应力对精加工的影响；半精加工后安排淬火，既能满足零件的性能要求，又可通过精加工消除淬火引起的变形。

应当指出，加工阶段的划分是对整个加工过程而言的，不能从某一表面的加工性质来判断。例如，有些定位基准孔，在粗加工阶段就需要加工得很精确。它通常是以零件主要表面的加工来划分的。

加工阶段的划分也不是绝对的，应根据零件质量要求、结构特点和生产纲领灵活掌握。例如，对于毛坯质量高、加工余量小、刚性较好，而生产纲领不大、加工要求不高的零件，则不必严格划分加工阶段；有些重型零件，由于安装运输都很困难，应尽可能在一个工序中完成全部的粗加工和精加工。为减少工件夹紧变形对加工精度的影响，可在粗加工后松开夹紧装置，以消除夹紧变形，然后用较小的夹紧力重新夹紧工件，再进行精加工。

4. 工序的集中与分散

在选定了各表面的加工方法和划分阶段之后，就可以将同一阶段中的各加工表面组合成若干工序。组合时可以采用工序集中和工序分散两种不同的原则。

工序集中是将工件的加工集中在不多的几道工序内完成，每道工序的加工内容比较多。工序集中的极端情况，就是在一个工序内完成工件所有表面的加工。工序分散就是使每个工序所包括的加工内容尽量少些，零件的加工内容分散在较多的工序内完成。工序分散的极端情况，就是每个工序只包括一个简单工步。

1）工序集中的特点

（1）减少工件安装次数。在一次安装中加工出多个表面，有利于提高表面间位置精度，减少工序间运输，缩短生产周期。对于大型、重型零件加工比较方便。

（2）工序数少，减少了设备数量，相应地减少了操作工人和生产面积，有利于组织生产。

（3）有利于采用自动化程度和效率较高的机床与工艺装备，提高加工质量和生产率。

（4）设备的一次性投资大、工艺装备复杂，对调整工人的技术水平要求较高。

2）工序分散的特点

（1）设备、工装比较简单，调整、维护方便，生产准备工作量少。

（2）每道工序的加工内容少，便于选择最合理的切削用量，对操作工人的技术水平要求不高。

（3）工序数多，设备数量多，操作人员多，占用生产面积大。

工序的集中和分散应根据生产纲领、零件的结构特点、技术要求、实际生产条件等因素来综合考虑。一般来说，单件小批生产适合采用工序集中的原则。大批量传统生产方式的流水线、自动线基本是按工序分散原则组织工艺过程的，采用专用机床、组合机床使工序相对集中，又提高了生产率，但对产品改型的适应性较差，转产比较困难。零件加工质量、技术要求较高时适用工序分散的原则，可以用高精度机床来保证质量要求。零件尺寸、质量较大，不易运输和安装的，适合采用工序集中的原则。现代产品多呈现中小批量的生产模式，采用数控机床、加工中心按工序集中原则组织工艺过程，虽然设备的一次性投资较高，但由于柔性好，适应性强，转产相对容易，仍然受到越来越多的重视，工序集中将成为现代生产的发展趋势。

5. 加工顺序的安排

加工顺序就是指工序的排列先后，它与加工质量、生产率与经济性密切相关，是拟订工艺路线的关键之一。

1）机械加工工序的安排

机械加工工序先后顺序的安排，一般应遵循以下原则：

（1）先加工基准面，再加工其他面。零件加工时作为精基准的表面必须先加工，然后用它定位再加工其他表面。如果有几个精基准，也应在使用之前加工完成。因此，当粗、精定位基准选定后，加工顺序就可以初步定下来了。

对于箱体零件，一般是以主要孔为粗基准加工平面，再以平面为精基准加工孔系。对于轴类零件，一般是以外圆为粗基准加工中心孔，再以中心孔为精基准加工外圆、端面等各个表面。

（2）先加工主要面，再加工次要面。零件的主要表面指设计基准、零件装配、配合和有相互运动关系的表面。主要表面以外的表面称为次要表面。主要表面的精度和表面质量要求一般比较高，它们对整个零件的质量影响较大，加工工序也比较多，因此应该先安排主要表面的加工，再将其他表面的加工适当穿插在它们之间。

箱体零件中，主轴孔、支承孔系和底平面一般是主要表面，应首先考虑它们的加工顺序。而固定用的通孔和螺纹孔、端面和侧面则可以适当安排。端面和侧面可在加工底面、顶面时一起加工，在加工完通孔、螺纹孔后，最后精加工主轴孔。

（3）先加工平面，后加工孔。因平面的轮廓尺寸较大、平整，安置和定位稳定、可靠，故零件一般应先加工平面，后加工孔。以加工过的平面作精基准再加工孔，便于保证平面与孔的位置精度。

（4）先安排粗加工工序，后安排精加工工序。对于精度和表面质量要求较高的零件，应分阶段进行加工，先安排各表面的粗加工，其次安排半精加工，最后安排精加工、光整加工，逐步提高被加工表面的加工质量。

2）热处理工序的安排

零件加工过程中的热处理按其目的不同，大致分为预备热处理和最终热处理。前者是为了改善材料切削性能、消除内应力，为最终热处理做准备；后者可使材料获得所需的组织结构和性能。

（1）预备热处理。

① 退火和正火：在粗加工之前通常安排退火或正火处理，以消除组织的不均匀性、细化晶粒，改善加工性能，同时减小工件中的内应力。对含碳量高于0.5%的碳钢或合金钢，一般采用退火处理，以降低硬度，方便切削；含碳量低于0.3%的碳钢或合金钢，为避免加工时粘刀，常采用正火以提高硬度。对铸铁件通常采用退火处理。当用于时效目的时常在粗加工后、半精加工和精加工之间安排多次退火或正火工序。

② 调质：调质能获得均匀细致的索氏体组织，为以后表面淬火和氮化时减少变形做好组织准备，因此，调质可作为预备热处理工序。由于调质后零件的综合力学性能较好，对一般硬度和耐磨性要求不高的零件也可作为最终热处理工序。调质处理常置于粗加工后和半精加工前。

③ 时效处理：时效处理主要用于消除内应力，通常安排在粗加工后和精加工前。对于形状复杂的大型铸件或精度要求较高的零件可安排多次时效处理，以充分消除内应力。

（2）最终热处理。

① 淬火：淬火可提高零件的硬度和耐磨性。因淬火后会出现变形，影响已获得的尺寸和形状，所以淬火工序一般不能作为最后工序。淬火分为整体淬火和表面淬火。其中整体淬火变形较大，一般放在精加工之前，以便在精加工中纠正其变形。表面淬火变形较

小,但常需预先进行调质及正火处理,一般安排在精加工前。如果后续有超精或光整加工,有时也安排在精加工后。

② 渗碳淬火:低碳钢及低碳合金钢零件常用渗碳淬火来提高其表面硬度和耐磨性,而心部仍保持一定的强韧性。考虑到淬火后磨削余量不能太大,一般渗碳前表面要进行半精加工。渗碳淬火后再进行精加工(磨削)。

对于不渗碳表面要采取防渗措施:一是加大不渗碳表面余量(余量大于渗碳层深度),待渗碳后将这层余量去掉,然后淬火;另一种方法是预先在不渗碳表面层镀铜,防止碳分子渗入,渗碳后再进行去铜工序;对于不需要渗碳的孔(尤其是小孔),可用耐火泥、黏土等堵塞,以防止碳的渗入。

③ 渗氮:对于铬钼铝等材料的零件,其工作面要求具有较高的硬度和耐磨性时,常采用表面渗氮处理。渗氮不仅可以提高零件表面硬度和耐磨性,还可以提高疲劳强度和耐腐蚀性。氮化层较薄(一般小于 0.6mm),工件变形小,所以渗氮工序尽量安排靠后,氮化后仅进行研磨或超级精磨就行了。氮化前通常要进行调质预处理,以提高零件的综合性能。

3) 其他工序的安排

(1) 检验工序。该工序是非常重要的工序,它对保证产品质量有极其重要的作用,通常安排如下:

① 零件从一个车间转向另一个车间前后。

② 粗加工全部结束后。

③ 重要工序加工前后。

④ 零件全部加工结束之后。

(2) 去除毛刺。毛刺是切削加工中产生的特殊现象之一,在工件的边、角、棱等处形成的毛刺对零件加工质量影响很大。因此,毛刺的去除工序是工艺过程中不可忽略的重要工序之一。

毛刺的去除是指在毛刺产生后采用何种方法将其去除。常用的去毛刺方法有机械的、磨粒的、电的、化学的、热能的五大类。例如,齿轮加工毛刺用专门的倒角机去除;小毛刺用锉刀手工去除。

(3) 特种检验。特种检验种类很多,如 X 射线、超声波探伤等都用于工件材料内部的质量检查,一般进行超声探伤时零件必须经过粗加工。荧光检验、磁力探伤等主要用于工件表面质量的检验,通常安排在精加工阶段。密封性、平衡性试验等视加工过程的需要进行安排。零件的重要检验,则安排在工艺过程的最后进行。

(4) 表面处理。为了提高零件的抗蚀能力、耐磨性、抗高温能力、电导率,或为了提高零件、产品的观赏性,一般都要采用表面处理。常用的表面处理方法有表面金属镀(涂)层(镀铬、镍、锌、铜及金、银、铂等),非金属涂层(油漆、陶瓷、塑料封装等)或复合材料涂层等。常用的表面处理还有钢的发蓝、发黑、铝合金的阳极化和镁合金的氧化等。

表面处理工序一般均安排在工艺过程的最后进行(工艺上需要的原因除外,如防渗碳时的镀铜等)。如零件的某些配合表面不要求进行表面处理时,则可用局部保护或采用机械切除的方法。

(5) 洗涤防锈。该工序应用场合很广,当零件加工出最终表面以后,每道工序结束都需要洗涤工序来保护加工表面，防止氧化生锈，如抛光、研磨和磁力探伤后，总检前均需将工件洗净，检验后还需要进行防护处理。故上述工序前后都应安排洗涤、防护工序。

加工顺序的安排是一个比较复杂的问题，影响的因素比较多，如生产纲领、生产条件、零件的技术要求等。应灵活掌握以上所述的原则，并注意积累生产实践经验。

6. 机床与工艺装备的选择

正确选择机床设备是一件很重要的工作，它不但直接影响工件的加工质量，而且还影响工件的加工效率和制造成本。所选机床的规格应与工件的形体尺寸相适应，精度等级应与本工序加工要求相适应，电动机功率应与本工序加工所需功率相适应，机床设备的自动化程度和生产效率应与工件生产类型相适应。

工艺装备的选择将直接影响工件的加工精度、生产效率和制造成本，应根据不同情况适当选择。在中小批生产条件下，应首先考虑选用通用工艺装备（包括刀具、夹具、量具和辅具）；在大批量生产中，可根据加工要求设计制造专用工艺装备。

机床和工艺装备的选择不仅要考虑设备投资的当前效益，还要考虑产品改型及转产的可能性，应使其具有足够的柔性。

5.2.3　工序尺寸及公差的确定

1. 加工余量的概念

用材料去除法制造机械零件时，一般都要从毛坯上切除一层层材料之后才能得到符合图样规定要求的零件。毛坯上留作加工用的材料层，称为加工余量。加工余量又有总余量和工序余量之分。某一表面毛坯尺寸与零件设计尺寸之差称为总余量，以 Z_0 表示。该表面加工相邻两工序尺寸之差称为工序余量 Z_i。总余量 Z_0 与工序余量 Z_i 的关系可用式（5-1）表示：

$$Z_0 = \sum_{i=1}^{n} Z_i \tag{5-1}$$

式中，n 为某一表面所经历的工序数。

工序余量有单边余量和双边余量之分。对于非对称表面[图 5.24(a)]，其加工余量用单边余量 Z_b 表示

$$Z_b = l_a - l_b \tag{5-2}$$

式中，Z_b 为本工序的工序余量；l_b 为本工序的基本尺寸；l_a 为上工序的基本尺寸。

对于外圆与内圆这样的对称表面[图 5.24(b)、图 5.24(c)]，其加工余量用双边余量 $2Z_b$ 表示。对于外圆表面[图 5.24(b)]有

$$2Z_b = d_a - d_b \tag{5-3}$$

对于内圆表面[图 5.24(c)]有

$$2Z_b = D_b - D_a \tag{5-4}$$

2. 加工余量、工序尺寸及公差的关系

由于工序尺寸有偏差，故各工序实际切除的余量值是变化的，因此工序余量有公称余

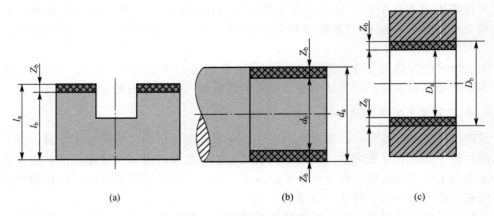

(a)   (b)   (c)

图 5.24　单边余量与双边余量

量(简称余量)、最大余量 $Z_{\max}$、最小余量 $Z_{\min}$ 之分,对于图 5.25 所示被包容面加工情况,本工序加工的公称余量为

$$Z_b = l_a - l_b \tag{5-5}$$

公称余量的变动范围为

$$T_z = Z_{\max} - Z_{\min} = T_b + T_a \tag{5-6}$$

式中,T_b 为工本序工序尺寸公差;T_a 为上工序工序尺寸公差。

工序尺寸公差一般按"入体原则"(向材料实体方向单向标注)标注。对被包容尺寸(轴径),上偏差为 0,其最大尺寸就是基本尺寸;对包容尺寸(孔径、槽宽),下偏差为 0,其最小尺寸就是基本尺寸。毛坯尺寸按双向等值标注上、下偏差。

图 5.26 所示为包容面加工情况,由此可见:

工序公称余量 $Z_b = l_b - l_a$

最大工序余量 $Z_{\max} = (l_b + T_b) - l_a = Z_b + T_b$

最小工序余量 $Z_{\min} = l_b - (l_a + T_a) = Z_b - T_a$

公称余量的变动范围 $T_z = Z_{\max} - Z_{\min} = T_b + T_a$

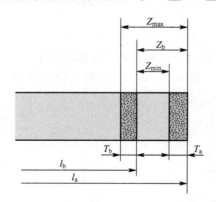

图 5.25　被包容面加工工序余量及公差

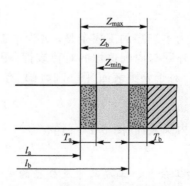

图 5.26　包容面加工工序余量及公差

3. 加工余量及工序尺寸公差对机械加工的影响

1) 加工余量对机械加工的影响

如果加工余量过大，不仅浪费材料，而且耗费工时、刀具和电能，增加了产品成本。若加工余量过小，本工序加工就不能完全切除零件表面的缺陷层，因而不能保证加工质量。此外还有可能造成刀具在工件硬皮中切削，缩短刀具的使用寿命。因此，正确规定加工余量是十分重要的。

2) 工序尺寸公差对机械加工的影响

各道工序尺寸公差对机械加工影响也很大。如果工序间尺寸公差过大，则会使加工余量增加而造成不必要的浪费。当用夹具来定位装夹时，可能会因尺寸公差太大而不能安装。在批量生产用调整法加工时，上道工序尺寸公差太大可能会影响本道工序的加工质量。如果工序尺寸公差过小，则无形中提高了各道工序的加工精度，增加了加工难度及消耗。

4. 影响加工余量的因素

影响加工余量的因素很多，要保证能切除上工序误差的最小余量应该包括：

1) 上工序的尺寸公差 T_a

上工序加工后表面存在的尺寸误差和形状误差，其总和一般不超过上工序的尺寸公差 T_a，为了使本工序能全部切除上工序的误差及表面粗糙度和表面缺陷层，本工序加工余量必须包括 T_a 项。

2) 上工序的表面质量层

上工序留下的表面粗糙度值 R_z（表面轮廓最大高度）和表面缺陷层深度 H_a，在本工序必须被全部切去，因此本工序加工余量必须包括 R_z 和 H_a 这两项因素。

3) 上工序留下的空间位置误差 e_a

工件上有一些形状误差和位置误差没有包括在加工表面的工序尺寸公差 T_a 范围之内，如图 5.27 中轴类零件的轴心线弯曲误差 e_a 就没有包括在轴径公差 T_a 中，在确定加工余量时必须增加 $2e_a$，才能保证轴在加工后无弯曲。

图 5.27 轴线弯曲误差对加工余量的影响

4) 本工序的安装误差 ε_b

如果本工序存在装夹误差（包括定位误差、夹紧误差），则在确定本工序加工余量时还应考虑 ε_b 的影响。

由于 e_a 与 ε_b 都是向量，所以要取矢量和的模进行加工余量计算。

综上分析可知，工序余量的最小值可用下式计算：

单边余量 $Z_{bmin} = T_a + R_z + H_a + |\vec{e}_a + \vec{\varepsilon}_b|$ (5-7)

双边余量 $2Z_{bmin} = T_a + 2(R_z + H_a) + 2|\vec{e}_a + \vec{\varepsilon}_b|$ (5-8)

5. 加工余量、工序尺寸及公差的确定

1) 加工余量的确定

(1) 分析计算法。分析影响工序间余量的因素后，将余量的各组成部分综合起来，便得到工序间余量。各工序间余量之和便是该表面的总余量。但目前相关统计资料较少，计算有困难。

(2) 查表法：根据工艺手册等资料查出工序间余量，并结合实际情况加以修正。此法比较方便快捷。

(3) 经验法：根据工程技术人员或工人的经验来确定加工余量，多用于单件小批生产的场合。

2) 工序尺寸及其公差的确定

工序尺寸及其公差的确定经常涉及工艺基准与设计基准重合、工艺基准与设计基准不重合两种工艺尺寸问题。后者必须通过工艺尺寸链的计算才能得到（将在"工艺尺寸链"部分给出）；前者当同一表面经过多次加工才达到图样尺寸要求时，其中间工序尺寸只要根据零件图的尺寸加上或减去工序余量就可以得到，即从最后一道工序向前推算，算出相应的工序尺寸，一直算到毛坯尺寸。即首先拟订该加工表面的工艺路线，确定工序及工步；然后用查表法或分析计算法确定加工余量；再确定各工序经济精度和表面粗糙度；最后确定各工序尺寸及其公差。

 应用案例 5-7　各工序尺寸及其公差的确定

现以查表法确定加工余量及各加工方法的经济精度和相应公差值，确定某一箱体零件上的孔加工的各工序尺寸和公差。设毛坯为带孔铸件，零件孔要求达到 $\phi100\text{H}7(^{+0.035}_{0})$，表面粗糙度为 $Ra0.8\mu m$，材料为 HT200。

(1) 拟订工艺路线。参考图 5.22 内孔表面的加工方案，确定该孔加工的工艺过程为粗镗→半精镗→精镗→浮动镗。

(2) 确定各工序的加工余量。查阅工艺手册可得：浮动镗余量为 0.1mm，精镗余量为 0.5mm，半精镗余量为 2.4mm，粗镗余量为 5mm，可知毛坯总余量为 8mm。

(3) 确定各工序的经济精度及表面粗糙度。参考表 5-2 内孔各种加工方法的经济精度和表面粗糙度，浮动镗为 H7，精镗为 H8，半精镗为 H10，粗镗为 H12。毛坯的经济精度，根据工艺手册可查出为 $^{+2.5}_{-1}$ mm。

(4) 确定各工序尺寸及其公差、表面粗糙度及毛坯尺寸。具体计算结果见表 5-4。

表 5-4　工序尺寸及其偏差　　　　　　　　（单位：mm）

工序名称	工序双边余量	工序达到的经济精度	工序基本尺寸	工序尺寸及偏差
浮动镗孔	0.1	IT7(H7)	100	$\phi100^{+0.035}_{0}$
精镗孔	0.5	IT8(H8)	100−0.1=99.9	$\phi99.9^{+0.045}_{0}$
半精镗孔	2.4	IT10(H10)	99.9−0.5=99.4	$\phi99.4^{+0.14}_{0}$
粗镗孔	5	IT12(H12)	99.4−2.4=97	$\phi97^{+0.35}_{0}$
毛坯孔	8	IT17(H17)	97−5=92	$\phi92^{+2.5}_{-1}$

6. 工艺尺寸链

零件图上所标注的尺寸及公差是零件加工最终所达到的要求，但在加工过程中，许多中间工序的尺寸及公差，需要另行计算。此外为方便定位、测量等，会出现工艺基准与设计基准不重合的情况，这时，需要利用工艺尺寸链原理来进行工序尺寸及其公差的计算。

1) 尺寸链的基本概念

(1) 尺寸链的定义。在零件加工或机器装配过程中，由相互连接的尺寸形成封闭的尺寸组，称为尺寸链。如图 5.28 所示工件先以 A 面定位加工 C 面，得尺寸 A_1，再以 A 面定位用调整法加工台阶面 B，得尺寸 A_2，要求保证 B 面与 C 面间尺寸为 A_0。于是 A_1、A_2 和 A_0 这三个尺寸就构成了一个封闭尺寸组，这就是一个尺寸链。

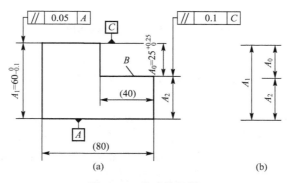

图 5.28 尺寸链示例

图 5.28 中 A_1 和 A_2 是在加工过程中直接获得的，尺寸 A_0 是间接保证的，由此可见尺寸链的主要特征如下。

① 尺寸链是由一个间接获得的尺寸和若干个对此有影响的尺寸(直接获得的尺寸)所组成的。

② 各尺寸按一定的顺序首尾相接。

③ 尺寸链必然是封闭的。

④ 直接获得的尺寸精度都对间接获得的尺寸精度有影响，因此直接获得的尺寸精度总是比间接获得的尺寸精度高。

(2) 工艺尺寸链的组成。组成尺寸链的每一个尺寸称为尺寸链的环。根据环的性质可分为封闭环和组成环。由上述特征可以定义，在加工过程中直接获得的尺寸(图 5.28 中的 A_1、A_2)都是组成环；而加工过程中最后自然形成(间接保证)的环(图 5.28 中 A_0)称为封闭环。在组成环中，那些由于自身增大或减小会使封闭环随之增大或减小的环称为增环(如 A_1)；而那些自身增大或减小反而使封闭环减小或增大的环称为减环(如 A_2)。

尺寸链计算的关键在于画出正确的尺寸链图后，先正确的判断封闭环，其次是确定增环和减环。封闭环确定的关键是要紧紧抓住封闭环不具有"独立"的性质，它随着别的环的变化而变化，封闭环的这一属性，在工艺尺寸链中集中表现为间接获得和加工终了自然形成。

增环和减环可以用一个简便的方法来判断。如图 5.29(a)所示尺寸链，先给封闭环任意定个方向，然后像电流一样形成回路，给每个环画出箭头，如图 5.29(b)。凡箭头方向与封闭环方向相反者为增环(A_2、A_4)，相同者为减环(A_1、A_3、A_5)。为方便起见，增环在符号上方用向右的箭头表示，减环在符号上方用向左的箭头表示，如图 5.29(c)所示。

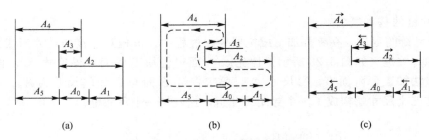

(a)　　　　　　　　　(b)　　　　　　　　　(c)

图 5.29　尺寸链增、减环的判断

(3) 尺寸链的分类。

① 按尺寸链在空间分布的位置关系，可分为直线尺寸链、平面尺寸链和空间尺寸链。

a. 直线尺寸链：全部组成环平行于封闭环的尺寸链。在工艺尺寸链中，直线尺寸链用得最多，故本节主要介绍直线尺寸链的解算以及在工艺过程中的应用。

b. 平面尺寸链：各环位于一个或几个平行平面内，但有些组成环不平行于封闭环。

c. 空间尺寸链：各环位于几个不平行平面内的尺寸链。

② 按尺寸链的应用范围，可分为工艺尺寸链和装配尺寸链。

a. 工艺尺寸链：在加工过程中，同一零件上各相关尺寸所组成的尺寸链。

b. 装配尺寸链：在机器设计和装配过程中，各相关零部件相互联系的尺寸所组成的尺寸链。

2) 尺寸链的计算方法

尺寸链计算有极值法和概率法两种。极值法是按尺寸链各环均处于极值条件来求解封闭环与组成环尺寸之间关系的，计算简单。概率法是运用概率与数理统计理论来求解封闭环与组成环尺寸之间关系的。

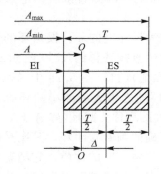

图 5.30　基本尺寸、极限偏差、公差和中间偏差的关系

(1) 极值法。图 5.30 列出了基本尺寸(A)、极限偏差(ES、EI)、公差(T)和中间偏差(Δ)之间的关系。

极值法解算尺寸链的基本计算公式如下。

① 封闭环的基本尺寸等于各增环基本尺寸之和减去各减环基本尺寸之和，即

$$A_0 = \sum_{i=1}^{n} \vec{A}_i - \sum_{i=n+1}^{m} \vec{A}_i \qquad (5-9)$$

式中，n 为增环数；m 为组成环数。

② 封闭环的上偏差等于各增环上偏差之和

减去各减环下偏差之和，封闭环的下偏差等于各增环下偏差之和减去各减环上偏差之和，即

$$ES_{A_0} = \sum_{i=1}^{n} ES_{\vec{A}_i} - \sum_{i=n+1}^{m} EI_{\overleftarrow{A}_i} \tag{5-10}$$

$$EI_{A_0} = \sum_{i=1}^{n} EI_{\vec{A}_i} - \sum_{i=n+1}^{m} ES_{\overleftarrow{A}_i} \tag{5-11}$$

③ 封闭环的最大值等于各增环最大值之和减去各减环最小值之和，封闭环的最小值等于各增环最小值之和减去各减环最大值之和，即

$$A_{0\max} = \sum_{i=1}^{n} \vec{A}_{i\max} - \sum_{i=n+1}^{m} \overleftarrow{A}_{i\min} \tag{5-12}$$

$$A_{0\min} = \sum_{i=1}^{n} \vec{A}_{i\min} - \sum_{i=n+1}^{m} \overleftarrow{A}_{i\max} \tag{5-13}$$

实际计算中，最常用的是式(5-9)～式(5-11)，当然也可以用式(5-12)和式(5-13)。为了进行验算，还经常用到下面的计算公式。

④ 封闭环的公差等于各组成环公差之和，即

$$T_0 = \sum_{i=1}^{m} T_i \tag{5-14}$$

(2) 概率法。机械制造中的尺寸分布多数为正态分布，但也有非正态分布。在装配尺寸链中常用概率法，故在第 6 章再论述。概率法除可应用极值法的有些基本公式[如式(5-9)]外，有以下两个基本计算公式：

① 封闭环的中间偏差

$$\Delta_0 = \sum_{i=1}^{n} \vec{\Delta}_i - \sum_{i=n+1}^{m} \overleftarrow{\Delta}_i \tag{5-15}$$

② 封闭环的公差

$$T_{0S} = \sqrt{\sum_{i=1}^{m} T_i^2} \tag{5-16}$$

(3) 尺寸链的计算形式。尺寸链计算有正计算、反计算和中间计算三种类型。已知各组成环尺寸及公差求封闭环尺寸及公差的计算称为正计算，其计算结果是唯一的，产品设计校验时常用这种形式。已知封闭环求各组成环尺寸及公差称为反计算，产品设计时常用此形式。已知封闭环及部分组成环，求其余的一个组成环尺寸及公差，称为中间计算。该方法常用于计算工艺尺寸。

3) 工艺尺寸链的应用

(1) 基准不重合时工艺尺寸的换算。其主要有两种情况，即定位基准与设计基准不重合和测量基准与设计基准不重合。

① 定位基准与设计基准不重合时工艺尺寸的换算。采用调整法加工零件时，若所选的定位基准与设计基准不重合，那么该加工表面的设计尺寸就不能由加工直接得到，此时需进行工艺尺寸的换算。

应用案例 5-8 定位基准与设计基准不重合

如图 5.31(a)所示零件，如先以 A 面定位加工 C 面，得尺寸 A_1；然后以 A 面定位用调整法加工台阶面 B，得尺寸 A_2，要求保证 B 面与 C 面间尺寸 A_0。试求工序尺寸 A_2。

解：由题意可知，B 面的设计基准为 C 面，与定位基准 A 面不重合。

a. 画尺寸链图，如图 5.31(b)所示。

b. 判断各环的性质，$25^{+0.25}_{0}$ 为间接保证的设计尺寸，应为封闭环；A_1 为增环，A_2 为减环。该题为基准不重合、三环直线尺寸链的中间计算问题。

c. 计算尺寸链：

首先计算 A_2 的基本尺寸，由式(5-9)得 $A_2 =$

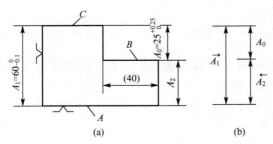

图 5.31 定位基准与设计基准不重合

$A_1 - A_0 = 60 - 25 = 35 \text{(mm)}$

然后计算 A_2 的上下偏差，由式(5-10)和式(5-11)得

$$\text{EI}_{A_2} = \text{ES}_{A_1} - \text{ES}_{A_0} = 0 - 0.25 = -0.25 \text{(mm)}$$

$$\text{ES}_{A_2} = \text{EI}_{A_1} - \text{EI}_{A_0} = -0.1 - 0 = -0.1 \text{(mm)}$$

则

$$A_2 = 35^{-0.1}_{-0.25} \text{ mm}$$

d. 验算：

由公式(5-14)得 $T_1 + T_2 = 0.1 + 0.15 = 0.25 = T_0$，符合题意要求。

② 测量基准与设计基准不重合时的工艺尺寸换算。在零件加工过程中，有时会遇到一些表面加工之后按设计尺寸不便直接测量的情况，因此，需要在零件上另选一表面作为测量基准进行测量，以间接检验设计尺寸的要求。

应用案例 5-9 测量基准与设计基准不重合

如图 5.32(a)所示的一批轴套零件，外圆、端面及通孔已加工好，现在需要加工左端大孔，保证尺寸 6 ± 0.1，求采用调整法加工时的控制尺寸 L 及其偏差。

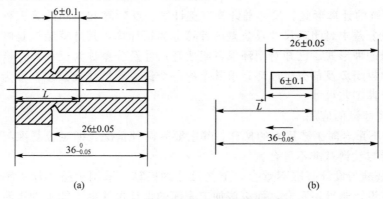

图 5.32 设计基准与测量基准不重合

解：由题意可知，加工该内孔的设计尺寸为 6 ± 0.1，设计基准为大外圆右端面，加工内孔后的测量基准应为大外圆左端面，两基准不重合。

a. 画出尺寸链，如图5.32(b)所示。

b. 判断环的性质，6 ± 0.1 为间接保证的设计尺寸，应为封闭环，L 和 26 ± 0.05 为增环，$36_{-0.05}^{0}$ 为减环。该题为基准不重合、四环直线尺寸链的中间计算问题。

c. 计算尺寸 L 及其偏差(省略，读者可自行计算)。

（2）一次加工满足多个设计尺寸要求时工序尺寸及其公差的计算。

在零件加工中，有些加工表面的测量基准或定位表面是尚待加工的表面，在加工这些基面时，同时要保证两个设计尺寸的精度要求，为此要进行工艺尺寸的换算。

 应用案例 5-10　一次加工满足两个设计尺寸要求

如图5.33(a)所示为齿轮上内孔及键槽的有关尺寸。内孔和键槽的加工顺序如下。

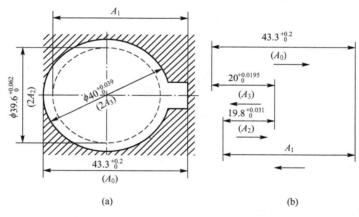

(a)　　　　　　　　　　　　　(b)

图 5.33　孔及键槽加工的工艺尺寸链

工序1：镗内孔至 $\phi39.6_{0}^{+0.062}$ mm；

工序2：插槽至尺寸 A_1；

工序3：热处理—淬火；

工序4：磨内孔至 $\phi40_{0}^{+0.039}$ mm，同时保证键槽深度 $43.3_{0}^{+0.2}$ mm。

解：① 按加工顺序画出尺寸链，如图5.33(b)所示(为便于计算，孔磨削前后的尺寸均用半径表示)。

② 判断环的性质，键槽尺寸 $43.3_{0}^{+0.2}$ mm 是间接保证的，也是在完成工序尺寸 $\phi40_{0}^{+0.039}$ mm 后自然形成的，所以它是封闭环。而 A_1、A_2 和 A_3 是加工时直接获得的尺寸，为组成环，其中 A_1、A_3 为增环，A_2 为减环。

③ 计算工序尺寸 A_1 的基本尺寸及其偏差。

a. 计算 A_1 的基本尺寸，由式(5-9)知

$$A_0 = A_1 + A_3 - A_2$$

得

$$A_1 = A_0 + A_2 - A_3 = 43.3 + 19.8 - 20 = 43.1(\text{mm})$$

b. 计算工序尺寸 A_1 的上、下偏差。

由式(5-10)知

$$\text{ES}_{A_0} = \text{ES}_{A_1} + \text{ES}_{A_3} - \text{EI}_{A_2}$$

得

$$ES_{A_1} = ES_{A_0} + EI_{A_2} - ES_{A_3} = 0.2 + 0 - 0.0195 = 0.1805 (mm)$$

由式(5-11)知

$$EI_{A_0} = EI_{A_1} + EI_{A_3} - ES_{A_2}$$

得

$$EI_{A_1} = EI_{A_0} + ES_{A_2} - EI_{A_3} = 0 + 0.031 - 0 = 0.031 (mm)$$

最后求得插键槽时的工序尺寸

$$A_1 = 43.1^{+0.1805}_{+0.031} \, mm$$

（3）为保证渗碳或渗氮层深度所进行的工序尺寸及其公差的计算。

应用案例 5-11　确定工艺渗氮层深度

如图 5.34(a)所示为某轴颈衬套，内孔 $145^{+0.04}_{0}$ mm 的表面需经渗氮处理，渗氮层深度要求为 $0.3 \sim 0.5$ mm(即单边为 $0.3^{+0.2}_{0}$ mm)。其加工顺序如下。

工序 1：初磨孔至 $\phi144.76^{+0.04}_{0}$ mm；

工序 2：渗氮处理，渗氮深度为 t；

工序 3：终磨孔至 $\phi145^{+0.04}_{0}$ mm，并保证渗氮深度为 $0.3 \sim 0.5$ mm，试求终磨前渗氮层深度 t 及其公差。

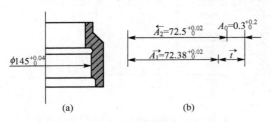

图 5.34　保证渗氮层深度的尺寸计算

解： ①按加工顺序画出尺寸链，如图 5.34（b）所示。

②判断环的性质，渗氮深度 $0.3^{+0.2}_{0}$ mm 是加工中间接保证的设计尺寸，是封闭环，工序尺寸 A_1、t 是增环，A_2 是减环。

③计算渗氮工序尺寸 t 及其偏差。

a. 计算渗氮深度 t 的基本尺寸，由式(5-9)知

$$A_0 = A_1 + t - A_2$$

得

$$t = 0.3 + 72.5 - 72.38 = 0.42 (mm)$$

b. 计算渗氮深度 t 的上、下偏差，由式(5-10)知

$$ES_{A_0} = ES_{A_1} + ES_t - EI_{A_2}$$

得

$$ES_{\vec{t}} = 0.2 + 0 - 0.02 = 0.18 (mm)$$

由式(5-11)知

$$EI_{A_0} = EI_{A_1} + EI_t - ES_{A_2}$$

得

$$EI_{\vec{t}} = 0 + 0.02 - 0 = 0.02 (mm)$$

即

$$t = 0.42^{+0.18}_{+0.02} \, mm = 0.44^{+0.16}_{0} \, mm \qquad （单边）$$

即渗碳工序的渗氮层深度为 $0.44 \sim 0.6$ mm。

（4）多次加工工艺尺寸的尺寸链计算。

 应用案例 5 - 12　多次加工工序尺寸的计算

如图 5.35(a)所示轴套零件的轴向尺寸，图 5.35(b)和图 5.35(c)为加工的两次安装图。试确定工序尺寸 H_1、H_2。

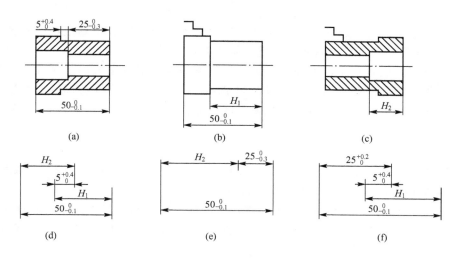

图 5.35　多次加工的尺寸计算

解：由图 5.35(a)～图 5.35(c)可得到尺寸链图 5.35(d)，其中有两个未知数 H_1 和 H_2，而尺寸链只能解一个未知数。但已知条件中还有参数 $25_{-0.3}^{0}$ 没有用，故还能再找一个尺寸链。通过分析，可得到尺寸链图 5.35(e)，显然，$25_{-0.3}^{0}$ mm 是加工中间接保证的设计尺寸，是封闭环，$50_{-0.1}^{0}$ mm 是增环，H_2 是减环，可求得 $H_2 = 25_{0}^{+0.2}$ mm；这样就可得到尺寸链图 5.35(f)，可判断 $5_{0}^{+0.4}$ mm 是加工中间接保证的设计尺寸，是封闭环，$25_{0}^{+0.2}$ mm 和 H_1 是增环，$50_{-0.1}^{0}$ mm 是减环，可求得 $H_1 = 30_{0}^{+0.1}$ mm。

通过以上的应用案例，可以将尺寸链计算步骤总结如下：
① 正确作出尺寸链图。
② 按照加工顺序找出封闭环。
③ 判断增环和减环。
④ 进行尺寸链计算。
⑤ 尺寸链计算完后，可按"封闭环公差等于各组成环公差之和"的关系进行校核。

5.2.4　工艺方案的技术经济分析

1. 技术经济分析的意义

机械制造过程的宗旨是以最少的社会劳动创造出最多的物质财富，在保证产品质量和数量的前提下，求得材料、设备、工具、能源和劳动力消耗总和的最小值。根据这一原则，工艺过程中某项技术方案采用与否，不仅仅要看技术性能的优劣，而且要看它在经济上是否合理。

技术经济分析就是通过对不同技术方案进行技术和经济上的定性分析比较和定量计算论证，为正确决策提供依据。技术经济分析包括政策性审查、技术先进性和可靠性论证及经济效果分析等。这里主要对工艺成本进行分析。

2. 时间定额

1) 时间定额的定义

时间定额就是完成一道工序所需要的时间，它是反映生产率的一个指标。时间定额是安排生产作业计划、进行成本核算、确定设备数量和人员编制、规划生产面积的重要依据，因此确定时间定额是工艺规程中的重要组成部分。

最初，时间定额是采用经验统计确定的，不够准确，带有较大的主观性，有时还会对生产的发展起阻碍作用。科学地制订时间定额，研究它的组成及各部分时间所占的比例，分析整个时间定额，对于保证产品质量、提高生产率、降低生产成本具有重要意义。

2) 时间定额的组成

完成零件一个工序的单件时间 t_{pc} 是由基本时间 t_m、辅助时间 t_a、布置工作地时间 t_s、休息和生理需要时间 t_r、准备和终结时间 t_{be} 组成。

(1) 基本时间 t_m：直接改变生产对象的尺寸、形状、性能和相对位置关系的时间。对切削加工、磨削加工而言，基本时间就是去除加工余量所消耗的时间，可按式(5-17)计算：

$$t_m = \frac{l + l_1 + l_2}{nf}i \tag{5-17}$$

式中，i 为 z/a_p，其中 z 为加工余量(mm)，a_p 为背吃刀量(mm)；n 为机床主轴转速 (r/min)，$n = 1000v/\pi D$，其中 v 为切削速度(m/min)，D 为加工直径(mm)；f 为进给量 (mm/r)；l 为加工长度(mm)；l_1 为刀具切入长度(mm)；l_2 为刀具切出长度(mm)。

(2) 辅助时间 t_a：为配合基本工艺工作完成各种辅助动作所消耗的时间。例如，装卸工件，开停机床、改变切削用量、测量加工尺寸、引进或退回刀具等动作所消耗的时间，都是辅助时间。

确定辅助时间的方法与零件生产类型有关。在大批量生产中，为使辅助时间规定得合理，须将辅助动作进行分解，然后通过实测或查表求得各分解动作时间，再累积相加；在中小批生产中，一般用基本时间的百分比进行估算。

基本时间与辅助时间的总和称为作业时间。

(3) 布置工作地时间 t_s：为使加工正常进行，照管工作地(如更换刀具、润滑机床、清理切屑、收拾工具等)所消耗的时间，又称为工作地点服务时间。一般按作业时间的 $2\% \sim 7\%$ 估算。

(4) 休息和生理需要时间 t_r：工人在工作班内为恢复体力和满足生理需要所消耗的时间，一般按作业时间的 2% 估算。

单件时间 t_p 是以上四部分时间的总和，即

$$t_p = t_m + t_a + t_s + t_r \tag{5-18}$$

(5) 准备与终结时间 t_{be}：工人为生产一批工件进行准备和结束工作所消耗的时间。

在成批生产中，每加工一批工件的开始和终了，工人需做以下工作：加工一批工件前熟悉工艺文件，领取毛坯材料，领取和安装刀具和夹具，调整机床及工艺装备等；在加工一批工件终了时，拆下和归还工艺装备，送交成品等。设一批工件数为 N，则分摊到每个工件上的准备与终结时间为 t_{be}/N。将这部分时间加到单件时间 t_p 上去，即为单件计算时间

$$t_{pc} = t_p + \frac{t_{be}}{N} \tag{5-19}$$

3. 工艺方案的技术经济分析

在制订零件的机械加工工艺规程时，有时会有几种不同的工艺过程方案，它们都能保证质量和生产率的要求，这时就应进行技术经济分析来决定其取舍。工艺方案的技术经济分析可以对整个工艺过程来进行，也可以针对某几个工序来进行。例如，对某一平面加工是采用铣削还是拉削，可以对这一工序进行工艺成本计算，选择较经济的方案。

零件制造过程中所需费用的总和称为生产成本。生产成本中与工艺过程直接有关的费用称为工艺成本。工艺成本占零件生产成本的 $70\% \sim 75\%$。对工艺方案进行经济分析时，只要分析比较工艺成本即可，而不必考虑那些与工艺过程无关的因素，如行政人员的工资、厂房维护折旧费、照明费、取暖费等。因为那些与工艺过程无关的费用不会随工艺方案的不同而不同，所以可以不进行计算。

1）工艺成本的组成

工艺成本由可变费用和不变费用两部分组成。可变费用与年产量有关，包括材料费（或毛坯费）、操作工人工资、机床电费、通用机床和通用工艺装备维护折旧费等。不变费用与年产量无关，包括专用机床和专用工艺装备的维护折旧费、调整工人工资等。专用机床及工艺装备是专为加工某一工件所用，不能用来加工其他工件。而专用设备的折旧年限是一定的，因此专用机床、专用工艺装备的费用与零件的年产量无关。

若零件的年产量为 N，则零件加工全年工艺成本 S 为

$$S = VN + C \tag{5-20}$$

式中，V 为每个零件的可变费用（元/件）；C 为全年的不变费用（元）。

单件工艺成本 S_t 为

$$S_t = V + \frac{C}{N} \tag{5-21}$$

图 5.36 为全年工艺成本 S 与年产量 N 的关系图，S 与 N 呈直线变化关系，全年工艺成本的变化量 ΔS 与年产量的变化量 ΔN 成正比关系。图 5.37 是单件工艺成本 S_t 与年产量 N 的关系图。S_t 与 N 呈双曲线变化关系。A 区相当于设备负荷很低的情况，此时若 N 略有变化，S_t 就变动很大；而在 B 区情况则不同，即使 N 变化很大，S_t 的变化也不大，不变费用 C 对 S_t 的影响很小，这相当于大批量生产的情况。在数控加工和计算机辅助制造条件下，全年工艺成本 S 随零件年产量 N 的变化率与单件工艺成本 S_t 随零件年产量 N 的变化率都将减缓，尤其是在年产量 N 取值较小时，此种减缓趋势更为明显。

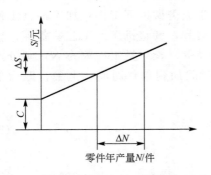

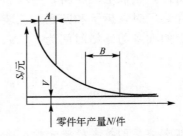

图 5.36　全年工艺成本 S 与年产量 N 的关系　　**图 5.37　单件工艺成本 S_t 与年产量 N 的关系**

2）工艺方案的技术经济对比

对几种不同工艺方案进行经济评比时，一般可分为以下两种情况。

（1）当需评比的工艺方案均采用现有设备或其基本投资相近时，可用工艺成本评比各方案经济性的优劣。

① 两加工方案中少数工序不同，多数工序相同时，可通过计算少数不同工序的单件工序成本 S_{t1} 与 S_{t2} 进行评比

$$S_{t1} = V_1 + \frac{C_1}{N}$$

$$S_{t2} = V_2 + \frac{C_2}{N}$$

当产量 N 为一定数时，可根据上式直接计算出 S_{t1} 与 S_{t2}，若 $S_{t1} > S_{t2}$，则第 2 方案为可选方案。若产量 N 为一变量时，则可根据上式作出曲线进行比较，如图 5.38 所示。产量 N 小于临界产量 N_k 时，方案 2 为可选方案；产量 N 大于 N_k 时，方案 1 为可选方案。

② 两加工方案中，多数工序不同，少数工序相同时，则以该零件加工全年工艺成本 S_1、S_2 进行比较，如图 5.39 所示。

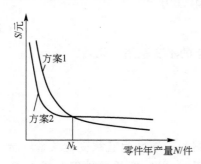

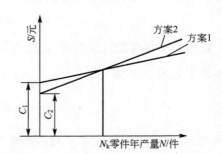

图 5.38　单件工艺成本比较图　　　　**图 5.39　全年工艺成本比较图**

当年产量 N 为一定数时，可根据上式直接算出 S_1 及 S_2，若 $S_1 > S_2$，则第 2 方案为可选方案。若年产量 N 为变量时，可根据上式作图比较，如图 5.39 所示。由图 5.39 可知，当 $N < N_k$ 时，第 2 方案的经济性好；当 $N > N_k$ 时，第 1 方案的经济性好。当 $N = N_k$ 时，$S_1 = S_2$，即 $N_k V_1 + C_1 = N_k V_2 + C_2$，所以

$$N_k = \frac{C_2 - C_1}{V_1 - V_2} \qquad (5-22)$$

（2）两种工艺方案的基本投资差额较大时，则在考虑工艺成本的同时，还要考虑基本投资差额的回收期限。

若第 1 方案采用了价格较贵的先进专用设备，基本投资 K_1 大，工艺成本 S_1 稍高，但生产准备周期短，产品上市快；第 2 方案采用了价格较低的一般设备，基本投资 K_2 少，工艺成本 S_2 稍低，但生产准备周期长，产品上市慢。这时如单纯比较其工艺成本是难以全面评定其经济性的，必须同时考虑不同加工方案的基本投资差额的回收期限。投资回收期 T 可用式(5-23)求得：

$$T = \frac{K_1 - K_2}{(S_2 - S_1) + \Delta Q} = \frac{\Delta K}{\Delta S + \Delta Q} \qquad (5-23)$$

式中，ΔK 为基本投资差额；ΔS 为全年工艺成本节约额；ΔQ 为由于采用先进设备促使产品上市快，工厂从产品销售中取得的全年增收总额。

投资回收期必须满足以下要求：

① 回收期限应小于专用设备或工艺装备的使用年限。

② 回收期限应小于该产品由于结构性能或市场需求因素决定的市场寿命。

③ 回收期限应小于国家所规定的标准回收期，采用专用工艺装备的标准回收期为 2～3 年，专用机床的标准回收期为 4～6 年。

4. 降低工艺成本的途径

1）优化工艺方案

对同一种零件，生产规模、生产条件若不同，其工艺方案可能有多种。要认真分析影响工艺方案的各种因素，在保证产品质量和生产率的前提下，用最经济的办法进行制造。

2）合理选配机床设备及工艺装备

零件的加工均要借助一定的设备进行，机床设备的选择应适合工艺要求。在大批量生产中，加工对象相对固定，可选用组合机床、多工位机床、专用机床进行加工。单件小批多品种的生产中，加工对象更换频繁，宜采用适应性广的通用机床设备进行加工。

工艺装备的选用也是如此。

3）合理选择毛坯，提高毛坯质量

选择不同的毛坯，不仅影响毛坯本身的制造成本，而且对零件机械加工工序数目、设备、工具消耗、时间定额等都有很大的影响。在高效自动机床或自动化生产线上，对毛坯的精度要求非常严格，不能在装夹定位时进行个别调整，毛坯的一致性是保证正常工作的必要条件。因此，毛坯的制造与机械加工必须密切结合，兼顾冷热加工两方面的要求。

4）改进机械加工方法

（1）优化传统工艺。对占 80% 的传统产业进行改造是面临的一个重大问题。结合生产对象和现场实际情况，改造老设备，以粗适精；做到设备类型规格及精度、设备负荷的平衡，合理地排列分布设备；采用动作分析流程优化、成组加工等新技术，改造传统工艺，充分发挥生产潜力。

（2）合理选用高效率机床和工艺装备，采用先进的加工方法。如在大批量生产中，选用多工位或专用组合机床加工，以及高速切削、以磨代刮、拉削等高效加工方法。

（3）实现工艺过程的自动化。对于大批量生产，可采用流水线、自动线的生产方式，广泛应用专用自动机床、组合机床及工件运输装置，能达到较高的生产率。

对于单件小批生产，可采用数控机床（NC）、加工中心（MC）、柔性制造单元（FMC）、柔性制造系统（FMS）等来进行，使用计算机进行控制，实现自动化生产，提高加工质量和生产率。

5）优化工艺参数，减少时间定额

（1）减少基本时间。

① 提高切削用量。增大 v、f、a_p 都可以减少基本时间。采用新型刀具材料如聚晶金刚石、立方氮化硼，切削普通钢材速度可达 500m/min，使用高速加工设备，高速滚齿机的切削速度可达 $65 \sim 75$m/min；高速磨削、强力磨削等使磨削的金属去除率可达 656cm³/min。

② 增大切削宽度。用几把刀具同时加工一个表面，或用宽砂轮进行磨削，均可减少基本时间。

③ 合并工步。用几把刀具或组合刀具对同一工件的几个表面同时进行加工，把原来的几个工步集中为一个复合工步。使工步的基本时间重合，从而减少工序的基本时间。

④ 采用多件同时加工。如图 5.40 所示，采用多件同时加工，减少了刀具切入和切出时间，也减少了分摊到每个工件上的辅助时间。

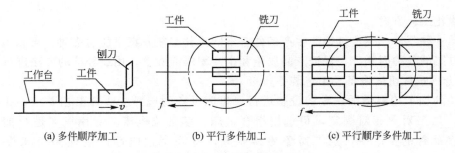

(a) 多件顺序加工　　　(b) 平行多件加工　　　(c) 平行顺序多件加工

图 5.40　多件同时加工

（2）减少辅助时间。当辅助时间占单件时间的 50% 以上时，就必须采用减少辅助时间的方法来减少时间定额。

① 采用先进夹具。在大批量生产中，采用高效气动或液动夹具；在中小批生产中，采用组合夹具、可调夹具或成组夹具都可以减少找正和装卸工件的辅助时间。

② 采用连续加工。如图 5.41 所示，采用多工位夹具，装卸工件时机床不停止地连续加工，因此，辅助时间与基本时间完全重合。

③ 采用主动测量或数字显示自动测量装置。在加工过程中测量工件的实际尺寸，通过显示装置由荧光屏上直接看出工件尺寸的变化，并能由测量结果控制机床。显然，减少了停机测量工件尺寸的辅助时间。

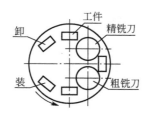

图 5.41 连续加工

（3）减少准备终结时间。

① 使夹具和刀具调整通用化，加工同类零件时，使用预先设计好的一套工、夹具，这样就不需调整或少许调整就能投入生产，从而减少了准备终结时间。

② 采用可换刀架及刀夹，如转塔车床，每台机床配备几个转塔或刀夹，并事先按加工对象调整好，可在更换加工对象时减少调刀时间。

③ 采用准备时间很少的先进加工设备，如液压仿形机床、插销板式程序控制和数控机床等。

5.2.5 工艺文件的编制

机械加工工艺规程制订后要用文件的形式表达出来，常用的机械加工工艺文件有机械加工工艺过程卡片、机械加工工艺卡片、机械加工工序卡片等。

1. 机械加工工艺过程卡片

机械加工工艺过程卡片以工序为单位，主要列出零件加工的工艺路线和工序内容的概况，指导零件加工的流向。通过它可以了解零件所需的加工车间和工艺流程。

在单件小批生产中，通常不编制其他较详细的工艺文件，而以这种卡片指导生产。该卡片的格式见表 5-5。

2. 机械加工工艺卡片

机械加工工艺卡片以工序为单位，除详细说明零件的机械加工工艺过程外，还具体表示各工序、工步的顺序和内容。它是用来指导工人操作、帮助车间技术人员掌握整个零件加工过程的一种最主要工艺文件。它广泛用于成批生产的零件和小批生产中的重要零件。其格式见表 5-6。

3. 机械加工工序卡片

机械加工工序卡片是根据工艺卡中每一道工序制订的，工序卡中详细地标识了该工序的加工表面、工序尺寸、公差、定位基准、装夹方式、刀具、工艺参数等信息，绘有工序简图和有关工艺内容的符号，是指导工人进行操作的一种工艺文件。主要用于大批量生产或成批生产中比较重要的零件。其格式见表 5-7。

在大量、自动线和流水线生产中有专门的调整工进行机床调整，以保证生产的协调，故还有调整卡片。而检验卡片则供检验用。

表 5－5　机械加工工艺过程卡片　（JB/T 9165.2—1998）

机械加工工艺过程卡片		产品型号		零(部)件图号			共　页	第　页
		产品名称		零(部)件名称				
材料牌号		毛坯种类		毛坯外形尺寸		每毛坯可制件数	每台件数	备注
工序号	工序名称	工序内容		车间	工段	设备	工艺装备	工时
								准终	单件
							设计(日期)	审核(日期)	标准化(日期)	会签(日期)
标记	处数	更改文件号	签字	日期	标记	处数	更改文件号	签字	日期

表5-6 机械加工工艺卡片

机械加工工艺卡片			产品型号		零(部)件图号			共 页	第 页
			产品名称		零(部)件名称				

材料牌号		毛坯种类		毛坯外形尺寸		每毛坯可制件数		每台件数		备注

工序	工步	装夹	工序内容	同时加工零件数	切削用量				设备名称及编号	工艺装备名称及编号			技术等级	时间定额	
					背吃刀量/mm	切削速度/(m/min)	每分钟转数或往复次数	进给量mm或双行程		夹具	刀具	量具		单件	准终

				设计(日期)	审核(日期)	标准化(日期)	(会签日期)

标记	处数	更改文件号	签字	日期	标记	处数	更改文件号	签字	日期

机械制造技术基础(第2版)

表 5-7　机械加工工序卡片 （JB/Z 9165.2—1998）

机械加工工序	产品型号		零(部)件图号		共 页　第 页
	产品名称		零(部)件名称		材料牌号
工序简图	车间	工序号	工序名称		每台件数
	毛坯种类	毛坯外形尺寸	每毛坯可制件数		同时加工件数
	设备名称	设备型号	设备编号		
	夹具编号	夹具名称		切削液	
	工位器具编号	工位器具名称		工序工时	
				准终	单件

工步号	工步内容	工艺装备	主轴转速/(r/min)	切削速度/(m/min)	进给量/(mm/r)	背吃刀量/mm	进给次数	工步工时	
								机动	辅助

			设计(日期)	审核(日期)	标准化(日期)	会签日期
标记	处数	更改文件号	签字	日期	标记	处数	更改文件号	签字	日期

218

5.2.6 典型零件加工工艺过程分析

1. 轴类零件加工

轴是机械加工中常见的典型零件之一。轴类零件一般分为光滑轴、阶梯轴、空心轴和异形轴(曲轴、齿轮轴、十字轴等)四类。当其长径比(L/D)大于 20 时又称为细长轴(或挠性轴),轴上的加工表面主要有内外圆柱面、圆锥面、螺纹、花键、键槽等。其中阶梯传动轴应用较广,其加工工艺能较全面地反映轴类零件的加工特性。

轴类零件一般在机器中支承传动零件,传递转矩、承受载荷。对于机床主轴,它把旋转运动和转矩通过主轴端部的夹具传递给工件或刀具,因此它除了一般轴的要求,还必须具有很高的回转精度。

1) 轴类零件的技术要求

以图 5.42 所示的 CA6140 型车床主轴支承轴颈示意图为例进行分析。由图 5.42 可见,由于主轴跨距较大,故采用前后支承为主、中间支承为辅的三支承结构。三处支承轴颈是主轴部件的装配基准,它的制造精度直接影响主轴部件的回转精度,影响零件的加工质量。

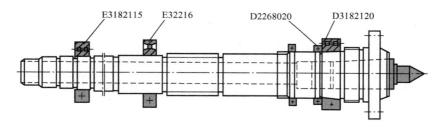

E3182115　　E32216　　　　　D2268020　　　D3182120

图 5.42 CA6140 型车床主轴支承轴颈示意图

主轴锥孔用于安装顶尖或工具的莫氏锥柄,其轴线必须与支承轴颈的公共轴线尽量重合,否则将影响机床精度,使工件产生同轴度误差。

主轴前端圆锥面和端面是安装卡盘的定位表面。保证锥面与支承轴颈公共轴线尽量同轴,端面与支承轴颈公共轴线尽量垂直,才能确保卡盘的定心精度。

若主轴螺纹表面中心线与支承轴颈中心线歪斜,会使主轴部件装配在锁紧螺母后产生端面跳动,导致滚动轴承内圈轴线倾斜,从而会引起主轴的径向圆跳动。因此在加工主轴螺纹时,必须控制其中心线与支承轴颈的同轴度。

主轴轴向定位面与主轴回转轴线若不垂直,将会使主轴产生周期性轴向窜动。当加工工件的端面时,将影响工件端面的平面度及其对轴线的垂直度,加工螺纹时会造成螺距误差。

其次需考虑轴的耐磨性、抗振性、尺寸稳定性及在交变载荷作用下所具有的疲劳强度等。

2) 轴类零件材料、毛坯和热处理

一般轴类零件常用 45 钢,并根据不同的工作条件,采用不同的热处理规范(如正火、调质、淬火等),以获得一定的强度、韧性和耐磨性。中等精度而转速较高的零件,一般选用 40Cr 等牌号的合金结构钢,这类钢的淬透性好,经调质和表面淬火处理后具有较高的综合力学性能。精密度较高的轴有时还用轴承钢 GCr15 和弹簧钢 65Mn 等材料，经调质和表面淬火处理后，具有较高的疲劳强度和较好的耐磨性；在高转速、重载荷等条件下工作的轴，一般选用 20CrMnTi、20Mn2B、20Cr 等渗碳钢或 38CrMoAlA 渗氮钢。低碳合金钢经渗碳淬火处理后，具有较高的表面硬度、耐冲击韧性，但热处理变形较大，渗碳淬火前要留有足够的余量。而渗氮钢经调质和表面氮化后，有优良的耐磨性、抗疲劳性和韧性，渗氮钢的热处理变形很小，渗氮层厚度也较薄。

当轴的轴颈表面处于滑动摩擦配合时，一般要求具有较高的耐磨性；当其采用滚动轴承时，轴颈表面耐磨性要求可比滑动配合情况低些。同样采用滑动轴承时，较硬的轴瓦材料（如锡青铜、钢套等）比使用较软的轴瓦材料（如巴氏合金）要求的轴颈表面硬度高。其次一些定位表面、经常拆卸表面，也要求有一定的耐磨性，以维持零件工作寿命。

轴类零件一般以棒料为主。只有某些大型、结构复杂的轴在工作条件允许的情况下才用铸件（如曲轴）。重要轴、高速轴都必须采用锻件，其中单件小批生产采用自由锻，大批量生产宜采用模锻。

表 5-8 给出了主轴的材料及热处理，供读者设计轴类零件工艺规程时参考。

表 5-8 主轴的材料及热处理

主轴类别	材料	预备热处理	最终热处理	表面硬度/HRC
车床主轴 铣床主轴	45 钢	正火或调质	局部加热淬火后回火	45～52
外圆磨床砂轮轴	65Mn	调质	高频加热淬火后回火	45～50
专用车床主轴	40Cr	调质	局部加热淬火后回火	52～55
齿轮磨床主轴	18CrMnTi	正火	渗碳淬火后回火	58～63
卧式镗床主轴、 精密外圆磨床砂轮轴	38CrMoAlA	调质、消除 内应力处理	氮化	65 以上

3) 轴类零件工艺过程的特点

(1) 定位基准。主轴加工过程中常以加工表面的设计基准（中心孔）为精基准，且在加工各阶段反复修研中心孔，不断提高基准精度。这样做符合基准重合与基准统一原则。若为空心轴，需解决深孔加工和定位问题，此时常采用以外圆表面定位加工内孔、再以内孔定位加工外圆的互为基准原则。必要时借用锥堵（图 5.43），仍使用顶尖孔定位。如此内孔、外圆互为基准反复加工，有效保证了内孔与外圆的同轴度。

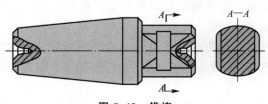

图 5.43 锥堵

(2) 加工顺序。在安排主轴加工顺序时，常以支承轴颈和内锥孔的加工为主线，其他表面的加工穿插进行，按"基准先行""先粗后精"的顺序，逐步达到零件要求的精度。

(3) 深孔加工。轴类零件尤其是机床主轴的深孔加工，为了减小零件变形，一般在工件调质后进行。它比一般孔的加工要困难得多，必须采用特殊的钻头、设备和加工方式，解决好工具引导、顺利排屑和充分冷却润滑三大问题。为此可采取下列措施：

① 工件做回转运动，钻头做进给运动，使钻头具有自动定心的能力。

② 采用性能优良的深孔钻削系统，如内排式深孔钻、枪钻等。

③ 在工件上用刚性好的刀具预先加工直径相当的导向孔，其深度为钻头直径的 1～1.5 倍，尺寸精度不低于 H7。

④ 大量输送具有一定压力的切削液，加快刀具冷却，促使切屑排出。

（4）细长轴的加工。

① 工件装在前后顶尖上（或一端卡盘一端顶尖），此时宜采用弹簧顶尖，以免工件热伸长时受阻而弯曲变形，或因松动而影响加工精度。

② 由于细长轴刚性差，可采用大的主偏角、大前角和正的刃倾角，以减小工件的受力变形；采用反向车削，使工件轴向受拉；采用中心架或跟刀架，以增加工艺系统刚性。

③ 在细长轴左端缠一圈钢丝，然后将卡盘夹在钢丝上，减少接触面积，消除过定位，避免工件产生内应力。

 应用案例 5-13　传动轴加工工艺过程

选用如图 5.44 所示的一般传动轴为例，介绍一般阶梯轴的加工工艺过程如下：

该传动轴由于各外圆直径相差不大，批量为 5 件，选用 $\phi60$ 热轧 40Cr 圆钢料。主要表面 M、N、P、Q 的加工顺序为粗车→调质→半精车→磨削。考虑该轴的几个主要配合表面和台阶面对基准轴线 AB 均有径向、端面圆跳动要求，应在轴两端加工 B 型中心孔为定位精基准面。其工艺过程卡片见表 5-9。

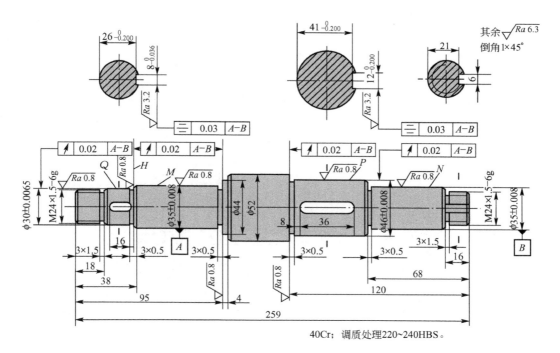

图 5.44　传动轴

表 5 - 9　传动轴工艺卡片

工序号	工种	工序内容	加工简图	设备
1	下料	$\phi 60\text{mm} \times 265\text{mm}$		
2	车	三爪自定心卡盘夹持工件外圆，车端面见平，钻中心孔。用尾座顶尖顶住，粗车三个台阶，直径、长度均留余量2mm	$Ra\,12.5$　$Ra\,12.5$　$\phi 26$　$Ra\,12.5$　$\phi 48$　$\phi 37$　14　66　118 调头，三爪自定心卡盘夹持工件另一端，车端面保证总长259mm，钻中心孔。用尾座顶尖顶住。粗车另外四个台阶，直径、长度均留余量2mm　$Ra\,12.5$　$Ra\,12.5$　$Ra\,12.5$　$\phi 26$　$Ra\,12.5$　$\phi 54$　$\phi 37$　$\phi 32$　16　36　93　259	车床
3	热	调质处理 $220 \sim 240\text{HBS}$		
4	钳	修研两端中心孔	手握	车床
5	车	双顶尖装夹，半精车三个台阶。螺纹大径车到$\phi 24^{-0.1}_{-0.2}$其余两个台阶直径上留余量0.5mm，车槽三个，倒角三个	$Ra\,6.3$　$Ra\,6.3$　$\phi 46.5\pm 0.1$　$\phi 35.5\pm 0.1$　$\phi 24^{-0.1}_{-0.2}$　$Ra\,6.3$　3×0.5　3×0.5　3×1.5　16　68　120	车床

（续）

工序号	工种	工 序 内 容	加 工 简 图	设备
5	车	调头，双顶尖装夹，半精车余下的五个台阶，$\phi44$mm 及 $\phi52$mm 台阶车到图样规定的尺寸。螺纹大径车到 $\phi24^{-0.1}_{-0.2}$，其余两台对直径上留余量 0.5mm，车槽三个，倒角四个		车床
6	车	双顶尖装夹，车一端螺纹 M24 × 1.5 −6g。调头，双顶尖装夹，车另一端螺纹 M24 × 1.5 −6g		车床
7	钳	划键槽及一个止动垫圈槽加工线		
8	铣	铣两个键槽及一个止动垫圈槽。键槽深度比图样规定尺寸多铣 0.25mm，作为磨削的余量		键槽铣床或立铣
9	钳	修研两端中心孔		车床

（续）

工序号	工种	工序内容	加工简图	设备
10	磨	磨外圆 Q、M，并用砂轮端面靠磨台肩 H、I。调头，磨外圆 N、P，靠磨台肩 G	$\phi35\pm0.008$ $\phi46\pm0.008$ $\phi35\pm0.008$ $\phi30\pm0.0065$ Ra 0.8	外圆磨床
11	检	检验		

2. 套类零件加工

套类零件通常起支承或导向作用，如滑动轴承、钻套、气缸套、液压缸等。其结构特点是主要表面为同轴度要求较高的内外回转表面，零件长度大于直径，壁厚较薄，易变形等。

1) 套类零件的主要技术要求

内孔是套类零件起支承或导向作用最主要的表面，通常与运动轴、刀具或活塞相配合。外圆表面常以过盈配合或过渡配合装入箱体或机架上的孔起支承作用。有些套筒的端面（包括凸缘端面）有定位或承受轴向载荷的作用。其主要技术要求如下。

（1）内孔与外圆的尺寸精度一般为 IT6、IT7，内孔表面粗糙度为 $Ra2.5\sim0.16\mu m$，外圆表面可放宽为 $Ra5\sim0.63\mu m$。

（2）内孔与外圆的形状精度一般控制在孔径公差之内，有些精密轴套控制在孔径公差的 1/2～1/3，甚至更小。

（3）当内孔的最终加工在套筒装配后进行（如连杆小端衬套）时，套筒内、外圆的同轴度要求可降低；若内孔的最终加工是在装配之前完成的，则同轴要求较高，一般为 0.02～0.06mm。

套筒的端面（包括凸缘端面）如在工作中承受载荷或加工中作为定位面时，端面与内孔和外圆轴线的垂直度要求较高，一般为 0.02～0.05mm。

2) 套类零件的材料与毛坯

套类零件一般用钢、铸铁、青铜或黄铜等材料制成，有些滑动轴承采用双金属结构。

套类零件的毛坯制造方式与材料、结构尺寸和批量大小等因素有关。孔径较小（如 $d<20mm$）的套筒一般选择热轧或冷拉棒料，也可采用实心铸件；孔径较大时，常选择无缝钢管或带孔的铸件或锻件。大量生产时可采用冷挤压或粉末冶金等先进的毛坯制造工艺。

3）套类零件加工工艺分析

大多数套类零件加工都是围绕着如何保证内孔与外圆表面的同轴、端面与其轴线的垂直度；相应的尺寸精度、形状精度及套类零件厚度薄易变形的工艺特点去进行的。

在零件的加工顺序上采用先主后次原则处理两种情况：第一种情况为粗加工外圆→粗、精加工内孔→最终加工外圆，这种方案适用于外圆表面是最重要表面的套类零件加工；第二种情况为粗加工内孔→粗、精加工外圆→最终精加工内孔，这种方案适用于内孔表面是最重要表面的套类零件加工。常用的加工方案可以从有关表格中查到，供编制工艺规程时参考。

 应用案例 5 - 14　液压缸加工工艺过程

图 5.45 为一液压缸简图，毛坯选用无缝钢管，小批生产的工艺过程见表 5 - 10。

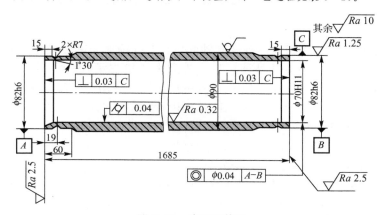

图 5.45　液压缸简图

表 5 - 10　液压缸加工工艺过程(小批生产)

序号	工序名称	工序内容	定位与夹紧
1	下料	切断无缝钢管，使其长度 $L=1692$mm	
2	车	（1）车一端外圆到 $\phi88$mm，并车工艺螺纹 M88×1.5	卡盘夹一端外圆，大头顶尖顶另一端孔
		（2）车端面及倒角	卡盘夹一端外圆，搭中心架托 $\phi88$mm 处
		（3）调头车另一端外圆到 $\phi84$mm	卡盘夹一端外圆，大头顶尖顶另一端孔
		（4）车端面及倒角，取总长 1686mm（留加工量 1mm）	卡盘夹一端外圆，搭中心架托 $\phi84$mm 处
3	深孔镗	（1）半精镗孔到 $\phi68$mm	一端用 M88×1.5 工艺螺纹固定在夹具上，另一端搭中心架
		（2）精镗孔到 $\phi69.85$mm	
		（3）精铰（或浮动镗刀镗孔）到 $\phi70^{+0.030}_{0}$ mm，表面粗糙度为 $Ra0.8\mu$m	

（续）

序号	工序名称	工 序 内 容	定位与夹紧
4	滚压孔	用滚压头滚压孔至 $\phi70^{+0.19}_{0}$ mm，表面粗糙度为 $Ra0.4\mu m$	一端用工艺螺纹固定在夹具中，另一端搭中心架
5	车	（1）车去工艺螺纹，车 $\phi82h6$ 到尺寸，割 $R7$ 槽	软爪夹一端，以孔定位顶另一端
		（2）镗内锥孔 $1°30'$ 及车端面	软爪夹一端，中心架托另一端（百分表找正孔）
		（3）调头，车 $\phi82h6$ 到尺寸，割 $R7$ 槽	软爪夹一端，以孔定位顶另一端
		（4）镗内锥孔 $1°30'$ 及车端面取总长 1685mm	软爪夹一端，中心架托另一端（百分表找正孔）

油缸为长套筒零件，为保证内外圆同轴度，加工外圆时，其装夹方式有两种：用顶尖顶住两端孔口的倒角；一头夹紧外圆，另一头用中心架支承（一夹一托）或用后顶尖顶住（一夹一顶）。加工内孔时，一般采用夹一头外圆，另一头用中心架支承外圆的装夹方式。粗加工孔时采用镗削，半精加工和精加工孔多用浮动镗孔方式。若内孔表面要求粗糙度很低时，还需选用珩磨或滚压加工。

4）保证表面位置精度和防止零件变形的措施

（1）保证表面相互位置精度的方法如下。

① 在一次安装中完成内外圆表面及端面的全部加工即"一刀下"，可消除工件的安装误差而获得很高的相互位置精度。但由于工序较集中，对尺寸较大的长套筒安装不便，故多用于尺寸较小的套类的车削加工。

② 主要表面加工分在几次安装中进行，即内孔与外圆互为基准多次加工，与空心主轴的工艺过程相类似，可得到较高的相互位置精度。实际加工时常采用定心精度高的夹具，如弹性膜片卡盘、液性塑料夹头及经过就地修磨的三爪自定心卡盘或软爪等。

（2）防止套类零件变形的工艺措施。

① 为减少切削力和切削热的影响，粗、精加工应分开进行，使粗加工时产生的变形在精加工中得到纠正。

② 为减少夹紧力的影响，可将径向夹紧改为轴向夹紧。如表 5-10 中工序 3，由径向夹紧改为轴向夹紧而采用工艺螺纹。如果必须径向夹紧时，则应尽量增大夹紧部位的面积，使径向夹紧力均匀，常用过渡套、弹簧套夹紧工件，或作出工艺凸缘以增加刚性。

③ 热处理工序应安排在粗、精加工之间。套类零件热处理一般产生较大变形，应适当放大精加工余量，以便热处理变形在精加工中予以消除。

3. 箱体零件加工

箱体零件一般作为支承或安装其他零部件的基础件，其加工质量将直接影响机器的工作精度、使用性能和寿命。箱体零件的结构一般都比较复杂，呈封闭或半封闭形，且壁厚

不均匀。箱体上大都有较多孔，其尺寸、形状和相互位置精度要求都比较高。下面以
CA6140 型车床主轴箱箱体为例分析其加工工艺特点。

1）主轴箱箱体的结构特点及技术条件分析

图 5.46 所示为 CA6140 型车床主轴箱箱体简图，其主要加工面是平面和孔。底
面 M 和小侧面 N 既是主轴箱部件的装配基准，又是主轴孔Ⅵ的设计基准。主轴孔Ⅵ
相对于 M、N 面的平行度要求为 0.1/600，各主要平面对 M、N 的垂直度要求为
0.1/300。箱体上的孔大多是轴承的支承孔，这些孔具有较高的尺寸精度、几何形状
精度和位置精度要求。其中技术要求最高的是主轴孔Ⅵ，它的尺寸公差为 IT6，圆度
公差为 0.006mm，前后轴承孔的同轴度要求为 0.012mm，表面粗糙度要求
为 $Ra0.2\mu m$。

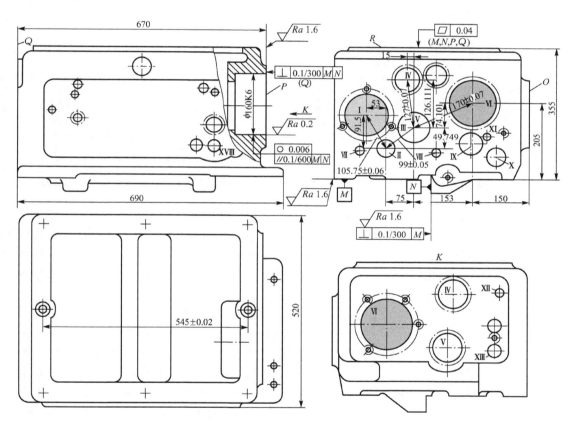

图 5.46　CA6140 型车床主轴箱箱体简图

2）定位基准的选择

（1）精基准的选择：根据基准重合原则应选主轴孔Ⅵ的设计基准 M 面和 N 面作精基
准。M、N 面还是主轴箱的装配基准，M 面本身面积大，用它定位稳定可靠；且以 M、N
面作精基准定位，箱体开口朝上，镗孔时安装刀具、调整刀具、测量孔径都很方便。不足
之处是加工箱体内部隔板上的孔时，只能使用吊架式镗模，如图 5.47 所示。由于悬挂的
吊架刚度较差，故镗孔精度不高，且每加工一个箱体吊架就需装卸一次，不仅操作费事费

时，而且吊架的安装误差也会影响孔的加工精度。所以这种定位方式一般只在单件小批生产中应用。

在大批量生产中，为便于工件装卸，可以在顶面 R 上预先做出两个定位销孔。加工时，箱体开口朝下，用顶面 R 和两个销孔作为统一的精基准，如图 5.48 所示。这种定位方式的优点是符合"基准统一"原则，各工序夹具结构类似，设计简单；中间导向支承可直接固定在夹具体上，支承刚度好，有利于保证孔系加工的相互位置精度，且装卸工件方便，便于组织流水线生产和自动化生产。这种定位方式的不足之处是定位基准与设计基准不重合，存在基准不重合误差。为了保证主轴孔至底面 M 的加工要求，须相应提高顶面 R 至底面 M 的加工精度。此外，在加工过程中无法观察加工情况和测量孔径，也不便调整刀具。

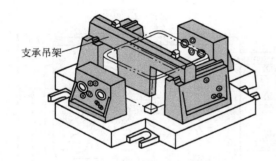

支承吊架

图 5.47　吊架式镗模

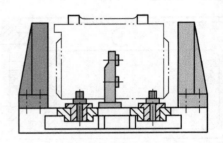

图 5.48　用箱体顶面和两销孔定位的镗模

（2）粗基准的选择：根据粗基准选择原则，一般选择主轴承孔的毛坯面和距主轴承孔较远的 I 轴孔作粗基准。由于铸造箱体毛坯时，形成主轴孔和其他轴承孔及箱体内壁的泥芯是装成一个整体安装到砂箱中的，它们之间有较高的位置精度，因此，以主轴孔作粗基准不但可以保证主轴孔的加工余量均匀，而且还可以保证箱体内壁（非加工面）与主轴箱各装配件（齿轮等）之间有足够的间距。

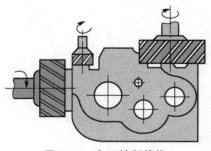

图 5.49　多刀铣削箱体

3）加工方法的选择

（1）平面加工：主轴箱箱体主要平面的平面度要求为 0.04mm，表面粗糙度要求为 $Ra1.6\mu m$。参照图 5.23 推荐的平面加工方案和表 5-3 所列平面加工方法，在大批量生产中宜选用铣平面（图 5.49）和磨平面加工方案；在单件小批生产中宜选用粗刨、半精刨和宽刀精刨平面加工方案。

（2）孔系加工：主轴孔的加工精度为 IT6，表面粗糙度要求为 $Ra0.2\mu m$，参照图 5.22 推荐的孔加工方案和表 5-2 所列的孔加工方法可选用粗镗→半精镗→精镗→金刚镗的加工方案。其他轴孔则选用粗镗→半精镗→精镗的加工方案。

4）加工阶段的划分和工序顺序安排

主轴箱箱体结构复杂加工精度要求高，宜将工艺过程划分为粗加工、半精加工和精加工三个阶段。根据先粗后精、先基准后其他、先面后孔、先主后次等原则，在大批量生产中主轴箱箱体的加工顺序可作如下安排：

（1）加工精基准面，铣顶面 R 面和钻、铰 R 面上的两个定位孔，同时加工 R 面上的其他小孔。

（2）主要表面的粗加工，粗铣底平面（M）、侧平面（N、O）和两端面（P、Q），粗镗、半精镗主轴孔和其他孔。

（3）人工时效处理。

（4）次要表面加工，在两侧面上钻孔、攻螺纹，在两端面和底面上钻孔、攻螺纹。

（5）精加工精基准面，磨顶面 R。

（6）主要表面精加工，精镗、金刚镗主轴孔及其他孔，磨箱体主要表面。

考虑到孔系精加工的废品率较高，有些工厂将精镗、金刚镗主轴孔工序安排在次要表面加工之前进行，可以避免由于孔系精加工一旦出现废品而浪费次要表面加工工时；但这有一个条件，在精加工之后安排的次要表面加工，它们的材料去除量应是不多的，且在工件上的分布是比较均匀的。

大批量生产 CA6140 型车床主轴箱箱体机械加工工艺路线见表 5-11。

表 5-11 大批量生产车床主轴箱箱体机械加工工艺路线

工序号	工 序 内 容	所 用 设 备
1	粗铣顶面 R	立式铣床
2	钻、扩、铰顶面 R 上两定位孔，加工其他紧固孔	摇臂钻床
3	粗铣底面 M，侧面 N、O，端面 P、Q	龙门铣床
4	磨顶面 R	立式转台平面磨床
5	粗镗纵向孔系	双工位组合机床
6	时效处理	
7	半精镗、精镗纵向孔系，半精镗、精镗主轴孔	双工位组合机床
8	金刚镗主轴孔	专用机床
9	钻、铰横向孔及攻螺纹	专用组合机床
10	钻 M、P、Q 各面上的孔、攻螺纹	专用组织机床
11	磨底面 M，侧面 N、O，端面 P、Q	组合平面磨床
12	去毛刺、挫锐边	钳工台
13	清洗	清洗台
14	检验	检验台

在中小批生产条件下，可以考虑根据工序集中原则组织工艺过程，采用加工中心加工箱体。它的特点是一次装夹就能完成箱体许多表面的加工，加工表面间具有很高的位置精度；机床设备的柔性好，转换生产对象非常方便，生产适应性好。

5.3　成组技术与计算机辅助工艺规程设计

5.3.1　成组技术

近年来，随着经济社会的飞速发展和市场竞争日益激烈，对机械产品需求多样化的趋势越来越明显。其特点是产品品种不断增多，而每种产品的数量却不是很多。目前，多品种中小批量生产方式占机械产品总数的 $75\%\sim85\%$。与大批量生产相比，多品种中小批量生产的劳动生产率低、成本高，市场竞争能力差。如何用规模生产方式组织中小批量产品的生产——成组技术（group technology，GT）就是针对这种生产需求发展起来的一种生产技术。

1. 成组技术的概念

将许多具有相似性的事物按照一定的准则分类成组，使同组事物能够用大致相同的方法去处理，以便提高生产效益，这种技术称为成组技术。

2. 零件的分类编码

零件的分类编码是实施成组技术的重要工具。首先应将零件有关设计、制造等信息代码化，然后才能根据代码对零件进行分组。我国机械工业部在分析研究联邦德国 Opitz 系统和日本 KK 系统的基础上，于 1985 年制定了"机械零件分类编码系统"（简称 JLBM—1 系统）。该系统由名称类别、形状及加工码、辅助码三部分共 15 个码位组成，如图 5.50 所示。该系统的特点是零件名称类别以矩阵划分，便于检索，码位适中，又有足够描述信息的容量。其编码示例如图 5.51 所示。

3. 产品设计和工艺中的成组技术

1）产品设计

在产品设计中实施成组技术，通过对已设计制造过的零件编码和分组，给予标准化处理，建立起零件成组设计图册和资料的检索系统，以便设计新产品时调用，减少重复性劳动。据统计新产品设计时有 3/4 以上的零件设计可以借鉴原有的图样。

2）成组工艺

成组技术的核心是成组工艺。它是将结构、材料、工艺相似的零件组成一个零件组，按零件组制订工艺进行加工，扩大了同类零件的工艺数量、减少了品种，提高了生产效益。

（1）划分零件组。根据零件编码划分零件组的方法有以下几种。

① 特征码位法：以加工相似性为出发点，选择几位与加工工艺直接有关的特征码位作为零件分组的依据，而忽略其余码位。例如，可规定将第 1、2、6、7 四个码位相同的零件划为一组，根据这一规定，九位编码为 043063072、041103070、047023072 的这三个零件可划为同一组。

② 码域法：对分类编码系统中各码位的特征码规定一定的变化范围（码域）作为零件分组的依据。例如，规定某一组零件的第 1 码位的特征码只允许取 0 和 1，第 2 码位的特征码允许取 0、1、2、3，凡各码位上的特征码落在规定码域内的零件划为同一组。

③ 特征位码域法：这是将特征码位与码域法相结合的零件分组方法。根据具体生产

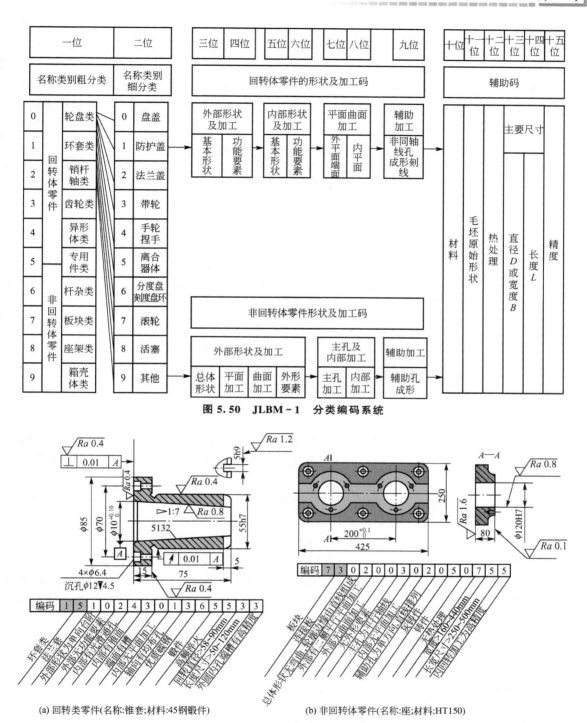

图 5.50   JLBM - 1   分类编码系统

图 5.51   JLBM - 1 分类编码系统编码示例

(a) 回转类零件(名称:锥套;材料:45钢锻件)　　(b) 非回转体零件(名称:座;材料:HT150)

条件与分组需要,选取一些特征性强的特征码位并规定允许的特征码变化范围(码域),并以此作为零件分组的依据。

(2)拟订零件组的工艺过程。成组工艺过程是针对一个零件组设计的,适用于零件组内的每个零件。在拟订成组工艺过程时，首先选择或设计一个能集中反映该组零件全部结构特征和工艺特征的"样件"，它可以是组内的一个真实零件，也可以是人为综合的"假想"零件。

制订"综合零件"的工艺过程，作为该零件组的加工工艺过程，可适于组内每个零件的加工。成组工艺路线常用图表格式表示，图 5.52 是六个零件组成的零件组"综合零件"及其成组工艺过程卡的示意图。

零件简图	工　步									综合零件
	1 切端面	2 车外圆	3 车外圆	4 钻孔	5 钻孔	6 镗锥孔	7 车外圆	8 倒角	9 切断	
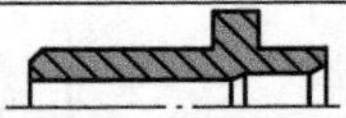	√	√	√	√	√	√	√	√	√	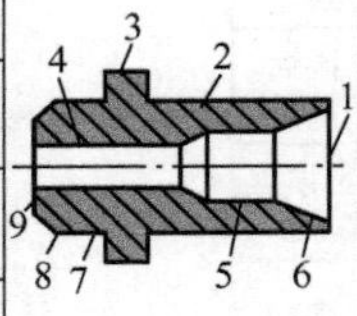
		√	√			√	√		√	
			√						√	
									√	
		√	√						√	
	√	√	√						√	

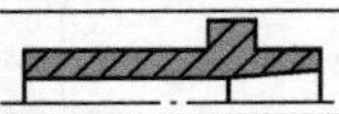

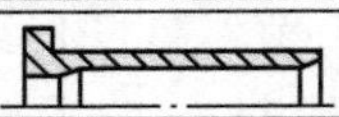

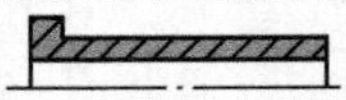

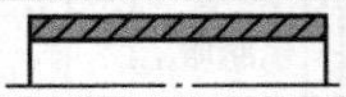

图 5.52　套筒类零件成组工艺过程

4. 机床的选择与布置

成组加工所用机床应具有良好的精度和刚度，稍作调整就能加工全组零件。可采用通用机床改装，也可采用可调高效自动化机床，数控机床已在成组加工中获得了广泛应用。

根据生产组织形式不同，成组加工所用机床有 3 种不同的布置方式。

(1) 成组单机：可在一台单机设备(如加工中心)上完成一组零件的加工。

(2) 成组生产单元：一组或几组工艺上相似零件的全部工艺过程，由相应的一组机床完成。图 5.53 所示生产单元由四台机床组成，可完成三个零件组全部工序的加工。

(3) 成组生产流水线：机床设备按零件组工艺流程布置，有生产节拍。与普通流水线不同的是，它具有柔性，在生产线上流动的可以是一组零件，有的零件也可能不经过某一台或某几台机床设备。

(4) 成组加工柔性制造系统：由加工系统(至少两台数控加工设备或柔性制造单元)、物料储运系统及计算机控制系统组成，适于成组零件的加工。

5.3.2　计算机辅助工艺规程设计

1. 概述

长期以来，工艺规程是由工艺人员凭经验设计的，存在设计效率低、设计质量参差不齐、不便于管理等问题。计算机辅助工艺规程设计(CAPP)从根本上改变了这种落后状况，不仅提高了工艺规程的设计质量和效率，而且使工艺人员能从烦琐重复的工作中摆脱出

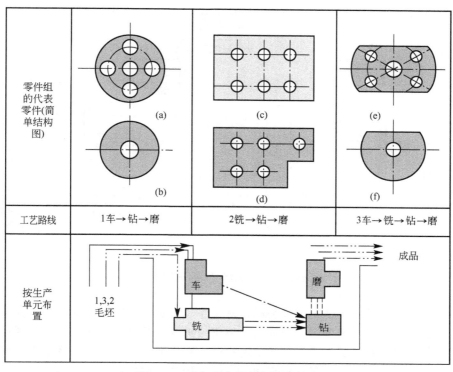

零件组的代表零件(简单结构图)	(a)	(c)	(e)
	(b)	(d)	(f)
工艺路线	1车→钻→磨	2铣→钻→磨	3车→铣→钻→磨

图 5.53　成组生产单元机床布置图

来，集中精力去考虑提高工艺水平和产品质量问题。CAPP 是连接 CAD 和 CAM 系统之间的桥梁，是发展计算机集成制造不可缺少的关键技术。

2. 计算机辅助工艺规程设计方法

（1）派生法：以成组技术为基础将零件组的典型工艺规程存入计算机，当需要设计新零件的工艺规程时，根据零件编码查找它所属的零件组，检索零件组的典型工艺，进行适当的编辑或修改，生成所需的工艺规程。其设计流程如图 5.54 所示。

（2）创成法：只要求输入零件图形和工艺信息(材料、毛坯、加工精度和表面质量要求等)，计算机便会自动地利用工艺决策算法和逻辑推理，在不需要人工干预条件下自动生成零件工艺规程。其特点是自动化程度高，但系统复杂，技术上还不够成熟。

（3）综合法：将派生法和创成法相结合的设计方法，兼取两者之长，因此很有发展前途。

3. 计算机辅助工艺规程设计过程

以派生法为例，用计算机编制某一零件工艺规程时，首先将表示该零件的特征编码转换成特征矩阵输入计算机。计算机从特征矩阵文件中逐一调出各个零件组的特征矩阵，查找该零件所属的零件组，并据此从样件工艺路线文件中调出与该零件组相对应的综合工艺路线矩阵。接着，用户再将零件的形面编码及各有关表面的尺寸公差、表面粗糙度要求等数据输入计算机，计算机根据输入的这些数据，从已调出的综合工艺路线矩阵中选取该零件的加工工序及工步编码，这样就得到了由工序及工步编码组成的零件加工工艺路线。然

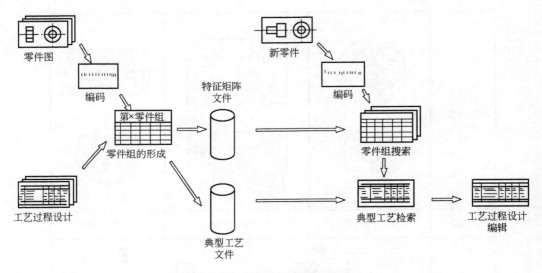

图 5.54　派生法 CAPP 流程图

后，计算机根据该零件的工序及工步编码，从工序、工步文件中逐一调出工序及工步具体内容，并根据机床、刀具的编码查找该工步使用的机床、刀具名称和型号，再根据输入的零件材料、尺寸等信息计算该工步的切削用量，计算切削力和功率，计算基本时间、单件时间、工序成本等。计算机将每次查到的工序或工步的具体内容都存入存储区内，最后形成一份完整的加工工艺规程，并以一定的格式打印出来。图 5.55 列出了计算机按派生法原理设计机械加工工艺规程的流程。

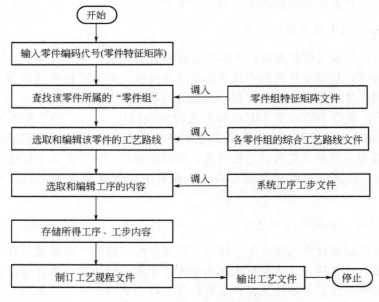

图 5.55　派生法 CAPP 流程框图

5.4 基于三维 CAD 模型的机械加工工艺设计简介

随着三维 CAD 软件(如 UG、Creo、CATIA、Solidworks 等)的广泛应用，以三维 CAD 为代表的设计技术已经成为主流。下游的加工工艺设计如何有效地利用上游的三维 CAD 模型，已成为制造企业迫切需要解决的问题之一。基于三维 CAD 模型的机械加工工艺设计(也称三维 CAPP)搭建起了 CAD/CAM 系统之间的信息枢纽，对制造业企业积累加工工艺、实现上下游数据高效共享具有深远的意义，将会给企业带来巨大的经济效益。

5.4.1 基于三维 CAD 模型的机械加工工艺设计的基本原理及技术路线

基于三维 CAD 模型的机械加工工艺设计是在三维可视环境中根据 3D 模型智能化地提取出加工特征，通过特征识别技术调用参数化加工工艺库，自动进行加工推理，生成工序模型及所需的工艺文件等相关信息的一种工艺设计方法。

在此过程中用户可以直观地查看零件模型中包含的加工特征及其工艺属性，便于编制辅助工艺。还可将工艺数据、加工策略及中间模型自动输入 CAM 软件中，利用 CAM 自动生成加工数据，从而大幅提升企业对生产制造数据的处理能力及生产效能，提高企业工艺设计的效率和水平，确保工艺文件的完整性、一致性、正确性，其实质是 CAD 和 CAM 系统的一座桥梁。

根据这一基本原理，基于三维 CAD 模型的机械加工工艺设计技术路线如图 5.56 所示。

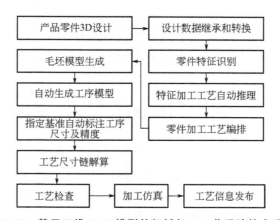

图 5.56 基于三维 CAD 模型的机械加工工艺设计技术路线

5.4.2 KM3DCAPP - M 软件的主要功能及特点

KM3DCAPP - M 软件是武汉开目信息技术股份有限公司在国内首创的基于三维 CAD 的机械加工工艺设计软件，它通过工艺特征识别技术，结合特征参数化工艺设计，实现三维环境下的零件加工工艺设计及工艺过程可视化。目前已经在汽车、电子、航空航天、兵器、工程机械等众多制造业企业得到广泛应用。该软件目前最新版本为 KM3DCAPP _

M4.0(要求基于 UG/NX 8.5 软件使用),其典型界面如图 5.57 所示。

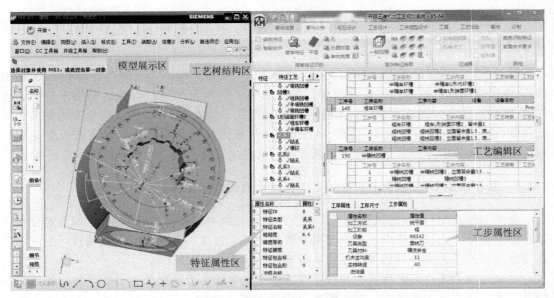

图 5.57　KM3DCAPP－M 系统界面

其中,模型显示区主要显示机械加工工艺设计过程中的三维模型。功能菜单操作区是工艺规划的主要功能操作菜单,即用户工艺设计操作区。工艺树结构区显示机械加工工艺树结构,现有零件特征树、特征工艺树及模型树。用户可以对树节点进行相应的工艺设计操作。工艺编辑区允许用户手编辑工序、工步内容,系统提供了便捷的编辑工具,用户可快速编辑工艺内容。特征属性区用来显示工艺树相对应的属性内容,如特征属性、工艺特征属性及模型树的属性内容。该属性区除显示功能外,部分属性根据工艺的需求,供用户修改设置属性值。工步属性区用来显示机加工艺系统推理工序、工步属性内容,支持用户手动修改属性值。

该系统的主要功能和特点如下:

(1)自动、交互式的特征识别:能自动、交互地拾取三维模型的工艺特征信息,简单特征如平面、孔、外圆柱面、键槽,复杂特征如 U 形槽、L 形槽、曲面等,特征类型可自定义、可扩充,特征参数值可修改。

(2)智能化的工艺决策过程:拟人化地表达工艺人员的工艺决策过程,根据设计特征的参数值驱动工艺特征,自动生成特征工艺,同时提供了丰富的特征加工知识库。

(3)自动、半自动的毛坯生成:支持棒料毛坯、锻件类毛坯、箱体类毛坯的自动、半自动生成、毛坯导入、毛坯指定余量等生成模式。

(4)快捷方便的工序编排过程:零件每个特征的工艺路线经过组合、合并、排序,得到零件最终的工艺路线。系统提供工艺资源管理器填写工艺、工序、工步号自动生成等功能,支持快速方便的编辑工艺。系统也可与用户交互式定义加工路线、自动生成加工工序图,自动产生过程卡、工序卡等传统工艺文件。

(5)可视化的加工过程图生成:根据工艺过程,自动生成每道工序下的工件模型图,客观地反映加工过程中毛坯去除材料的成形过程。交互式定义加工基准面,自动进行公差分析和分配。

(6)灵活的工艺加工数据输出方式：系统支持将加工过程数据输出为多种格式，方便与 KMCAPP 等工艺规划系统及数控加工系统的集成。

(7)可视化的加工仿真：系统可与 CAM 集成，将工艺数据、加工策略及中间模型自动输入 CAM 软件中，通过 CAM 的可视化仿真过程清晰地查看零件的加工工艺是否合理，有效降低了错误工艺带来的损失，最后利用 CAM 自身能力自动生成每道工序的刀具路径、加工仿真及 NC 代码。

(8)开放的特征加工方法建库工具：特征加工方法库中包含大量丰富、符合国家标准规范的特征加工方法数据库，包括孔、平面、外圆等特征的加工方法，简洁实用、覆盖面广，并可继续不断丰富内容。

更为详细的功能介绍和使用方法请读者参看该软件自带的用户使用手册。

5.4.3 基于三维 CAD 模型的机械加工工艺设计的基本流程

3DCAPP-M 软件操作界面按工艺操作流程设置了九大功能模块，分别是零件信息、零件分析、毛坯设计、工艺设计、工序模型设计、工具、工艺检验、输出和集成模块，通过这些功能模块的操作，可以完成零件整体工艺设计规划流程并输出机械加工所需的工艺文件。基于三维 CAD 模型的机械加工工艺设计的基本流程如下。

1. 提取零件信息

新建工程后弹出"零件基本属性"对话框，然后单击"从模型获取"按钮即可自动获取设计模型中的设计信息，如图 5.58 所示。通过"属性"选项卡可查阅提取零件的设计模型属性信息，如图 5.59 所示。

图 5.58　"零件基本属性"对话框

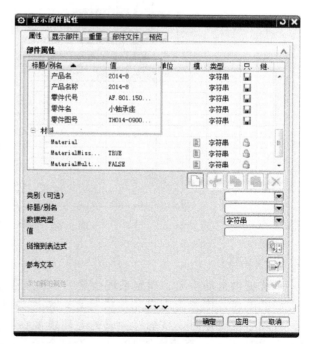

图 5.59　"显示部件属性"对话框

零件信息模块支持手动编辑，直接在零件属性区编辑零件名、零件代号、零件图号、毛坯类型、材料、产品代号、产品名称及批量等设计信息。

2. 零件分析

零件分析模块提供多种识别零件模型加工面的方法，为后续工艺设计奠定基础。获取模型特征面的边、面数据，PMI(产品制造信息)等，对应特征的信息在对应的属性区中显示。获取的特征相关加工信息直接影响后续的特征加工方法的推理结果。

识别加工特征的方法有简单特征识别、复杂特征拾取、辅助特征拾取。以简单特征识别操作为例，简单特征识别分为简单特征识别和孔系识别。其中简单特征识别有自动拾取、交互拾取、预定义、倒圆倒角拾取四种模式；孔系识别有共面孔拾取、共面同径孔面拾取、共面同径弧线拾取三种模式。识别后的特征自动添加到"加工特征"树下，如图 5.60 所示。

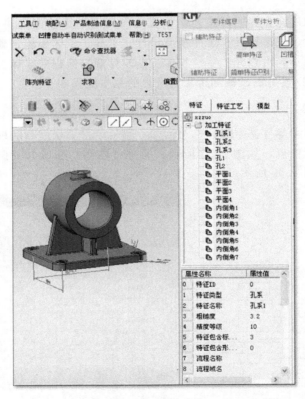

图 5.60　零件分析

3. 毛坯设计

系统提供自动生成、指定毛坯余量、半自动生成及引入毛坯三种生成模式。棒料和方料类型的毛坯，优先使用自动生成毛坯；铸件类型优先使用自动生成及指定毛坯余量生成。自动生成毛坯时，系统将生成的毛坯模型在零件模型基础上增加 5mm 余量。棒料类型单边增加 5mm，直径增加 10mm。设置余量(以棒料为例)可以通过图 5.61 所示的对话框进行。

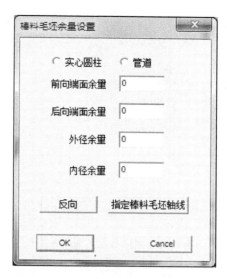

图 5.61   "棒料毛坯余量设置"对话框

如果用户已经有了毛坯模型，可以使用"引入毛坯"功能，直接导入已有的毛坯模型，但坐标系原点必须与零件模型的坐标系原点保持一致。

4. 工艺设计

该模块主要负责工艺编辑，其中的子模块有快捷工艺、加工推理、工艺编辑、互动显示及设备查询功能。加工推理是将加工特征识别出来后，逐一调用工艺知识库获得各个工艺特征的加工步骤，特征流程全部根据特征类型自动定位，特征加工方法可自定义。目前有自动推理、半自动推理、自定义等方法供用户选择。加工推理界面如图 5.62所示。

图 5.62   加工推理界面

该过程中系统提供特征的多种加工方法供用户选择，也允许用户自定义加工方法，如图 5.63 所示。

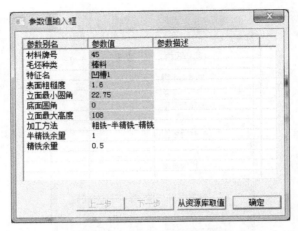

图 5.63　用户自定义加工方法

　　工艺编辑是将加工特征推理出的加工步骤快速引用到工艺编辑区。系统提供"组合工步""编辑首/尾工步"这两种快速编辑工艺的工具，图 5.64 所示是操作完成后的界面。用户可以使用"互动高亮"功能查看加工特征及快速定位特征树下的特征，提高工艺设计操作效率，如图 5.65 所示。

图 5.64　工艺编辑完成界面

　　用户可通过资源管理器查询设备来选择设备添加到指定工序中，然后在预选框中选择所需的设备型号添加到工序行的设备栏，如图 5.66 和图 5.67 所示。

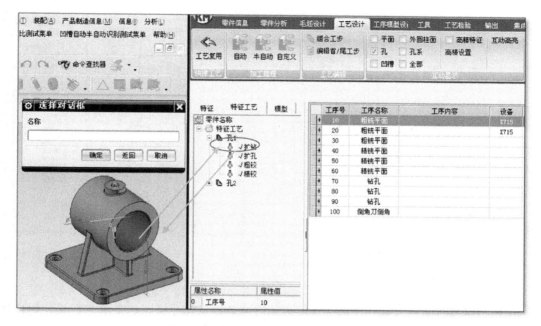

图 5.65　使用"互动高亮"功能查看特征

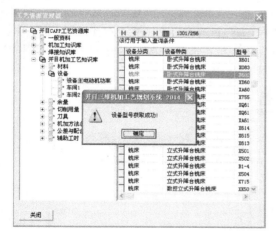

图 5.66　获取设备型号

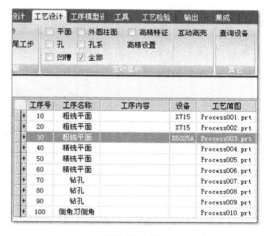

图 5.67　所选设备添加到工序行

5. 工序模型设计

工序模型设计主要是设计指导工人生产加工的工序和工步模型。系统提供 WAVE 生成工序模型、简单生成工序模型及引入工序模型等模式，可根据实际需求生成工序模型。另外，对生成的工序模型可进行自动尺寸标注及工装夹具的相关设计，真正地实现工序模型应用于现场加工。图 5.68 所示是简单生成工序模型界面，单击"全部生成"按钮后系统自动全部生成工序模型，工序模型中高亮显示的面即为该工序加工的面。工序尺寸可通过单击 CAD 模型中的基准面，系统自动标注尺寸到工序模型中，如图 5.69 所示。

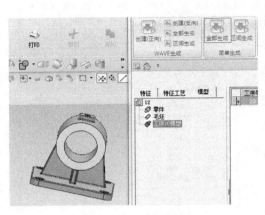

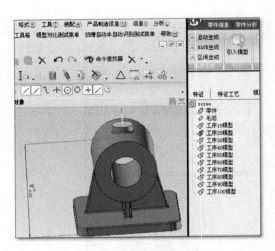

图 5.68　生成工序模型　　　　　　　　图 5.69　工序尺寸标注

6. 工艺尺寸链自动解算

系统根据加工工艺自动产生尺寸链图，同时自动解算尺寸链，如果更改数据，则自动重新计算全部尺寸链。

7. 工艺检验

工艺检验主要检验当前编辑的工艺是否合理，通过校验工步、模型对比、仿真等功能实现。若在工艺设计中出现特征加工步骤的前后顺序与特征树生成的顺序不一致，使用校验功能即可对所编辑的特征内容给予提示，如图 5.70 所示。

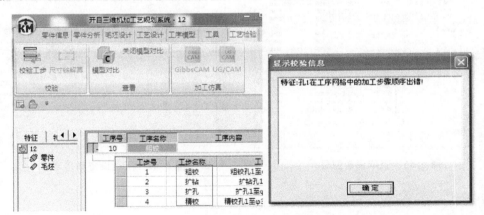

图 5.70　工艺检验的校验功能

模型对比可分为闪动对比和直接对比两种方式。闪动对比支持两个或两个以上模型进行比较，手动输入闪动时间即完成指定模型的闪动对比操作，如图 5.71 所示。

直接对比是用户从生成的工序模型、毛坯模型中选择一个模型与零件模型进行比较。

8. 加工仿真

工艺全部设计完毕进行仿真，生成 NC 代码。以 UG/NX 为例，单击"UG/CAM 仿

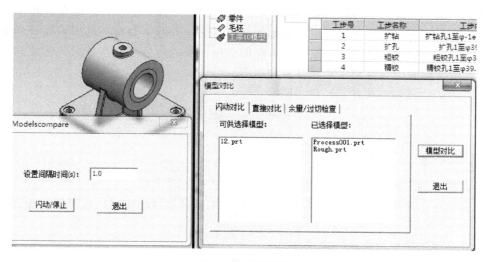

图 5.71　模型对比

真"按钮，弹出仿真对话框。将 NX 切换到加工模块，即单击 NX "开始"菜单，选择"加工"选项进入加工环境。在弹出的仿真对话框中，单击"指定工序"或"指定工步"按钮，然后单击"确认仿真"按钮，完成仿真操作。

9. 工艺文件发布

该系统支持将当前工艺信息导出为 *.XML、*.gxk、*.pdf 格式。*.XML 文件用于与其他产品的集成使用，*.gxk 工艺文件可使用开目 CAPP 打开查阅和编辑，如图 5.72 所示。

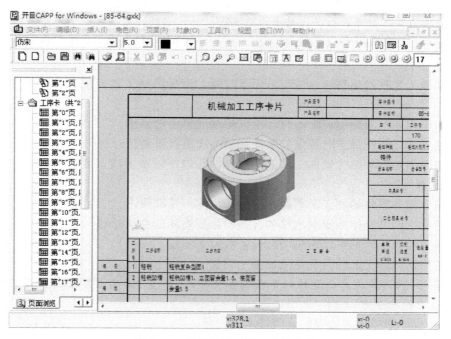

图 5.72　开目 CAPP 打开工艺文件

总之，基于三维 CAD 模型的机械加工工艺设计在产品从设计到制造全过程中起到承上启下的作用，在工艺设计过程中更加智能化、直观化，对于提高产品研发质量和生产效率起着非常重要的作用。对于三维工艺方面的应用，国内尚处于起步阶段，需要国家、企业和高校的共同参与与推动来实现普及和推广。

<h1 align="center">习　　题</h1>

一、判断题

1. 在机械加工中，一个工件在同一时刻只能占据一个工位。　　　　　　　　（　　）

2. 在一道工序中如果有多个工步，那么这些工步可以顺序完成，也可以同步完成。
　　　　　　　　　　　　　　　　　　　　　　　　　　　　　　　　　　（　　）

3. 在一道工序中只能有一次安装。　　　　　　　　　　　　　　　　　　　（　　）

4. 一组工人在同一个工作地点加工一批阶梯轴，先车好一端，然后调头车这批轴的另一端，即使在同一台车床上加工，也应算作两道工序。　　　　　　　　　　　（　　）

5. 用同一把外圆车刀分三次车削阶梯轴的同一个台阶，因切削用量变化，故称为三个工步。　　　　　　　　　　　　　　　　　　　　　　　　　　　　　　　　（　　）

6. 一个尺寸链中只有一个封闭环。　　　　　　　　　　　　　　　　　　　（　　）

7. 因为球心、轴线是看不见、摸不着的，它们客观上并不存在，所以只能以球面和圆柱面为定位基面。　　　　　　　　　　　　　　　　　　　　　　　　　　（　　）

8. 某工序的最大加工余量与该工序尺寸公差无关。　　　　　　　　　　　　（　　）

9. 最大限度的工序集中，是在一个工序中完成零件的全部加工。　　　　　　（　　）

10. 一批轴要进行粗加工和精加工，通常应至少分成两道工序。　　　　　　　（　　）

11. 在安排加工顺序时应优先考虑主要表面的加工问题，而穿插加工次要表面。（　　）

12. 调质处理后的工件表面硬度增高，切削加工困难，故应该安排在精加工之后，光整加工之前进行。　　　　　　　　　　　　　　　　　　　　　　　　　　　（　　）

13. 辅助工艺基准面指的是使用方面不需要，而为满足工艺要求在工件上专门设计的定位面。　　　　　　　　　　　　　　　　　　　　　　　　　　　　　　　　（　　）

14. 由于粗基准对精度要求不高，所以粗基准可多次使用。　　　　　　　　　（　　）

15. 粗基准是指粗加工时所用的基准；精基准是指精加工时所用的基准。　　（　　）

16. 加工主轴零件时为确保支承轴颈和内锥孔的同轴度要求，通常采用基准统一原则来选择定位基面。　　　　　　　　　　　　　　　　　　　　　　　　　　　（　　）

17. 设计箱体零件的加工工艺时，一般采用统一基准原则。　　　　　　　　　（　　）

18. 劳动生产率是指用于制造单件合格产品所消耗的劳动时间。　　　　　　　（　　）

19. 提高劳动生产率可以通过增加设备数量来实现。　　　　　　　　　　　　（　　）

20. 采用高效率工艺的前提是保证加工质量。　　　　　　　　　　　　　　　（　　）

二、单项选择题（在每小题的四个备选答案中选出一个正确的答案，并将正确答案的标号填在题干的括号内。）

1. 零件机械加工工艺过程组成的基本单元是（　　）。

　　A. 工步　　　　　　B. 工序　　　　　　C. 安装　　　　　　D. 走刀

2. 工步是指(　　)。

    A. 在一次装夹过程中所完成的那部分工序内容

    B. 使用相同的刀具对同一个表面所连续完成的那部分工序内容

    C. 使用不同刀具对同一个表面所连续完成的那部分工序内容

    D. 使用同一刀具对不同表面所连续完成的那部分工序内容

3. 下面(　　)的结论是正确的。

    A. 一道工序只能有一次安装　　　　B. 一次安装只能有一个工位

    C. 一个工位只能完成一个工步　　　　D. 一道工序只能在一台设备上完成

4. 轴类零件定位用的顶尖孔是属于(　　)。

    A. 精基准　　　　B. 粗基准　　　　C. 辅助基准　　　　D. 自为基准

5. 零件的生产纲领是指(　　)。

    A. 一批投入生产的零件数量　　　　B. 生产一个零件所花费的劳动时间

    C. 零件的全年计划生产量　　　　D. 一个零件从投料到产出所花费的时间

6. 定位基准是指(　　)。

    A. 机床上的某些点、线、面　　　　B. 夹具上的某些点、线、面

    C. 工件上的某些点、线、面　　　　D. 刀具上的某些点、线、面

7. 粗基准是指(　　)。

    A. 未经加工的毛坯表面作定位基准　　　　B. 已加工表面作定位基准

    C. 粗加工时的定位基准　　　　D. 精加工时的定位基准

8. 精基准是用(　　)作定位基准的。

    A. 已经加工过的表面　　　　B. 未加工的表面

    C. 精度最高的表面　　　　D. 粗糙度值最低的表面

9. 工序基准定义为(　　)。

    A. 设计图中所用的基准　　　　B. 工序图中所用的基准

    C. 装配过程中所用的基准　　　　D. 用于测量工件尺寸、位置的基准

10. 对于一个平面加工尺寸，如果上道工序的尺寸最大值为 H_{amax}，最小值为 H_{amin}，本工序的尺寸最大值为 H_{bmax}，最小值为 H_{bmin}，那么本工序的最大加工余量 $Z_{max} =$(　　)。

    A. $H_{amax} - H_{bmax}$　　　　B. $H_{amax} - H_{bmin}$

    C. $H_{amin} - H_{bmax}$　　　　D. $H_{amin} - H_{bmin}$

11. 加工轴的外圆表面时，如果上道工序的尺寸最大值为 d_{amax}，最小值为 d_{amin}，本工序的尺寸最大值为 d_{bmax}，最小值为 d_{bmin}，那么，本工序的双边最大加工余量 $2Z_{max}$ 等于(　　)。

    A. $d_{amax} - d_{bmax}$　　　　B. $d_{amax} - d_{bmin}$　　　　C. $d_{amin} - d_{bmax}$　　　　D. $d_{amin} - d_{bmin}$

12. 零件的结构工艺性是指(　　)。

    A. 零件结构对强度的影响　　　　B. 零件结构对加工可行性的影响

    C. 零件结构对使用性能的影响　　　　D. 零件结构对刚度的影响

13. 退火处理一般安排在(　　)。

    A. 毛坯制造之后　　　　B. 粗加工后

    C. 半精加工之后　　　　D. 精加工之后

14. 加工箱体类零件时常选用一面两孔作定位基准,这种方法一般符合(   )

    A. 基准重合原则   B. 基准统一原则

    C. 互为基准原则   D. 自为基准原则

15. 自为基准多用于精加工或光整加工工序,其目的是(   )。

    A. 符合基准重合原则   B. 符合基准统一原则

    C. 保证加工面的形状和位置精度   D. 保证加工面的余量小而均匀

16. 精密齿轮高频淬火后需磨削齿面和内孔,以提高齿面和内孔的位置精度,常采用(   )原则来保证。

    A. 基准重合   B. 基准统一

    C. 自为基准   D. 互为基准

17. 淬火处理一般安排在(   )。

    A. 毛坯制造之后   B. 粗加工后   C. 半精加工之后   D. 精加工之后

18. 在拟订零件机械加工工艺过程、安排加工顺序时首先要考虑的问题是(   )。

    A. 尽可能减少工序数

    B. 精度要求高的主要表面的加工问题

    C. 尽可能避免使用专用机床

    D. 尽可能增加一次安装中的加工内容

19. 零件上孔径大于 30mm 的孔,精度要求为 IT9,通常采用的加工方案为(   )。

    A. 钻→镗   B. 钻→铰

    C. 钻→拉   D. 钻→扩→磨

20. 劳动生产率是指(   )。

    A. 劳动者的劳动强度   B. 工厂生产产量

    C. 劳动者用于生产的时间比例   D. 单位时间内制造的合格产品的数量

三、多项选择题(在每小题的四个备选答案中,选出二至四个正确的答案,并将正确答案的标号分别填在题干的括号内。)

1. 生产类型取决于(   )。

    A. 生产纲领   B. 生产成本

    C. 产品尺寸大小   D. 形状复杂程度

2. 工艺基准包括(   )。

    A. 设计基准   B. 定位基准   C. 装配基准   D. 测量基准

3. 单件时间包括(   )。

    A. 基本时间   B. 辅助时间

    C. 布置工作地时间   D. 休息和生理需要时间

4. 在车削加工中,基本时间包括(   )。

    A. 切削工件所消耗的时间   B. 装卸工件所消耗的时间

    C. 切入切出空行程所消耗的时间   D. 开停机床所消耗的时间

5. 提高机械加工生产率可以用下面的方法(   )。

    A. 缩短基本时间   B. 缩短辅助时间

    C. 缩短布置工作地时间   D. 缩短休息和生理需要时间

6. 工艺成本与( )有关。

    A. 材料费   B. 设备折旧费

    C. 厂房的采暖、照明费   D. 工人工资

7. 工艺成本中，不变费用与( )有关。

    A. 专用机床折旧费   B. 通用机床折旧费

    C. 专用工夹具折旧费   D. 车间辅助工人工资

8. 机械加工工序卡片记载的内容包括( )。

    A. 工序简图   B. 工步内容   C. 切削用量   D. 工时定额

9. 在车床上用三爪自定心卡盘夹持套筒外圆镗孔时，若三爪自定心卡盘与机床主轴回转中心有偏心，则镗孔时影响( )。

    A. 孔的尺寸误差   B. 孔的余量不均匀

    C. 孔的不圆度误差   D. 孔与外圆的不同轴度误差

    E. 孔与端面的垂直度误差

10. 选择粗基准时一般应考虑( )。

    A. 选重要表面为粗基准   B. 选不加工表面为粗基准

    C. 选加工余量最小的表面为粗基准   D. 选工件底面为粗基准

    E. 选平整、加工面积较大的表面为粗基准

11. 安排箱体零件的机械加工工艺过程时，一般应遵循( )原则。

    A. 先粗后精   B. 先孔后面

    C. 先小后大   D. 先面后孔

    E. 先外后内

12. 图 5.73 中，( )所表示零件的铸造结构工艺性较好。

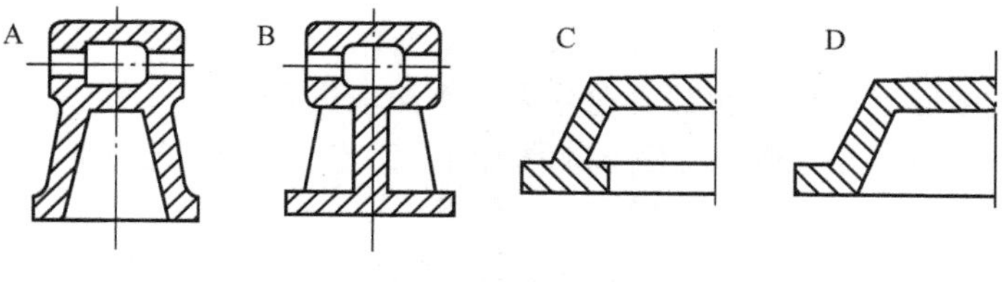

图 5.73　多项选择题 12 图

四、填空题

1. 机械加工工艺过程是指以机械加工的方法按一定的顺序逐步改变毛坯的_____、_____、_____和表面质量，直至成为合格零件的那部分生产过程。

2. 工艺过程包括毛坯制造、_____、零件热处理、_____和检验试车等。

3. 零件的机械加工工艺过程以_____为基本单元所组成。

4. 工步是指使用同一把刀具对_____表面所_____完成的那部分工序内容。

5. _____工人在一个工作地，对_____工件所连续完成的那部分机械加工工艺过程，称为工序。

6. 从生产规模来考虑，机械加工自动线主要用于_____生产。

7. 工艺基准包括工序基准、_____、_____和装配基准四种。

8. 在尺寸链中，各组成环的公差必然_____于封闭环的公差。

9. 尺寸链中，由于该环的变动引起封闭环同向变动的组成环为_____环。

10. 尺寸链中，由于该环的变动引起封闭环反向变动的组成环为_____环。

11. 机械加工的基本时间是指直接改变生产对象的_____、_____、表面相对位置、表面状态或材料性质等工艺过程的时间。

12. 机械加工工艺过程通常由_____、_____、_____、_____和_____组成。

13. 生产中对于不同的生产类型常采用不同的工艺文件，单件小批生产时采用机械加工_____卡，成批生产时采用机械加工_____卡，大批量时采用机械加工_____卡。

14. 加工主轴零件时为了确保支承轴颈和内锥孔的同轴度要求，通常采用_____原则来选择定位基面。

15. 安排零件切削加工顺序的一般原则是_____、_____、_____和_____等。

16. 工艺成本包括_____费用和_____费用两大部分。

五、简答题

1. 什么叫生产纲领？单件生产和大量生产各有哪些主要工艺特点？

2. 简述工艺规程的设计原则、设计内容及设计步骤。

3. 拟订工艺路线需完成哪些工作？

4. 选择加工方法时应考虑哪些因素？

5. 工序简图的内容有哪些？

6. 粗基准的选择原则是什么？为什么粗基准通常只允许用一次？

7. 精基准的选择原则是什么？

8. 零件结构工艺性主要涉及哪些方面？

9. 为什么机械加工过程一般都要划分为几个阶段进行？

10. 试简述按工序集中原则、工序分散原则组织工艺过程的工艺特征，以及应用场合。

11. 什么是加工余量、工序余量和总余量？

12. 如图 5.74 所示的尺寸链中（图中 A_0、B_0、C_0、D_0 是封闭环），哪些组成环是增环？哪些组成环是减环？

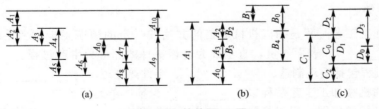

(a)　　　　　　　　　(b)　　　　　　　　　(c)

图 5.74　简答题 12 题

13. 加工如图 5.75 所示的零件，其粗、精基准应如何选择（标有 $\sqrt{}$ 符号的为加工面，其余为非加工面）？图 5.75(a)～图 5.75(c)所示零件要求内外圆同轴，端面与孔轴线垂直，非加工面与加工面间尽可能保持壁厚均匀；图 5.75(d)所示零件毛坯孔已铸出，要求孔加工余量尽可能均匀。

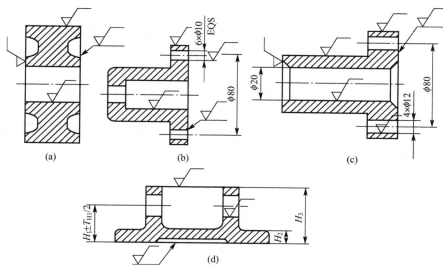

图 5.75 简答题 13 图

14. 什么是生产成本、工艺成本？什么是可变费用、不变费用？

15. 轴类零件的安装方式有哪些？顶尖孔起什么作用？试分析其特点。

16. 试分析主轴加工工艺过程中，如何体现"基准统一""基准重合""互为基准"的原则？

17. 箱体类零件常用什么材料？箱体类零件加工工艺要点是什么？

18. 举例说明箱体零件选择粗、精基准时应考虑哪些问题？试举例比较采用"一面两孔"或"几个面"组合两种定位方案的优缺点和适用的场合。

19. 试分析成组工艺的科学内涵和推广应用成组工艺的重要意义。

20. 什么是三维 CAPP？其基本原理是什么？

21. 试论述三维 CAPP 的技术路线。

22. 与传统的人工工艺设计及二维 CAPP 相比，三维 CAPP 具备哪些优势？

六、分析题

1. 某厂年产 4105 型柴油机 1000 台，已知连杆的备品率为 5%，机械加工废品率为 1%，试计算连杆的生产纲领，并说明其生产类型及主要工艺特点。

2. 如图 5.76 所示的零件，毛坯为 $\phi 35$mm 棒料，批量生产时其机械加工工艺过程如下所述，试分析其工艺过程的组成。

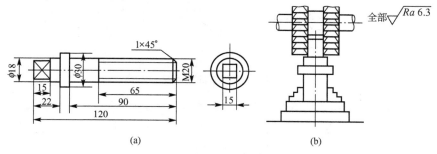

图 5.76 分析题 2 图

在锯床上切断下料，车一端面钻中心孔，调头，车另一端面钻中心孔，在另一台车床上将整批工件靠螺纹一边都车至$\phi 30$mm，调头再调刀车削整批工件的$\phi 18$mm外圆，又换一台车床车$\phi 20$mm外圆，在铣床上铣两平面，转90°后，铣另外两平面，最后车螺纹，倒角。

3. 如图5.77所示的零件，单件小批生产时其机械加工工艺过程如下所述，试分析其工艺过程的组成(包括工序、工步、走刀、安装)。

在刨床上分别刨削六个表面，达到图样要求；粗刨导轨面A，分两次切削；刨两越程槽；精刨导轨面A；钻孔；扩孔；铰孔；去毛刺。

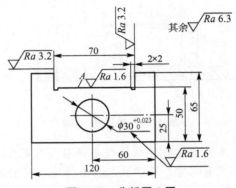

图5.77 分析题3图

4. 图5.78(a)所示为一轴套零件，图5.78(b)为车削工序简图，图5.78(c)给出了钻孔工序三种不同定位方案的工序简图，要求保证图5.78(a)所规定的位置尺寸(10 ± 0.1)mm的要求。试分别计算工序尺寸A_1、A_2与A_3的尺寸及公差。为表达清晰起见，图中只标出了与计算工序尺寸A_1、A_2、A_3有关的轴向尺寸。

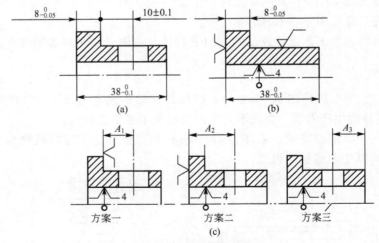

图5.78 分析题4图

5. 图5.79所示为齿轮轴截面图，要求保证轴径尺寸$\phi 28^{+0.024}_{+0.008}$mm和键槽深$t=4^{+0.16}_{0}$mm。其工艺过程：(1)车外圆至$\phi 28.5^{0}_{-0.1}$mm；(2)铣键槽槽深至尺寸$H$；(3)热处理；(4)磨外圆至尺寸$\phi 28^{+0.024}_{+0.008}$mm。试求工序尺寸$H$及其极限偏差。

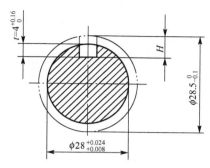

图 5.79　分析题 5 图

6. 图 5.80(a)表示零件的轴向尺寸，图 5.80(b)和图 5.80(c)所示为有关工序，图 5.80(b)表示工序加工尺寸为 $40.3_{-0.1}^{0}$ mm 和 $10.4_{-0.1}^{0}$ mm，图 5.80(c)表示工序加工尺寸为 $10_{-0.1}^{0}$ mm。试计算：图 5.80(a)中要求的零件尺寸是否能保证？

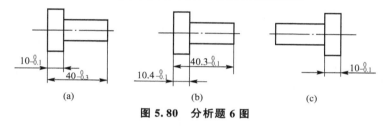

图 5.80　分析题 6 图

7. 图 5.81 所示的三图中：图 5.81(a)表示零件的部分轴向尺寸，图 5.81(b)和图 5.81(c)所示为有关工序，在图 5.81(b)所示工序中加工尺寸 $50_{-0.1}^{0}$ mm 和 $10_{0}^{+0.1}$ mm，在图 5.81(c)所示的工序中加工尺寸 $H_{0}^{+\Delta h}$。试计算 H 和 Δh 值。

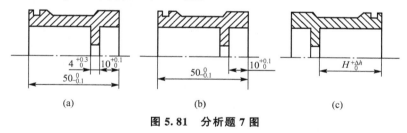

图 5.81　分析题 7 图

8. 加工如图 5.82(a)所示零件的有关端面，要求保证轴向尺寸 $50_{-0.1}^{0}$ mm，$25_{-0.3}^{0}$ mm 和 $5_{0}^{+0.4}$ mm。图 5.82(b)和图 5.82(c)是加工上述有关端面的工序草图。试求工序尺寸 A_1、A_2、A_3 及其极限偏差。

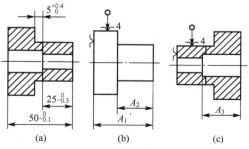

图 5.82　分析题 8 图

9. 某零件加工部分的工序顺序如图 5.83(a)～图 5.83(c)所示，加工部分用粗实线表示。试计算端面 K 的加工余量是否足够？

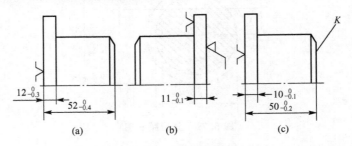

图 5.83　分析题 9 图

10. 简述用派生法进行计算机辅助工艺规程设计的方法步骤。

第 **6** 章
机械装配工艺基础

 **教学目标**

1. 熟悉装配的概念及内容；
2. 掌握装配精度的含义；
3. 掌握装配尺寸链的建立及计算方法；
4. 掌握保证装配精度的四种方法；
5. 了解装配工艺规程设计的基本思路和设计步骤。

 **教学要求**

知识要点	能力要求	相关知识
装配精度	(1) 熟悉装配的概念、机器组成及装配内容 (2) 掌握装配精度的含义	尺寸精度、装配基准
装配尺寸链	(1) 掌握装配尺寸链的建立方法 (2) 掌握装配尺寸链的计算方法	工艺尺寸链
装配方法	(1) 掌握互换装配法 (2) 掌握选择装配法 (3) 掌握修配装配法 (4) 掌握调整装配法	
装配工艺规程	(1) 了解装配工艺规程设计的基本思路和设计步骤 (2) 掌握装配顺序	

导入案例

大多数产品都是由多个零件装配而成的。产品质量通常以其工作性能、可靠性、使用效果和寿命等指标来综合评定。这些指标除与产品结构设计、材质选择、零件的制造质量有关外，在很大程度上取决于最后的装配质量。各种零部件只有经过正确的装配，才能成为符合要求的产品。怎样将零件装配成产品，零件精度与产品精度的关系及保证装配精度的方法，是装配工艺所要解决的主要问题。

6.1 概 述

6.1.1 装配的基本概念

【参考视频】

任何机器都是由若干零件、组件和部件组成的。根据规定的技术要求，将零件结合成组件、部件，再进一步结合成机器的过程称为装配。装配不仅是最终保证产品质量的重要环节，而且可以发现产品设计和零件加工中所存在的问题并加以改进。因此，装配在产品制造过程中占有非常重要的地位。为了提高装配质量和生产效率，必须对与装配工艺有关的问题进行分析研究，如装配精度、装配方法、装配组织形式、装配工艺过程及其技术规范等。

为了有效地进行装配工作，通常将机器(较复杂的产品)划分为若干能进行独立装配的单元：零件、套件、组件、部件。

(1)零件：组成产品的最小单元，也是产品制造的基本单元。大多数零件都先装成套件、组件和部件后才进入总装，只有少数零件直接进入总装。

(2)套件：在一个基准件上装上若干个零件就构成了套件。经套装后零件不能拆卸，如双联齿轮，如图6.1所示。

(3)组件：在一个基准件上装上若干个零件、套件就构成了组件，如图6.2(b)所示的主轴组件，图6.2(a)

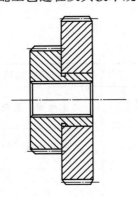

图6.1 双联齿轮

所示为组成主轴组件的齿轮套件，轴承也可看成组件。组件的装配称为组装。

(4)部件：在一个基准件上装上若干个零件、套件、组件就构成了部件。部件的特征是在机器中能完成一定的、完整的功能，如车床的主轴箱、进给箱等。部件的装配称为部装。

(5)机器：在一个基准件上装上若干个零件、套件、组件、部件就构成了机器。最终装配成机器的过程称为总装。

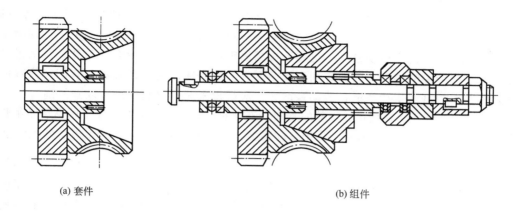

(a) 套件　　　　　　　　　　　　　　　　　(b) 组件

图6.2　套件和组件示例

6.1.2　装配工作的基本内容

装配是产品制造过程中的最后一个阶段，主要包括清洗、连接、调整、检验、试验，以及涂漆、包装等内容。

1. 清洗

零部件的清洗有利于保证产品的装配质量和延长产品的使用寿命。清洗的目的是去除粘附在零件表面上的灰尘、切屑和油污，并使零件具有一定的防锈能力。清洗对轴承、配偶件、密封件、传动件等有配合的表面及有特殊清洗要求的零件尤为重要。清洗的方法有擦洗、浸洗、喷洗和超声波清洗等。常用的清洗液有煤油、汽油、碱液和化学清洗液等。

【参考视频】

2. 连接

将两个或两个以上的零件结合在一起的工作称为连接。连接方式分为可拆连接与不可拆连接两类。

常见的可拆卸连接有螺纹连接、键连接和销连接等。其特点是相互连接的零件可多次拆装且不损坏任何零件，其中以螺纹连接的应用最为广泛。

常见的不可拆卸连接有过盈连接、焊接、铆接等，其特点是连接后就不再拆卸，若要拆卸就会损坏某些零件。过盈连接常用于轴与孔的连接，连接方法有压入法（过盈量不太大时）、热胀法和冷缩法（过盈量较大或重要、精密的机械）。

【参考视频】

3. 校正、调整与配作

在产品的装配过程中，尤其在单件小批生产情况下，某些装配精度要求并非是简单把有关零件连接起来就能达到，还需要进行校正、调整或配作才行，以保证装配精度，提高经济性。

校正就是在装配过程中通过找正、找平及相应的调整工作来确定相关零件的相互位置关系。校正时常用的工具有平尺、角尺、水平仪、光学准直仪，以及相应的检验棒等。

调整就是调节相关零件的相互位置，除配合校正所做的调整之外，还有各运动副间隙，如轴承间隙、导轨间隙、齿轮齿条间隙等的调整。

配作是指配钻、配铰、配刮、配磨等在装配过程中所附加的一些钳工和机加工工作。配钻和配铰要在校正、调整后进行。例如，连接两零件的销钉孔，就必须待两零件的相互位置找正确定后再一起钻铰销钉孔，然后打入定位销钉，这样才能确保其相互位置正确。配刮和配磨的目的是为增加相配表面的接触面积和提高接触刚度。配刮多用于运动副配合表面的精加工，以提高运动精度，也用于提高固定接合面的接触精度。此外，刮削过的表面还有利于润滑油的储存，因而有利于提高零件的耐磨性。因此在机器的装配和修理中经常用到配刮。但刮削生产率低，劳动强度大，应尽量采用"以刨代刮，以磨代刮"。

应当指出，配作是在校正、调整的基础上进行的，只有经过认真的校正调整后才能进行配作。调整、校正、配作虽有利于保证装配精度，但会影响生产率，不利于流水装配作业。

4. 平衡

对于转速高、运转平稳性要求高的机器(如精密磨床、内燃机、电动机等)，为了防止在使用过程中因旋转件质量不平衡产生的离心惯性力而引起振动，装配时必须对有关旋转零部件进行平衡，必要时还要对整机进行平衡。

平衡的方法分静平衡和动平衡，对于长度比直径小很多的圆盘类零件一般采用静平衡，而对于长度较大的零件如机床主轴、电动机转子等则要用动平衡。对不平衡量可用以下方法进行平衡。

(1) 加重法：用补焊、粘接、螺纹连接等方法加配质量。

(2) 减重法：用钻、锉、铣、磨等机械加工方法去除质量。

(3) 调节法：在预制的槽内改变平衡块的位置和数量。

5. 验收与试验

产品装配好后应根据其质量验收标准进行全面的验收和试验，各项验收指标合格后进行涂漆、包装、出厂。这是保证机器质量，避免不合格品出厂，提高企业信誉的有效方法。各类机械产品不同，其验收技术标准也不同，因而验收和试验的方法也就不同。

6.1.3 装配精度与装配尺寸链

1. 装配精度

1) 装配精度概念

装配精度是装配时必须保证的质量指标。它是产品设计时根据使用性能要求确定的，在产品装配图样上注明的技术要求。装配精度是产品装配后实际达到的精度，为保证机器能够持续、稳定的正常工作，装配精度往往高于标准所规定的精度要求。装配精度是制订装配工艺规程的依据，也是确定零件加工精度和选择合理装配方法的依据。

2) 装配精度的内容

装配精度一般包含四方面的内容。

(1) 距离精度：装配后相关零部件间的尺寸精度和间隙。例如，车床床头和尾座两顶尖间的等高度要求，孔和轴之间的配合间隙或过盈量、运动副的间隙要求，如导轨间隙、齿侧间隙等。

(2) 相对位置精度：装配后各零部件间相对位置的准确性。例如，各零部件间的平行度、垂直度和同轴度及跳动要求等。

(3) 相对运动精度：机器有相对运动部件间在运动方向和相对速度上的精度。运动方向上的精度主要是相对运动部件之间的平行度、垂直度等，如车床溜板移动对主轴轴线的平行度。运动速度上的精度是指内传动链的传动精度，如滚齿机主轴（滚刀）与工作台的相对运动精度，车床车螺纹时主轴与刀架移动的相对运动精度等。

（4）接触精度：相互接触或配合表面间的接触面积大小和接触点分布情况与规定值的符合程度，如导轨副的接触情况、齿轮副的接触斑点等要求。

3）装配精度与零件精度的关系

机器是由许多零部件装配而成的，显然装配精度首先取决于相关零件的精度，特别是关键零件的精度。一般情况下，通过合理规定和控制相关零件的加工精度，装配后就能满足产品装配精度的要求。但是当遇到要求较高的装配精度时，如果完全依赖提高零件的制造精度来直接保证，势必增大零件的加工难度，甚至难以实现。实际生产中产品装配精度的保证还取决于装配方法等，通过仔细的校正、调整、配作等办法可消除装配累积误差，装配出高精度的产品。

 应用案例6-1

车床主轴锥孔轴线与尾座套筒锥孔轴线的等高度（A_0）要求很高（0.06mm），如图6.3所示。如果靠控制主轴箱1、尾座2及尾座底板3有关尺寸A_1、A_2、A_3的误差累积不大于0.06mm，是很难加工的，也是很不经济的。在装配时采用修配尾座底板3的工艺措施来保证装配精度。

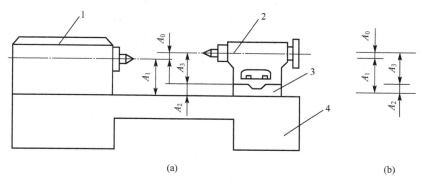

(a)　　　　　　　　　　　　　　(b)

图6.3　主轴与尾座套筒锥孔轴线等高要求

1—主轴箱；2—尾座；3—尾座底板；4—床身

由以上分析可知，零件的加工精度是保证装配精度的基础，但装配精度并不完全取决于零件的加工精度。装配精度的合理保证，应从产品结构设计、零件的加工质量和装配工艺等方面进行综合考虑。如果装配方法不同，对相关零件的精度要求也不同。对于给定的产品，零部件相关尺寸的精度等级和极限偏差可根据装配精度要求和采用的装配方法，通过解算装配尺寸链来确定。

2. 装配尺寸链

1）装配尺寸链概念

在产品或部件的装配中，由相关零件的有关尺寸或相互位置关系所组成的尺寸链称为装配尺寸链。如图6.4所示的孔轴配合关系中，孔径、轴径和配合间隙三者就构成了一条装配尺寸链。

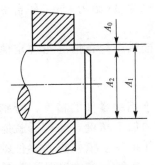

图 6.4 孔和轴的配合尺寸链

从图 6.4 可看出，装配尺寸链由组成环和封闭环组成。组成环同样分为增环和减环，其判断方法与工艺尺寸链相同，装配尺寸链同样具有封闭性和关联性。但装配尺寸链也有其特点：一是装配尺寸链的封闭环就是装配所要保证的装配精度要求。因为在装配前，各相关零件均已加工好，而装配精度要求是装配后才获得的，属于"间接得到"，所以为封闭环。二是组成尺寸链的各尺寸分属于不同的零件或部件。

2）装配尺寸链的建立方法

建立装配尺寸链就是根据封闭环（装配精度），查找组成环（相关零件的设计尺寸），画出尺寸链图，并判别组成环的性质（增环、减环）。建立装配尺寸链是在产品装配图或示意图上进行的，可按以下步骤进行：

（1）明确装配精度要求，从而确定封闭环。

（2）以封闭环两端的那两个零件为起点，沿着装配精度要求的方向，以相邻零件装配基准间的联系为线索，分别找出对该项装配精度有影响的相关零件，直到找到同一个基准零件或同一基准表面为止，关键是要使整个尺寸链封闭。

建立装配尺寸链时应遵循简化和环数最少原则。在保证装配精度的前提下，可忽略那些影响较小的次要因素，以使尺寸链适当简化。与装配精度有关的零件仅以一个尺寸加入尺寸链，组成环的数目等于相关零件个数，使尺寸链组成环的数目最少。

应用案例 6-2

某减速器的齿轮轴组件装配示意图如图 6.5 所示，齿轮轴 1 在左右两个滑动轴承 2 和 5 中转动，两轴承分别压入左箱体 3 和右箱体 4 的内孔，装配精度要求齿轮轴台肩与轴承套端面之间的轴向间隙为 0.2～0.7mm。试建立以轴向间隙为装配精度的尺寸链。

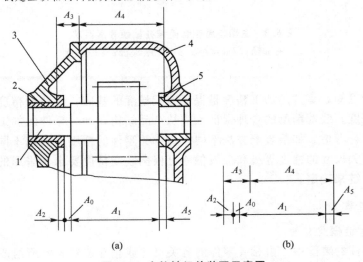

(a)　　　　　　　　(b)

图 6.5 齿轮轴组件装配示意图

1—齿轮轴；2、5—滑动轴承；3—左箱体；4—右箱体

解：(1) 确定封闭环，装配精度要求 0.2～0.7mm，为封闭环。

(2) 查明组成环，直接影响装配精度的零件尺寸及位置关系为组成环，由封闭环一端开始，按顺时针或逆时针方向，查找组成环，最后得到影响装配精度的相关零件的尺寸为 A_1、A_2、A_3、A_4 和 A_5。

(3) 画出装配尺寸链图并判断组成环的性质，可判断出 A_3、A_4 为增环，A_1、A_2、A_5 为减环。

3）装配尺寸链的计算方法

装配尺寸链的计算分为正计算和反计算。已知与装配精度有关的各组成零件的基本尺寸及其偏差，求解装配精度要求(封闭环)的基本尺寸及偏差的计算称为正计算，它用于对已设计的图样进行校核验算。当已知装配精度要求的基本尺寸及偏差，求解与该项装配精度有关的各零部件的基本尺寸及其偏差的计算称为反计算，它主要用于产品设计过程，以确定各零部件的尺寸和加工精度。

装配尺寸链的计算方法有极值法和概率法。极值法是按各组成环误差处于极端情况下来确定封闭环与组成环关系的一种方法。该方法简单可靠，但在封闭环公差较小、组成环数目较多的情况下，各组成环公差可能很小，致使零件加工困难，甚至无法实现。

在大批量生产且组成环数目较多时，可用概率法来计算尺寸链，这样可扩大零件的制造公差，降低制造成本。概率原理表明，在正常情况下加工一批零件时，绝大多数零件尺寸处于平均尺寸左右，只有极少数零件尺寸处于极限值附近，而且一个尺寸链中各零件尺寸恰好都处于极限尺寸的可能性更小。因此，在成批大量生产中，当装配精度要求高且组成环数目又较多时，应用概率法解算尺寸链比较合理，但计算较为复杂。

6.2　机械产品的装配工艺方法

装配尺寸链的计算方法与装配方法密切相关。同一项装配精度要求，采用不同装配方法时，其装配尺寸链的计算方法也不同。在生产实践中，人们根据不同的产品结构、生产类型和装配要求创造了许多巧妙的装配方法，常用的装配方法有互换装配法、选择装配法、修配装配法和调整装配法。

6.2.1　互换装配法

采用互换装配法时，被装配的零件不需作任何挑选或修整就能达到规定的装配精度要求。互换装配法的实质就是直接靠零件的加工精度来保证装配精度。根据零件的互换程度，互换装配法可分为完全互换装配法和不完全互换装配法。

1. 完全互换装配法

在全部产品装配时，各零件不需进行任何挑选或修整就能保证装配精度要求的方法称为完全互换装配法。采取这种方法时，装配尺寸链的求解采用极值法计算公式，即各有关零件的公差之和小于或等于装配允许公差。

完全互换装配法的优点是装配过程简单，生产率高，对装配工人的技术水平要求不高，便于组织流水作业和自动化装配，并且有利于用户维修产品和更换零部件。但是对零件的加工精度要求较高，提高了加工成本。特别是当组成环较多而装配精度要求较高时，会使零件的加工困难甚至无法实现。

完全互换装配法适用于在成批大量生产中组成环数较少的场合，或组成环数虽多但装配精度要求不高的产品装配中。在汽车、拖拉机、缝纫机、自行车及轻工家用产品中应用最为广泛。

 应用案例 6-3

如图 6.6 所示，齿轮组件中齿轮空套在轴上，要求齿轮与挡圈的轴向间隙为 0.1～0.35mm。已知各相关零件的基本尺寸为 $A_1=30$mm，$A_2=5$mm，$A_3=43$mm，$A_4=3_{-0.05}^{0}$mm(标准件)，$A_5=5$mm。试用完全互换装配法确定各组成环的偏差。

解：(1)建立装配尺寸链，如图 6.7 所示。

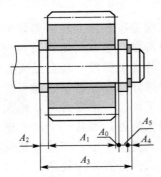

图 6.6　齿轮和轴组件装配图

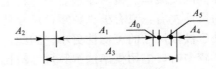

图 6.7　装配尺寸链

依题意，齿轮与挡圈的轴向间隙是装配后间接形成的，为封闭环，$A_0=0_{+0.10}^{+0.35}$mm，封闭环公差 $T_0=0.25$mm。A_3 为增环，A_1、A_2、A_4、A_5 为减环。

(2)确定各组成环的公差。首先按等公差法计算，各组成环平均公差如下：

$$T_m=\frac{T_0}{m}=\frac{0.25}{5}=0.05\text{(mm)}$$

考虑到加工难易程度，将各组成环公差值作适当调整。A_4 为标准件，$A_4=3_{-0.05}^{0}$mm；取 $T_1=0.06$mm，$T_2=0.04$mm，$T_3=0.07$mm；A_5 为一垫片，易于加工测量，故选 A_5 为协调环，则

$$T_5=T_0-(T_1+T_2+T_3+T_4)=0.25-(0.06+0.04+0.07+0.05)=0.03\text{(mm)}$$

(3)确定各组成环的极限偏差。除协调环外各组成环公差按入体原则标注。

$$A_1=30_{-0.06}^{0}\text{mm}，A_2=5_{-0.04}^{0}\text{mm}，A_3=43_{0}^{+0.07}\text{mm}$$

(4)利用极值法计算协调环的偏差：

$$EI_{A_5}=ES_{A_3}-ES_{A_0}-EI_{A_1}-EI_{A_2}-EI_{A_4}=0.07-0.35-(-0.06)-(-0.04)-(-0.05)=-0.13\text{ (mm)}$$
$$ES_{A_5}=EI_{A_5}+T_5=-0.13+0.03=-0.10\text{ (mm)}$$

所以协调环

$$A_5=5_{-0.13}^{-0.10}\text{mm}$$

---

2. 不完全互换装配法

不完全互换装配法是指在绝大多数产品装配时，各零件不需进行挑选或修整就能保证装配精度要求的装配方法。这种方法的尺寸链计算采用概率法，故又称为统计互换装配法。当各组成环尺寸呈正态分布时，各有关零件公差值的平方之和的平方根小于或等于装配允许公差，即

$$T_0 = \sqrt{\sum_{i=1}^{m} T_i^2}$$

不完全互换装配法所确定的各组成环公差比完全互换装配法的公差大些，使零件加工更容易。这样在装配时，大部分产品都能达到规定的技术要求，然而有极少数产品的装配精度可能超差（也称为大数互换法）。在生产中应采取适当的工艺措施，以避免个别的不合格品。不完全互换装配法适用于大批量生产中装配精度要求较高而组成环又较多的场合。

 应用案例 6-4

如图 6.6 所示，齿轮组件中齿轮空套在轴上，要求齿轮与挡圈的轴向间隙为 0.1～0.35mm。已知各相关零件的基本尺寸为 $A_1 = 30$mm，$A_2 = 5$mm，$A_3 = 43$mm，$A_4 = 3_{-0.05}^{\ 0}$mm（标准件），$A_5 = 5$mm，各尺寸呈正态分布且分布中心与公差带中心重合。试用不完全互换法来确定各组成环的偏差。

解：（1）建立装配尺寸链，如图 6.7 所示。

$A_0 = 0_{+0.10}^{+0.35}$mm 为封闭环，公差 $T_0 = 0.25$mm；A_3 为增环，A_1、A_2、A_4、A_5 为减环。

（2）确定各组成环的公差。首先按等公差法计算，各组成环的平均公差如下：

$$T_m = \frac{T_0}{\sqrt{m}} = \frac{0.25}{\sqrt{5}} \approx 0.11 \text{(mm)}$$

与极值法得到的平均公差相比，T_m 放大了 $\sqrt{5}$ 倍，更有利于组成环零件的制造。

考虑到加工难易程度，将各组成环公差值作适当调整。A_4 为标准件，$A_4 = 3_{-0.05}^{\ 0}$mm，$T_4 = 0.05$mm；取 $T_1 = 0.14$mm，$T_2 = 0.08$mm，$T_3 = 0.16$mm；仍选 A_5 作协调环，其公差如下：

$$T_5 = \sqrt{T_0^2 - (T_1^2 + T_2^2 + T_3^2 + T_4^2)} = \sqrt{0.25^2 - (0.14^2 + 0.08^2 + 0.16^2 + 0.05^2)} \approx 0.09 \text{(mm)}$$

（3）确定各组成环的极限偏差。除协调环外各组成环公差按入体原则标注。

$$A_1 = 30_{-0.14}^{\ 0} \text{mm}, \quad A_2 = 5_{-0.08}^{\ 0} \text{mm}, \quad A_3 = 43_{\ 0}^{+0.16} \text{mm}, \quad A_4 = 3_{-0.05}^{\ 0} \text{mm}$$

为便于计算协调环 A_5 的上、下偏差，可从中间偏差入手。封闭环的中间偏差等于所有增环的中间偏差之和减去所有减环的中间偏差之和，即

$$\Delta_0 = \sum_{i=1}^{n} \vec{\Delta}_i - \sum_{i=n+1}^{m} \overleftarrow{\Delta}_i$$

各环的中间偏差为

$$\Delta_i = \frac{\text{ES}_i + \text{EI}_i}{2}$$

所以协调环的中间偏差 Δ_5 为

$$\Delta_5 = \Delta_3 - (\Delta_1 + \Delta_2 + \Delta_4 + \Delta_0) = 0.08 - (-0.07 - 0.04 - 0.025 + 0.225) = -0.01 \text{(mm)}$$

协调环的上、下偏差为

$$\text{ES}_{A_5} = \Delta_5 + \frac{T_5}{2} = -0.01 + \frac{0.09}{2} = 0.035 \text{(mm)}$$

$$\text{EI}_{A_5} = \Delta_5 - \frac{T_5}{2} = -0.01 - \frac{0.09}{2} = -0.055 \text{(mm)}$$

所以，协调环为

$$A_5 = 5_{-0.055}^{+0.035} \text{mm}$$

6.2.2　选择装配法

在成批或大量生产中，对于某些装配精度要求很高而组成环又较少的尺寸链，若用互

换装配法将使零件的加工很困难，此时可采用选择装配法。选择装配法就是将尺寸链中组成环零件的公差放大到经济可行的程度，然后从中选择合适的零件进行装配，以达到规定的装配精度要求。使用此法进行装配，可在不增加零件制造难度和费用的情况下，使装配精度提高。

在实际生产中选择装配法常用的有两种形式：直接选配法和分组装配法。

1. 直接选配法

所谓直接选配就是由工人直接从加工好的零件中选择合适的零件来装配。一个不合适再换另一个，直到满足装配技术要求为止。例如，在柴油机活塞组件装配时，为了避免机器运转时活塞环在环槽内卡住，可以凭感觉直接挑选易于嵌入环槽的合适尺寸的活塞环。

这种方法的优点是不需要预先将零件分组，免去了保管上的麻烦，但挑选配套零件的时间较长，因而装配工时较长，而且装配质量在很大程度上取决于装配工人的经验和技术水平。因此，不利于实现流水作业和自动装配，不适合用于生产节拍要求较严的大批量流水线装配。

2. 分组装配法

分组装配法是把组成环零件的尺寸公差放大到经济精度进行加工，然后测量组成环的实际尺寸并按放大倍数分成若干组，装配时被装零件按对应组号进行装配，大的配大的，小的配小的，达到较高的装配精度要求。由于同组内零件具有互换性，故这种方法又称为分组互换法。

采用分组装配法时应注意以下几点：

（1）分组后各组的配合性质、精度应符合原设计要求，所以各组成环的公差应相等。

（2）公差放大的倍数应与分组数相同，配合件的公差要同方向放大。

（3）相配件应具有完全相同的尺寸分布曲线，以保证各组内配合件的数量尽可能相等，形成配套。

（4）分组数不宜过多，只要公差放大到经济精度即可，否则，装配组织工作将变得较为复杂。

分组装配法的优点是零件的制造精度不高，但却可获得很高的装配精度；组内零件可以互换，装配效率高。不足之处是增加了零件测量、分组、储存、运输的工作量。分组装配法适用于大批量生产中装配精度要求特别高、组成环数少的部件装配，如精密偶件的装配，滚动轴承的装配等。

 应用案例 6-5

如图 6.8 所示的汽车发动机活塞销与活塞销孔的配合要求很高，冷态装配时要求过盈量为 0.0025～0.0075mm，即封闭环 $A_0 = 0^{+0.0075}_{+0.0025}$ mm，$T_0 = 0.005$mm。若按极值法计算，可得各环的平均公差 $T_m = 0.0025$mm，活塞销 $d = \phi 28^{0}_{-0.0025}$ mm，销孔 $D = \phi 28^{-0.0050}_{-0.0075}$mm。制造这样精确的销和销孔是很困难的，也是不经济的。现采用分组互换法进行装配，试确定活塞销孔与活塞销直径分组数目和分组尺寸。

解： 将孔和销的公差向同方向放大四倍，得 $D = \phi 28^{-0.005}_{-0.015}$ mm，轴径 $d = \phi 28^{0}_{-0.010}$ mm，上偏差都没有变动，放大了下偏差，这样活塞销可用无心磨，活塞销孔可用金刚镗的方法加工。加工后用精密量具进行测量，再按销和销孔的实测尺寸从大到小分成四组，分别涂上不同颜色以便区分，见表 6-1。装配时让具有相同颜色标记的销和销孔相配,即让大销子配大销孔,小销子配小销孔,保证达到设计的装配精度要求。

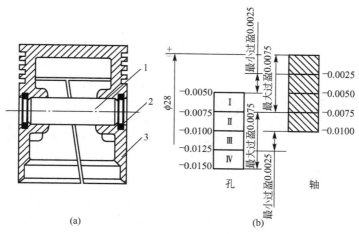

图 6.8　活塞与活塞销的装配关系

1—活塞销；2—挡圈；3—活塞

表 6-1　活塞销与活塞销孔的分组尺寸　　　　　　　（单位：mm）

组别	活塞销直径	活塞销孔直径	最小过盈	最大过盈	标志颜色
1	$\phi 28_{-0.0025}^{0}$	$\phi 28_{-0.0075}^{-0.0050}$			红
2	$\phi 28_{-0.0050}^{-0.0025}$	$\phi 28_{-0.0100}^{-0.0075}$	0.0025	0.0075	黄
3	$\phi 28_{-0.0075}^{-0.0050}$	$\phi 28_{-0.0125}^{-0.0100}$			绿
4	$\phi 28_{-0.0100}^{-0.0075}$	$\phi 28_{-0.0150}^{-0.0125}$			白

6.2.3　修配装配法

各组成环零件均按经济精度进行加工,装配时产生的累积误差通过修配预先选取的某一组成环(称为修配环或补偿环)来解决,使之达到规定的装配精度要求,这一装配方法称为修配装配法。通常选取拆卸方便、易于修配加工且对其他尺寸链没有影响的零件作为修配环。

修配装配法能用精度不高的零件装配出高精度的产品,装配经济性好;但增加了修配工作量,生产效率较低,不利于组织流水作业和自动装配,而且装配精度与装配工人的技术水平关系较大。因此修配装配法常用于单件小批生产中装配精度要求较高、组成环较多的场合。

6.2.4　调整装配法

调整装配法与修配装配法相似,也是将装配尺寸链中各组成环按照经济加工精度来制造的,由此造成过大的累积误差则通过装配时对某个环的位置进行调整或更换某个零件的办法来消除,通过调整补偿,以满足装配精度要求。与修配装配法相比,调整装配法较方便,花费的时间较少,可用于节拍不是很严格的流水线装配;但是在结构上需增加调整机构或调整件，增加了结构复杂程度。根据调整方法的不同，将调整装配法分为可动调整法和固定调整法。

1. 可动调整法

可动调整法是通过改变调整件的位置来满足装配精度要求的。如图 6.9 所示的数控机床滚珠丝杠的间隙调整机构，滚珠螺母 2 和 5 均由平键 1 限制其转动，调整时松开锁紧螺母 4，拧动调整螺母 3 即可使滚珠螺母 5 产生轴向移动，从而消除丝杠螺母的间隙。此法在调整过程中不需拆卸零件，调整方便，能获得较高的装配精度。此外，当产品在使用过程中因某些零件的磨损而使装配精度下降时，可通过适当的调整来恢复原来的精度。因此，可动调整

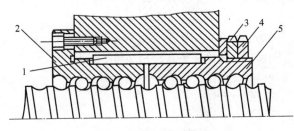

图 6.9 可动调整机构
1—平键；2、5—滚珠螺母；
3—调整螺母；4—锁紧螺母

法在实际生产中应用较广泛。

2. 固定调整法

按一定的尺寸间隔级别制造一套调整件，装配时从中选择合适的调整件装入结构以满足装配精度要求，这种方法称为固定调整法。固定调整法多用于大批量生产中，在装配尺寸链中选择或加入一个结构简单的零件如垫片、垫圈、隔套等作为调节环，预先将该零件做成不同尺寸，装配时根据实测空隙的大小，选用合适的调节零件装到空隙中去，从而保证所需要的装配精度。

当产量大、装配精度要求高时，调整件还可以采用多件组合的方式。例如，预先将调整垫做成不同的厚度（如 1mm、2mm、3mm、5mm、10mm 等），再制作一些薄金属片（如 0.01mm、0.02mm、0.05mm、0.10mm 等），装配时把不同厚度的垫片拼成所需的尺寸，以满足装配精度的要求。这种调整装配方法比较灵活，它在汽车、拖拉机生产中广泛应用。

综上所述，各种装配方法各有特点，究竟选择哪种方法，要综合考虑生产类型、产品结构特点、装配精度要求及具体生产条件等因素。装配方法的选择通常在产品设计阶段就应确定，因为只有装配方法确定后，通过尺寸链的解算，才能合理地确定各个零部件在加工和装配中的技术要求，如各零件的尺寸及偏差，预留修配量、调节量，预设调整机构等。选择装配方法的一般原则见表 6-2。

表 6-2 常用装配方法及其适用范围

装配方法	工艺特点	适用范围
完全互换法	①配合件公差之和小于或等于规定装配公差；②装配操作简单，便于组织流水作业和维修工作	大批量生产中零件数较少、零件可用加工经济精度制造时，或零件数较多但装配精度要求不高的情况
大数互换法	①配合件公差平方和的平方根小于或等于规定的装配公差；②装配操作简单，便于流水作业；③会出现极少数超差件	大批量生产中零件数较多、装配精度有一定要求，零件加工公差较完全互换法可适当放宽

（续）

装 配 方 法	工 艺 特 点	适 用 范 围
分组装配法	①零件按尺寸分组，将对应尺寸组零件装配在一起；②零件误差较完全互换法可以增大数倍	适用于大批量生产中零件数少、装配精度要求较高又不便采用其他调整装置的场合
修配法	预留修配量的零件，在装配过程中通过手工修配或机械加工，达到装配精度要求	用于单件小批生产中装配精度要求高的场合
调整法	装配过程中调整零件之间的相互位置，或选用尺寸分级的调整件，以保证装配精度	可动调整法多用于对装配间隙要求较高并可以设置调整机构的场合；固定调整法多用于大批量生产中零件数较多、装配精度要求较高的场合

6.3　装配工艺规程设计基础

6.3.1　装配工艺规程概念

机器装配工艺规程与零件机械加工工艺规程一样，都是工厂用以组织和指导生产的重要工艺文件。装配工艺规程是用文件、图表等形式，把装配内容、顺序、操作方法，以及检验项目、所需设备和工具、时间定额、试验内容等规定下来，作为指导装配工作和组织装配生产的依据。

装配工艺规程不仅是指导装配作业的技术文件，也是制订装配生产计划和技术准备的主要依据。对于设计或改建一个机器制造厂，它是设计装配车间的基本文件之一。装配工艺规程在保证产品质量、提高装配生产效率、减轻工人劳动强度、降低生产成本等方面，具有重要的意义。

6.3.2　制订装配工艺规程的基本原则和原始资料

1. 制订装配工艺规程的基本原则

（1）保证产品装配质量，尽量做到以较低的零件加工精度来满足装配精度要求，并力求较高的精度储备，以延长产品的使用寿命。

（2）合理安排装配工序，尽量减少手工装配工作量，缩短装配周期，提高装配效率。

（3）尽量减少装配占地面积，力求降低装配成本。

2. 制订装配工艺规程的原始资料

拟定装配工艺规程时，必须根据产品的特点和要求、生产规模和工厂具体情况来进行，不能脱离实际。因此，必须掌握足够的原始资料。

1）产品图样

产品图样应能清楚地表达所有零部件间的连接情况、重要零部件的联系尺寸、配合件间的配合性质及精度、装配技术要求，以及零件的明细、材料及质量。通过对产品总装图、部装图和主要零件图的分析，了解产品各部分的结构特点、用途和工作性能，了解各零件的工作条件及零件间的配合要求，从而在装配工艺规程拟定时，采用有效措施，使之完全达到图样要求。分析装配图还可以发现产品结构的装配工艺性是否合理，并提出改进产品设计的要求。这也是选择装配方法，确定装配顺序，以及选择设计起吊运输设备的依据。

2）产品的技术性能

产品的技术性能是制订检验、试验规范的主要依据，产品的验收技术条件是机器装配中必须保证的。熟悉验收技术条件，以便采取有效的措施，使制订的装配工艺规程达到预定的装配质量要求。

3）生产纲领

生产纲领是选择装配生产组织形式的主要依据。

4）现有生产条件

现有生产条件包括本厂现有的装配设备和工艺装备、工人技术水平、车间作业面积及工时定额标准等。

生产纲领和工厂条件，决定了装配组织形式、装配方法及采用的装配工具等。

6.3.3 装配工艺规程的内容及制订步骤

装配工艺规程包含以下几个方面内容：

（1）确定装配顺序和装配方法。

（2）确定装配的组织形式。

（3）划分装配工序和规定工序内容。

（4）选择装配过程中所需的设备和工夹具。

（5）确定质量检查方法及使用的检验工具。

（6）确定所需的工人等级和工时定额。

掌握了必要的原始资料后，就可以着手进行装配工艺规程的拟定工作。拟定装配工艺规程的步骤大致如下。

1. 研究产品装配图和技术要求

从产品装配图和技术要求中了解机器的结构特点，查明尺寸链和确定装配方法（即选择解尺寸链的方法），主要从两方面着手。

（1）读图：弄明白产品或部件的具体结构、组成；各零件的装配关系和连接方法；装配精度要求及用什么方法来保证这些要求。

（2）审图：通过结构工艺性分析，看产品结构是否便于拆装、调试和维修；对装配精度要求进行必要的精度校核。审图中若发现问题应及时与设计人员协商解决。

2. 确定装配的生产组织形式

装配的生产组织形式主要取决于生产规模、装配过程的劳动量和产品的结构特点等因素。装配工作组织的好坏对装配效率、装配周期均有很大影响。应根据产品的结构特点、精度及生产纲领等因素合理确定装配的组织形式。目前，装配的生产组织形式主要有两种，即固定式装配和移动式装配。

1）固定式装配

固定式装配是指全部工序都集中在一个工作地点（装配位置）进行。这时装配所需的零部件全部运送到该装配位置。固定式装配又可分为按集中原则进行和按分散原则进行两种方式。

（1）按集中原则进行的固定式装配。全部装配工作都由一组工人在一个工作地点上完成。由于装配过程有各种不同的工作，所以这种组织形式要求工人的技术水平较高，生产面积较大，装配周期一般也较长。因此，这种装配组织形式适用于单件小批生产的大型设备、试制产品及修理车间等的装配工作。

（2）按分散原则进行的固定式装配。把装配过程分为部件装配和总装配，各个部件分别由几组工人同时进行装配，而总装配则由另一组工人完成。这种组织形式的特点是工作分散，因为有较多的工人同时进行装配，使用的专用工具较多，装配工人能得到合理分工，实现专业化，技术水平和熟练程度容易提高。所以，装配周期可缩短，并能提高生产率。因此，在单件小批生产条件下，也应尽可能地采用按分散原则进行的固定式装配。当生产批量大时，这种装配方式可分成更细的装配工序，每个工序需一个工人或一组工人来完成。这时工人只完成一个工序的同样工作，并从一个装配台转移到另一个装配台。这种产品（或部件）固定在一个装配位置而工人流动的装配形式称为固定式流水装配，或称为固定装配台的装配流水线。

2）移动式装配

移动式装配是指所装配的产品（或部件）不断地从一个工作地点移到另一个工作地点，在每一个工作地点重复地进行某一固定的工序，在每一个工作地点都配备有专用的设备和工夹具；根据装配顺序，不断地将所需要的零件及部件运送到相应的工作地点，这种装配方式称为装配流水线。

根据产品移动方式不同，移动式装配可分为下列两种形式：

（1）自由移动式装配。其特点是，装配过程中产品是用手推动（通过小车或辊道）或用传送带和起重机来移动的，产品每移动一个位置，即完成某一工序的装配工作。

在拟定自由移动式装配工艺规程时，装配过程中的所有工序都按各个工作地点分配，并尽量使在各个工作地点所需的装配时间相等。这种装配方式，在中型柴油机的成批生产中广泛采用。

（2）强制移动式装配。其特点是，装配过程中产品由传送带或小车强制移动，产品的装配直接在传送带或小车上进行。它是装配流水线的一种主要形式。强制移动式装配在生产中又有两种不同的形式：一种是连续移动式装配，装配工作在产品移动过程中进行；另一种是间歇移动式装配，传送带按装配节拍的时间间隔定时移动。这种装配方式，在小型柴油机大量生产中广泛采用。

3. 划分装配单元，确定装配顺序

1）划分装配单元

划分装配单元就是把产品划分为部件、组件、套件等可以独立装配的单元，这是制订装配工艺规程中最重要的一项工作，这对于大批量生产结构复杂的产品尤为重要。只有将产品合理地划分成独立的装配单元后，才能安排装配顺序和划分装配工序，组织装配工作的平行、流水作业。

2) 选择装配基准件

无论哪一级装配单元，都要先选定一个零件或比它低一级的装配单元作为装配基准件。装配基准件通常应是产品的基体或主干零部件，应有较大的体积和质量，有足够大的支承面以保证装配时的稳定性。例如，主轴是主轴组件的装配基准件，床身部件是整台机床的装配基准件。

3) 确定装配顺序

划分好装配单元并选定装配基准件后，即可安排装配顺序。确定装配顺序的一般原则：预处理工序在前，先下后上，先里后外，先难后易，先精密后一般。

为了清晰地表示装配顺序，常用装配系统图(图 6.10)来表示。该图是产品装配中的主要文件之一，是划分装配工序的依据。对于单件小批生产或结构较简单、零部件较少的产品，常用此图来指导产品装配而不另外编写装配工艺卡。对于较复杂的产品，可分别绘制各装配单元的装配系统图，再根据此图进一步制订装配工艺卡。产品的装配系统图画法如下：

(1) 先画一条横线，横线左端是表示装配基准件的长方格，右端是表示装配后成品的长方格。

(2) 按装配顺序从左向右依次引入需装入基准件的装配单元，表示零件的长方格画在横线的上方，表示套件、组件和部件的长方格画在横线的下方。在每个长方格内填写装配单元的名称、编号和件数。装配单元的编号必须和装配图中的编号一致。

(3) 在适当的位置加注必要的工艺说明，如焊接、配刮、配钻、攻螺纹、检验、热压等。

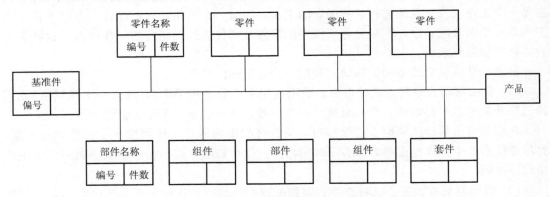

图 6.10　装配系统图

4. 划分装配工序

装配顺序确定后，还要将装配过程划分成若干个装配工序，其主要工作如下：

(1) 明确工序集中与分散程度，划分装配工序，确定工序内容。

(2) 确定各工序所用设备和工装，如需专用设备和工装，需提交设计任务书。

(3) 制订各工序装配操作规范，如过盈配合的压入力、热胀法装配的温度、紧固螺栓的预紧扭矩等。

(4) 制订各工序装配质量要求及检测方法等。

(5) 确定各工序的时间定额，平衡各工序的装配节拍。

5. 编制装配工艺文件

单件小批生产时，通常只绘制装配系统图。装配时按产品装配图及装配系统图工作。

成批生产时，通常还制订部件及总装的装配工艺卡，在工艺卡上写明工序顺序、简要工序内容、所需设备、工装名称及编号、工时定额等。重要工序则应制订相应的装配工序卡。

大批量生产中，不仅要制订装配工艺卡，还要制订详细的装配工序卡，以便指导工人进行装配操作。此外，还应按产品的装配要求，制订检验卡、试验卡等工艺文件。

6.4 三维装配工艺设计简介

随着机械产品复杂程度的增加，对装配技术提出了更高的要求，制造企业对数字化装配技术的需求越来越迫切。数字化装配技术的研究始于 20 世纪 90 年代，在美国、日本、德国等国家已经得到广泛应用，在我国正处于起步到深化阶段，发展迅猛。随着制造业信息化技术在企业的推广应用，基于产品三维模型的装配工艺技术将成为 CAPP 技术的重要发展方向并在制造业内得到普及。

6.4.1 三维装配工艺设计的概念及特点

三维装配工艺设计是将传统的装配工艺设计中所体现的内容通过计算机手段以虚拟仿真的形式表达出来的一种三维 CAPP 技术。该技术基于产品的三维模型，利用软件平台、信息技术、人工智能技术和虚拟仿真技术来规划和仿真产品的装配设计过程，并指导现场生产。

传统的装配工艺主要通过文字和二维工程简图来描述装配流程，工艺设计过程烦琐，装配指导文件依然是二维文档。装配制造过程大多仍采用手工作业模式，装配工人在现场工作需要翻阅大量的图纸和工艺文件，对装配工人识图能力要求较高，难免错装、漏装，造成装配质量问题，影响装配周期。

三维装配工艺设计可以帮助用户完成复杂产品的完整装配过程，根据装配线的工位配置定义装配的每个步骤、装配清单和工艺装备等，并通过装配仿真验证装配工艺的合理性，提前发现装配问题，优化装配设计方案，降低成本，提高装配质量和装配效率。同时三维工序简图形象直观，易于理解，降低对装配工人的技能要求，人工成本可以得到有效控制。可视化装配过程还可以形成动态、直观的产品维修手册和用户培训教材，提升客户满意度。

6.4.2 KM3DAST 软件的主要功能

KM3DAST(KM 3D CAPP for Assembly)是武汉开目信息技术股份有限公司的商业化三维装配工艺规划软件。该软件结合中国制造业企业装配工艺应用实情，基于三维 CAD 产品模型，帮助企业实现三维装配过程可视化的规划、仿真和验证，并可以发布电子信息到装配车间指导现场装配生产，系统提供了功能强大的集成接口，通过插件 KM3DAST 能够轻松地集成到 CAPP、PDM、MES 等软件中，实现企业各信息化工具间的数据交换和共享，打通设计、工艺、制造信息流，从而有效帮助企业提高装配效率，增强企业对市场的快速反应能力。该软件典型界面如图 6.11 所示，功能架构如图 6.12 所示，主要包括设计数据继承和转换模块、装配结构调整模块、工艺规划模块、详细工序设计模块、装配仿真模块、工艺输出模块。通过操作这些功能模块，可以完成产品的装配过程并输出装配工艺文件。

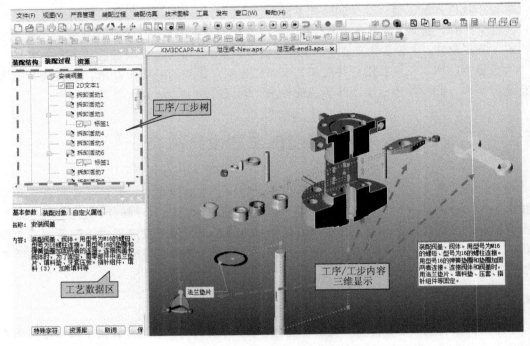

图 6.11　KM3DAST 软件界面

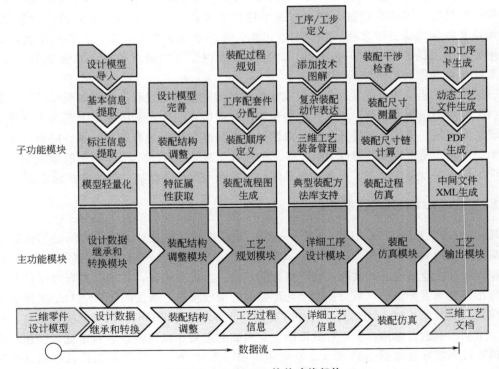

图 6.12　KM3DAST 软件功能架构

6.4.3 三维装配工艺设计的基本流程

1. 设计数据继承和转换

将三维 CAD 设计模型导入，转换为统一的轻量化模型文件，并通过装配结构的管理，生成满足产品装配工艺性要求的产品装配结构，为后续装配过程规划服务。转换的对象包括 Creo、UG、CATIA、SolidWorks、Inventor 等格式文件的导入。轻量化处理降低了对计算机性能的要求，用轻量化模型可以大大加快计算速度，改进操作性能，使配置过程设计的操作更流畅。

2. 装配结构调整

系统提供标准件/紧固件配套添加，可快速完善模型，如图 6.13 所示；还可添加电线电缆实体模型，如电线、电缆、线束、排线、螺旋线、套管等，如图 6.14 所示；还能进行产品结构层次关系调整，产品零部件添加、更新、删除，设置零件颜色和零部件排序，如图 6.15 所示。

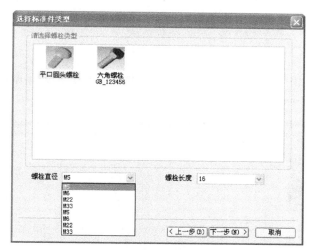

图 6.13 标准件选择

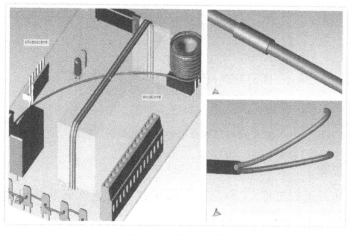

图 6.14 添加电缆

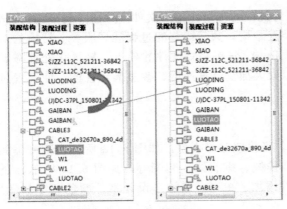

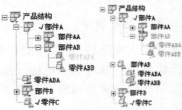

(a) 拖拽式工艺BOM调整　　　　(b) 从子装配拆离零件

图 6.15　装配结构调整

3. 工艺规划

利用工艺规划模块可实现装配过程规划，工序配套件分配，装配顺序定义和生成装配流程图，如图 6.16 所示。

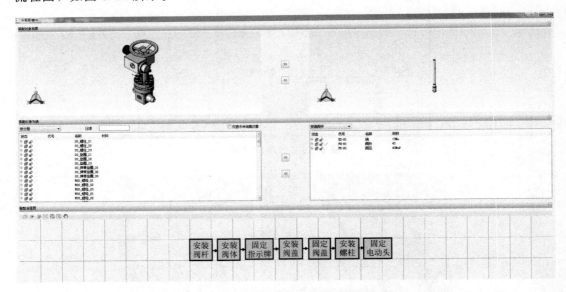

图 6.16　工序配套件分配及装配流程图

4. 详细工序设计

详细工序设计可进行工序/工步定义，添加技术图解，复杂装配动作表达，三维工艺装备管理和典型装配方法库支持。其中工序/工步定义如图 6.17 所示，添加技术图解如图 6.18 所示。复杂装配动作表达可实现焊接、涂胶/注油活动、变形件活动和三维布线等。

焊接活动如图 6.19 所示。变形件活动可轻易实现 O 形圈、开口弹簧垫圈、开口销等复杂的变形动作。三维工艺装备管理可实现工具、夹具、量具等工艺装备的可视化定义、引入、安装及定义这些装备的活动(如拆卸产品零部件)等，如图 6.20、图 6.21 所示。

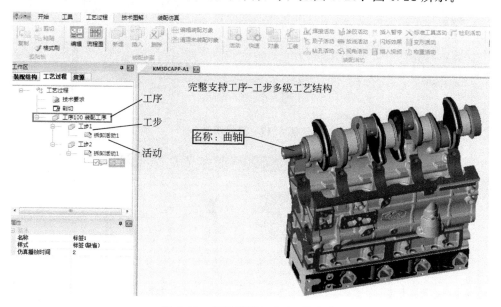

图 6.17　复杂装配工序/工步定义

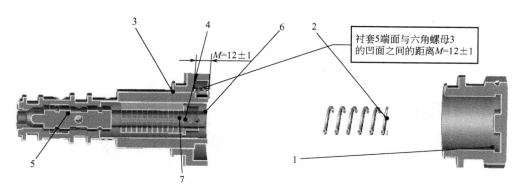

序号	代号	名称	数量
1	2703.035-1	螺帽	1
2	2703.038-3	弹簧	1
3	2703.036	六角螺母	1
4	2703.034	弹簧座	1
5	2703.032	衬套	1
6	2706.009	活门	1
7	2703.046	衬套温度补偿片	17

图 6.18　添加技术图解(标签注释)

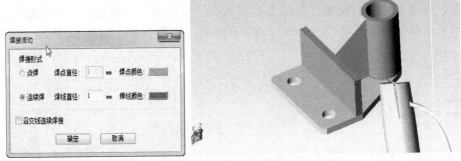

图 6.19 焊接活动

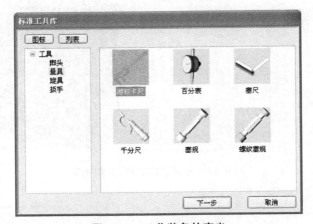

图 6.20 工艺装备的定义

图 6.21 工艺装备的装/卸活动

5. 装配仿真

完成了产品的完整装配过程定义后,可以通过装配仿真功能,模拟装配的实际效果,采用可视化的方式,通过装配工艺性评价功能,检验装配过程的合理性。该模块可实现动态干涉检查/实时干涉检查、装配尺寸测量、装配尺寸链解算和装配过程仿真。干涉检查用于检验当前装配活动中所有的活动对象相对于本装配步骤中除活动对象之外的全部或部分装配对象之间是否发生干涉,系统提供了各种干涉检查选项,包括干涉步长、干涉精度、干涉时是否停止、干涉时是否加亮显示等。装配干涉检验如图 6.22 所示。装配尺寸测量是在装配过程中对装配零部件的尺寸、零部件之间的尺寸等装配关系的表达,也是装配精度的检测手段之一。装配尺寸链的计算是将用户选定的零件，根据封闭环表达方式、增环/减环的尺寸及公差的设置，自动计算出尺寸链的封闭环。装配尺寸链的建立和计算为选择合理的装配方法和确定零件的加工精度提供了数据基础。装配过程仿真是采用三维可视化技术再现装配实际过程，并提供仿真动画输出，从而降低对装配工人的技能要求，控制人工成本。

干涉检查设置
检查点列表
干涉检查计算的密度
1
毫米(度)
干涉检查的精度
0
单位体积
开始干涉检查计算(非仿真播放模式)
提示：此时可以通过装配过程树的右键菜单进行配置列表的添加操作。
仿真播放干涉检查选项
检查到有干涉时停止
加亮干涉部分
零部件
阀杆
阀体
阀芯
阀座
阀座垫片
套筒
销
工艺装备
干涉检查对象组1
套筒
干涉检查对象组2
阀座
阀座垫片
仅列出本步骤内的所有装配零部件和工艺装备
确定
取消

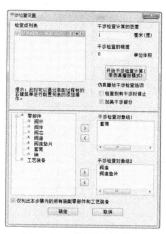

图 6.22 装配干涉检验

6. 工艺输出

通过工艺输出模块输出各种工艺文件用于指导生产，如轻量化 3D 工艺文件、3D 装配工艺卡片(图 6.23)、二维作业指导书(图 6.24)、AVI 视频、PDF 文档、信息文件等。

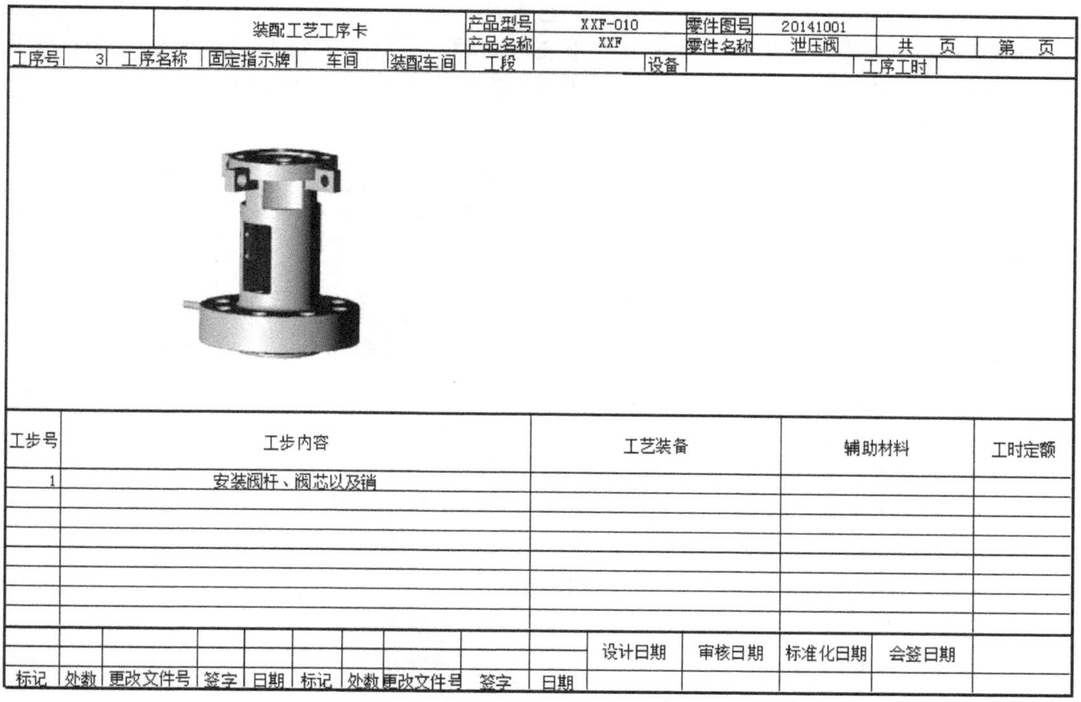

装配工艺工序卡
产品型号
XXF-010
零件图号
20141001
产品名称
XXF
零件名称
泄压阀
共 页
第 页
工序号
3
工序名称
固定指示牌
车间
装配车间
工段
设备
工序工时
工步号
工步内容
工艺装备
辅助材料
工时定额
1
安装阀杆、阀芯以及销
设计日期
审核日期
标准化日期
会签日期
标记
处数
更改文件号
签字
日期
标记
处数
更改文件号
签字
日期

图 6.23 3D 装配工艺卡片

QJ903.18 6格式1

3405厂		装配配套明细表卡片		产品代号		零、部、组(整)件代号	零、部、组(整)件名称	工艺文件编号

更改标记	工序号	序号	代号	名称或牌号	数量	单位	备注	工序号	序号	代号	名称或牌号	数量	单位	备注
	5	1	FG-01	阀杆	1			20	19		16_螺柱_02	1		
	5	2	FX-01	阀芯	1			20	20		M16_螺母_01	1		
	5	3	XZ-01	销	1			20	21		M16_螺母_02	1		
	10	4		阀体	1			20	22		法兰垫片	1		
	10	5		阀座	1			20	23		键	1		
会签	10	6		阀座垫片	1			20	24		填料垫	1		
	10	7		套筒	1			20	25		填料垫	1		
	15	8		M4_螺钉_01	1			20	26		填料组-1	1		
	15	9		M4_螺钉_02	1			20	27		填料组-2	1		
	15	10		M4_螺母_01	1			20	28		压盘	1		
	15	11		M4_螺母_02	1			20	29		压套	1		
	15	12		阀盖	1			25	30		指针组件	1		
	15	13		指示牌	1			25	31		33_弹簧垫圈_01	1		
	20	14		16_弹簧垫圈_01	1			25	32		33_弹簧垫圈_02	1		
	20	15		16_弹簧垫圈_02	1			25	33		33_弹簧垫圈_03	1		
	20	16		16_垫圈_01	1			25	34		33_弹簧垫圈_04	1		
	20	17		16_垫圈_02	1			25	35		33_弹簧垫圈_05	1		
	20	18		16_螺柱_01	1			25	36		33_弹簧垫圈_06	1		

	编制		标审		阶段标记	
	校对					
更改标记	更改单号	签名	日期	审核	批准	共15页 第3页

第2页

图 6.24 二维作业指导书

总之，采用基于产品模型的三维装配工艺设计系统可以有效地管理工艺数据，规划及优化装配路线，仿真可视化装配过程及规避装配问题，有助于控制和管理装配现场，增强企业对装配过程和装配质量的控制能力，从而提高生产率和产品质量稳定性。

习　　题

一、选择题

1. 装配系统图表示(　　)。
    A. 装配过程　　　　B. 装配系统组成　　　C. 装配系统布局　　　D. 机器装配结构
2. 一个部件可以有(　　)基准零件。
    A. 一个　　　　　　B. 两个　　　　　　　C. 三个　　　　　　　D. 多个
3. 汽车、拖拉机装配中广泛采用(　　)。
    A. 完全互换法　　　　　　　　　　　　B. 大数互换法
    C. 分组选配法　　　　　　　　　　　　D. 修配法
4. 高精度滚动轴承内外圈与滚动体的装配常采用(　　)。
    A. 完全互换法　　　　　　　　　　　　B. 大数互换法
    C. 分组选配法　　　　　　　　　　　　D. 修配法
5. 机床主轴装配常采用(　　)。
    A. 完全互换法　　　　　　　　　　　　B. 大数互换法

　　　　C. 修配法　　　　　　　　　　　　D. 调节法

6. 装配尺寸链组成的最短路线原则又称为(　　　)原则。

　　A. 尺寸链封闭　　　　　　　　　　B. 大数互换

　　C. 一件一环　　　　　　　　　　　D. 平均尺寸最小

7. 修配装配法通常按(　　　)确定零件公差。

　　A. 经济加工精度　　　　　　　　　B. 零件加工可能达到的最高精度

　　C. 封闭环　　　　　　　　　　　　D. 组成环平均精度

8. 装配的组织形式主要取决于(　　　)。

　　A. 产品重量　　　　　　　　　　　B. 产品质量

　　C. 产品成本　　　　　　　　　　　D. 生产规模

9. "固定调整法"是采用(　　　)来保证装配精度的。

　　A. 更换不同尺寸的调整件　　　　B. 改变调整件的位置

　　C. 调整有关零件的相互位置　　　D. 修配有关零件尺寸

10. "分组装配法"装配适用于(　　　)场合。

　　A. 高精度少环尺寸链　　　　　　B. 低精度少环尺寸链

　　C. 高精度多环尺寸链　　　　　　D. 低精度多环尺寸链

二、判断题

1. 零件是机械产品装配过程中最小的装配单元。　　　　　　　　　　　　　　(　　)

2. 套件在机器装配过程中不可拆卸。　　　　　　　　　　　　　　　　　　(　　)

3. 过盈连接属于不可拆卸连接。　　　　　　　　　　　　　　　　　　　　(　　)

4. 配合精度指配合间隙(或过盈)量大小,与配合面接触面大小无关。　　　　(　　)

5. 配合精度仅与参与装配的零件精度有关。　　　　　　　　　　　　　　　(　　)

6. 采用固定调节法是通过更换不同尺寸的调节件来达到装配精度的。　　　　(　　)

7. 分组装配法一般用于组成环较少,而配合精度要求较高的场合。　　　　　(　　)

8. 调整装配法与修配法的区别是调整装配法不是靠去除金属,而是靠改变补偿件的位置或更换补偿件的方法。　　　　　　　　　　　　　　　　　　　　　　　(　　)

9. 协调环(相依环)的作用是为保证装配精度,因此其上下偏差应根据装配精度确定。

　　　　　　　　　　　　　　　　　　　　　　　　　　　　　　　　　　(　　)

10. 确定装配尺寸链时应遵循环数最少原则。　　　　　　　　　　　　　　(　　)

三、简答题

1. 何谓零件、组件和部件? 何谓机器的总装配?

2. 何谓装配精度? 包括哪些内容?

3. 装配尺寸链是如何形成的?

4. 保证装配精度的方法有哪几种? 各适用于什么场合?

5. 有一轴、孔配合,配合间隙为 $+0.04 \sim +0.26$ mm,已知轴的尺寸为 $50_{-0.1}^{\ 0}$ mm,孔的尺寸为 $50_{\ 0}^{+0.2}$ mm,用完全互换法进行装配,能否保证装配精度? 用大数互换法,能否保证精度?

6. 什么是装配单元? 为什么要把机器分成许多独立的装配单元? 什么是装配单元的基准零件?

7. 影响装配精度的主要因素是什么?

8. 简述制订装配工艺规程的内容和步骤。

9. 完全互换法、不完全互换法、分组互换法、修配装配法、调整装配法各有什么特点? 各应用于什么场合?

10. 选择装配顺序的原则是什么?

四、计算题

1. 一装配尺寸链如图 6.25 所示,按等公差分配,用极值法求出各组成环公差并确定上下偏差。

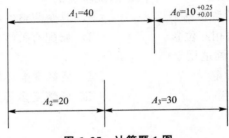

图 6.25 计算题 1 图

2. 如图 6.26 所示减速器某轴结构尺寸分别为 $A_1 = 40\text{mm}$,$A_2 = 36\text{mm}$,$A_3 = 4\text{mm}$,装配后此轮端部间隙 A_0 保持在 $0.10\sim0.25\text{mm}$。如选用完全互换法装配,试确定 A_1、A_2、A_3 的精度等级和极限偏差。

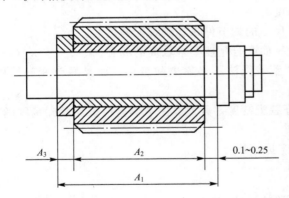

基本尺寸/mm	公差等级/μm			
	IT7	IT8	IT9	IT10
>3~6	12	18	30	48
>30~50	25	39	62	100

图 6.26 计算题 2 图

3. 有一直径为 30mm 的轴与孔配合,要求装配间隙为 $0.002\sim0.006\text{mm}$,由于精度要求较高,采用分组装配法进行装配。试设计轴与孔按经济精度加工的公差,画图标出对应的装配关系。假定分组数为 4,要求用极值法解尺寸链,基孔制。

4. 在轴、孔的装配中,若轴的尺寸为 $\phi80_{-0.10}^{0}\text{mm}$,孔的尺寸为 $\phi80_{0}^{+0.20}\text{mm}$。试用不完全互换法计算装配后间隙的基本尺寸及偏差。

第**7**章
机械加工质量分析与控制

教学目标

1. 理解加工精度的基本概念，分析影响加工精度的主要因素，能运用统计分析法进行零件加工误差和废品率分析，提出提高加工精度的措施；

2. 理解加工表面质量的基本概念，学会分析表面质量的方法，能采取改善表面质量的工艺措施，解决生产实际问题。

教学要求

知识要点	能力要求	相关知识
机械加工精度	分析影响加工精度的主要因素	加工误差与加工精度
加工表面质量	熟悉零件表面质量的概念及影响因素	积屑瘤，已加工表面的形成
加工误差的统计分析	运用统计分析法进行零件加工误差和废品率分析	概率与数理统计方法

导入案例7—1

如图 7.1 所示的零件，分析其尺寸精度、形状位置精度及表面质量有哪些要求？在加工过程中机床、夹具、刀具和工件会对它们产生怎样的影响？需要采取什么方法和措施才能较好地保证这些加工要求？

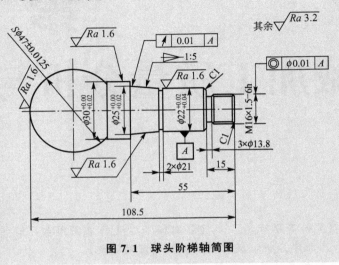

图 7.1　球头阶梯轴简图

机械产品的质量和使用性能与零件加工质量和装配质量直接相关。零件加工质量是保证机械产品质量的基础，它包括机械加工精度和表面质量两方面的内容。

7.1　机械加工精度概述

7.1.1　加工精度与加工误差

加工精度是指零件加工后的实际几何参数(如尺寸、形状和表面间的相对位置)与理想几何参数的符合程度。符合程度越高，加工精度就越高。零件的加工精度包含尺寸精度、形状精度和位置精度三方面的内容。这三者之间是有联系的。当尺寸精度要求高时，相应的形状精度、位置精度要求也高。但形状精度要求高时，尺寸精度和位置精度有时不一定要求高，需要根据零件的功能要求来确定。

加工误差是指零件加工后的实际几何参数与理想几何参数的偏差。通常用加工误差的大小来表示加工精度的高低，加工误差越小，加工精度就越高；反之，加工精度越低。

7.1.2　零件获得加工精度的方法

1. 获得尺寸精度的方法

(1) 试切法：通过试切→测量→调整→再试切……，直至测量结果达到图样要求的加工方法。试切法生产效率不高，加工精度取决于工人的技术水平，故适用于单件小批生产。

（2）调整法：按零件规定的尺寸预先调整好机床、刀具与工件间的相对位置来保证加工表面尺寸精度的方法。调整法有较高的生产率，常用于成批大量生产。

（3）定尺寸刀具法：用刀具的相应尺寸来保证工件加工表面尺寸精度的方法，如钻孔、铰孔、攻螺纹等。影响加工精度的主要因素有刀具的尺寸精度、刀具与工件的位置精度等。定尺寸刀具法操作简便，生产效率高，加工精度也较稳定，适用于各种生产类型。

（4）自动控制法：将尺寸测量装置、进给装置和控制系统组成一个自动加工控制系统，使加工过程中的测量、补偿调整和切削加工自动完成以保证工件尺寸精度的方法。这种方法加工质量稳定，生产效率高，是机械制造业的发展方向。

2. 获得形状精度的方法

（1）轨迹法：利用刀具（刀尖）与工件的相对运动轨迹获得加工表面形状精度的加工方法，如普通的车削、铣削、刨削等均属于轨迹法。用轨迹法加工所获得的形状精度主要取决于刀具与工件的相对成形运动的精度。

（2）成形刀具法：利用成形刀具对工件进行加工以获得形状精度的方法，如成形车、成形铣、拉削等。用成形法所获得的形状精度主要取决于刀刃的形状精度和成形运动精度。

（3）展成法：利用工件和刀具做展成切削运动来获得加工表面形状的加工方法，如滚齿、插齿等。其加工精度主要取决于展成运动精度和刀具的形状精度。

3. 获得位置精度的方法

工件的相互位置精度一般由机床精度、夹具精度和工件的装夹精度来保证。工件的装夹方式，即获得位置精度的方法主要有以下几种。

1）一次装夹获得法

一次装夹获得法是指零件有关表面间的位置精度是在工件的同一次装夹中，由有关刀具与工件成形运动间的位置关系来保证的加工方法。例如，轴类零件车削时外圆与端面的垂直度，箱体孔系加工中各孔之间的同轴度、平行度和垂直度等，均可采用一次装夹获得法来保证。此时影响加工表面间位置精度的主要因素是所用机床（及夹具）的几何精度。

2）多次装夹获得法

当零件结构复杂、加工面较多时，需要经过多道工序的加工，其位置精度需通过多次装夹来获得。多次装夹获得法根据工件装夹方式的不同，可分为直接找正装夹、划线找正装夹和夹具装夹法三类。

（1）直接找正装夹。用划针、百分表等工具直接找正工件的正确位置再夹紧的方法。如图7.2所示，用四爪单动卡盘安装工件，先用百分表按外圆A进行找正，夹紧后车削外圆B，从而保证B面与A面的同轴度要求。此法生产效率低，一般用于单件小批生产。

（2）划线找正装夹。工件在加工前先用划针画出加工表面的位置或轮廓线，再按所划的线将工件在机床上找正并夹紧的方法。由于划线既费时，精度也不高，所以一般用于批量不大，形状复杂而笨重的工件，

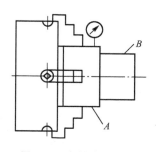

图 7.2 直接找正装夹

或低精度毛坯的加工。

（3）用夹具装夹：将工件直接安装在夹具的定位元件上来获得位置精度的方法。这种方法安装迅速方便，定位精度较高而且稳定，生产率较高，广泛应用于大批量生产。

7.1.3 研究机械加工精度的目的和方法

研究机械加工精度的目的是要了解机械加工精度基本理论，分析各种工艺因素对加工精度的影响及其规律，从而找出减小加工误差、提高加工精度和生产效率的工艺途径。

研究加工精度的方法有以下两种。

（1）单因素分析法：研究某一确定因素对加工精度的影响，一般不考虑其他因素的同时作用。通过分析计算或实验、测试等方法，研究各项因素单独的影响规律。

（2）统计分析法：以生产中一批工件的实测结果为基础，运用数理统计方法进行数据处理与分析，找出加工误差产生的原因和分布规律，从而对工艺过程进行有效控制。此方法适用于大批量生产中。

在实际生产中，常将这两种方法结合起来使用。一般先用统计分析法寻找判断产生加工误差的可能原因，然后运用单因素分析法，找出影响加工精度的主要原因，以便采取有效的工艺措施提高加工精度。

7.2 影响加工精度的因素

零件的机械加工是在工艺系统中进行的。机床、夹具、刀具和工件构成了一个完整的工艺系统。工艺系统的各种误差，在不同条件下会以不同程度和方式反映为零件的加工误差。工艺系统的误差是"因"，是根源，加工误差是"果"，是表现，因此把工艺系统的误差称为原始误差。工艺系统的原始误差根据产生的阶段不同可归纳如下：

（1）加工前的误差，即工艺系统的几何误差，有原理误差、机床误差、刀具制造误差、夹具误差、调整误差、定位误差等。

（2）加工过程中的误差，有工艺系统受力变形、受热变形引起的加工误差及刀具磨损等。

（3）加工后的误差，有工件内应力重新分布引起的变形及测量误差等。

7.2.1 加工原理误差

加工原理误差是指采用了近似的成形运动或近似的切削刃形状进行加工所产生的加工误差。

 应用案例 7-1

用模数铣刀成形铣削齿轮时，为了减少模数铣刀的种类，对同一模数的齿轮按齿数分组，同一组的齿轮用同一模数铣刀进行加工。而该铣刀的参数是按该组齿轮中齿数最少的齿形设计的，这样对其他齿数的齿轮就会产生加工原理误差。又如，车削蜗杆时，由于蜗杆螺距 $P_g = \pi m$，而 $\pi = 3.1415926\cdots$，是无理数，所以螺距值只能用近似值代替。因而，刀具与工件之间的螺旋轨迹是近似的加工运动。

采用近似的成形运动或近似的刀刃轮廓，虽然会带来加工原理误差，但往往可以简化机床结构或刀具形状，工艺上容易实现，有利于降低生产成本，提高生产效率。但在精加工时，对原理误差需要仔细分析，必要时还需进行计算。因此，只要将原理误差控制在允许的范围内(一般应小于工件公差值的 10%～15%)，在生产中仍能得到广泛应用。

7.2.2 工艺系统的几何误差

1. 机床的误差

加工中刀具相对于工件的成形运动一般都是通过机床完成的，因此，工件的加工精度在很大程度上取决于机床的精度。机床误差包括机床制造误差、安装误差和磨损，其中对加工精度影响较大的有主轴回转误差、导轨误差和传动链误差。

1) 机床主轴回转误差

机床主轴是用来装夹工件或刀具并传递主要切削运动的重要部件。因此主轴回转误差将直接影响被加工工件的加工精度。

主轴回转误差是指主轴回转时各瞬间的实际回转轴线相对其理想回转轴线的变动量。变动量越小，主轴的回转精度越高。主轴回转误差可分解为径向跳动、轴向窜动和角度摆动三种基本形式。

① 径向跳动：主轴实际回转轴线始终平行于理想回转轴线，在一个平面内做等幅的跳动，如图 7.3(a)所示。

② 轴向窜动：主轴实际回转轴线沿理想回转轴线方向的轴向运动，如图 7.3(b)所示。它主要影响工件端面形状和轴向尺寸精度。

③ 角度摆动：主轴实际回转轴线与理想回转轴线呈一倾斜角摆动，但交点位置固定不变，如图 7.3(c)所示。它主要影响工件的形状精度。

主轴工作时，其回转运动误差常常是以上三种基本形式的合成运动造成的。

(1) 主轴回转误差对加工精度的影响。机床不同、加工表面不同，主轴回转误差所

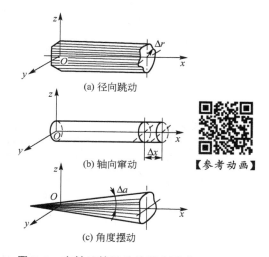

图 7.3 主轴回转误差的基本形式

引起的加工误差也不相同。在车削、镗削加工时，主轴径向跳动影响被加工工件圆柱面的形状精度，而对工件端面无影响；端面跳动主要影响工件端面的形状精度，端面与内、外圆的垂直度和轴向尺寸精度，车削螺纹时会造成工件导程的周期性误差；角度摆动影响被加工工件圆柱面与端面的加工精度，如车削外圆或内孔会造成锥度误差，在镗孔时若工件进给会使镗出的孔呈椭圆形。

实际加工中主轴的回转误差是上述三种基本形式的合成，所以它既影响工件圆柱面的形状精度，也影响端面形状精度和轴向尺寸精度，同时还影响端面与内、外圆的位置精度。

(2) 影响主轴回转精度的主要因素有主轴轴颈的误差、轴承的误差、轴承的间隙、与轴承配合零件的误差等。

当主轴采用滑动轴承结构时，对于工件回转类机床(如车床、磨床)，由于切削力的方向大致不变，主轴颈以不同部位和轴承内孔的某一固定部位相接触。因此，影响主轴回转精度的主要是主轴支承轴颈的圆度误差，而轴承孔的误差影响较小。如图7.4(a)所示，若主轴轴颈为椭圆形，则主轴每转一周其回转轴线径向跳动两次。若主轴轴颈表面有波度，主轴回转时将产生高频的径向跳动。对于刀具回转类机床(如镗床等)，由于切削力方向随主轴的回转而改变，主轴颈在切削力作用下总是以某一固定部位与轴承孔的不同部位接触。

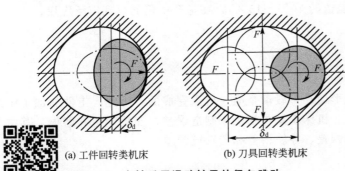

(a) 工件回转类机床　　(b) 刀具回转类机床

图7.4　主轴采用滑动轴承的径向跳动

【参考动画】

因此，对主轴回转精度影响较大的是轴承孔的圆度误差，而支承轴颈的影响较小，如图7.4(b)所示。

对于滚动轴承主轴，影响主轴回转精度的因素比较复杂。对于工件回转类机床，轴承内圈外滚道的圆度误差影响较大；而对于刀具回转类机床，则是轴承外圈内滚道的圆度误差影响较大；轴承滚动体的不一致、轴承的间隙也影响主轴的回转精度，如图7.5所示。主轴回转精度除与滚动轴承本身的精度有关外，很大程度上又与轴承的配合件精度有关。

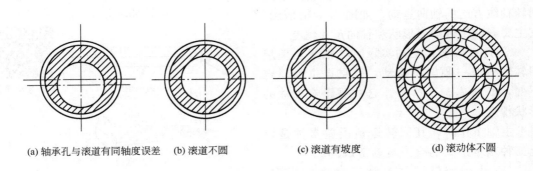

(a) 轴承孔与滚道有同轴度误差　　(b) 滚道不圆　　(c) 滚道有坡度　　(d) 滚动体不圆

图7.5　滚动轴承的几何误差

(3) 为了提高主轴回转精度，主要采取以下措施。

① 提高主轴部件的制造精度。根据机床精度要求，选择较高精度的轴承，合理确定主轴轴颈、箱体主轴孔等配合零件的加工精度。

② 对滚动轴承适当预紧以消除间隙，既增加轴承刚度，又对轴承误差起均化作用。

③ 使主轴的回转误差不反映在工件上。直接保证工件在加工过程中的回转精度而不依赖于主轴，是简单而有效的方法。例如，在外圆磨床上磨削外圆柱面时，为避免头架主轴回转误差的影响，工件采用两个固定顶尖支承，主轴只起传动作用，工件的回转精度完全取决于顶尖和中心孔的形状精度和同轴度，提高顶尖和中心孔的精度要比提高主轴部件的精度容易且经济得多。

2）机床导轨误差

导轨是机床上确定各主要部件相对位置及运动的基准。导轨的误差将直接影响工件的加工精度。对直线导轨的精度要求主要有以下几个方面：

（1）导轨在水平面内的直线度误差。卧式车床或外圆磨床的导轨在水平面内的直线度误差 Δ_1，将使刀尖运动轨迹产生同样的直线度误差 Δ_1，如图 7.6 所示。由于导轨在水平面内的直线度误差引起刀具与工件的相对位移是在工件表面的法线方向上，使工件产生 $\Delta R = \Delta_1$ 的误差，对加工精度影响最大，故称之为误差敏感方向。

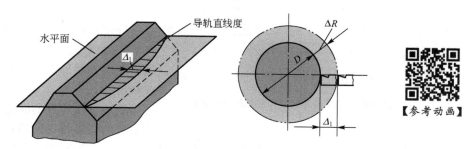

图 7.6 导轨在水平面内的直线度误差引起的加工误差

（2）导轨在垂直平面内的直线度误差。如图 7.7 所示，卧式车床的导轨在垂直面内有直线度误差 Δ_2，会使车刀在垂直面内产生位移，但该方向为加工面的切线方向，即为误差非敏感方向，对加工精度影响很小。工件在半径方向上产生的误差为 ΔR，从图 7.7 中可知：

$$(R + \Delta R)^2 = R^2 + (\Delta_2)^2$$

忽略 ΔR^2 项后，则

$$\Delta R \approx \frac{(\Delta_2)^2}{2R} = \frac{(\Delta_2)^2}{D}$$

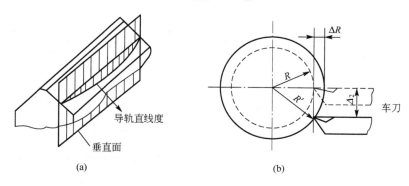

(a)　　　　　　　　　(b)

图 7.7 导轨在垂直平面内的直线度误差

对于平面磨床和龙门刨床的导轨在垂直面内的直线度误差为误差的敏感方向，导轨的误差将直接反映到工件的加工表面上，故对加工精度影响很大。

（3）前后导轨存在平行度误差（扭曲）。前后导轨存在平行度误差（扭曲）时，刀架运动时会产生摆动，刀尖的运动轨迹是一条空间曲线，使工件产生形状误差。由图 7.8 可知，当前后导轨有了扭曲误差 Δ_3 之后，由几何关系可得 $\Delta R \approx (H/B)\Delta_3$。一般车床的 $H/B \approx$

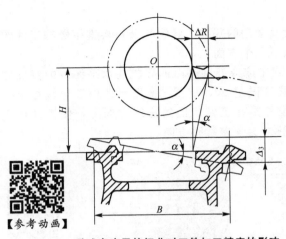

图 7.8　卧式车床导轨扭曲对工件加工精度的影响

2/3，外圆磨床的 $H/B \approx 1$，由此可见，这项原始误差对加工精度的影响很大。

（4）导轨与主轴回转轴线的平行度误差，若车床导轨与主轴回转轴线在水平面内有平行度误差，车出的内外圆柱面就会产生锥度误差，且该方向为误差的敏感方向，对加工精度的影响比较大。若车床与主轴回转轴线在垂直面内有平行度误差，则车出的内外圆柱面会产生双曲线形误差，但该方向为误差非敏感方向，对加工精度的影响很小，可忽略不计。

除了导轨本身的制造误差外，导轨的不均匀磨损和安装质量，也是造成导轨精度下降的重要因素。选用合理的导轨形状和组合形式，采用耐磨合金铸铁导轨、镶钢导轨、贴塑导轨、滚动导轨及对导轨进行表面淬火处理等措施均可提高导轨的耐磨性。

【小思考 7 - 1】

机床在制造时，对导轨在水平面和垂直面内的直线度要求相同吗？为什么？

3）机床传动链误差

（1）传动链精度分析。机床传动链误差是指内联系传动链首末两端传动元件之间相对运动的误差。它是螺纹加工或用展成法加工齿轮、蜗轮等工件时，影响加工精度的主要因素。例如，在滚齿机上用单头滚刀加工直齿轮时，要求滚刀与工件之间具有严格的运动关系，即滚刀转一周，工件转过一个齿。这种运动关系是由刀具与工件间的传动链来保证的。如图 7.9 所示的传动关系可表示为

$$\varphi_g = \varphi_d \times \frac{64}{16} \times \frac{23}{23} \times \frac{23}{23} \times \frac{46}{46} \times i_h \times i_x \times \frac{1}{96}$$

式中，φ_g 为工件转角；φ_d 为滚刀转角；i_h 为合成机构的传动比，在滚切直齿时，$i_h = 1$；i_x 为分度挂轮传动比。

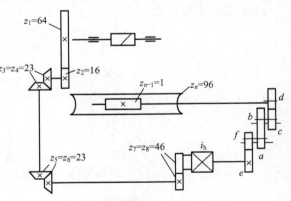

图 7.9　滚齿机的传动链简图

当传动链中的传动元件如齿轮、蜗轮、蜗杆、丝杠、螺母等有制造误差（如转角误差）、装配误差（如装配偏心）及磨损时，就破坏了正确的运动关系，产生工件的加工误差。传动件在传动链中的位置不同，它们的误差对加工精度的影响也不相同。升速传动时，传动件的误差被放大；降速传动时，传动件的误差被缩小。而传动链最末端传动件的误差将 1∶1 反映到工件上，造成加工误差。

（2）控制传动链传动误差的措施如下。

① 提高传动元件、特别是末端件的制造和装配精度。此外，可采用各种消除间隙装置以消除传动齿轮间的间隙。

② 减少传动件数目，缩短传动链，提高传动精度。

③ 尽可能采用降速传动。

④ 采用校正装置。其实质是在原传动链中人为加入一误差，大小与原误差相等而方向相反，从而使之相互抵消。在精密螺纹加工机床上有此校正装置。

2．刀具的误差

刀具的误差主要表现为刀具的制造误差和磨损，对加工精度的影响随刀具的种类不同而异。采用定尺寸刀具、成形刀具、展成刀具加工时，刀具的制造误差会直接影响工件的加工精度；而对一般刀具（如普通车刀等），其制造误差对工件加工精度无直接影响。

任何刀具在切削过程中，都不可避免地要产生磨损，并由此影响工件的尺寸和形状精度。正确地选用刀具材料，合理地选用刀具几何参数和切削用量，正确地刃磨刀具，合理地选用切削液等，均可有效地减少刀具的磨损。必要时还可采用补偿装置对刀具磨损进行自动补偿。

3．夹具的误差

夹具的误差主要是指定位误差及夹具上各元件或装置的制造误差、调整误差、安装误差及磨损。夹具的误差将直接影响工件加工表面的位置精度或尺寸精度。

 应用案例 7 - 2

如图 7.10 所示的钻床夹具中，钻套轴心线 f 至夹具定位平面 c 间的距离误差，影响工件孔至底面 B 尺寸 L 的精度；钻套轴心线 f 至夹具定位平面 c 间的平行度误差，影响工件孔轴心线 a 至底面 B 的平行度；夹具定位平面 c 与夹具体底面 d 底的垂直度误差，影响工件孔轴心线 a 与底面 B 间的尺寸精度和平行度；钻套孔的直径误差也将影响工件孔至底面 B 的尺寸精度和平行度。

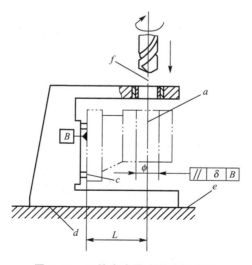

图 7.10　工件在夹具中装夹示意图

4. 调整误差

在零件加工的各个工序中，为了获得被加工表面的形状、尺寸和位置精度，需要对机床、夹具和刀具进行调整。而任何调整都不会绝对精确，总会存在一定的误差，这种误差称为调整误差。

当用试切法加工时，影响调整误差的主要因素是测量误差和进给机构的位移误差。在低速微量进给中，进给系统常会出现"爬行"现象，其结果是使刀具的实际进给量比刻度盘的数值要偏大或偏小些，造成加工误差。

在调整法加工中，当用定程机构调整时，调整精度取决于行程挡块、靠模及凸轮等机构的制造精度和刚度，以及与其配合使用的离合器、控制阀等的灵敏度。当用样件或样板调整时，调整精度取决于样件或样板的制造、安装和对刀精度。

5. 测量误差

工件在加工过程中要进行检验测量，任何测量方法和量具、量仪都不可能绝对准确，由此产生的误差称为测量误差。

7.2.3　工艺系统受力变形引起的加工误差

如图 7.11(a)所示，车细长轴时，工件在切削力的作用下会发生变形，使加工出的轴产生中间粗两头细的腰鼓形误差；又如在内圆磨床上进行横向切入法磨孔时，如图 7.11(b)所示，由于内圆磨头轴比较细，磨削时因磨头轴受力变形，会使工件孔产生圆柱度误差。

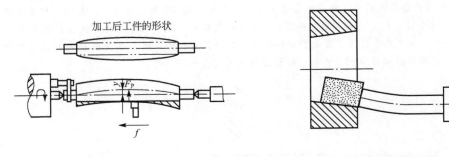

(a) 车削细长轴时的变形　　　　　　　　(b) 切入法磨孔时磨杆的变形

图 7.11　工艺系统受力变形引起的加工误差

机械加工中，工艺系统在切削力、夹紧力、惯性力、重力、传动力等的作用下，会产生相应的变形，从而破坏了刀具和工件之间正确的相对位置，使工件产生加工误差。由此可见，工艺系统的受力变形是加工中一项很重要的原始误差。

1. 工艺系统的刚度

1) 基本概念

工艺系统的受力变形通常是弹性变形，一般来说，工艺系统抵抗变形的能力越强，加工精度就越高。工艺系统抵抗变形的能力称为刚度。所谓工艺系统刚度是指作用于工件加工表面法线方向(加工误差敏感方向)的切削分力 F_p 与工艺系统在该方向所产生的综合位

移 y 的比值，即

$$k=\frac{F_{\mathrm{p}}}{y}(\mathrm{N/mm})$$

必须指出，除 F_{p} 外，切削分力 F_{c}、F_{f} 都会使系统在加工面的法线方向上产生位移，因此 y 是 F_{p}、F_{c}、F_{f} 共同作用的结果。

2）工艺系统刚度的计算

在切削力等外力作用下，机床的有关部件、夹具、刀具和工件都有不同程度的变形。工艺系统在某处的法向总变形 y 是其各个组成环节在同一处的法向变形的叠加，即

$$y=y_{\mathrm{jc}}+y_{\mathrm{jj}}+y_{\mathrm{d}}+y_{\mathrm{g}} \tag{7-1}$$

式中，y_{jc}、y_{jj}、y_{d}、y_{g} 分别为机床、夹具、刀具和工件的受力变形（mm）。

根据刚度的概念可知：

$$k_{\mathrm{jc}}=\frac{F_{\mathrm{p}}}{y_{\mathrm{jc}}},\ k_{\mathrm{jj}}=\frac{F_{\mathrm{p}}}{y_{\mathrm{jj}}},\ k_{\mathrm{d}}=\frac{F_{\mathrm{p}}}{y_{\mathrm{d}}},\ k_{\mathrm{g}}=\frac{F_{\mathrm{p}}}{y_{\mathrm{g}}}$$

式中，k_{jc}、k_{jj}、k_{d}、k_{g} 分别为机床、夹具、刀具和工件的刚度。

将上式代入式（7-1），得

$$\frac{1}{k}=\frac{1}{k_{\mathrm{jc}}}+\frac{1}{k_{\mathrm{jj}}}+\frac{1}{k_{\mathrm{d}}}+\frac{1}{k_{\mathrm{g}}} \tag{7-2}$$

式（7-2）表明，若已知工艺系统各组成环节的刚度，即可求得工艺系统的刚度。

当工件、刀具的形状比较简单时，其刚度可以用材料力学中的有关公式求得，结果和实际出入不大。对于由若干个零件组成的机床部件及夹具，其刚度多采用实验的方法测得，而很难用纯粹的计算方法求出。

2. 工艺系统受力变形对加工精度的影响

1）切削力作用点位置变化对加工精度的影响

【参考动画】

在切削过程中，工艺系统的刚度会随着切削力作用点位置的变化而变化，因此，使工艺系统受力变形也随着变化，引起工件加工误差。以在车床两顶尖间加工光轴为例来说明。

（1）机床的变形。假定工件短而粗，同时车刀悬伸长度很短，即工件和刀具的刚度好，工艺系统的变形只考虑机床的变形，而忽略工件和刀具的变形。又假定工件的加工余量很均匀，车削过程中切削力保持不变。当车刀处于图 7.12 所示的 x 位置时，车床头架顶尖受作用力 F_{A}，其变形 $y_{\mathrm{tj}}=AA'$；尾座顶尖受力 F_{B}，其变形 $y_{\mathrm{wz}}=BB'$；刀架受力 F_{p}，其变形 $y_{\mathrm{dj}}=CC'$。这时工件轴心线 AB 位移到 $A'B'$，因而刀具切削点 C 处的工件轴线的位移 y_x 为

$$y_x=y_{\mathrm{tj}}+\Delta x=y_{\mathrm{tj}}+(y_{\mathrm{wz}}-y_{\mathrm{tj}})\frac{x}{L}$$

式中，L 为工件长度；x 为车刀至头架的距离。

考虑到刀架的变形 y_{dj} 与 y_x 的

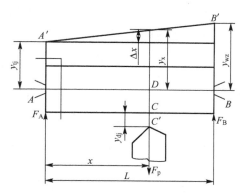

【参考动画】

图7.12 工艺系统变形随切削力位置变化而变化

方向相反，所以机床总变形为

$$y_{jc} = y_x + y_{dj} \qquad\qquad (7-3)$$

由刚度定义得

$$y_{tj} = \frac{F_A}{k_{tj}} = \frac{F_p}{k_{tj}}\left(\frac{L-x}{L}\right)$$

$$y_{wz} = \frac{F_B}{k_{wz}} = \frac{F_p}{k_{wz}}\frac{x}{L}$$

$$y_{dj} = \frac{F_p}{k_{dj}}$$

式中，k_{tj}、k_{wz}、k_{dj}分别为头架、尾座、刀架的刚度。

将上式代入式(7-3)，最后可得机床的总变形为

$$y_{jc} = F_p\left[\frac{1}{k_{tj}}\left(\frac{L-x}{L}\right)^2 + \frac{1}{k_{wz}}\left(\frac{x}{L}\right)^2 + \frac{1}{k_{dj}}\right] = y_{jc}(x) \qquad (7-4)$$

这说明，随着切削力作用点位置的变化，工艺系统的变形是变化的。显然，这是由于工艺系统的刚度随切削力作用点的变化而变化所导致的。

将$x=0$(前顶尖处)、$x=L$(后顶尖处)、$x=L/2$(中间)分别代入式(7-4)，并比较它们的结果可知，刀尖处于中间时，系统的变形最小，刀尖处于工件两端时系统变形大。加工后工件轴向形状误差呈马鞍形，如图7.13所示。

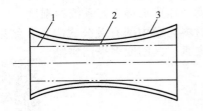

图7.13　工件在顶尖上车削后的形状
1—机床不变形的理想情况；
2—考虑主轴箱、尾座变形的情况；
3—包括考虑刀架在内的情况

(2) 工件的变形。若在两顶尖间车削刚性很差的细长轴，在切削力的作用下，其变形大大超过机床、夹具和刀具所产生的变形。因此，工艺系统的变形主要取决于工件的变形，机床、夹具和刀具的受力变形可忽略不计。根据材料力学的计算公式，其切削点的变形量为

$$y_g = \frac{F_p}{3EI}\frac{(L-x)^2 x^2}{L}$$

将$x=0$(前顶尖处)、$x=L$(后顶尖处)、$x=L/2$(中间)分别代入上式，并比较它们的结果可知，刀尖处于中间时，系统的变形最大，刀尖处于工件两端时系统变形为零。加工后工件轴向形状误差呈腰鼓形。

(3) 工艺系统的总变形。当同时考虑机床和工件的变形时，工艺系统的总变形量为两者的叠加(这里忽略车刀变形)，即

$$y = y_{jc} + y_g = F_p\left[\frac{1}{k_{tj}}\left(\frac{L-x}{L}\right)^2 + \frac{1}{k_{wz}}\left(\frac{x}{L}\right)^2 + \frac{1}{k_{dj}} + \frac{(L-x)^2 x^2}{3EIL}\right] \qquad (7-5)$$

工艺系统的刚度

$$k = \frac{F_p}{y_{jc} + y_g} = \frac{1}{k_{tj}}\left(\frac{L-x}{L}\right)^2 + \frac{1}{k_{wz}}\left(\frac{x}{L}\right)^2 + \frac{1}{k_{dj}} + \frac{(L-x)^2 x^2}{3EIL} \qquad (7-6)$$

由式(7-5)可以看出，工艺系统的位移沿工件长度方向是不同的，车削后使工件产生轴向形状误差。

2) 切削力大小变化对加工精度的影响(误差复映)

在切削加工中，如果毛坯几何形状误差较大或工件材料的硬度不均匀，会引起切削力

的变化，使工艺系统的变形大小发生变化，从而造成工件的加工误差。

以车削短轴为例，如图7.14所示，由于毛坯有圆度误差（如椭圆），车削时使背吃刀量在 a_{p1} 与 a_{p2} 之间变化。因此，切削分力 F_p 也随背吃刀量 a_p 的变化而变化。当背吃刀量为 a_{p1} 时产生的切削分力为 F_{p1}，引起工艺系统的变形为 y_1；当背吃刀量为 a_{p2} 时产生的切削分力为 F_{p2}，引起工艺系统的变形为 y_2。由于毛坯存在圆度误差 $\Delta_m = a_{p1} - a_{p2}$，因而导致工件产生圆度误差 $\Delta_g = y_1 - y_2$，且 Δ_m 越大，Δ_g 也就越大，这种现象称为"误差复映"。通常用工件误差 Δ_g 与毛坯误差 Δ_m 的比值来衡量误差复映的程度，即

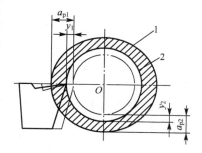

图 7.14 毛坯形状的误差复映

$$\varepsilon = \frac{\Delta_g}{\Delta_m} \tag{7-7}$$

根据金属切削原理知

$$F_p = C_{F_p} a_p^{x_{F_p}} f^{y_{F_p}} v_c^{z_{F_p}} K_{F_p}$$

式中，C_{F_p}、K_{F_p} 为与切削条件有关的系数；f、a_p、v_c 为进给量、背吃刀量和切削速度；x_{F_p}、y_{F_p}、z_{F_p} 为指数。

当工件材料硬度均匀，切削速度、进给量及其他切削条件不变的情况下，有

$$C_{F_p} f^{y_{F_p}} v_c^{z_{F_p}} K_{F_p} = C$$

式中，C 为常数。在车削加工中，$x_{F_p} \approx 1$，所以 $F_p = Ca_p$，即

$$F_{p1} = C(a_{p1} - y_1), \quad F_{p2} = C(a_{p2} - y_2)$$

因 y_1、y_2 相对 a_{p1}、a_{p2} 而言数值很小，可忽略不计，则有

$$F_{p1} = Ca_{p1}, \qquad F_{p2} = Ca_{p2}$$

$$\Delta_g = y_1 - y_2 = \frac{F_{p1}}{k_{xt}} - \frac{F_{p2}}{k_{xt}} = \frac{C}{k_{xt}}(a_{p1} - a_{p2}) = \frac{C}{k_{xt}}\Delta_m$$

故

$$\varepsilon = \frac{C}{k_{xt}} \tag{7-8}$$

ε 称为误差复映系数。由于工件经加工后其误差会减小，Δ_g 总是小于 Δ_m，所以 ε 是一个小于1的正数。它定量地反映了毛坯误差经加工后所减小的程度。由式（7-8）可知，减小 C 或增大工艺系统刚度 k_{xt}，都会使复映系数 ε 减小，使毛坯复映到工件上的误差减小。例如，减小进给量 f，即可减小 C，使 ε 减小，提高加工精度，但切削时间增长。若设法增大工艺系统刚度 k_{xt}，不仅能减小加工误差，而且可以在保证加工精度的前提下相应增大进给量，提高生产效率。

当工件加工精度要求较高时，可通过增加走刀次数来减小工件的复映误差。若经过 N 次走刀加工后，则复映误差为

$$\Delta_g = \varepsilon_1 \cdot \varepsilon_2 \cdot \varepsilon_3 \cdot \cdots \cdot \varepsilon_n \Delta_m$$

总的误差复映系数为

$$\varepsilon_z = \varepsilon_1 \cdot \varepsilon_2 \cdot \varepsilon_3 \cdot \cdots \cdot \varepsilon_n \tag{7-9}$$

经多道工序或多次走刀加工后，工件误差就会减小到满足精度要求的理想值。这就是

精度要求高的零件安排加工次数多的原因。

由以上分析可知,当工件毛坯有形状误差(如圆度、圆柱度、直线度等)或相互位置误差(如偏心、径向圆跳动等)时,加工后仍然会有同类型的加工误差出现,也就是说,都会以一定的复映系数复映工件的加工误差。在成批和大量生产中用调整法加工一批工件时,如毛坯尺寸不一,或材质不均匀,都会使切削力发生变化,加工后会造成这批工件的尺寸分散。

【小思考7-2】 在车床上用两顶尖装夹工件车削光轴时出现了锥度误差,分析产生误差的原因。

【参考动画】

3)其他作用力对加工精度的影响

(1)夹紧力引起的加工误差。工件在装夹过程中,由于刚度较低或夹紧着力点不当,都会引起工件变形,造成加工误差。特别是加工薄壁套、薄板等零件时,易产生加工误差。

 应用案例7-3

【参考动画】

用三爪自定心卡盘夹持薄壁套筒时,假设工件是正圆形,夹紧后工件因弹性变形而呈三棱形,虽然镗出的孔为正圆形,但松夹后,套筒弹性变形恢复使孔变成相反的三棱形。为了减少加工误差,应使夹紧力均匀分布,可采用开口过渡环或采用专用卡爪夹紧。

(2)惯性力引起的加工误差。因惯性力与切削速度密切相关,并且常引起工艺系统的受迫振动,所以惯性力对加工精度的影响比传动力的影响更易被人们注意。在高速切削过程中,工艺系统中如果存在高速旋转的不平衡构件,就会产生离心力。它与传动力一样,在误差敏感方向上的分力大小呈周期性的变化,由它所引起的变形也相应地变化,从而造成工件的径向跳动误差。因此,在加工中若遇到这种情况,为减小惯性力的影响,可在工件与夹具不平衡质量对称的方位配置一平衡块,使两者的离心力互相抵消。必要时还可适当降低转速,以减小离心力的影响。

(3)机床部件和工件重量引起的加工误差。在工艺系统中,由于零部件的自重作用也会引起变形。例如,大型立式车床、龙门铣床、龙门刨床刀架横梁的变形;摇臂钻床在主轴箱自重下引起摇臂的变形,造成主轴轴线与工作台不垂直;镗床的镗杆伸长而下垂变形等,都会造成工件的加工误差。

对于大型工件的加工,工件自重引起的变形有时会成为产生加工误差的主要原因。因此在实际生产中,装夹大型工件时,恰当地布置支承可减小工件自重引起的变形,从而减小加工误差。

3. 减小工艺系统受力变形的主要措施

减小工艺系统受力变形是保证加工精度的有效途径之一。在生产实际中,主要从以下两方面采取措施。

1)提高工艺系统刚度

(1)提高工件和刀具的刚度。减小刀具、工件的悬伸长度,安装跟刀架或中心架,以提高工艺系统的刚度。

（2）减小机床间隙，提高机床刚度。改善接触面质量或预加载荷，消除配合面间的间隙。

（3）采用合理的装夹和加工方式，如加工细长轴时采用反向走刀。

2）减小切削力及其变化

采取适当的工艺措施，如合理选择刀具几何参数（如增大前角和主偏角等）【参考动画】和切削用量（如适当减少进给量和背吃刀量）以减小切削力，就可以减少受力变形。将毛坯分组，使一次调整中加工的毛坯余量比较均匀，就能减小切削力的变化。对工件材料进行适当的热处理以改善切削加工性等，都可使切削力减小。

7.2.4 工艺系统热变形引起的加工误差

1. 概述

在机械加工过程中，工艺系统会受到各种热源的影响而产生热变形，从而破坏刀具与工件的正确几何关系和运动关系，造成工件的加工误差。据统计，在精密加工中，由于热变形所引起的加工误差占总加工总误差的 40%～70%。热变形问题已成为影响机械加工技术进一步发展的一个重要研究课题。

1）工艺系统的热源

引起工艺系统受热变形的热源可分为内部热源和外部热源两大类。

内部热源主要指切削热和摩擦热，它们产生于工艺系统的内部。切削热是切削加工中最主要的热源，它对工件加工精度的影响最为直接。在切削过程中，切削层金属的弹塑性变形及刀具与工件、切屑之间摩擦而消耗的能量绝大部分都转变成为切削热。这些热量将传给工件、刀具、夹具、切屑、切削液和周围介质，其分配比例随加工方法不同而异。在车削时，大量切削热由切屑带走，传给工件的为 10%～30%，传给刀具的为 1%～5%。在钻、镗等孔加工时，大量切屑滞留在孔中，使大量的切削热传入工件，占 50% 以上。磨削时，由于磨屑小，带走的热量少，故大部分传给工件，约占 84%，传给砂轮的约 12%。

摩擦热主要是机床和液压系统中的运动部件产生的，如电动机、轴承、齿轮等传动副、导轨副、液压泵、阀等运动部分产生的摩擦热。另外，动力源的能量消耗也部分转换成热量，如电动机、油马达的运转也产生热量。

外部热源主要指环境温度的变化（与气温变化、通风、空气对流和周围环境等有关）和辐射热（如阳光、照明灯、取暖设备等）。它们影响工艺系统受热的均匀性，从而影响工件的加工精度。

2）工艺系统的热平衡

工艺系统受各种热源的影响，其温度会逐渐升高，与此同时，它们也通过各种传热方式向周围散发热量。当单位时间内传入和散发的热量相等时，则认为工艺系统达到热平衡。此温度场处于稳定状态，受热变形也相应地趋于稳定，由此引起的加工误差是有规律的。所以，精密加工应在热平衡后进行。

2. 工艺系统热变形对加工精度的影响

在工艺系统热变形中，机床变形最为复杂，工件和刀具的热变形相对简单一些。这主要是因为在加工过程中，影响机床热变形的热源较多，也较复杂。

1) 机床热变形对加工精度的影响

对于不同类型的机床,其结构和工作条件相差很大,其主要热源各不相同,由热变形引起的加工误差也不相同。

(1) 车、铣、钻、镗类机床的主要热源是主轴箱,它使主轴箱及与其相结合的床身或立柱温度升高,引起主轴的抬高和倾斜。图 7.15 所示为车床空运转时主轴的温升和位移的测量结果。主轴在水平面内的位移仅 $10\mu m$,而在垂直面内的位移可高达 $180\sim200\mu m$。水平位移数值虽很小,但对刀具水平安装的卧式车床来说属于误差敏感力向,故对加工精度的影响就不能忽视。而垂直方向的位移对卧式车床影响不大,但对刀具垂直安装的自动车床和转塔车床来说,则对加工精度影响严重。因此,对于机床热变形,最好能控制在误差非敏感方向。

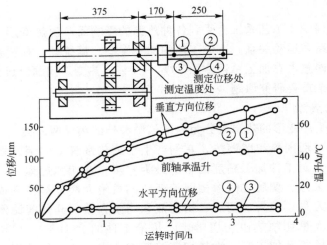

【参考动画】

图 7.15 车床主轴箱热变形

(2) 各类磨床的主要热源是高速磨头部件和液压系统的摩擦热,以及由切削液所带来的磨削热。轴承的发热会使砂轮轴线产生位移及变形,如果前后轴承的温度不同,砂轮轴线还会倾斜;液压系统的发热使床身温度不均而产生弯曲和倾斜。

(3) 大型机床如导轨磨床、龙门铣床、龙门刨床等,因床身较长,如导轨面与底面稍有温差,就会产生较大的弯曲变形,故床身热变形是影响加工精度的主要因素。摩擦热和环境温度是其主要热源。当车间温度高于地面温度时,床身呈中凸;反之则呈中凹。此外,如机床局部受阳光照射,而且照射部位还随时间变化,也会引起床身各部位不同的热变形。

常见的几种机床的热变形趋势如图 7.16 所示。

2) 工件热变形对加工精度的影响

使工件产生热变形的热源主要是切削热。对于精密零件,周围环境温度和局部受到日光等外部热源的辐射热也不容忽视。工件的热变形可以归纳为以下两种情况来分析。

(1) 工件较均匀地受热。对于一些形状简单、对称的零件,如轴、套筒等,加工时切削热较均匀地传入工件,如不考虑工件温升后的散热,其温度沿工件全长和圆周的分布是较均匀的,可近似地看成均匀受热,其热变形可以按计算热膨胀的公式求出。

在粗加工时,可以不考虑工件的热变形对加工精度的影响,但为了避免工件粗加工时热变形对精加工时加工精度的影响,在安排工艺过程时应尽可能把粗、精加工分开在两个

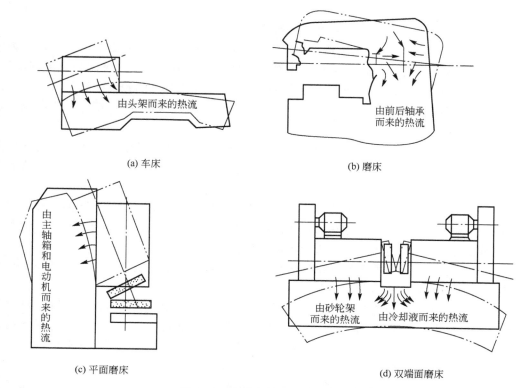

(a) 车床

(b) 磨床

(c) 平面磨床

(d) 双端面磨床

图 7.16　几种机床的热变形趋势

工序中进行，以使工件在粗加工后有足够的冷却时间恢复变形。

（2）工件不均匀受热。铣、刨、磨平面时，除了在沿进给方向有温差外，更严重的是工件单面受热，上下表面间的温差将导致工件向上拱起，加工时中间凸起部分被切去，冷却后工件变成下凹，形成平面度误差。

对于大型精密类零件，如机床床身的磨削加工，工件的温差为 2.4℃ 时，热变形可达 $20\mu m$。这说明工件单面受热引起的误差对加工精度的影响是很严重的。为了减小这一误差，通常采取的措施是在切削时使用充分的切削液以减小切削表面的温升；也可采用误差补偿的方法：在装夹工件时使工件上表面产生微凹的夹紧变形，以此来补偿切削时工件单面受热时拱起的误差。

3）刀具热变形对加工精度的影响

刀具热变形主要是由切削热引起的。传给刀具的热量虽不多，但由于刀具切削部分体积小而热容量小，切削部分仍产生很高的温升。例如，高速钢车刀刃部可达 $700\sim800℃$，而硬质合金刀刃部位可达 $1000℃$ 以上。这样，不但刀具热伸长影响加工精度，而且刀具的硬度也会下降。

加工细长轴时，可能由于刀具的热伸长而产生锥度。一般情况下，应合理选择切削用量和刀具的几何参数，并给以充分的冷却和润滑，以减少切削热，降低切削温度。

4）减少和控制工艺系统热变形的主要措施

（1）减少热源发热和隔离热源。没有热源就没有热变形，这是减少工艺系统热变形的根本措施。具体措施如下：

① 减少切削热或磨削热。通过控制切削用量，合理选择和使用刀具来减少切削热。当零件精度要求高时，还应注意将粗加工和精加工分开进行。

② 减少机床各运动副的摩擦热，从运动部件的结构和润滑等方面采取措施，改善摩擦特性以减少发热，如主轴部件采用静压轴承、低温动压轴承等，或采用低黏度润滑油、锂基润滑脂或循环冷却润滑、油雾润滑等措施，均有利于降低主轴轴承的温升。

③ 分离热源。凡能从工艺系统分离出去的热源，如电动机、变速箱、液压系统、切削液系统等尽可能移出。

④ 隔离热源。对于不能分离的热源，如主轴轴承、丝杠螺母副、高速运动的导轨副等零部件，可从结构和润滑等方面改善其摩擦特性，减少发热。还可采用隔热材料将发热部件和机床大件(如床身、立柱等)隔离开来。

(2) 加强散热能力。对发热量大的热源，既不便从机床内部移出，又不便隔热，则可采用有效的冷却措施，如增加散热面积或使用强制性的风冷、水冷、循环润滑等。使用大流量切削液或喷雾冷却等方法，可带走大量切削热或磨削热。

(3) 均衡温度场。当机床零部件温升均匀时，机床本身就呈现一种热稳定状态，从而使机床产生不影响加工精度的均匀热变形。

(4) 保持工艺系统的热平衡。由热变形规律可知，机床刚开始运转的一段时间内(预热期)，温升较快，热变形大。当达到热平衡后，热变形逐渐趋于稳定。所以，对于精密机床，特别是大型机床，缩短预热期，加速达到热平衡状态，加工精度才易保证。

(5) 采用合理的机床部件结构及装配基准。具体如下：

① 采用热对称结构。合理的机床部件结构可减少和控制工艺系统的热变形。在变速箱中，将轴、轴承、传动齿轮对称布置，可使箱壁温升均衡、从而减少变形。

② 合理选择机床零部件的装配基准。减少因热变形引起的累积误差。

(6) 控制环境温度。对于精密机床，一般应安装在恒温车间，其恒温精度应严格控制，一般在±1℃内，精密级为±0.5℃，超精密级为±0.01℃。恒温的标准温度可按季节调整，一般为20℃，冬季可取17℃，夏季可取23℃。

7.2.5　工件内应力引起的加工误差

内应力是指当外部载荷去除后，仍残存在工件内部的应力，又称为残余应力。零件中的内应力往往处于一种很不稳定的相对平衡状态，一旦外界条件产生变化，如环境温度的改变、继续进行切削加工、受到撞击等，内应力的暂时平衡就会被打破而进行重新分布，零件将产生相应的变形，从而破坏原有的精度。

具有内应力的零件，即使在常温下，其内部组织也在不断地变化，直至内应力消失为止。如果把具有内应力的零件装配成机器，在机器的使用过程中也会产生变形，从而破坏整台机器的质量。因此，必须采取措施消除内应力对加工零件精度的影响。

1. 产生内应力的原因及所引起的加工误差

1) 毛坯制造中产生的内应力

在铸、锻、焊等毛坯加工过程中，由于零件壁厚不均匀，使得各部分热胀冷缩不均匀，以及金相组织转变时的体积变化，使毛坯内部产生相当大的残余应力。毛坯的结构越复杂、壁厚越不均匀、散热条件差别越大，毛坯内部产生的内应力也越大。具有内应力的毛坯，内应力暂时处于相对平衡状态，变形缓慢，但当切去一层金属后，就打破了这种平衡，内应力重新分布，工件就明显地出现了变形。

 应用案例 7-4

　　机床床身铸造时外表面总比中心部分冷却得快，而且为提高导轨面的耐磨性，常采用局部激冷工艺使它冷却得更快一些，以获得较高的硬度，由于表里冷却不均匀，床身内部的残余应力就很大。当粗加工刨去一层金属后，引起床身内应力重新分布，产生弯曲变形。由于这个新的平衡过程需一段较长时间才能完成，因此，尽管导轨经精加工去除了这个变形的大部分，但床身内部组织仍在继续变化，合格的导轨面就渐渐地丧失了原有的精度。因此，必须充分消除零件内应力对加工精度的影响。

　　2）冷矫直带来的内应力

　　细长轴如丝杠经车削后其内应力会重新分布，使轴产生弯曲变形。为了纠正这种变形，常采用冷矫直的方法，即在弯曲的反方向施加外力 F 使其产生塑性变形，如图 7.17(a)所示。

　　在外力 F 的作用下，工件内部的应力分布如图 7.17(b)所示，在轴线以上产生压应力（用"—"表示），在轴线以下产生拉应力（用"+"表示），在轴线和两条虚线之间，是弹性变形区域，在虚线之外是塑性变形区域。在外力 F 去除后，外层的塑性变形部分阻止内部弹性变形的恢复，使内应力重新分布，如图 7.17(c)所示。所以说，冷矫直虽减少了弯曲，但工件仍处于不稳定状态，如再次加工，又将产生新的弯曲变形。因此，高精度丝杠的加工，不允许用冷矫直，而是采用热矫直或用多次人工时效来消除内应力。

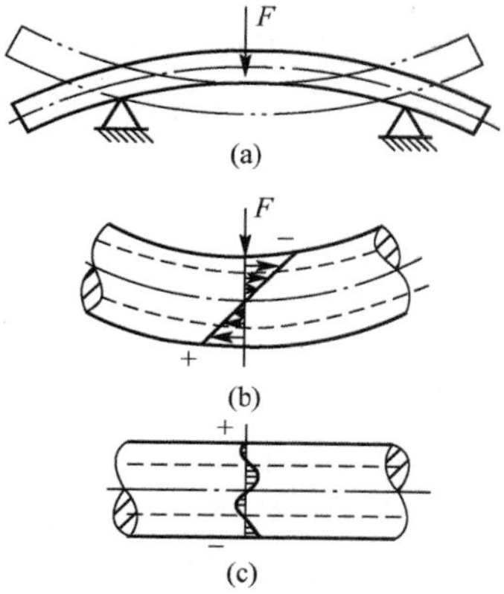

　　3）切削加工产生的内应力

　　切削过程中产生的力和热，也会使被加工工件的表面层发生变形，产生内应力。这种内应力的分布情况由加工时的工艺因素决定。实践表明，对于具有内应力的工件，当在加工过程中切去表面一层金属后，所引起的内应力的重新分布和变形最为强烈。因此，粗加工后，应将被夹紧的工件松开，使之有一定的时间让其内应力重新分布。

图 7.17　冷矫直带来的应力

　　4）工件热处理时的内应力

　　工件在进行热处理时，由于金相组织产生变化而引起体积变化，或工件各处温度不同，冷却速度不同，使工件产生内应力。例如，普通合金钢淬火后，有时会产生残余奥氏体，它是一个不稳定的组织，影响尺寸稳定性，这就是相变产生的内应力，淬火后进行冰冷处理可消除残余奥氏体。一般淬火时表层多产生压应力，有时压应力很大，超过材料强度极限时将使零件表面产生裂纹。

　　2. 减少或消除内应力的措施

　　1）合理设计零件结构

　　在零件的结构设计中，应尽量简化结构，考虑壁厚均匀，减少尺寸和壁厚差，增大零件的刚度，以减少在铸、锻毛坯制造中产生的内应力。

2）采取时效处理

自然时效处理，主要是在毛坯制造之后，或粗加工后，精加工之前，让工件停留一段时间，利用温度的自然变化，经过多次热胀冷缩，使工件内部组织产生微观变化，从而达到减少或消除内应力的目的。这种过程一般需要半年至五年时间，因周期长，所以除特别精密件外一般较少使用。

人工时效处理是目前使用最广的一种方法，分高温时效和低温时效。高温时效是将工件放在炉内加热到 500～680℃，使工件金属原子获得大量热能而加速运动，并保温 4～6h，达到原子组织重新排列，再随炉冷却至 100～200℃出炉，在空气中自然冷却，以达到消除内力的目的。此方法一般适用于毛坯或粗加工后进行。低温时效是将工件加热到 200～300℃，保温 3～6h 后取出，在空气中自然冷却。低温时效一般于半精加工后进行。

3）合理安排工艺

机械加工时，应注意粗、精加工分开在不同的工序进行，使粗加工后有一定的间隔时间让内应力重新分布，以减少对精加工的影响。

切削时应注意减小切削力，如减小余量、减小背吃刀量进行多次走刀，以避免工件变形。粗、精加工在一个工序中完成时，应在粗加工后松开工件，让其有自由变形的可能，再用较小的夹紧力夹紧工件后进行精加工。

7.3　加工误差的统计分析

在实际生产中，影响加工精度的因素很多，工件的加工误差往往是多因素综合作用的结果，而且其中有不少因素的影响常带有随机性，有时很难用单因素法来进行分析。因此，必须采用数理统计方法通过对现场工件实测数据的处理和分析，从而找出产生误差的原因，提出解决问题的方法。

7.3.1　加工误差的性质

从加工一批工件时误差出现的规律来看，加工误差可分为系统误差和随机误差。

1. 系统误差

在顺序加工一批工件时，若误差的大小和方向保持不变，或者按一定的规律变化，这样的误差统称为系统误差。前者称为常值系统误差，后者称为变值系统误差。

加工原理误差，机床、刀具、夹具、量具的制造误差，工艺系统受力变形引起的加工误差都属于常值系统误差。例如，铰刀本身直径偏大 0.02mm，则加工一批工件所有的直径都比规定的尺寸大 0.02mm（忽略刀具磨损影响），这种误差就是常值系统误差。机床、夹具、量具等磨损引起的误差，在一次调整后的加工中均无明显的差异，故也属于常值系统误差。

工艺系统（特别是机床、刀具）的热变形、刀具的磨损都是随时间而有规律的变化，因此均属于变值系统误差。例如，车削一批短轴，由于刀具磨损，所加工的轴的直径会逐渐增大，而且直径尺寸按一定规律变化。可见刀具磨损引起的误差属于变值系统误差。

2. 随机误差

在顺序加工一批工件时，若误差的大小和方向是无规律的变化，这类误差称为随机误差。例如，毛坯误差（余量大小不一、硬度不均匀等）的复映、定位误差（基准面精度不一、间隙不一）、夹紧误差、内应力引起的误差、多次调整的误差等都属于随机误差。随机误差从表面上看似乎没有什么规律，但应用数理统计方法可以找出一批工件加工误差的总体规律。

知识提醒 7-1

在不同的场合下，误差的表现性质会有所不同。例如，机床在一次调整中加工一批零件时，机床的调整误差是常值系统误差。但是，当多次调整机床时，每次调整的误差就不可能是常值，变化也无一定规律，因此对于经多次调整所加工出来的大批工件，调整误差所引起的加工误差又是随机误差。

7.3.2 加工误差的统计分析

在机械加工中，经常采用的统计分析方法有分布图分析法和点图分析法。

1. 分布图分析法

1）实际分布图

在采用调整法加工的一批工件中，随机抽取足够数量的工件（称为样本）进行测量。由于加工误差的存在，工件实际尺寸的数值并不一致，这种现象称为尺寸分散。把测得的数据记录下来，按尺寸大小将整批工件进行分组，每一组中的工件尺寸处在一定的间隔范围内。同一尺寸间隔内的工件数量称为频数，频数与该批工件总数之比称为频率。以工件尺寸为横坐标，以频数或频率为纵坐标，即可绘出直方图。连接各直方块的顶部中点得到一条折线，即实际分布曲线。

在以频数为纵坐标作直方图时，如样本含量（工件总数）不同，组距（尺寸间隔）不同则作出的图形高度就不同，为了便于比较，纵坐标应采用频率密度。其公式为

$$频率密度 = \frac{频率}{组距} = \frac{频数}{样本容量 \times 组距}$$

$$直方图上各矩形的面积 = 频率密度 \times 组距 = 频率$$

由于各组频率之和等于100%，故直方图上全部矩形面积之和应等于1。

为了进一步分析该工序的加工精度情况，可在直方图上标出该工序的加工公差带位置，并计算该样本的统计数字特征：平均值$\overline{X}$和标准偏差σ。

样本的平均值$\overline{X}$表示该样本的尺寸分散中心，它主要取决于调整尺寸的大小和常值系统误差。

$$\overline{X} = \frac{1}{n}\sum_{i=1}^{n} x_i \tag{7-10}$$

式中，n为样本含量；x_i为各工件的尺寸。

样本的标准偏差σ反映了该批工件的尺寸分散程度，它是由变值系统误差和随机误差决定的。该误差大，σ也大；该误差小，σ也小。

$$\sigma = \sqrt{\frac{1}{n}\sum_{i=1}^{n}(x_i - \overline{X})^2} \qquad\qquad (7-11)$$

 应用案例 7-5

磨削一批工件的轴径 $\phi 60^{+0.06}_{+0.01}$ mm，经实测所得的尺寸偏差值（实测尺寸与基本尺寸之差）见表 7-1，作直方图的步骤如下：

（1）收集数据。随机抽取一批工件，样本容量取 100 件，从表 7-1 所示数据中找出最大值 $x_{max} =$ 54μm 和最小值 $x_{min} = 16\mu$m。

表 7-1 轴径尺寸实测所得数据　　　　　　　　　　（单位：μm）

44	20	46	32	20	40	52	33	40	25	43	38	40	41	30	36	49	51	38	34
22	46	38	30	42	38	27	49	45	45	38	32	45	48	28	36	52	32	42	38
40	42	38	52	38	36	37	43	28	45	36	50	46	33	30	40	44	34	42	47
22	28	34	30	36	32	35	22	40	35	36	42	46	42	50	40	36	20	16 x_{min}	53
32	46	20	28	46	28	54 x_{max}	18	32	33	26	45	47	36	38	30	49	18	38	38

注：表中数据为实测尺寸与基本尺寸之差。

（2）分组。将抽取的样本数据分成若干组，一般按表 7-2 的经验数值确定，本例取组数 $k=9$。经验证明，组数太少会掩盖组内数据的变动情况；组数太多会使各组的高度参差不齐，从而看不出变化规律。通常确定的组数要使每组平均至少摊到 4 或 5 个数据。

表 7-2 样本与组数的选择

数据的数量	分 组 数
50～100	6～10
100～250	7～12
250 以上	10～20

（3）计算组距 h，即组与组的间距。

$$h = \frac{x_{max} - x_{min}}{k-1} = \frac{54-16}{9-1} = 4.75(\mu m)$$

取 $h = 5\mu$m。

（4）计算各组的上、下界限值。

$$x_{min} + (j-1)h \pm \frac{h}{2} \qquad (j=1, 2, 3, \cdots, k)$$

例如，第一组的上界值为 $x_{min} + h/2 = 16 + 5/2 = 18.5(\mu m)$，第一组的下界值为 $x_{min} - h/2 = 16 - 5/2 = 13.5(\mu m)$，其余类推。

（5）计算各组的中心值。中心值是每组中间的数值。即

$$x_{min} + (j-1)h$$

例如，第一组的中心值为 $x_{min} + (j-1)h = 16(\mu m)$。

（6）统计各组的工件频数，整理成如表 7-3 所示的频数分布表。

表 7-3　频数分布表

组号	组界/μm	中心值	频数	频率/(%)	频率密度/[μm⁻¹·(%)]
1	13.5～18.5	16	3	3	0.6
2	18.5～23.5	21	7	7	1.4
3	23.5～28.5	26	8	8	1.6
4	28.5～33.5	31	14	14	2.8
5	33.5～38.5	36	25	25	5.0
6	38.5～43.5	41	16	16	3.2
7	43.5～48.5	46	16	16	3.2
8	48.5～53.5	51	10	10	2.0
9	53.5～58.5	56	1	1	0.2

（7）计算平均值 $\overline{X}$ 和标准偏差 σ。

$$\overline{X} = \frac{1}{n}\sum_{i=1}^{n} x_i = 37.29(\mu m)$$

$$\sigma = \sqrt{\frac{1}{n}\sum_{i=1}^{n}(x_i - \overline{X})^2} = 8.93(\mu m)$$

（8）按表 7-3 所列数据以频率密度为纵坐标，组距（尺寸间隔）为横坐标，画出直方图，如图 7.18 所示。再由直方图的各矩形顶端的中心点连成折线，在一定条件下，此折线接近理论分布曲线。

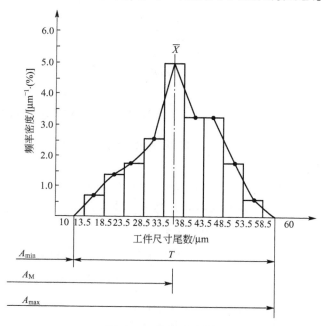

图 7.18　实际分布图

由直方图可知，该批工件的尺寸分布情况是大部分居中，偏大、偏小者较少。在图 7.18 中再标出公差带及其中心、极限偏差，便可分析加工质量。

2) 理论分布曲线

(1) 正态分布曲线。大量的试验、统计和理论分析表明：独立的大量微小随机变量，其总体的分布是符合正态分布的。在机械加工中，用调整法加工一批工件，其尺寸误差是由很多相互独立的随机误差综合作用的结果，如果其中没有一个是起决定作用的随机误差，则加工后工件的尺寸近似于正态分布。这时的分布曲线称为正态分布曲线(即高斯曲线)，正态分布曲线的形态如图 7.19 所示，其概率密度的函数表达式为

$$y = \frac{1}{\sigma\sqrt{2\pi}} e^{-\frac{1}{2}\left(\frac{x-\mu}{\sigma}\right)^2} \qquad (-\infty < x < +\infty, \ \sigma > 0) \qquad (7-12)$$

式中，y 为正态分布的概率密度；x 为随机变量；μ 为随机变量总体的算术平均值；σ 为随机变量总体的标准偏差。

由式(7-11)及图 7.19 可知，当 $x = \mu$ 时，y 有最大值，即

$$y_{\max} = \frac{1}{\sigma\sqrt{2\pi}}$$

这也是曲线的分布中心，在它左右的曲线是对称的。

μ 是影响曲线位置的参数，其值变化时曲线沿横坐标移动，但曲线的形状不变，如图 7.20(a)所示。

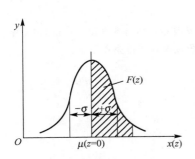 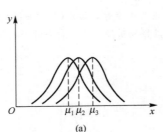

图 7.19　正态分布曲线　　　　　图 7.20　μ、σ 值对正态分布曲线的影响

σ 是影响曲线形状的参数，σ 越小，曲线形状越陡(尺寸越集中)，σ 越大，曲线越平坦(尺寸越分散)，如图 7.20(b)所示。

正态分布总体的 μ 和 σ 通常是不知道的，但可以通过样本平均值 $\overline{X}$ 和样本标准偏差 σ 来估计。这样对于一批工件，抽检其中的一部分，即可判断整批工件的加工精度，即用样本的 $\overline{X}$ 代替总体的 μ，用样本的 σ 代替总体的 σ。

总体平均值 $\mu = 0$，总体标准偏差 $\sigma = 1$ 的正态分布称为标准正态分布。任何不同 μ 和 σ 的正态分布曲线，都可以通过令 $z = \frac{x-\mu}{\sigma}$ 进行交换而变成标准正态分布曲线。故可以利用标准正态分布的函数值，求得各种正态分布的函数值。

由分布函数的定义可知，正态分布函数是正态分布概率密度函数的积分，即

$$F(x) = \frac{1}{\sigma\sqrt{2\pi}} \int_{-\infty}^{x} e^{-\frac{1}{2}\left(\frac{x-\mu}{\sigma}\right)^2} \mathrm{d}x \qquad (7-13)$$

由式(7-13)可知，$F(x)$ 为正态分布曲线积分上下限间包含的面积，它表征了随机变量 x 落在区间 $(-\infty, x)$ 上的概率。

令

$$z = \frac{x - \mu}{\sigma}$$

则

$$F(z) = \frac{1}{\sqrt{2\pi}} \int_0^z e^{-\frac{z^2}{2}} \mathrm{d}z \qquad (7-14)$$

$F(z)$ 为图 7.19 中有阴影部分的面积。对于不同 z 值的 $F(z)$，可由表 7-4 查出。

表 7-4　$F(z)$ 的值

z	$F(z)$	z	$F(z)$	z	$F(z)$	z	$F(z)$	z	$F(z)$
0.00	0.0000	0.20	0.0793	0.60	0.2257	1.00	0.3413	2.00	0.4772
0.01	0.0040	0.22	0.0871	0.62	0.2324	1.05	0.3531	2.10	0.4821
0.02	0.0080	0.24	0.0948	0.64	0.2389	1.10	0.3643	2.20	0.4861
0.03	0.0120	0.26	0.1023	0.66	0.2454	1.15	0.3749	2.30	0.4893
0.04	0.0160	0.28	0.1103	0.68	0.2517	1.20	0.3849	2.40	0.4918
0.05	0.0199	0.30	0.1179	0.70	0.2580	1.25	0.3944	2.50	0.4938
0.06	0.0239	0.32	0.1255	0.72	0.2642	1.30	0.4032	2.60	0.4953
0.07	0.0279	0.34	0.1331	0.74	0.2703	1.35	0.4115	2.70	0.4965
0.08	0.0319	0.36	0.1406	0.76	0.2764	1.40	0.4192	2.80	0.4974
0.09	0.0359	0.38	0.1480	0.78	0.2823	1.45	0.4265	2.90	0.4981
0.10	0.0398	0.40	0.1554	0.80	0.2881	1.50	0.4332	3.00	0.49865
0.11	0.0438	0.42	0.1628	0.82	0.2039	1.55	0.4394	3.20	0.49931
0.12	0.0478	0.44	0.1700	0.84	0.2995	1.60	0.4452	3.40	0.49966
0.13	0.0517	0.46	0.1772	0.86	0.3051	1.65	0.4505	3.60	0.499841
0.14	0.0557	0.48	0.1814	0.88	0.3106	1.70	0.4554	3.80	0.499928
0.15	0.0596	0.50	0.1915	0.90	0.3159	1.75	0.4599	4.00	0.499968
0.16	0.0636	0.52	0.1985	0.92	0.3212	1.80	0.4641	4.50	0.499997
0.17	0.0675	0.54	0.2004	0.94	0.3264	1.85	0.4678	5.00	0.499999
0.18	0.0714	0.56	0.2128	0.96	0.3315	1.90	0.4713	—	—
0.19	0.0753	0.58	0.2190	0.98	0.3365	1.95	0.4744	—	—

当 $z = \pm 3$，即 $x - \mu = \pm 3\sigma$ 时，由表 7-4 查得 $2F(x) = 0.49865 \times 2 = 99.73\%$。这说明随机变量 x 落在 $\pm 3\sigma$ 范围内的概率为 99.73%，落在此范围以外的概率仅 0.27%，此值很小。因此可以认为正态分布的随机变量的分散范围是 $\pm 3\sigma$。这就是所谓的 $\pm 3\sigma$ 原则。

　$\pm 3\sigma$ 是一个非常重要的概念，在研究加工误差时应用很广。6σ 的大小代表了某种加工方法在一定条件(如一定的毛坯余量、切削用量，正常的机床、夹具、刀具等)下所能达到的加工精度，所以在一般情况下，应该使所选择的加工方法的标准偏差 σ 与工件尺寸公

差 T 之间具有下列关系：$6\sigma \leqslant T$。

但考虑到系统误差及其他因素的影响，有时即使 $6\sigma < T$，仍有可能产生废品。若尺寸分布中心 μ 与公差带中心 A_M 不重合，此不重合部分为常值系统误差，以 $\Delta_{系}$ 表示，此时不产生废品的条件为 $T \geqslant 6\sigma + 2\Delta_{系}$。

(2) 非正态分布曲线。工件实际尺寸的分布情况有时并不符合正态分布。在影响加工误差的诸多因素中，如果刀具线性磨损的影响显著，则工件的尺寸分布将呈平顶分布，如图 7.21(b) 所示。平顶分布曲线可以看作随时间而平移的众多正态分布曲线组合的结果。

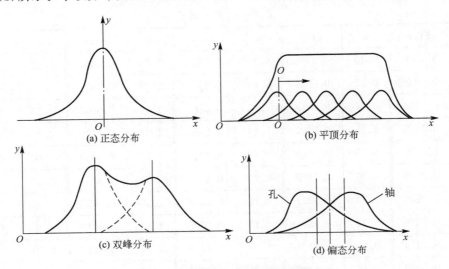

图 7.21　机械加工误差分布规律

若同一工序的加工内容由两台机床来同时完成，由于这两台机床的调整误差不等，机床精度也不同，若将这两台机床加工的工件混在一起，则工件尺寸分布就呈双峰分布，如图 7.21(c) 所示。

在用试切法车削轴径或孔径时，由于操作者为了尽量避免产生不可修复的废品，主观地使轴颈加工得宁大勿小，则它们的尺寸就呈偏态分布，如图 7.21(d) 所示。

对于非正态分布的分散范围，就不能认为是 6σ，而必须除以相对分布系数 k。非正态分布的分散范围为

$$T = \frac{6\sigma}{k} \qquad\qquad (7-15)$$

k 值的大小与分布图形状有关，具体数值可参考有关资料和手册。

3) 分布图的应用

(1) 判别加工误差的性质。假如加工过程中没有变值系统误差(或影响很小)，那么尺寸分布应服从正态分布，这是判别加工误差性质的基本方法。这时可根据样本均值 μ 是否与公差带中心重合来判断是否存在常值系统误差。

如实际分布与正态分布有较大出入，可根据直方图初步判断变值系统误差是什么类型。

(2) 确定各种加工方法所能达到的加工精度。由于各种加工方法在随机因素影响下所得的加工尺寸的分散规律符合正态分布，因而可以在多次统计的基础上，为每一种加工方

法求得它的标准偏差 σ 值。然后，按分布范围等于 6σ 的规律，即可确定各种加工方法所能达到的精度等级。

（3）确定工序能力及其等级。工序能力即工序处于稳定状态时加工误差正常波动的幅度，常以该工序的尺寸分散范围来表示。当尺寸分布接近正态分布时，工序能力为 6σ。

工序能力等级以工序能力系数来表示，它代表工序能满足加工精度要求的程度。当工序处于稳定状态时，工序能力系数 C_p 按式（7-16）计算：

$$C_p = \frac{T}{6\sigma} \tag{7-16}$$

式中，T 为工件尺寸公差。

根据工序能力系数 C_p 的大小，可将工序能力分为五级，见表7-5。一般情况下，工序能力不应低于二级，即 $C_p > 1$。

表 7-5 工序能力等级

工序能力系数	工序等级	说　明
$C_p > 1.67$	特级	工艺能力过高，可以有异常波动，不一定经济
$1.67 \geqslant C_p > 1.33$	一级	工艺能力足够，可以有一定的异常波动
$1.33 \geqslant C_p > 1.00$	二级	工艺能力勉强，必须密切注意
$1.00 \geqslant C_p > 0.67$	三级	工艺能力不足，可能出现少量不合格品
$0.67 \geqslant C_p$	四级	工艺能力很差，必须加以改进

必须指出，$C_p > 1$，只说明该工序的工序能力足够，至于加工中是否出现废品，还要看调整得是否正确。如加工中有常值系统误差，那么只有当 $C_p > 1$ 且 $T \geqslant 6\sigma + 2|\mu - A_M|$ 时才不会出不合格品。如 $C_p < 1$，那么不论怎样调整，不合格品总是不可避免的。

（4）估算不合格品率。不合格品率可由标准化变换、查表7-4及计算来确定。不合格品率包括废品率和可返修的不合格品率。

 应用案例 7-6

在卧式镗床上镗削一批箱体零件的内孔，孔径尺寸要求为 $\phi 70^{+0.2}_{0}$ mm，已知孔径尺寸按正态分布，$\overline{X} = 70.08$ mm，$\sigma = 0.04$ mm，试计算这批工件的合格率和不合格率。

解： 作图7.22，做标准化变换，令

$$z_{右} = \frac{A_{\max} - \overline{X}}{\sigma} = \frac{70.2 - 70.08}{0.04} = 3$$

$$z_{左} = \frac{\overline{X} - A_{\min}}{\sigma} = \frac{70.08 - 70.00}{0.04} = 2$$

查表7-4得，$F(3) = 0.49865$，$F(2) = 0.4772$。

右侧合格率 $H_{右} = F(3) = 49.865\%$；右侧不合格品率 $P_{右} = 0.5 - 0.49865 = 0.00135 = 0.135\%$，这些不合格品不可修复。

左侧合格率 $H_{左} = F(2) = 47.72\%$；左侧不合格品率 $P_{左} = 0.5 - 0.4772 = 0.0228 = 2.28\%$，这些不合格品可修复。

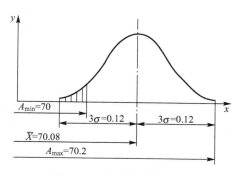

图 7.22 废品率计算图

总合格率 $H=49.865\%+47.72\%=97.585\%$

总不合格率 $B=0.135\%+2.28\%=2.415\%$

(5) 分布图分析加工误差的缺点。

① 由于分析时没有考虑到工件加工的先后顺序,故不能反映加工误差的变化趋势,难以把随机误差与变值系统误差区分开来。

② 必须等到一批工件加工完毕后才能绘制尺寸分布图,因此不能在加工过程中及时提供控制精度的信息。

采用下面介绍的点图分析法,可以弥补上述方法的不足。

2. 点图分析法

应用分布图分析工艺过程精度的前提是工艺过程必须是稳定的,也就是说加工误差主要是随机误差,而系统误差影响很小。在这个前提下,讨论工艺过程的精度指标(如工序能力系数 C_p、废品率等)才有意义。但如果加工中存在影响较大的变值系统误差或随机误差的大小有明显的变化,那么将导致工艺过程不稳定。对于不稳定的工艺过程来说,要解决的问题是如何在工艺过程的进行中通过及时调整工艺系统或采取其他工艺措施主动控制超出规定的质量指标,使工艺过程得以继续进行。对于稳定的工艺过程一旦出现不稳定趋势时,也要能够及时发现并采取相应的措施进行质量指标的主动控制,使工艺过程继续稳定地进行下去。

点图分析法能够反映质量指标随时间变化的情况,是目前分析工艺过程的稳定性和进行统计质量控制的有效方法。

用点图来评价工艺过程稳定性采用的是顺序样本,样本是由工艺系统在一次调整中,按顺序加工的工件样本组成的。这样的样本可以得到在时间上与工艺过程运行同步的有关信息,反映加工误差随时间变化的趋势;而分布图分析法采用的是随机样本,不考虑加工顺序,而且是对加工好的一批工件有关数据处理后才能作出分布曲线。因此,采用点图分析法可以克服分布图分析法的一些缺点。

点图有多种形式,这里仅介绍单值点图和 $\overline{X}-R$ 图两种。

1) 单值点图

如果按照加工顺序逐个测量一批工件的尺寸,以工件序号为横坐标,工件尺寸为纵坐标,就可作出单值点图,如图 7.23(a)所示。

为了缩短点图的长度,可将顺序加工出的几个工件编成一组,以工件组序为横坐标,而纵坐标保持不变,同一组内各工件可根据尺寸分别点在同一组号的垂直线上,就可以得出图 7.23(b)所示的点图。

上述点图反映了每个工件的尺寸(或误差)与加工时间的关系,故称为单值点图。

假如把点图的上、下极限点包络成两根平滑的曲线,并作出这两根曲线的平均值曲线,如图 7.23(c)所示,就能较清楚地揭示出加工过程中误差的性质及其变化趋势。平均值曲线 OO' 表示每一瞬时的分散中心,其变化情况反映了变值系统误差随时间变化的规律,其起始点 O 则可看成常值系统误差的影响;上下线曲线 AA' 和 BB' 间的宽度表示每一瞬时的尺寸分散范围,也就是反映了随机误差的大小,其变化情况反映了随机误差随时间变化的规律。

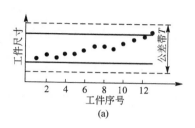 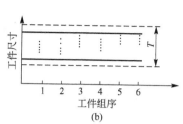 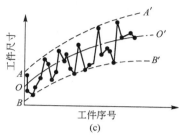

(a)　　　　　　　　　(b)　　　　　　　　　(c)

图 7.23　单值点图

单值点图上画有上下两条控制界限[图 7.23(a)中用实线表示]和两极限尺寸线(用虚线表示),作为控制不合格品的参考界限。

2) $\overline{X}$-R 图

(1) 样组点图的基本形式及绘制。为了能直接反映加工过程中系统误差和随机误差随加工时间的变化趋势,实际生产中常用样组点图来代替单值点图。样组点图的种类很多,目前使用最广泛的是 $\overline{X}$-R 点图。$\overline{X}$-R 点图是小样组平均值 $\overline{X}$ 控制图和极差 R 控制图联合使用时的统称。前者控制工艺过程质量指标的分布中心,后者控制工艺过程质量指标的分散程度。

$\overline{X}$-R 图的横坐标是按时间先后采集的小样本的组序号,纵坐标为各小样本的平均值 $\overline{X}$ 和极差 R。绘制 $\overline{X}$-R 点图是以小样本顺序随机抽样为基础的。在工艺过程进行中,每隔一定时间抽取容量 $m = 2 \sim 10$ 件的一个小样本,求出小样本的平均值 $\overline{X}$ 和极差 R,$\overline{X} = \frac{1}{m}\sum_{i=1}^{m} x_i$,$R = x_{\max} - x_{\min}$。经过若干时间后,就可取得若干组(如 k 组,通常取 $k = 25$)小样本。这样,以按时间先后采集的小样本的组序号为横坐标,分别以各小样本的平均值 $\overline{X}$ 和极差 R 为纵坐标,就分别作出 $\overline{X}$ 点图和 R 点图,如图 7.24 所示。

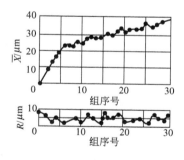

图 7.24　$\overline{X}$-R 点图

(2) $\overline{X}$-R 上下控制线的确定。任何一批工件的加工尺寸都有波动性,因此各样组的平均值 $\overline{X}$ 和极差 R 也都有波动性。要判别波动是否正常,就需要分析 $\overline{X}$ 和 R 的分布规律,在此基础上就可以确定 $\overline{X}$-R 图中的上、下控制线位置。

$\overline{X}$ 图的中心线　　　　　$\overline{\overline{X}} = \frac{1}{k}\sum_{i=1}^{k}\overline{X}_i$　　　　　　　　　　(7-17)

$\overline{X}$ 图的上控制线　　　　　$\overline{X}_s = \overline{\overline{X}} + A\overline{R}$　　　　　　　　　　(7-18)

$\overline{X}$ 图的下控制线　　　　　$\overline{X}_x = \overline{\overline{X}} - A\overline{R}$　　　　　　　　　　(7-19)

R 图的中心线　　　　　　　$\overline{R} = \frac{1}{k}\sum_{i=1}^{k}R_i$　　　　　　　　　　(7-20)

R 图的上控制线 $\qquad R_S = D_1\overline{R}$ (7-21)

R 图的下控制线 $\qquad R_X = D_2\overline{R}$ (7-22)

式中，k 为小样本组的组数；$\overline{X}_i$ 为第 i 个小样本组的平均值；R_i 为第 i 个小样本组的极差值；系数 A、D_1、D_2 的值可由表 7-6 查得。

表 7-6　系数 A、D_1、D_2 的值

m	3	4	5	6	7	8
A	1.0231	0.7285	0.5768	0.4833	0.4193	0.3726
D_1	2.5742	2.2819	2.1102	2.0039	1.9242	1.8641
D_2	0	0	0	0	0.0758	0.1359

在点图上作出中心线和控制线后，就可根据图中点的分布情况来判别工艺过程是否稳定(波动状态是否属于正常)，判别正常波动与异常波动的标志见表 7-7。

表 7-7　判别正常波动与异常波动的标志

正 常 波 动	异 常 波 动
(1) 连续 25 个点以上都在控制线以内 (2) 连续 35 点中，只有一个点在控制线之外 (3) 连续 100 个点中，只有两个点超出控制线 (4) 点的变化没有明显的规律性，或具有随机性	(1) 有点超出控制线 (2) 点密集在平均线附近 (3) 点密集在控制线附近 (4) 连续 7 点以上出现在平均线一侧 (5) 连续 11 点中有 10 点出现在平均线一侧 (6) 连续 14 点中有 12 点以上出现在平均线一侧 (7) 连续 17 点中有 14 点以上出现在平均线一侧 (8) 连续 20 点中有 16 点以上出现在平均线一侧 (9) 点有上升或下降倾向 (10) 点有周期性波动

必须指出，工艺过程稳定性与出不出废品是两个不同的概念。工艺的稳定性用 $\overline{X}$-R 图来判断，而工件是否合格则用极限偏差来衡量，两者之间没有必然的联系。例如，某一工艺过程是稳定的，但误差较大，若用这样的工艺过程来制造精密零件，则肯定都是废品。

需要指出的是，上述所讨论的质量控制方式事实上都源于 1962 年日本科学技术联盟提出的质量管理老七种工具——调查表、分层法、直方图、散布图、排列图、因果图和控制图，一般适用于生产现场、施工现场、服务现场解决质量问题和改进质量。而 1979 年该联盟正式公布了新七种工具——系统图法、关系图法、KJ 图法、矩阵图法、矩阵数据分析法、PDPC 法及网络图，适用于管理人员做出决策，如怎样收集数据、明确问题、抓住关键、确定目标和手段、评价方案、制订切实可行的对策计划等。

7.4 提高加工精度的主要途径

为了保证和提高机械加工精度，必须找出造成加工误差的主要因素（原始误差）。然后采取相应的工艺技术措施来控制或减少这些因素的影响。

生产实际中尽管有许多减少误差的方法和措施，但从误差减少的技术上看，可将它们分成两大类。

（1）误差预防：减少原始误差或减少原始误差的影响，即减少误差源或改变误差源与加工误差之间的数量转换关系。实践与分析表明，当加工精度要求高于某一程度后，利用误差预防技术来提高加工精度所花费的成本将按指数规律增长。

（2）误差补偿：通过分析、测量现有误差，人为地在系统中引入一个附加的误差源，使之与系统中现有的误差相抵消，以减少或消除零件的加工误差。在现有工艺条件下，误差补偿技术是一种有效而经济的方法，特别是借助计算机辅助技术，可达到很好的效果。

1. 误差预防技术

1）合理采用先进工艺与设备

在制订零件加工工艺规程时，应对零件每道加工工序的能力进行精确评价，并应合理地采用先进的工艺和装备，使每道工序都具备足够的工序能力，这是保证加工精度的最基本方法。

2）直接减少原始误差

直接减少原始误差也是在生产中应用较广的一种基本方法。采用这种方法需首先查明影响加工精度的主要原始误差因素，然后将其消除或减少。

3）转移原始误差

误差转移法是把影响加工精度的原始误差转移到不影响（或影响小）加工精度的方向或其他零部件上去。例如，在成批生产中，用镗模加工箱体孔系的方法，也就是把机床的主轴回转误差、导轨误差等原始误差转移掉，工件的加工精度完全靠镗模和镗杆的精度来保证。由于镗模的结构远比整台机床简单，精度易达到，故实际生产中得到广泛的应用。

4）误差分组法

在机械加工中会遇到这样的情况：本工序的加工精度是稳定的，但由于毛坯误差较大，由于误差复映规律，使本工序的加工误差范围扩大。解决这类问题可采用分组调整的方法：把毛坯按误差大小分为 n 组，每组毛坯的误差就缩小为原来的 $1/n$，然后按各组分别调整刀具与工件的相对位置或选用合适的定位元件，就可大大缩小整批工件的尺寸分散范围。这个办法比提高毛坯精度要经济些。

5）均化原始误差

例如，研磨时研具的精度并不是很高，分布在研具上的磨料粒度大小也可能不一样。但由于研磨时工件和研具间有复杂的相对运动轨迹，使工件上各点均有机会与研具的各点相互接触并受到均匀的微量切削。同时工件和研具相互修整，精度也逐步共同提高，进一步使误差均化，因此可获得精度高于研具原始精度的加工表面。

用易位法加工精密分度蜗轮是均化原始误差的又一典型实例。在蜗轮加工中，影响被加工蜗轮精度中很关键的一个因素就是机床母蜗轮的累积误差，它直接反映为工件的累积误差。所谓易位法，就是在工件切削一次后，将工件相对于机床母蜗轮转动一个角度，再切削一次，使加工所产生的累积误差重新分布一次。

6）就地加工法

在机械加工和装配中，有些精度问题牵涉到很多零部件的相互关系，如果单纯依靠提高零部件的精度来满足设计要求，有时不仅困难，甚至不可能实现。而采用就地加工法可解决这种难题。

例如，为了使牛头刨床、龙门刨床的工作台面分别对滑枕和横梁保持平行的位置关系，就在装配后的自身机床上进行"自刨自"的精加工。平面磨床的工作台面也是在装配后作"自磨自"的最终加工。在车床上，为了保证三爪自定心卡盘卡爪的装夹面与主轴回转轴线同轴，也常采用"就地加工"的方法，对卡爪的装夹面进行就地车削（对于软爪）或就地磨削（需在溜板箱上装磨头）。

7）控制加工过程中温升

对某些复杂精密零件（如精密丝杠）的加工，由于温度的改变引起零件的变形，有时会大大超过零件的公差。例如，S7450 大型精密螺纹磨床的母丝杠螺纹部分长 5.86m，温度每变化 $1℃$，母丝杠长度要变化 $70\mu m$。被加工丝杠因磨削热而产生的热变形比车削加工要严重得多，一般在精磨时，丝杠每一次磨削温升 $3℃$，一根长 3m 的丝杠将伸长 $108\mu m$。因此必须严格控制机床和工件在加工过程中的温度变化。具体方法如下：

① 母丝杠采用空心结构，通入恒温油使母丝杠保持恒温。

② 为了控制工件丝杠温度变化，一方面采用淋浴的方法使工件恒温，另一方面在砂轮的磨削区加切削液，带走磨削热，保持工件温度基本恒定。

2. 误差补偿技术

如前所述，误差补偿的方法就是人为地加入一个误差，它与原有的原始误差大小相等，方向相反，从而达到减少加工误差，提高加工精度的目的。用误差补偿的方法来消除或减小常值系统误差一般来说是比较容易的，因为用于抵消常值系统误差的补偿量是固定不变的。对于变值系统误差的补偿就不是一种固定的补偿量所能解决的。于是生产中就发展了所谓积极控制的误差补偿方法。积极控制主要有以下三种形式。

1）偶件自动配磨

偶件自动配磨是将互配件中的一个零件作为基准，去控制另一个零件的加工精度。在加工过程中自动测量工件的实际尺寸，并和基准件的尺寸比较，直至达到规定的差值时机床就自动停止加工，从而保证精密偶件间要求很高的配合间隙。柴油机高压油泵柱塞的自动配磨采用的就是这种形式的积极控制。

2）在线自动补偿

在线自动补偿是在加工中随时测量出工件的实际尺寸（形状、位置精度），根据测量结果按一定的模型或算法随时给刀具以附加的补偿量，从而控制刀具和工件间的相对位置，使工件尺寸的变动范围始终在自动控制之中。现代机械加工中的在线测量和在线补偿就属于这种形式。

3）积极控制起决定作用的误差因素

在某些复杂精密零件的加工中，当无法对主要精度参数直接进行在线测量和控制时，就应该设法控制起决定作用的误差因素，并把它掌握在很小的变动范围以内。精密螺纹磨床的自动恒温控制就是这种控制方式的一个典型例子。

在加工中直接测量和控制工件螺距累积误差是不可能的。采用校正尺的方法来补偿母丝杠的热伸长，只能补偿母丝杠和工件丝杠间温差的恒值部分，而不能补偿各自温度变化而产生的变值部分。尤其是现在对精密丝杠的要求越来越高，丝杠的长度也越做越长，利用校正尺补偿已不能满足加工精度要求。因此应设法控制影响工件螺距累积误差的主要误差因素——加工过程中母丝杠和工件丝杠的温度变化。

7.5 机械加工表面质量

7.5.1 加工表面质量概述

实践表明，机械零件的破坏，一般总是从表面层开始的。机械产品的使用性能如耐磨性、疲劳强度、耐蚀性等，尤其是它的可靠性和耐久性，除了与材料和热处理有关外，在很大程度上取决于零件加工后的表面质量。研究机械加工表面质量的目的就是为了掌握机械加工中各种工艺因素对加工表面质量影响的规律，以便运用这些规律来控制加工过程，最终达到改善表面质量、提高产品使用性能的目的。

1. 加工表面质量的含义

任何机械加工所得到的表面都不可能是绝对理想的光滑表面，总存在一定的几何形状误差及表面层物理力学性能的变化。所以加工表面质量主要包括两方面的内容：加工表面的几何形状误差和表面层金属的物理力学性能。

1）加工表面的几何形状误差

加工表面的几何形状误差包括以下四个部分：

（1）表面粗糙度：它是加工表面的微观几何形状误差，其波长与波高之比一般小于50。

（2）波度：加工表面平面度中波长与波高的比值为50～1000时的几何形状误差称为波度，它是由机械加工中的振动引起的。当波长与波高比值大于1000时，称为宏观几何误差。例如，圆度误差、圆柱度误差等，它们属于加工精度范畴。

（3）纹理方向：纹理方向是指表面刀纹的方向，取决于表面形成过程中所采用的机械加工方法。

（4）伤痕：在加工表面上一些个别位置上出现的缺陷，如砂眼、气孔、裂痕等。

2）表面层金属的物理力学性能

由于机械加工中力因素和热因素的综合作用，表面层金属的物理力学性能将发生一定变化，主要表现在以下三个方面：

（1）表面层金属的冷作硬化。表面层金属硬度的变化用硬化程度和硬化深度两个指标来衡量。在机械加工过程中，工件表面层金属都会有一定程度的冷作硬化（或加工硬化），使表面层金属的显微硬度有所提高。一般情况下，硬化层的深度为 0.05～0.30mm；若采用滚压加工，硬化层的深度可达几个毫米。

（2）表面层金属的金相组织变化。机械加工中，由于切削热的作用会引起表面层金属的金相组织发生变化，在磨削淬火钢时，由于磨削热的影响会引起淬火钢中马氏体的分解，或出现回火组织等。

（3）表面层金属的残余应力。由于切削力和切削热的综合作用，表面层金属的晶格会发生不同程度的塑性变形或产生金相组织的变化，使表层金属产生残余应力。

2. 加工表面质量对零件使用性能的影响

1）表面质量对耐磨性的影响

零件的耐磨性不仅与摩擦副的材料、热处理状况及润滑条件有关，而且与摩擦副的表面质量密切相关。

（1）表面粗糙度对零件耐磨性的影响。由于零件表面存在微观平面度，当两个表面接触时，其表面凸峰顶部先接触，因此实际接触面积远小于理论的接触面积。表面越粗糙，实际接触面积就越小，凸峰处单位面积压力就越大，表面摩擦也越严重。可见，表面粗糙度对零件表面磨损的影响很大。一般来说，表面粗糙度值越小，其耐磨性越好。但表面粗糙度值太小，润滑油不易储存，接触面间容易发生分子粘接，磨损反而增加。因此，摩擦副表面存在一个最佳表面粗糙度值，其值与零件的工作情况有关，工作载荷加大时，起始磨损量增大，表面粗糙度最佳值也加大。表面粗糙度对耐磨性的影响曲线如图 7.25 所示。

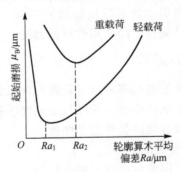

图 7.25 表面粗糙度与起始磨损的关系

（2）表面纹理对零件耐磨性的影响。表面纹理形状及方向影响有效接触面积与润滑液的存留，所以对耐磨性有一定的影响。轻载时，摩擦副两表面的纹路方向与相对运动方向一致时耐磨性好，两表面的纹路方向均与运动方向垂直时耐磨性差，这是因为两个摩擦面在相互运动中，切去了妨碍运动的加工痕迹。但在重载时磨损规律可能会有所差异。

（3）冷作硬化对零件耐磨性的影响。加工表面的冷作硬化一般会使耐磨性有所提高。因为它使摩擦副表面层金属的显微硬度提高，塑性降低，减少了摩擦副接触部分的弹性变形和塑性变形，故可减少磨损。但如果硬化程度过高，会使表面层金属组织"疏松"变脆，甚至出现微观裂纹，在相对运动中可能产生金属剥落，在接触面间形成小颗粒，从而使零件加速磨损，如图 7.26 所示。

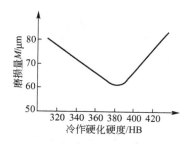

图 7.26　表面冷硬程度与耐磨性的关系

2）表面质量对疲劳强度的影响

表面粗糙度对零件的疲劳强度影响很大。在交变载荷作用下，表面粗糙度的凹谷部位易引起应力集中，产生疲劳裂纹。减小零件的表面粗糙度，可以提高零件的疲劳强度。

表面层残余应力对疲劳强度的影响极大，疲劳损坏往往是由拉应力产生的疲劳裂纹引起的，并且是从表面开始的。表面层残余压应力会抵消一部分由交变载荷引起的拉应力，从而提高零件的疲劳强度。表面层残余拉应力会导致疲劳强度显著下降。

适度的冷作硬化使表面层金属得到强化，从而提高零件的疲劳强度。

3）表面质量对耐蚀性的影响

零件的耐蚀性很大程度上取决于表面粗糙度。空气中所含的气体和液体与 **【参考动画】** 零件接触时会凝聚在零件表面上使表面腐蚀。表面粗糙度越大，加工表面与气体、液体接触面积越大，腐蚀作用就越强烈。加工表面的冷作硬化和残余应力有促进腐蚀的作用。

4）表面质量对配合质量的影响

对于间隙配合，表面粗糙度越大，磨损越严重，导致配合间隙增大，配合精度降低。对于过盈配合，装配时表面粗糙度较大部分的凸峰会被挤平，使实际的过盈量减少，降低配合表面的结合强度。

7.5.2　影响加工表面质量的因素

1. 影响表面粗糙度的因素

影响表面粗糙度的因素主要有几何因素和物理因素两个方面。不同的加工方式，影响表面粗糙度的因素各不相同。

1）切削加工中影响表面粗糙度的因素

（1）几何因素的影响。在切削加工中，由于受刀具几何形状和进给量的影响，不能把加工余量完全切除，在加工表面上会留下残留面积，形成表面粗糙度。理论上残留面积的高度 H 就是表面粗糙度。影响表面粗糙度的主要因素有刀尖圆弧半径 r_ε、主偏角 κ_r、副偏角 κ_r' 及进给量 f 等。以外圆车削为例来说明，如图 7.27 所示。

当背吃刀量较大，刀尖圆弧半径很小，即用尖刀切削时，切削层残留面积高度如下：

$$H = \frac{f}{\cot\kappa_r + \cot\kappa_r'} \qquad (7-23)$$

当背吃刀量和进给量很小，刀尖圆弧半径较大，即用圆弧刀刃切削时，切削层残留面积高度如下：

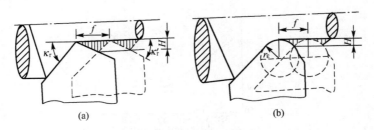

图 7.27 外圆车削、刨削时残留面积的高度

$$H \approx \frac{f^2}{8r_\varepsilon} \tag{7-24}$$

从式(7-23)和式(7-24)可知,当只考虑几何因素影响时,进给量 f 和刀尖圆弧半径 r_ε 对切削加工表面粗糙度的影响比较明显。切削加工时,选择较小的进给量 f 和较大的刀尖圆弧半径 r_ε,会使表面粗糙度得到改善。

(2)物理因素的影响。切削加工后表面粗糙度的实际轮廓形状一般都与由纯几何因素形成的理想轮廓有较大的差别。这是由于存在与被加工材料的性质及切削机理有关的物理因素的缘故。

采用较低的切削速度加工塑性金属材料(如低碳钢、不锈钢、高温合金等)时,容易出现积屑瘤与鳞刺(鳞刺是已加工表面上的一种鳞片状毛刺),使加工表面粗糙度严重恶化,成为影响加工表面质量的主要因素。刀具与被加工材料的挤压与摩擦使金属材料发生塑性变形,也会增大表面粗糙度。切削加工中的振动也使工件的表面粗糙度增大。

从物理因素看,降低表面粗糙度的主要措施是减少加工时的塑性变形,避免产生积屑瘤和鳞刺。其主要影响因素有切削速度、被加工材料的性质,以及刀具材料、几何形状、刃磨质量和切削液。适当增大刀具前角,可以降低被切削材料的塑件变形;降低刀具前刀面和后刀面的表面粗糙度可以抑制积屑瘤的生成;增大刀具后角,可以减少刀具和工件的摩擦;合理选择切削液,可以减少材料的变形和摩擦,降低切削区的温度。采取上述各项措施均有利于减小加工表面的粗糙度。

2)磨削加工中影响表面粗糙度的因素

磨削加工时表面粗糙度的形成也是由几何因素和表面层金属的塑性变形(物理因素)决定的,但磨削过程要比切削过程复杂得多。

(1)几何因素的影响。磨削表面是由砂轮上大量的磨粒刻划出的无数极细的沟槽形成的。单纯从几何因素考虑,可以认为在单位面积上的刻痕越多,即通过单位面积的磨粒越多,刻痕的等高性越好,则磨削表面的粗糙度越小。

(2)表面层金属的塑性变形(物理因素的影响)。磨削速度远比一般切削加工的速度高得多,且磨粒大多为负前角,磨削区温度很高,工件表面层温度有时可达900℃,工件表层金属容易产生相变而烧伤。因此,磨削过程的塑性变形要比一般切削过程大得多。

由于塑性变形的缘故,被磨表面的几何形状与单纯根据几何因素所得到的原始形状大不相同。在力因素和热因素的综合作用下,被磨工件表层金属的晶粒在横向上被拉长了,有时还产生细微的裂口和局部的金属堆积现象。影响磨削表层金属塑性变形的因素,往往是影响表面粗糙度的决定性因素。

2. 影响加工表面金属层物理力学性能的因素

1）表面层金属材料的冷作硬化

机械加工过程中因切削力作用产生的塑性变形，使晶格扭曲、畸变，晶粒间产生剪切滑移，晶粒被拉长和纤维化，甚至破碎，这些都会使表面层金属的硬度和强度提高，这种现象称为冷作硬化。冷作硬化的程度取决于塑性变形的程度。

影响冷作硬化的主要因素如下：

（1）切削力越大，塑性变形越大，硬化程度也就越大。因此，当进给量、背吃刀量增大，刀具前角减小时，都会因切削力增大而使硬化程度增大。

（2）切削温度越高，会使加工硬化作用减小。例如，切削速度增大，会使切削温度升高，加工硬化程度将会减小。

（3）被加工工件材料的硬度越低、塑性越大时，冷作硬化现象越严重。

2）表面层金属金相组织的变化

当加工表面温度超过工件材料的相变温度时，其金相组织将发生变化。对于一般的切削加工来说，表层金属的金相组织没有质的变化。金相组织的变化主要发生在磨削过程中，磨削加工时，磨削速度很高，所消耗的能量绝大部分要转化为热，有70%以上的热量传给工件，造成工件表面很大的温度变化（磨削区瞬间可达1000℃以上），使加工表面层金属的金相组织发生变化，造成表层金属的强度和硬度降低，并产生残余应力，甚至会出现微观裂纹，这种现象称为磨削烧伤。

磨削淬火钢时，磨削烧伤主要有下列形式：

（1）回火烧伤。磨削区温度超过马氏体转变温度，表层中的淬火马氏体发生回火而转变成硬度较低的回火索氏体或托氏体组织。

（2）退火烧伤。磨削区温度超过相变温度马氏体转变为奥氏体，当不用切削液进行干磨时，冷却较缓慢，使工件表层退火，硬度急剧下降。

（3）淬火烧伤。与退火烧伤情况相同，但在充分使用切削液时，工件最外层刚形成的奥氏体因急冷形成二次淬火马氏体组织，硬度比回火马氏体高，但很薄（仅几微米）。其下层为硬度较低的回火组织，使工件表层总的硬度仍是降低的。

磨削烧伤作为磨削加工的缺陷，严重时将使零件的使用寿命成倍下降，甚至无法使用。故生产中应尽量避免磨削烧伤的发生。磨削烧伤发生后，工件表面会生成黄、褐、紫、青等氧化膜颜色。氧化膜颜色可能在清磨时被磨去。但此时磨削烧伤层并未被完全磨去。

磨削烧伤严重影响零件的使用性能，必须采取措施加以控制。磨削热是造成磨削烧伤的根源。控制磨削烧伤有两个途径：一是尽可能减少磨削热的产生；二是改善散热条件，尽量减少传入工件的热量。另外采用硬度稍软的砂轮，适当减小磨削深度和磨削速度，适当增加工件的回转速度和轴向进给量，采用高效冷却方式（如高压大流量冷却、喷雾冷却、内冷却）等措施，都能较好地降低磨削区温度，防止磨削烧伤。

3）加工表面层的残余应力

在机械加工过程中，加工表面层相对基体材料发生形状、体积或金相组织变化时，表面层中即会产生残余应力。外层应力与内层应力的符号相反、相互平衡。产生表面层残余应力的主要原因有以下三个方面：

（1）冷塑性变形，主要是由于切削力作用而产生的。加工过程中被加工表面受切削力作用产生拉应力，外层应力较大，产生伸长塑性变形，使表面积增大。内层应力较小，处于弹性变形状态。切削力去除后内层材料趋向复原，但受到外层已塑性变形金属的限制。故外层有残余压应力，次外层有残余拉应力与之平衡。

（2）热塑性变形，主要是切削热作用引起的。工件在切削热作用下产生热膨胀。外层温度比内层的高，故外层的热膨胀较为严重，但内层温度较低，会阻碍外层的膨胀，从而产生热应力。外层为压应力，次外层为拉应力。当外层温度足够高，热应力超过材料的屈服极限时，就会产生热塑性变形，外层材料在压应力作用下相对缩短。当切削过程结束，工件温度下降到室温时，外层将因已发生热塑性变形，材料相对变短而不能充分收缩，又受到基体的限制，从而外层产生拉应力，次外层则产生压应力。

（3）金相组织变化，切削时的温度高到超过材料的相变温度时，会引起表面层的相变。不同的金相组织有不同的密度，故相变会引起体积的变化。由于基体材料的限制，表面层在体积膨胀时会产生压应力，缩小时会产生拉应力。

实际机械加工后表面层残余应力是上述三方面原因综合作用的结果。冷塑性变形占主导地位时，表层会产生残余压应力；当热塑性变形占主导地位时，表层会产生残余拉应力。

3. 机械加工过程中的振动

机械加工过程中的振动是一种十分有害的现象。它会干扰和破坏正常的切削过程，使零件加工表面出现振纹，从而降低零件的表面质量。振动会加速刀具的磨损，甚至引起崩刃；会使机床、夹具等零件的连接部分松动，影响其刚度和精度，甚至无法正常工作。强烈的振动还会发出刺耳的噪声，危害操作者的健康。为了减小振动，有时不得不降低切削用量，从而限制了生产率的提高。由此可见，振动对于加工质量和生产效率都有很大影响，必须认真对待。

1）机械加工过程中的强迫振动

（1）强迫振动产生的原因。由外界周期性干扰力所激发的不衰减振动称为强迫振动。强迫振动的振源有两个方面：一是机外振源，是指工艺系统以外，如通过地基传来的周期性干扰力；二是机内振源，来自工艺系统内部，如机床旋转件的不平衡等。这些都是指振动系统以外的因素。机内振源主要有以下几种：

① 机床高速旋转件不平衡引起的振动。高速回转零件质量的不平衡和往复运动部件的换向冲击，如电动机转子、带轮、联轴器、砂轮、齿轮等回转件不平衡产生的惯性力及往复运动部件的惯性力都会引起强迫振动。

② 机床传动机构缺陷引起的振动。机床传动件的制造误差和缺陷，如齿轮的齿距误差引起传递运动的不均匀，滚动轴承精度不高、带厚度不均匀或接头不良，以及液压系统中的冲击现象等均能引起振动。

③ 切削过程中的冲击引起的振动。切削过程中的冲击，多刃多齿刀具的制造误差、断续切削，以及工件材料的硬度不均、加工余量不均等都会引起切削过程的不平稳，从而产生振动。

在具有往复运动部件的机床中，最强烈的振源往往就是往复运动部件改变运动方向时所产生的惯性冲击。

（2）强迫振动的特征。

① 强迫振动是由周期性干扰力引起的，只要干扰力存在，它就不会被阻尼衰减掉。

② 强迫振动的频率等于外界干扰力的频率，与系统固有频率无关。

③ 强迫振动时干扰力越大，系统刚度和阻尼系数越小，则振幅越大。当干扰力的频率与系统固有频率相近或相等时，振幅达到最大值，即出现"共振"现象。

（3）强迫振动的控制。

① 消振、隔振与减振。消除强迫振动的最有效办法就是找出振源并进行消除。如不能消除，可采用隔振措施，如用隔振地基或隔振装置将需要防振的机床或部件与振源之间分开，从而达到减小振源危害的目的；还可采用各种消振减振装置。

② 减小激振力即可有效地减小振幅，使振动减弱或消失。对于转速在 600r/min 以上的零件，如砂轮、卡盘、电动机转子及刀盘等，应进行动平衡。尽量减小传动机构的缺陷，设法提高带传动、链传动、齿轮传动及其他传动装置的稳定性。

③ 调节振源频率。在选择转速时，尽可能使引起强迫振动的振源的频率远离机床加工系统的固有频率。

④ 提高工艺系统的刚度。提高工艺系统刚度，可有效改善工艺系统的抗振性和稳定性。

2）机械加工过程中的自激振动

（1）自激振动及其特征。由振动系统本身引起的交变力作用而产生的振动，称为自激振动，又称为颤振。它是影响加工表面质量及生产率的主要因素。

自激振动不同于强迫振动，它有以下特征：

① 自激振动是在没有周期性外力干扰下所产生的振动，这与强迫振动有本质的区别。维持自激振动的交变力来自振动系统本身，切削过程一停止，交变力随之消失，自激振动也就停止。

② 自激振动的频率等于或接近于系统的固有频率。这与强迫振动不同，强迫振动的频率取决于外界干扰力的频率。

③ 自由振动（外界冲击力去除后的衰减振动）受阻尼作用将迅速衰减，而自激振动却不因有阻尼存在而衰减。

（2）自激振动的控制。

① 合理选择切削用量。在一定条件下，当 $v_c = 20 \sim 60\text{m/min}$ 时易产生振动。所以，选择高速切削或低速切削可以避免产生自激振动。增大进给量 f 可使振幅减小，在加工表面粗糙度允许的情况下可选取较大的进给量以避免产生自激振动。随着背吃刀量 a_p 的增加，振幅也增大。因此，减小 a_p 能减小自激振动。

② 合理选用刀具几何参数。在刀具的几何参数中，对振动影响最大的是主偏角 κ_r 和前角 γ_o。κ_r 越小，切削宽度越宽，因此越易产生振动。前角 γ_o 越大，切削力越小，振幅也越小。通常在刀具的主后刀面上磨出一段负倒棱（消振棱），能起到很好的消振作用。

③ 提高工艺系统的抗振性。提高工艺系统的刚度，特别是提高工艺系统薄弱环节的刚度，可有效提高切削加工的稳定性。提高零部件结合面间的接触刚度，对滚动轴承预紧，加工细长轴时采用中心架或跟刀架等措施，都可提高工艺系统刚度。此外，合理安排机床部件的固有频率，增大阻尼和提高机床装配质量等都可以显著提高机床的抗振性能。

④ 采用各种减振装置。在实际生产中，常用的减振装置有摩擦式减振器、冲击式减振器和动力式减振器。

a. 摩擦式减振器是利用固体或液体的摩擦阻尼来消耗振动能量，从而达到减振的目的。图 7.28 所示为安装在滚齿机上的固体摩擦式减振器。它是靠飞轮 1 与摩擦盘 2 之间的摩擦垫 3 来消耗振动能量的，减振效果取决于螺母 4 调节弹簧 5 的压力大小。

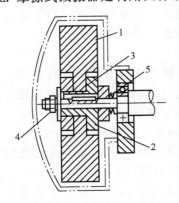

图 7.28　摩擦式减振器

1—飞轮；2—摩擦盘；3—摩擦垫；
4—螺母；5—弹簧

b. 冲击式减振器是由一个与振动系统刚性连接的壳体和一个在体内自由冲击的质量块组成的。当系统振动时，自由质量块反复冲击壳体而消耗掉了振动能量，从而达到减振效果。

c. 动力式减振器，如图 7.29 所示，它是用弹性元件 k_2 把附加质量 m_2 连接到振动系统（m_1、k_1）上的减振装置，利用附加质量的动力作用，使弹性元件加给系统上的力与系统的激振力相抵消，以此来消耗振动能量。

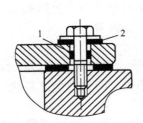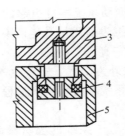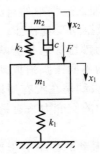

图 7.29　动力式减振器示意图

7.5.3　提高加工表面质量的途径

机械加工中影响表面质量的因素很多，而对零件使用性能影响较大的是表面粗糙度、表面残余拉应力和磨削烧伤。对于一些直接影响产品性能、寿命的重要零件，为了获得所要求的加工表面质量，必须采用合适的加工方法，并对切削参数进行适当控制。

1. 选择合理的磨削参数

磨削是对工件表面质量影响很大的加工方法，影响磨削质量的因素很多又较复杂。例如，修整砂轮时，从降低表面粗糙度的角度考虑，砂轮应修整得细些，但却可能引起磨削烧伤。可通过试验法来确定磨削用量，即先初选磨削用量试磨，然后检查工件的金相组织、表面微观硬度及热损伤情况，由此调整磨削用量，直至最后确定。

2. 采用精密和光整加工工艺

采用精密加工工艺可以全面提高加工精度和表面质量，采用珩磨、研磨、抛光等光整加工工艺可获得较高的表面质量。

3. 采用表面强化工艺

表面强化工艺可以使材料表面层的硬度、组织和残余应力得到改善，有效地提高零件的物理力学性能，常用的方法有表面机械强化、化学热处理及加镀金属等（这里只介绍机械强化和化学热处理）。

1）机械强化

机械表面强化是通过机械冲击、冷压等方法，使表面层产生冷塑性变形，以提高硬度，减小粗糙度，消除残余拉应力并产生残余压应力。

（1）滚压加工：用自由旋转的滚子对加工表面施加压力，使表层塑性变形，并可使粗糙度的波峰在一定程度上填充波谷。滚压在精车或精磨后进行，可使表面粗糙度降到 $Ra1.25\sim10\mu m$，表面硬化层深度可达 $0.2\sim1.5mm$，硬化程度达 $10\%\sim40\%$。

（2）金刚石压光：用金刚石工具挤压加工表面，不同的是工具与加工面之间不是滚动。图 7.30 所示为金刚石压光内孔的示意图。金刚石压光头修整成半径 $1\sim3mm$、表面粗糙度小于 $0.02\mu m$ 的球面，由压光器内的弹簧压力（可调节）压在工件表面上，压光后表面粗糙度可达 $Ra0.32\sim0.02\mu m$。金刚石压光头消耗的功率和能量小，生产率高。

（3）喷丸强化：利用压缩空气或离心力将大量直径为 $0.4\sim2mm$ 的钢丸或玻璃丸以 $35\sim50m/s$ 的高速向零件表面喷射，使表面层产生很大的塑性变形，改变表层金属结晶颗粒的形状和方向，从而引起表层冷作硬化，产生残余压应力。

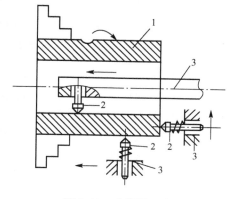

图 7.30　金刚石压光
1—工件；2—压光头；3—心轴

（4）液体磨料喷射加工：利用液体和磨料的混合物来强化零件表面。工作时将磨料悬浮液用泵或喷射器的负压吸入喷头，与压缩空气混合并经喷嘴高速喷向工件表面，在表层形成厚为数十微米的塑性变形层，具有残余压应力，可提高零件的使用性能。

2）化学热处理

常用渗碳、渗氮或渗铬等方法，使表层变为密度较小即比容较大的金相组织，从而产生残余压应力。其中渗铬后，工件表层出现较大的残余压应力时，一般大于 $300MPa$；表层下一定深度出现残余拉应力时，通常不超过 $20\sim50MPa$。渗铬表面强化性能好，是目前应用最为广泛的一种化学强化工艺方法。

习　　题

一、填空题

1. 系统误差可以分为＿＿＿＿和＿＿＿＿两大类。

2. 研究加工精度的方法有＿＿＿＿和＿＿＿＿。

3. 机床制造误差对工件精度影响较大的有＿＿＿＿、＿＿＿＿和＿＿＿＿。

4. 引起工艺系统变形的热源可以分为_____和_____两大类。

5. 主轴回转误差是指主轴_____回转轴线对其_____回转轴线的漂移。

二、选择题

1. 磨削平板零件时，由于单面受到切削热的作用，零件受到热变形影响，加工完毕后将使工件产生____的形状误差。

    A. 中凹   B. 中凸   C. 上凸   D. 下凸

2. 镗孔加工____校正孔的位置精度。

    A. 可以   B. 不可以   C. 有时可以，有时不可以

3. 机床主轴转速对主轴回转误差____影响。

    A. 没有   B. 有

4. ____是切削加工过程中最主要的热源，它对工件加工精度的影响最为直接。

    A. 切削热   B. 空气   C. 摩擦热   D. 环境温度

5. 卧式车床导轨在____内的直线度误差是处于误差敏感方向的位置。

    A. 垂直面   B. 水平面   C. 30°斜面   D. 45°斜面

三、判断题

1. 加工原理误差，机床、刀具、夹具的制造误差均属于常值系统误差。   (　　)

2. 毛坯误差的复映产生的误差属于变值系统误差。   (　　)

3. 光整加工阶段一般没有纠正表面间位置误差的作用。   (　　)

4. 机床部件的刚度呈现其变形与载荷不呈线性关系的特点。   (　　)

5. 机床传动链数越少，传动链越短，则传动精度越高。   (　　)

四、简答题

1. 什么是常值系统误差和变值系统误差？

2. 机械加工精度和表面质量的具体含义是什么？

3. 什么是毛坯误差的复映现象？试举例说明。

4. 何谓加工经济精度？

5. 简述机械加工加工误差分析中的"6σ"原则。

第**8**章
机械制造技术的发展

教学目标

1. 了解当代机械制造技术的发展方向；
2. 熟悉超精密加工与纳米级加工的基本原理、工艺特征及应用范围；
3. 熟悉 FMC、FMS、FML 的工艺特征及应用范围；
4. 理解发展快速响应制造技术的重要意义；
5. 理解发展绿色制造技术的重要意义。

教学要求

知识要点	能力要求	相关知识
超精密加工与纳米加工	熟悉超精密加工与纳米级加工的基本原理、工艺特征及应用范围	特种加工技术
机械制造自动化技术	熟悉 FMC、FMS、FML 的工艺特征及应用范围	机械加工工艺
快速响应制造技术	了解加速新产品研制进程和制造资源的快速重组的方法	RP 技术
绿色制造技术	熟悉绿色制造技术的含义、意义及发展趋势	

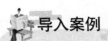
导入案例

镜头是照相机、摄像机、显微镜及手机等产品中非常重要的光学组件，它的质量直接影响着成像的清晰度和鲜明度。镜头的品质除与镜头设计、光学玻璃材质有关外，主要取决于透镜等零件的超精密加工技术水平。还有我们常用的计算机磁盘、复印机磁鼓等，都要采用超精密加工技术来制造。随着社会的发展，越来越多的先进制造技术得到了广泛应用。

当今世界机械制造技术的发展方向可以归结为以下四个方面：

(1) 为适应现代产品"高、精、尖、细"的需要，发展精密与超精密加工技术，发展纳米技术和微机电系统制造技术。

(2) 以提高生产效率和加工质量为主要目标，发展适合多品种、中小批量生产的柔性制造自动化技术。

(3) 为适应世界经济市场快速多变的需求，发展快速响应制造技术。

(4) 综合考虑资源的有效利用和对环境的影响，发展以绿色制造为主的可持续发展制造技术。

8.1　超精密加工与纳米加工技术

普通精度和高精度都是相对概念，两者之间的界线是随着制造技术水平的发展而变化的。就现阶段制造水平分析，一般工厂能稳定掌握的加工精度是 $1\mu m$。通常将加工精度为 $1\sim0.1\mu m$、加工表面粗糙度为 $Ra0.1\sim0.02\mu m$ 的加工方法称为精密加工；将加工精度为 $0.1\sim0.01\mu m$、加工表面粗糙度为 $Ra0.01\sim0.005\mu m$ 的加工方法称为超精密加工；将加工精度高于 $0.01\mu m$、加工表面粗糙度小于 $Ra0.005\mu m$ 的加工方法称为纳米加工。

发展超精密加工与纳米加工技术是 21 世纪机械制造技术最为重要的发展方向之一。不掌握超精密加工与纳米加工技术，许多高新技术就上不去，许多尖端产品就制造不出来。例如，存储容量为 1GB 的超大规模集成电路芯片只有在刻线宽度小于 $0.18\mu m$ 时才能问世。因此，超精密加工与纳米加工技术水平的高低是衡量一个国家制造业水平的重要标志。

超精密加工与纳米加工技术涉及多学科和新兴技术(如材料科学、计算机技术、自动控制技术、精密测量技术等)。超精密加工与纳米加工技术的发展，既依赖于这些学科和技术的发展，同时又会带动和促进相关科学技术的发展，超精密加工与纳米加工技术已经构成高新技术的一个重要生长点。

8.1.1　超精密加工概述

【参考动画】

实现超精密加工，不仅要用新的加工方法或加工机理，而且对工件材质、加工设备、工具、测量技术和环境条件等都有很高的要求。工件材质必须极为细密均匀，消除内部残余应力，防止加工后发生变形，保证高度的尺寸稳定性。加工设备要有极高的运动精度，导轨直线性和主轴回转精度要高于 $0.1\mu m$，微量进给和定位精度要高于 $0.01\mu m$。对环境条件要求严格，须保持恒温、恒湿和空气洁净，并采取有效的防振措施。超精密加工要求测量精度应比加工精度高一个数量级。目前广泛发展非接触式测量方法（如激光干涉测量）并研究原子级精度的测量技术。这些条件是靠综合应用精密机械、精密测量、精密伺服系统和计算机控制等各种先进技术获得的。

超精密加工主要包括三个领域：①超精密切削加工，如金刚石刀具的超精密切削可加工各种镜面，已成功地解决了激光反射镜和天体望远镜的大型抛物面镜的加工；②超精密磨削和研磨加工，如高精度硬磁盘涂层表面的加工和大规模集成电路基片的加工；③超精密特种加工，如采用电子束、离子束刻蚀的方法加工大规模集成电路芯片上的图形，线宽可达 $0.1\mu m$，如用扫描隧道电子显微镜（STM）加工，线宽可达 $2\sim5nm$。

超精密切削所能达到的加工精度等级取决于它能够稳定切削的最小切削厚度 h_{Dmin}。如要达到 $0.1\mu m$ 的加工精度，刀具就必须具有从工件表面上切除厚度小于 $0.1\mu m$ 材料的能力。所以纳米级加工方法的最小切削厚度 h_{Dmin} 必须小于 $1nm$。一种加工方法所能达到的最小切削厚度 h_{Dmin} 越小，它的加工精度就越高。

影响微量切除能力的主要因素如下：

（1）切削工具刃口的锋利程度。切削工具刃口的锋利程度一般用刃口钝圆半径 ρ 进行评定。钝圆半径 ρ 值越小，刃口就越锋利。由图 8.1 可知，切削点 A_i 处的负前角 γ_{oi} 值随着刀刃钝圆半径 ρ 的增大和切削厚度 h_{Di} 的减小而增大。负前角 γ_{oi} 值越大则切削阻力越大，当负前角 γ_{oi} 值大到一定程度时，切削工具将丧失切削能力。切削工具所能达到的最小切削厚度 h_{Dmin} 与切削工具刃口钝圆半径 ρ、被切材料的物理力学性能等因素有关。作为估算，可取 $h_{Dmin}\approx0.3\rho$。

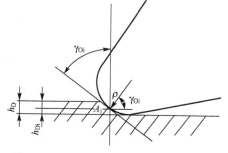

图 8.1　刃口钝圆半径 ρ 与工作前角 γ_o

切削工具刃口钝圆半径 ρ 值的大小与所用材料有关。表 8-1 列出了几种常用切削工具材料的刃口钝圆半径 ρ 值。

表 8-1　切削刃钝圆半径 ρ 的取值范围

工具材料	高速钢	硬质合金	陶瓷	天然单晶金刚石
切削刃钝圆角半径 $\rho/\mu m$	$12\sim15$	$18\sim24$	$18\sim31$	0.01（国际最高水平） $0.1\sim0.3$（中国）

（2）机床加工系统的刚度。主要是指机床主轴系统和刀架进给系统的刚度。美国 LLL 实验室研制的 DTM-3 型金刚石切削车床的主轴系统刚度高于 $500N/\mu m$。

（3）机床加工系统的几何精度。主要指机床主轴的回转精度、床身导轨的平直度及导轨相对于机床主轴的位置精度。美国研制的大型光学金刚石超精密车床（LODTM）的主轴静态径向跳动量小于 $0.025\mu m$，导轨直线度误差为全长 $0.102\mu m$。我国已能制造主轴回转精度为 $0.05\mu m$ 的超精密机床。

（4）机床进给系统的分辨力。为实现微量切除，数控系统的脉冲当量要小，数控系统的脉冲当量值一般应为最小切削厚度 h_{Dmin} 值的 $1/10 \sim 1/5$。设 $h_{Dmin} = 0.1\mu m$，数控系统的脉冲当量值应为每脉冲 $0.01 \sim 0.02\mu m$。

（5）加工环境条件。主要指空气的洁净度，加工环境的恒温、恒湿及减小外界振动的干扰。超精密加工要求每立方英尺的空气中直径大于 $0.3\mu m$ 的尘埃微粒数应小于 100，现在又提出尘埃粒度 $0.1\mu m$ 为 10 级的要求。机床加工环境温度要求达到 $(20 \pm 0.01)℃$。

8.1.2 金刚石超精密切削

天然单晶金刚石质地坚硬，其硬度高达 10000HV，是已知材料中硬度最高的。金刚石刀具具有很高的耐磨性，它的使用寿命是硬质合金的 $50 \sim 100$ 倍。金刚石刀具的弹性模量大，断裂强度比氧化铝高 3 倍，切削刃钝圆半径可以磨得很小，并能长期保持刀刃的锋利性；金刚石刀具的热膨胀系数小，热变形小；但金刚石不是碳的稳定状态，遇热易氧化和石墨化，开始氧化的温度为 $630 \sim 700℃$，开始石墨化的温度约为 $1000℃$，故用金刚石刀具进行切削时须对切削区进行强制风冷或进行酒精喷雾冷却，务使刀尖温度降至 $650℃$ 以下。此外，由于金刚石是由碳原子组成的，它与铁族元素的亲和力大，故不适于切削黑色金属。

用金刚石刀具进行超精密切削时，刀具的刃磨质量是关键，刀刃必须磨得极其锋锐，切削刃钝圆半径 ρ 值要小，国际上达到的最高水平 ρ 值最小为 $0.01\mu m$，国内只能达到 $0.1 \sim 0.3\mu m$。

为实现超精密切削，除了有高质量的金刚石刀具外，还应有金刚石超精密机床作支撑。目前，我国已能生产主轴回转精度为 $0.05\mu m$、定位精度为 $0.1\mu m/100mm$、数控系统最小脉冲当量为 5nm、工件最大回转直径为 800mm 的超精密车床。

用天然金刚石刀具进行超精密切削有许多优点，主要是：①加工精度高，加工表面质量好，加工表面形状误差可控制在 $0.1 \sim 0.01\mu m$ 范围内，表面粗糙度为 $Ra0.01 \sim 0.001\mu m$；②生产效率高，Cu、Al 材料的光学镜面可以通过金刚石超精密车削直接制取；③加工过程易于实现计算机自动控制；④不仅可以加工平面、球面，而且可以很方便地通过数控编程加工非球面和非对称表面。

金刚石超精密切削主要用于加工光学镜面、感光鼓、磁盘等精密器件，材料多为铜、铝及其合金，也可加工硬脆材料，如陶瓷、单晶锗、单晶硅等。

【参考视频】

8.1.3 超精密磨削

对于铜、铝及其合金等软金属，用金刚石刀具进行超精密切削是十分有效的，但金刚石刀具不适合切削黑色金属和硬脆材料。这是因为切削黑色金属时很容易造成金刚石的扩散磨损；微量切削陶瓷、单晶硅等硬脆材料时，要克服所切材料原子（或分子）间键合力才能将薄层材料切除，刀刃部位承受的高应力和高温作用会使切削刃产生较大的机械磨损；机床加工系统所承受的力作用和热作用也比切铜、铝及其合金时大得多，所以用金刚石刀具切硬脆材料工件的加工质量不易达到超精密加工要求，生产效率也不高，刀具消耗也大。因此，对于黑色金属及硬脆材料的超精密加工，超精密磨削是一种比较理想的方法。

超精密磨削与普通磨削相比，其主要特征如下：

（1）使用超硬磨料。超精密磨削的磨削深度极小，磨屑极薄，磨削行为通常在被磨材料的晶粒内进行。只有在磨削力超过了被磨材料原子（或分子）间键合力的条件下，才能从加工表面上磨去一薄层材料，磨粒所承受的切应力极大，温度也很高，要求磨粒材料必须具有很高的高温强度和高温硬度。超精密磨削一般多用人造金刚石、立方氮化硼等超硬磨料。使用金属结合剂金刚石砂轮可以磨削玻璃、单晶硅等，使用金属结合剂 CBN 砂轮可以磨削钢铁等黑色金属。

（2）机床精度高。超精密磨床是实现超精密磨削的基本条件。为实现微量切除，机床加工系统的几何精度要高，还需有很高的静刚度、动刚度和热刚度；数控系统最小输出增量要小（如 $0.01\mu m$），在横进给方向应配置微量进给装置；为降低由于砂轮不平衡质量引起的振动，应进行精密动平衡，并采取防振隔振措施；为获得光洁表面，须配置砂轮精密修整装置。

目前超精密磨削能达到的加工水平如下：尺寸精度为 $1\sim0.1\mu m$；圆度误差为 $0.25\sim0.1\mu m$；圆柱度误差为 $1\mu m/300mm$；表面粗糙度为 $Ra0.01\sim0.006\mu m$。

超精密磨削常用于玻璃、陶瓷、硬质合金、硅、锗等硬脆材料零件的超精密加工。

8.1.4 超精密特种加工

超精密特种加工主要包括激光束加工、电子束加工、离子束加工、微细电火花加工、精细电解加工及电解研磨、超声电解研磨、超声电火花等复合加工。激光、电子束加工可实现打孔、精密切割、成形切割、刻蚀、光刻曝光、加工激光防伪标志。离子束加工可实现原子、分子级的切削加工。微细放电加工可实现极微量的金属材料去除，可加工微细轴、孔、窄缝平面及曲面。精细电解加工可实现纳米级精度，且表面不会产生加工应力，常用于镜面抛光、镜面减薄及一些需要无应力加工的场合。

8.1.5 纳米级加工技术

纳米技术是一个涉及范围非常广泛的术语，它包括纳米材料、纳米摩擦、纳米电子、纳米生物、纳米机械、纳米加工等，这里只讨论与纳米级加工有关的问题。

纳米级加工时材料的去除过程与传统切削、磨削加工的材料去除过程具有原则性区别。为加工具有纳米级加工精度的工件，其最小切削厚度必须小于 1nm，而加工材料原子间间距为 $1\sim10nm$，这表明，在纳米级加工中材料的去除量是以原子或分子数计量的；纳米级加工是通过切断原子（分子）间结合进行加工的，而这只有在外力对去除材料做功产生的能量密度超过了材料内部原子（分子）间结合能密度（为 $10^2\sim10^6 J/cm^3$）时才能实现。而传统的切削、磨削加工所能产生的能量密度较小，用传统的切削、磨削方法切断工件材料原子（分子）间结合是无能为力的。纳米级加工方法种类很多，此处仅以扫描隧道显微加工为例，介绍纳米级加工的原理和方法，并以此展示近年来在研究发展纳米级加工方面所达到的水平。

扫描隧道显微镜（Scanning Tunneling Microscope，STM）是 1982 年由 IBM 公司瑞士苏黎世实验室工作的 G. Binning 和 H. Rohrer 发明的。STM 可用于测量三维微观表面形貌，也可用作纳米级加工。STM 的工作原理主要基于量子力学的隧道效应，当一个具有原子尺度的探针针尖足够接近被加工表面某一原子 A 时（图8.2），探针针尖原子与 A 原子的电子云相互重叠，此时如在探针与被加工（测量）表

【参考图文】

面之间施加适当电压，即使探针针尖与 A 原子并未接触，也会有电流在探针与被加工材料间通过，这就是隧道电流。从受力分析考虑，在外加电场作用下 A 原子受到两方面力的作用，一方面是探针针尖原子对原子 A 的吸引力，包括范德华(Van Der Wall)力和静电力；另一方面是被加工工件上其他原子对 A 原子的结合力。在外界电场作用下，当探针针尖与 A 原子的距离小到某一极限距离时，探针针尖原子对 A 原子的吸引力将大于工件上其他原子对 A 原子的结合力，探针针尖就能拖动 A 原子跟随探针针尖在加工表面上移动，实现原子搬迁。控制探针针尖与被移动原子之间的电压和距离是实现原子搬迁的两个关键参数。

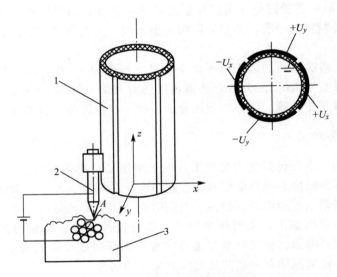

图 8.2 扫描隧道显微加工原理图
1—压电陶瓷管；2—探针；3—工件

在扫描隧道显微镜中，探针用金属制取，探针针尖要做得十分尖锐；探针安装在压电陶瓷扫描管的下部，如图 8.2 所示，压电陶瓷管的顶部被固定在机架上。压电陶瓷管用锆、钛、铅等材料高温烧结并经极化处理制成，陶瓷管外壁对称分布了相互隔开的四个金属膜电极(图 8.2 陶瓷管横截面图)，其中相对的两个电极成对使用；陶瓷管内壁也镀了金属膜形成内壁电极，在本例中内壁电极与地相接。当对 x 方向的一对电极分别施加电压 U_x 和 $-U_x$ 时，在 x 方向压电陶瓷管壁的一侧伸长，相对的另一侧缩短，压电陶瓷管下端将向缩短的那一侧弯曲，从而带动探针在 x 方向移动；同理，当对 y 方向的另一对电极分别施加电压 U_y 和 $-U_y$ 时，压电陶瓷管将带动探针在 y 方向移动；如果两个相对的外壁电极同时接上相等的正电压或负电压，内壁电极仍接地，陶瓷管将在 z 向伸长或缩短，实现 z 向位移。

【参考图文】

使用 STM 搬迁原子的方法进行纳米加工已取得了成功。1990 年美国 IBM 实验室研究人员在高真空和低温(4K)环境下成功将金属 Ni 表面上的氙原子搬迁写出"IBM"字样；1995 年中国真空物理研究所的研究员在高真空、室温状态下，借助原子搬迁在 Si(111) 表面上加工出了"♯"图案。

在 STM 上除了用搬迁原子方法进行纳米级加工外，还可以应用化学沉积、电流曝光等方法进行纳米级加工。

8.2 机械制造自动化技术

制造自动化是人类在长期生产活动中不断追求的主要目标。发展自动化制造技术对保证产品制造质量、提高生产效率、降低产品制造成本、提高企业的市场竞争能力均具有重要意义。自动化制造技术是机械制造技术的重要发展方向之一。

机械制造自动化可分为适于大批量生产的刚性自动化和适于多品种、中小批量生产的柔性自动化两大类。由于产品品种和生产批量的不同，它们各自所采取的自动化手段和措施也不相同。

8.2.1 刚性自动化

在大批量生产中，常用的自动化设备及系统有刚性半自动化单机（如组合机床、转塔车床等）、刚性自动化单机（如自动车床等）、以专用机床和组合机床为主体构成的刚性自动化生产线。

【参考视频】

图8.3所示为加工汽车发动机上球墨铸铁曲拐的自动化生产线总体布局图，全线由7台机床（$C_1 \sim C_7$）和1个装卸工位组成。工件装卸工位4设在自动线后端，操作工人将加工好的工件从随行夹具上卸下后随即将工件毛坯装在随行夹具上，随行夹具连同工件毛坯经提升机提升，并由斜滑道从上方送到自动线始端。随行夹具采用步伐式输送带输送，输送带用钢丝绳牵引驱动。切屑运送采用链板式排屑装置，排屑装置从机床下方通过。自动化生产线用工件输送系统将自动化加工设备和辅助设备连接起来。被加工工件以规定的生产节拍，顺序通过7个加工工位，便加工成合格零件。

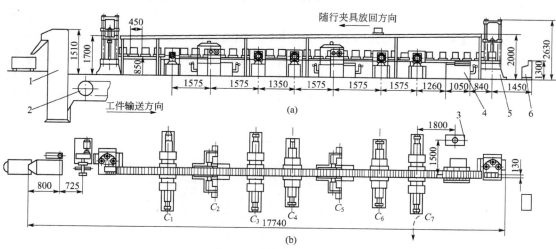

图8.3 曲拐加工自动线

1—斗式切屑提升机；2—链板式排屑装置；3—泵站；4—工件装卸工位；
5—工件提升机；6—中央控制台

刚性自动化生产线严格按规定的生产节拍运行，生产率极高；此外，刚性自动化生产线还具有物料流程短，没有半成品中间库存，生产占地面积小，便于管理等优点。它的主要缺点是一次性投资额大，系统调整周期长，且它是为特定零件设计的，更换产品难，因转产而使刚性自动化生产线报废的事例屡见不鲜。为克服上述缺点，发展了组合机床自动线，可以大幅度缩短建设生产线周期，更换产品时只需要更换组合机床的某些部件(如更换主轴箱)即可，提高了生产自动线的柔性，取得了较好的使用效果和经济效果。图8.3所示曲拐加工自动线就是以组合机床为主体组建的。刚性自动化生产线目前正向刚柔结合的方向发展。

刚性自动化生产线适于在生产量大、产品相对固定的场合应用。

8.2.2 柔性自动化

随着社会经济的发展和人们消费水平的提高，消费需求日趋个性化，产品的生命周期变得越来越短。据统计，在机械制造企业中，单件生产、成批生产约占85%，大批量生产仅占15%左右。选用硬件设备可调的办法实现多品种、小批量生产自动化，在技术上有许多难以克服的困难，因为硬件设备的柔性毕竟是非常有限的。近年来由于计算机技术、数控技术及工业机器人等技术的发展，使多品种、中小批量生产自动化出现了新的希望，并相继出现了数控机床、加工中心、柔性制造单元，柔性制造系统、柔性制造线等自动化模式。

1. 柔性制造单元

柔性制造单元(Flexible Manufacturing Cell，FMC)是由计算机直接控制的自动化可变加工单元。它由具有自动交换刀具和工件功能的数控机床及工件自动输送装置组成。典型的结构有两大类：①由加工中心和托盘交换系统构成，主要用于加工箱体、支座等非回转体零件；②由数控机床和工业机器人组成，主要用于加工轴类、盘套等回转体零件。

图8.4所示为由一台加工中心和一台六工位环形自动交换托盘系统组成的柔性制造单元。更换工件由加工中心上的托盘交换装置和环形托盘库协调配合完成。六个托盘可同时沿托盘库的椭圆形轨道运行，实现托盘的输送和定位。图8.4中1为装卸工位，待加工件由操作工人装入托盘夹具中，托盘连同工件一道由托盘库输送装置运送到靠近加工中心的工位，再由托盘交换装置将托盘送到机床加工部位；工件加工好之后，由托盘交换装置将其送回托盘库，并由托盘库输送装置送回装卸工位。托盘的选择和定位由可编程控制器控制，托盘库具有正反向回转、随机选择及跳跃分度等功能。更换刀具由加工中心上的换刀机械手和刀具库执行。

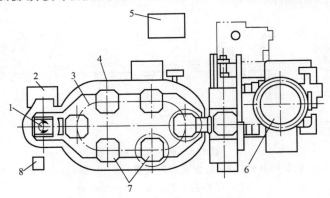

图8.4　具有托盘交换系统的FMC

1—装卸工位；2—切屑箱；3—托盘库；4—安全隔离栏；

5—油箱；6—加工中心；7—托盘；8—托盘控制台

柔性制造单元的主要优点：①与刚性自动化生产线相比，它具有一定的生产柔性，在同一零件组内更换生产对象时，只需变换加工程序即可实现，无需对加工设备做重大调整；②与柔性制造系统相比，它占地面积少，系统结构不太复杂，投资不大，可靠性较高，使用及维护均较简便。柔性制造单元常用于中批量生产规模和产品品种变化不大的场合。国内外许多著名机械制造厂商均能提供成套产品。

柔性制造单元既可以是一个独立的制造单元，也可以是柔性制造系统的一个组成部分。

【参考视频】

2. 柔性制造系统

柔性制造系统(Flexible Manufacturing System，FMS)由两台以上数控机床或加工中心、物料及刀具储运系统和计算机控制系统等组成。

图 8.5 所示为一加工小型菱形件、小型回转件的柔性制造系统。它由两台立式加工中心、一台卧式加工中心、一台三坐标测量机、一台换刀机器人、一台清洗机、一台有轨运输小车、一个中央刀库组成。柔性制造系统的计算机控制系统分三层，第一层是系统控制器，第二层为工作站控制器，第三层为底层设备控制器。

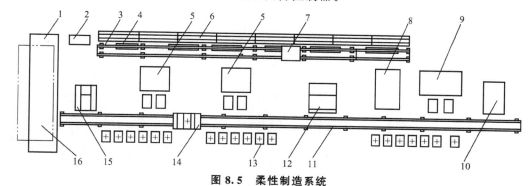

图 8.5 柔性制造系统

1—半成品库；2—刀具预调仪；3—空架轨道；4—刀具进出站；5—立式加工中心；
6—中央刀库；7—换刀机器人；8—卧式加工中心；9—三坐标测量机；
10—工件装卸站；11—地面直线导轨；12—清洗机；13—托盘缓冲站；
14—有轨自动运输小车；15—工件装卸站；16—系统控制器(在半成品库的上面)

柔性制造系统按生产作业计划进行。例如，下一步要安排菱形工件 A 在立式加工中心上加工，预先就要安排操作工人在工件装卸站 15 将工件 A 的毛坯装夹在托盘的夹具中，操作工人通过装卸站 15 的设备终端计算机经工作站控制器通知系统控制器，系统控制器控制有轨自动运输小车 14 到工件装卸站 15 将装有工件 A 毛坯的托盘送到托盘缓冲站 13。紧接着系统控制器将查对中央刀库有无加工工件 A 所需的刀具，如没有或不够，系统控制器将发出刀具补充信号，管理人员从刀库领出所需刀具并由刀具预调仪 2 调整到规定尺寸后，将刀具放入刀具进出站 4，并由其终端计算机经工作站控制器通知系统控制器控制换刀机器人 7 将该刀具从刀具进出站 4 取出送至中央刀库 6 的预定位置。一旦某台立式加工中心出现空闲时，系统控制器便指挥运输小车 14 到托盘缓冲站 13 取下装有工件 A 毛坯的托盘送到该立式加工中心进行加工；与此同时，系统控制器将工件 A 的加工程序传输给该立式加工中心的数控系统。当工件 A 完成所有加工后，由小车 14 将工件送至三坐标测量机 9 进行检测，检测合格的工件由小车 14 送至清洗机 12 清洗，清洗完毕再由小车 14 将其送至工件装卸站 10，操作工人将已加工好的工件 A 从夹具上卸下。

柔性制造系统的主要优点：(1)制造系统柔性较大，可混合加工不同组别的零件，适于在多品种、中小批量生产中使用；(2)系统局部调整或维修时可不中断整个系统的运行。主要缺点：①投资额大，投资回收期长；②系统复杂，可靠性较差。柔性制造系统适于在产品品种变化不大，年产 200~2500 件的中批量生产中应用。

3. 柔性制造线

FML(Flexible Manufacturing Line，FML)与 FMS 之间的界限并不十分清楚，两者之间的主要区别在于柔性制造线像刚性自动生产线那样，具有一定的生产节拍，被加工工件沿着一定的方向顺序传送；柔性制造系统没有固定的生产节拍，工件的传输方向也是随机的。柔性制造线所用机床主要是循环式可换主轴箱加工中心或是转塔式换箱加工中心。变换加工工件时，可更换主轴箱，同时调入相应的数控程序，生产节拍随之作相应的调整。图 8.6 所示为一柔性制造线加工设备平面布置图，它由两台数控铣床、四台转塔式换箱加工中心和一台循环式可换主轴箱加工中心组成，采用辊道传送带输送工件。这条柔性制造线看起来与传统的刚性自动化生产线差不多，区别在于柔性制造线所用设备是可调的或是部分可换的，具有一定柔性。

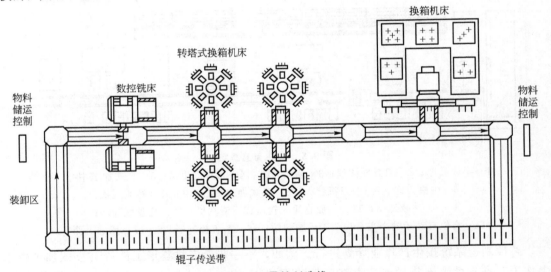

图 8.6 柔性制造线

柔性制造线的主要特点：它具有刚性自动化生产线的优点，当生产批量不是很大时，生产成本比刚性自动化生产线低得多；变换产品时，系统所需调整时间比刚性自动化生产线少得多；但建设生产线的总费用要比刚性自动线高得多。为了节省投资，提高系统的运行效益，柔性制造线可采用刚柔结合的形式，部分设备采用专用机床(主要是组合机床)，部分设备采用可换主轴箱或可换刀架式柔性加工机床。

柔性制造线主要适用于生产品种变化不大的中批和大批量生产。

未来的机械制造自动化技术主要面向多品种、中小批量生产，要求系统具有尽可能多的柔性，以适应市场快速多变的需求。多品种、中小批量生产自动化是 21 世纪机械制造自动化技术的主要研究方向。

8.3 快速响应制造技术

随着科学技术和生产的发展，新产品开发周期越来越短，一个新产品上市不久，另一个性价比更优的同类产品又问世了，市场竞争越来越激烈。以汽车制造为例，从前，一个轿车车型一般都要生产数十万辆或数百万辆，现在一个新的车型平均只生产几万辆，为什么不能再多生产呢？原因在于，市场上已有性价比更优的新车型上市了，原车型已丧失了市场竞争能力。从前，轿车的研发上市周期为5～8年；现在国际上一个新车型的研发上市周期已缩短为两年以下。统计数据表明，新产品最早上市的几家公司往往能占领85％的市场份额。为使企业在激烈的市场竞争中立于不败之地，人们要求发展对市场动态需求具有快速响应能力的快速响应制造技术。

快速响应制造技术主要包括新产品的快速研制和制造资源的快速重组两大部分，分述如下。

8.3.1 新产品的快速研制

新产品研制一般应完成以下工作：市场调查，概念设计，方案设计，关键技术的试验考证，结构设计，工艺设计，样机试制，样机性能检测，然后根据在样机试制和样机性能检测中发现的问题进一步修改设计，有的还需要作进一步的试验考证，直至所研制的新产品完全达到设计要求。可以采用以下三项技术加速新产品研制进程。

1. 并行工程技术

运用并行工程技术，平行完成产品开发过程中的各项工作。运用并行工程技术进行产品设计的一个有用工具是 DFX(Design for X)，其内容有面向装配的设计，面向制造的设计，面向检测的设计等。运用 DFX 进行产品设计可以不断地以所设计产品的结构工艺性能、包装运输是否方便以至环保回收等问题对产品设计进行考核，不断修改设计。运用并行工程技术研制新产品时，从宏观上、整体上看，结构设计、工艺设计、试验考核等是并行交叉进行的；但在具体实施步骤上，结构设计、结构工艺性分析、工艺设计、成本估算等工作却是逐步交替串行运作的。

2. 虚拟制造技术

运用虚拟制造技术，考核产品的工作性能和结构工艺性。虚拟现实技术是利用计算机技术建立一种逼近真实的虚拟环境，在这个环境中，设计、制造和试验的产品，不是实物，它不消耗实际材料，也不需要机床等设备；它只是一种图像和声音的"数字产品"，但人们可以利用这些"数字产品"对所设计的产品进行外观审查，装配模拟和干涉检查，机械运动仿真，零件加工模拟，直至产品的工作性能模拟与评价；然后根据仿真模拟中暴露的缺陷和问题指导修改设计，直到完全达到预期的设计要求，产品最终定型为止。采用虚拟现实环境进行模拟仿真来指导设计，要比组建制造系统实地进行试验和试制容易得多，快捷得多，经济得多，它是加快新产品研制进程的一种十分有效的办法。

【参考视频】

3. 快速原型制造技术

采用快速原型制造技术，加快样件制造过程。运用面向产品开发的虚拟制造技术可以对产品设计的结构工艺性能和产品的工作性能进行较为全面的考核，但这种考核所依据的毕竟还是"数字产品"，为使产品设计立于不败之地，有时尚需对所研发产品关键部位的结构进行实际考察，要求将有关零部件制造出来。制造样件往往需要专用工、夹、模具，尤其是制造结构复杂的零件(如机床床身)更是如此。在产品开发阶段为试制样件制造工、夹、模具是一件既费事又极易造成浪费的事情。而采用快速原型制造技术即可解决这一难题，它可以直接加工具有一定功能的原型或直接制造零件，无需工、夹具和模具。

快速原型制造技术(Rapid Prototyping & Manufacturing，RP&M)又称快速成型技术，AM是20世纪80年代后期发展起来的一种先进制造技术，是为了适应现代工业生产正在从大批量转变为小批量、个性化生产，快速地响应市场变化而产生的。国际上常用"Additive Manufacturing，AM"来囊括RP&M技术，国内通常翻译为增材制造或添加制造，也形象地称之为"3D打印"。近年来，我国3D打印技术发展迅猛，在快速成型工艺和装备等方面已具有良好的基础，部分增材制造技术和产品在航空航天、生物医疗等领域得到了广泛应用，高性能金属构件增材制造技术已达到国际先进水平。2016年4月，我国已经全面启动3D打印标准化并成立全国增材制造标准化技术委员会，对于推进增材制造标准化工作，促进增材制造技术和产业的发展具有重要意义。

下面介绍几种典型快速成型制造工艺的原理及特点。

1) 立体光固化工艺

立体光固化(Stereo Lithography Apparatus，SLA)工艺是以液态光敏树脂为原料，计算机控制紫外激光按零件分层截面的信息对液态树脂进行扫描，使之由点到线、由线到面产生光聚合反应，从而形成零件的一个截面。当一层固化完毕后，工作台下降一层的高度，在已固化层上敷盖一层新的液态树脂，再进行下一层扫描固化。如此顺序逐层扫描固化，直至整个零件制造完毕。美国3D SYSTEMS公司最早推出该工艺，其特点是精度和光洁度高，但需要支撑，材料较脆，对工作环境要求苛刻，运行成本高，后处理复杂，适合验证装配设计过程中使用。

2) 叠层制造工艺

叠层制造(Laminated Object Manufacturing，LOM)工艺是将单面涂有热溶胶的纸片通过加热辊加热粘接在一起，位于上方的激光器按照CAD分层模型所获数据，用激光束将纸切割成所制零件的内外轮廓，然后新的一层纸再叠加在上面，通过热压装置和下面已切割层粘合在一起，激光束再次切割，这样反复逐层切割→粘合→切割……，直到整个零件模型制作完成。该方法只需切割轮廓，特别适合制造实心零件。

3) 选区激光烧结工艺

【参考视频】

选区激光烧结(Selective Laser Sintering，SLS)工艺是采用CO_2激光器为热源，在工作台上均匀铺上一层很薄($100\sim200\mu m$)的塑料或金属粉末，激光束在计算机控制下按照零件分层轮廓有选择性地进行烧结，一层完成后再进行下一层烧结。全部烧结完后去掉多余的粉末，再进行打磨、烘干等处理便获得零件。目前成熟的烧结材料是尼龙粉、塑料粉及金属粉末等。全球最好的设备供应商为德国EOS公司的P系列塑料成型机和 M 系列金属成型机。需要指出的是 SLS 工艺可以直接快速制造最终产品。

4）熔融沉积成型工艺

熔融沉积成型（Fused Deposition Modeling，FDM）工艺是通过送丝机构将丝状热熔性材料送进热熔喷头加热融化，喷头由计算机控制按 CAD 分层信息运动，同时将半流动状态的材料按填充轨迹挤出沉积在指定的位置并凝固成型，同时与周围的材料粘结，层层堆积，往复循环直至完成整个零件制作。该工艺特点是直接采用工程材料进行制作，适合设计的不同阶段，维护简单，原材料利用率高，成本低，缺点是表面粗糙度值较高，后处理技术是关键。目前市场上流行的小型 3D 打印设备以该工艺为主。

【参考视频】

8.3.2 制造资源的快速重组

新产品开发出来之后，就要尽快组建制造系统，迅速形成生产能力。

按照常规方式组织生产通常要完成以下工作：市场调查，征地建厂或原厂扩建，编制工艺，设备的订购、安装与调试，非标准设备的设计、制造与调试，工装设计、制造与调试，人员培训，小批试制，最后形成批量生产能力，这是一个漫长的过程，有时甚至需要花费几年时间才能最终形成批量生产能力。为了适应市场需求多变的形势，许多企业已开始注意选用柔性较大的设备（如数控机床、加工中心、柔性制造单元、模块化数控机床等）组建柔性制造系统。上述努力虽取得了一定收效，但要花费巨大投资，而且制造系统的柔性仍然有限，因为硬件设备只对同组零件才具有柔性，如果改做另一组零件，就不具有柔性。这表明，寄望于通过不断提高硬件设备的柔性来解决制造资源的快速重组问题是有一定限度的，必须寻求新的突破。

在解决快速响应市场竞争需求方面，美国理海大学和通用汽车公司共同提出的敏捷制造生产模式给出了一种新的理念、思路、解决办法。敏捷制造生产模式不主张借助大规模的技术改造来扩充企业的生产能力，也不主张建立拥有一切生产要素独霸市场的巨型公司。敏捷制造生产模式的核心是虚拟企业（或称为动态联盟）。新产品开发成功后，主导企业将通过计算机网络在全球范围内选取最优的制造资源组建虚拟企业，然后通过网络、数据库、多媒体等技术的支撑来协调设计、制造、装配、销售等活动，各加盟单元将根据贡献和合同分享利润。产品的市场寿命终结时，虚拟企业便解体了。

图 8.7 给出了一个虚拟企业的结构。在计算机网络协调控制下，产品开发、加工制造、装配调试、市场营销等工作分散在不同地点进行。

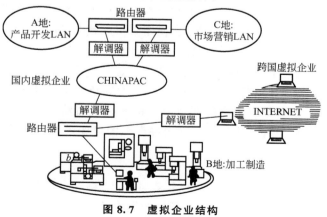

图 8.7 虚拟企业结构

初级阶段的虚拟企业在现实生活中已有很多。例如，**鑫港公司**是一家制造和销售电信产品的公司，总部设在中国香港，它主要从事新产品研制、市场开发和销售、财务、行政管理等工作；产品的制造则利用中国内地劳动力资源充裕的优势在厦门经济特区宏泰工业园区进行。

采用组建虚拟企业的办法实现制造资源快速重组的优点如下：

（1）虚拟企业可充分利用现有制造资源与技术，提高了制造资源重组的速度，大大缩短了产品上市周期。

（2）虚拟企业在全球范围内优化组织制造资源，可以保证产品的制造质量，并可降低制造成本。

（3）它不需要固定资产的再投资，避免了固定资产的投资风险和支付贷款利率，虚拟企业可以获得稳定的利润。

基于国际互联网、局域网的快速响应制造技术，是当今机械制造工程学术界、企业界广为关注的热门技术。从工业发达国家和地区已经实施的情况分析，推行快速响应制造技术可以明显加快新产品的上市速度，美国笔记本电脑生产从设计到上市销售只用了四个月时间，就是一个成功实例。

8.4　绿色制造技术

8.4.1　概述

1. 绿色制造技术的产生和发展

人类在经历了几百年的工业发展之后，已逐渐认识到工业生产所带来的负面影响：产品的使用寿命日益缩短，造成数量越来越多的废弃物；资源过快地开发和过量消耗，造成资源短缺和面临枯竭；环境污染和自然生态的破坏已严重威胁到人类的生存条件。如再不采取有效措施，后果将不堪设想。在这种背景下，绿色制造技术应运而生。

20 世纪 90 年代提出的绿色制造（Green Manufacturing，GM），又称为清洁生产（Green Production，GP）或面向环境的制造（Manufacturing For Environment，MFE）。绿色制造技术是指在保证产品的功能、质量和成本的前提下，综合考虑环境影响和资源效率的现代制造模式。它使产品从设计、制造、使用到报废整个产品生命周期中节约资源和能源，不产生环境污染或使环境污染最小化。

随着人们环保意识的不断加强，绿色制造受到越来越普遍的关注。特别是近年来，国际标准化组织提出了关于环境管理的 ISO 14000，使绿色制造的研究与应用更加活跃。可以说，21 世纪的制造业将是清洁化的制造业，谁掌握了清洁化生产技术，谁的产品符合"绿色产品"标准，谁就掌握了主动权，就会在激烈的市场竞争中取得成功。

2. 绿色制造技术的内容

联合国环境保护署对绿色制造技术的定义如下："将综合预防的环境战略，持续应用于生产过程和产品中，以便减少对人类和环境的风险。"

根据上述定义，绿色制造包括制造过程和产品两个方面，如图 8.8 所示。对于制造过程而言，绿色制造涵盖从原材料投入到形成产品的全过程，包括节约原材料和能源、环保制造、报废产品的回收再利用。对于产品而言，清洁生产覆盖产品整个生命周期的各个阶段，包括产品的设计、生产、包装、运输、流通、消费及报废等，以减少对人类和环境的不利影响。

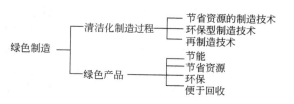

图 8.8 绿色制造的内容

8.4.2 绿色制造过程

绿色制造过程主要包括三个方面的内容：减少制造过程中的资源消耗，避免或减少制造过程对环境的不利影响及报废产品的再生与利用。与此相应地发展了三个方面的制造技术，即节省资源的制造技术、环保型制造技术和再制造技术。

1. 节省资源的制造技术

节省资源的制造技术包括减少制造过程中的能源消耗、减少原材料消耗和减少制造过程中的其他消耗。

1）减少制造过程中的能源消耗

制造过程中消耗掉的能量除一部分转化为有用功之外，大部分能量都转化为其他能量而被浪费掉。例如，普通机床用于切削的能量仅占总消耗能量的 30%，其余 70% 的能量则消耗于摩擦、发热、振动、噪声等。

减少制造过程中能量消耗的措施如下：

（1）提高设备的传动效率，减少摩擦与磨损。例如，采用数控技术，减小传动链造成的能量损失；采用滚珠丝杠和滚动导轨代替普通丝杠和滑动导轨，减少运动副的摩擦损失。

（2）合理安排加工工艺，合理选择加工设备，优化切削用量，使设备处于满负荷、高效率的运行状态。

（3）改进产品和工艺过程设计，采用先进成形方法，减少制造过程中的能量消耗。例如，零件设计尽量减少加工表面；采用精铸、精锻等制造毛坯，以减少机械加工量。

（4）采用适度的自动化技术，不适度的全盘自动化会使机器结构复杂，消耗能量增多。

2）减少原材料消耗

产品制造过程中使用原材料越多，消耗的有限资源越多，会加大运输与库存工作量，并会增加制造过程中的能量消耗。减少制造过程中原材料消耗的主要措施如下：

（1）科学地使用原材料，尽量避免使用稀有、贵重、有毒、有害材料，积极推行废弃材料的回收与再生。

（2）采用精密成形技术，减少原材料的消耗。例如，采用冷挤压成形代替切削加工成形；在可能的条件下，采用快速原型制造技术，避免传统的去除加工所带来的材料损耗。

（3）优化排料，尽可能减少边角余料。

3）减少制造过程中的其他消耗

制造过程中除能源消耗、原材料消耗外，还有其他辅料消耗，如刀具消耗、液压油消耗、润滑油消耗、切削液消耗、包装材料消耗等。

减少刀具消耗的主要措施包括选择合理的刀具材料；选择合理的切削用量；采用不重磨机夹刀具；选择适当的刀具角度；确定合理的刀具使用寿命等。

减少液压油与润滑油的主要措施包括改进液压与润滑系统设计与制造，保证不渗漏；使用良好的过滤与清洁装置，延长油的使用周期。其次，在某些设备上可对润滑系统进行智能控制，减少润滑油的浪费。

减少切削液消耗的主要措施包括采用高速干式切削，不使用切削液；选择性能良好的高效切削液和高效冷却方式，节省切削液的使用；选用良好的过滤和清洁装置，延长切削液的使用周期等。

2. 环保型制造技术

环保型制造技术是指在制造过程中最大限度地减少环境污染，创造安全、舒适的工作环境。包括减少废料的产生；废料有序地排放；减少有毒有害物质的产生；有毒有害物质的适当处理；减小振动与噪声；实行温度调节与空气净化；对废料的回收与再利用等。

1）杜绝或减少有毒有害物质的产生

杜绝或减少有毒有害物质产生的最好方法是采用预防性原则，即对污水、废气的事后处理转变为事先预防。仅对机械加工中的冷却而言，目前已发展了多种新的加工工艺，如采用水蒸气冷却、液氮冷却、空气冷却及采用干式切削等。

2）减少粉尘与噪声污染

粉尘污染与噪声污染是毛坯制造车间和机械加工车间最常见的污染，它严重影响劳动者的身心健康及产品加工质量，必须严格加以控制，主要措施如下：

（1）选用先进的制造工艺及设备，如采用金属型铸造代替砂型铸造，可显著减少粉尘污染；采用压力机锻压代替锻锤锻压，可使锻压噪声大幅下降；采用快速原型制造技术代替去除加工，可以减少机械加工噪声等。

（2）优化机械结构设计，采用低噪声材料，最大限度降低设备工作噪声。

（3）选择合适的工艺参数。机械加工中，选择合理的切削用量可以有效地防止切削振动和切削噪声。

（4）采用封闭式加工单元。对加工设备采用封闭式单元结构，利用抽风或隔音、降噪技术，可以有效地防止粉末扩散和噪声传播。

3）工作环境设计

工作环境设计研究如何给劳动者提供一个安全、舒适宜人的环境。舒适宜人的工作环境包括作业空间足够宽大；作业面布置井然有序；工作场地温度与湿度适中；空气流畅清新；没有明显的振动与噪声；各种控制机构、操作手柄位置合适；工作环境照明良好、色彩协调等。

安全环境包括各种必要的保护措施和操作规程，以防止工作设备在工作过程中对操作者可能造成的伤害。

3. 再制造技术

再制造技术的含义是指产品报废后，对其进行拆卸和清洗，对其中的某些零件采用表面工程或其他加工技术进行翻新或再加工，使零件的形状、尺寸和性能得到恢复和再利用。

再制造技术是一项对产品全寿命周期进行统筹规划的系统工程，其主要研究内容包括产品的概念描述；再制造策略研究和环境分析；产品失效分析和寿命评估；回收与拆卸方法研究；再制造设计、质量保证与控制、成本分析；再制造综合评价等。

8.4.3 绿色产品

绿色产品要求在制造过程中节省资源；在使用中节省能源、无污染；产品报废后便于回收和再利用。

1. 节省资源

绿色产品是节省资源的产品，即在完成同样功能的条件下，产品消耗资源数量要少，如采用机夹式不重磨刀具代替焊接式刀具，就可大量节省刀柄材料。

2. 节省能源

绿色产品应该是节能产品。在能源日趋紧张的今天，节能产品越来越受到重视，如采用变频调速装置，可使产品在低功率下工作时节省电能。

3. 减少污染

减少污染包括对环境的污染和对操作者危害两个方面。为了减少污染，绿色产品应该选用无毒无害材料制造，严格限制产品有害排放物的产生和排放数量。为了避免对操作者产生危害，产品设计应符合人机工程学的要求。

4. 报废后的回收与再利用

随着社会物质的不断丰富和产品寿命周期的不断缩短，产品报废后的处理问题变得越来越突出。传统的产品寿命周期从设计、制造、销售、使用到报废是一个开放系统；而绿色产品设计则要充分考虑产品报废后的处理、回收和再利用，将产品设计与社会生产系统融为一体，形成一个闭环系统，如图 8.9 所示。

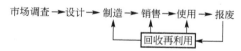

图 8.9 绿色产品设计制造闭环控制系统

习 题

一、填空题

1. 实现超精密加工的技术支撑条件主要包括超精密加工机理与方法、_____、_____、_____、_____和_____等。

2. 目前金刚石刀具主要用于_____材料的精密与超精密加工，而精密和超精密磨削加工主要用于_____材料的加工。

3. 超精密加工中稳定的加工环境条件主要指_____、_____、_____和_____四个方面的条件。

4. FMC 的构成有_____和_____两大类。

5. FMS 由_____、_____和_____等组成。

二、问答题

1. 试述当代机械制造技术的发展方向。

2. 超精密切削加工对刀具材料有哪些要求？为什么天然单晶金刚石被公认为理想的超精密切削刀具材料？

3. 分析超精密加工与纳米级加工的基本原理、工艺特征及应用范围。

4. 分析扫描隧道显微镜 STM 的工作原理及应用。

5. 发展机械制造自动化有什么意义？试举例说明。

6. 论述大批量生产自动化和多品种、中小批量生产自动化的异同。

7. 试分析 FMC 与 FMS、FMS 与 FML 的异同，各适于在何种场合应用？

8. 谈谈你对"发展适度自动化制造系统"的看法。

9. 影响新产品快速上市的关键环节有哪些？各有几种解决方案？试分析比较其优缺点。

10. 说明实现绿色制造的重要性及所包含的主要内容。

11. 什么是快速成型技术？常见的快速成型工艺有哪些？各有什么特点？

参 考 文 献

[1] 任家隆，李菊丽，张冰蔚. 机械制造基础［M］. 2 版. 北京：高等教育出版社，2009.

[2] 于骏一，邹青. 机械制造技术基础［M］. 2 版. 北京：机械工业出版社，2009.

[3] 李伟，谭豫之. 机械制造工程学［M］. 北京：机械工业出版社，2009.

[4] 张鹏，孙有亮. 机械制造技术基础［M］. 北京：北京大学出版社，2009.

[5] 周宏甫. 机械制造基础［M］. 2 版. 北京：高等教育出版社，2010.

[6] 倪晓丹，杨继荣，熊运昌. 机械制造技术基础［M］. 北京：清华大学出版社，2007.

[7] 李庆余，孟广耀. 机械制造装备设计［M］. 2 版. 北京：机械工业出版社，2009.

[8] 黄健求. 机械制造技术基础［M］. 北京：机械工业出版社，2009.

[9] 卢秉恒. 机械制造技术基础［M］. 3 版. 北京：机械工业出版社，2009.

[10] 郭艳玲，李彦蓉. 机械制造工艺学［M］. 北京：北京大学出版社，2009.

[11] 唐一平. 制造工程与技术［M］. 4 版. 北京：高等教育出版社，2005.

[12] 夏广岚，冯凭. 金属切削机床［M］. 北京：北京大学出版社，2008.

[13] 袁根福，祝锡晶. 精密与特种加工技术［M］. 北京：北京大学出版社，2007.

[14] 周骥平，林岗. 机械制造自动化技术［M］. 2 版. 北京：机械工业出版社，2007.

[15] 全国金属切削机床标准化技术委员会. GB/T 15375—2008 金属切削机床型号编制方法［M］. 北京：中国标准出版社，2008.

[16] 全国刀具标准化技术委员会. GB/T 12204—2010 金属切削基本术语［M］. 北京：中国标准出版社，2011.

[17] 全国产品尺寸和几何技术规范标准化技术委员会. GB/T 5847—2004 尺寸链　计算方法［M］. 北京：中国标准出版社，2011.

[18] 张世昌. 机械制造技术基础［M］. 北京：高等教育出版社，2006.

[19] 方子良. 机械制造技术基础［M］. 上海：上海交通大学出版社，2004.

[20] 关慧贞，冯辛安. 机械制造装备设计［M］. 3 版. 北京：机械工业出版社，2010.

[21] 王光斗，王春福. 机床夹具设计手册［M］. 上海：上海科学技术出版社，2000.

[22] 陈德生. 机械制造工艺学［M］. 杭州：浙江大学出版社，2007.

[23] 傅水根. 机械制造工艺基础［M］. 3 版. 北京：清华大学出版社，2010.

[24] 王启平. 机床夹具设计［M］. 2 版. 哈尔滨：哈尔滨工业大学出版社，2005.

[25] 赵雪松，赵晓芬. 机械制造技术基础［M］. 武汉：华中科技大学出版社，2006.

[26] 熊良山，严晓光，张福润. 机械制造技术基础［M］. 武汉：华中科技大学出版社，2006.

[27] 刘长青. 机械制造技术［M］. 武汉：华中科技大学出版社，2005.

[28] 袁哲俊，王先逵. 精密和超精密加工技术［M］. 2 版. 北京：机械工业出版社，2007.

[29] 王先逵. 机械制造工艺学［M］. 2 版. 北京：机械工业出版社，2006.

[30] 吉卫喜. 机械制造技术基础［M］. 北京：高等教育出版社，2008.

[31] 李凯岭. 机械制造技术基础［M］. 北京：清华大学出版社，2010.

[32] 华楚生. 机械制造技术基础［M］. 2 版. 重庆：重庆大学出版社，2009.

[33] 林艳华. 机械制造技术基础［M］. 北京：化学工业出版社，2010.

[34] 顾崇衔. 机械制造工艺学［M］. 3 版. 西安：陕西科学技术出版社，1990.

[35] 陈明. 机械制造技术［M］. 北京：北京航空航天大学出版社，2008.

[36] 吴新佳. 机械制造工艺装备［M］. 西安：西安电子科技大学出版社，2006.

[37] 马振福. 机械制造技术［M］. 北京：机械工业出版社，2005.

［38］韩秋实. 机械制造技术基础［M］. 2版. 北京：机械工业出版社，2005.

［39］张学政. 机械制造工艺基础习题集［M］. 2版. 北京：清华大学出版社，2008.

［40］王红军. 机械制造技术基础学习指导与习题［M］. 北京：机械工业出版社，2012.

［41］尹成湖，郑惠萍. 机械制造技术基础学习指导［M］. 北京：高等教育出版社，2009.

［42］陈敏. 机械制造工艺学习题集［M］. 上海：上海交通大学出版社，2009.

［43］周骥平，林岗. 机械制造自动化技术［M］. 2版. 北京：机械工业出版社，2007.

［44］苏君. 模具制造工艺学［M］. 北京：机械工业出版社，2010.

［45］韩春鸣. 机械制造基础工程实训［M］. 北京：化学工业出版社，2007.

［46］周涛，陈佳. 三维装配工艺设计及车间指导［J］. 国防制造技术，2013（04）：24－27.

［47］彭义兵，袁惠敏，徐济友，等. 开目3DCAPP三维装配工艺设计基础教程［M］. 北京：机械工业出版社，2014.

［48］郭勇军，康勇，汪哲能. 机械制造工艺基础与技能训练［M］. 北京：电子工业出版社，2013.

［49］万军. 现代制造质量控制基础［M］. 北京：机械工业出版社，2015.

［50］郑修本. 机械制造工艺学［M］. 3版. 北京：机械工业出版社，2011.

北京大学出版社教材书目

❖ 欢迎访问教学服务网站 www.pup6.com，免费查阅已出版教材的电子书(PDF 版)、电子课件和相关教学资源。

❖ 欢迎征订投稿。联系方式：010-62750667，童编辑，13426433315@163.com，pup_6@163.com，欢迎联系。

序号	书　名	标准书号	主　编	定价	出版日期
1	机械设计	978-7-5038-4448-5	郑　江，许　瑛	33	2007.8
2	机械设计(第 2 版)	978-7-301-28560-2	吕　宏　王　慧	47	2018.8
3	机械设计	978-7-301-17599-6	门艳忠	40	2010.8
4	机械设计	978-7-301-21139-7	王贤民，霍仕武	49	2014.1
5	机械设计	978-7-301-21742-9	师素娟，张秀花	48	2012.12
6	机械原理	978-7-301-11488-9	常治斌，张京辉	29	2008.6
7	机械原理	978-7-301-15425-0	王跃进	26	2013.9
8	机械原理	978-7-301-19088-3	郭宏亮，孙志宏	36	2011.6
9	机械原理	978-7-301-19429-4	杨松华	34	2011.8
10	机械设计基础	978-7-5038-4444-2	曲玉峰，关晓平	27	2008.1
11	机械设计基础	978-7-301-22011-5	苗淑杰，刘喜平	49	2015.8
12	机械设计基础	978-7-301-22957-6	朱　玉	59	2014.12
13	机械设计课程设计	978-7-301-12357-7	许　瑛	35	2012.7
14	机械设计课程设计(第 2 版)	978-7-301-27844-4	王　慧，吕　宏	42	2016.12
15	机械设计辅导与习题解答	978-7-301-23291-0	王　慧，吕　宏	26	2013.12
16	机械原理、机械设计学习指导与综合强化	978-7-301-23195-1	张占国	63	2014.1
17	机电一体化课程设计指导书	978-7-301-19736-3	王金娥　罗生梅	49	2013.5
18	机械工程专业毕业设计指导书	978-7-301-18805-7	张黎骅，吕小荣	32	2015.4
19	机械创新设计	978-7-301-12403-1	丛晓霞	32	2012.8
20	机械系统设计	978-7-301-20847-2	孙月华	39	2012.7
21	机械设计基础实验及机构创新设计	978-7-301-20653-9	邹旻	28	2014.1
22	TRIZ 理论机械创新设计工程训练教程	978-7-301-18945-0	颜苏苏，马履中	45	2011.6
23	TRIZ 理论及应用	978-7-301-19390-7	刘训涛，曹　贺等	35	2013.7
24	创新的方法——TRIZ 理论概述	978-7-301-19453-9	沈萌红	28	2011.9
25	机械工程基础	978-7-301-21853-2	潘玉良，周建军	34	2013.2
26	机械工程实训	978-7-301-26114-9	侯书林，张　炜等	52	2015.10
27	机械 CAD 基础	978-7-301-20023-0	徐云杰	34	2012.2
28	AutoCAD 工程制图	978-7-5038-4446-9	杨巧绒，张克义	20	2011.4
29	AutoCAD 工程制图	978-7-301-21419-0	刘善淑，胡爱萍	38	2015.2
30	工程制图	978-7-5038-4442-6	戴立玲，杨世平	27	2012.2
31	工程制图	978-7-301-19428-7	孙晓娟，徐丽娟	30	2012.5
32	工程制图习题集	978-7-5038-4443-4	杨世平，戴立玲	20	2008.1
33	机械制图(机类)	978-7-301-12171-9	张绍群，孙晓娟	32	2009.1
34	机械制图习题集(机类)	978-7-301-12172-6	张绍群，王慧敏	29	2007.8
35	机械制图(第 2 版)	978-7-301-19332-7	孙晓娟，王慧敏	38	2014.1
36	机械制图	978-7-301-21480-0	李凤云，张　凯等	36	2013.1
37	机械制图习题集(第 2 版)	978-7-301-19370-7	孙晓娟，王慧敏	22	2011.8
38	机械制图	978-7-301-21138-0	张　艳，杨晨升	37	2012.8
39	机械制图习题集	978-7-301-21339-1	张　艳，杨晨升	24	2012.10
40	机械制图	978-7-301-22896-8	臧福伦，杨晓冬等	60	2013.8
41	机械制图与 AutoCAD 基础教程	978-7-301-13122-0	张爱梅	35	2013.1
42	机械制图与 AutoCAD 基础教程习题集	978-7-301-13120-6	鲁　杰，张爱梅	22	2013.1
43	AutoCAD 2008 工程绘图	978-7-301-14478-7	赵润平，宗荣珍	35	2009.1
44	AutoCAD 实例绘图教程	978-7-301-20764-2	李庆华，刘晓杰	32	2012.6
45	工程制图案例教程	978-7-301-15369-7	宗荣珍	28	2009.6
46	工程制图案例教程习题集	978-7-301-15285-0	宗荣珍	24	2009.6
47	理论力学(第 2 版)	978-7-301-23125-8	盛冬发，刘　军	49	2016.9
48	理论力学	978-7-301-29087-3	刘　军，阎海鹏	45	2018.1
49	材料力学	978-7-301-14462-6	陈忠安，王　静	30	2013.4
50	工程力学(上册)	978-7-301-11487-2	毕勤胜，李纪刚	29	2008.6
51	工程力学(下册)	978-7-301-11565-7	毕勤胜，李纪刚	28	2008.6
52	液压传动(第 2 版)	978-7-301-19507-9	王守城，容一鸣	38	2013.7
53	液压与气压传动	978-7-301-13179-4	王守城，容一鸣	32	2013.7

序号	书 名	标准书号	主 编	定价	出版日期
54	液压与液力传动	978-7-301-17579-8	周长城等	34	2011.11
55	液压传动与控制实用技术	978-7-301-15647-6	刘 忠	36	2009.8
56	金工实习指导教程	978-7-301-21885-3	周哲波	30	2014.1
57	工程训练(第4版)	978-7-301-28272-4	郭永环，姜银方	54	2017.6
58	机械制造基础实习教程(第2版)	978-7-301-28946-4	邱 兵，杨明金	45	2017.12
59	公差与测量技术	978-7-301-15455-7	孔晓玲	25	2012.9
60	互换性与测量技术基础(第3版)	978-7-301-25770-8	王长春等	35	2015.6
61	互换性与技术测量	978-7-301-20848-9	周哲波	35	2012.6
62	机械制造技术基础	978-7-301-14474-9	张 鹏，孙有亮	28	2011.6
63	机械制造技术基础	978-7-301-16284-2	侯书林，张建国	32	2012.8
64	机械制造技术基础(第2版)	978-7-301-28420-9	李菊丽，郭华锋	49	2017.6
65	先进制造技术基础	978-7-301-15499-1	冯宪章	30	2011.11
66	先进制造技术	978-7-301-22283-6	朱 林，杨春杰	30	2013.4
67	先进制造技术	978-7-301-20914-1	刘 璇，冯 凭	28	2012.8
68	先进制造与工程仿真技术	978-7-301-22541-7	李 彬	35	2013.5
69	机械精度设计与测量技术	978-7-301-13580-8	于 峰	25	2013.7
70	机械制造工艺学	978-7-301-13758-1	郭艳玲，李彦蓉	30	2008.8
71	机械制造工艺学(第2版)	978-7-301-23726-7	陈红霞	45	2014.1
72	机械制造工艺学	978-7-301-19903-9	周哲波，姜志明	49	2012.1
73	机械制造基础(上)——工程材料及热加工工艺基础(第2版)	978-7-301-18474-5	侯书林，朱 海	40	2013.2
74	制造之用	978-7-301-23527-0	王中任	30	2013.12
75	机械制造基础(下)——机械加工工艺基础(第2版)	978-7-301-18638-1	侯书林，朱 海	32	2012.5
76	金属材料及工艺	978-7-301-19522-2	于文强	44	2013.2
77	金属工艺学	978-7-301-21082-6	侯书林，于文强	32	2012.8
78	工程材料及其成形技术基础(第2版)	978-7-301-22367-3	申荣华	69	2016.1
79	工程材料及其成形技术基础学习指导与习题详解(第2版)	978-7-301-26300-6	申荣华	28	2015.9
80	机械工程材料及成形基础	978-7-301-15433-5	侯俊英，王兴源	30	2012.5
81	机械工程材料(第2版)	978-7-301-22552-3	戈晓岚，招玉春	36	2013.6
82	机械工程材料	978-7-301-18522-3	张铁军	36	2012.5
83	工程材料与机械制造基础	978-7-301-15899-9	苏子林	32	2011.5
84	控制工程基础	978-7-301-12169-6	杨振中，韩致信	29	2007.8
85	机械制造装备设计	978-7-301-23869-1	宋士刚，黄 华	40	2014.12
86	机械工程控制基础	978-7-301-12354-6	韩致信	25	2008.1
87	机电工程专业英语(第2版)	978-7-301-16518-8	朱 林	24	2013.7
88	机械制造专业英语	978-7-301-21319-3	王中任	28	2014.12
89	机械工程专业英语	978-7-301-23173-9	余兴波，姜 波等	30	2013.9
90	机床电气控制技术	978-7-5038-4433-7	张万奎	26	2007.9
91	机床数控技术(第2版)	978-7-301-16519-5	杜国臣，王士军	35	2014.1
92	自动化制造系统	978-7-301-21026-0	辛宗生，魏国丰	37	2014.1
93	数控机床与编程	978-7-301-15900-2	张洪江，侯书林	25	2012.10
94	数控铣床编程与操作	978-7-301-21347-6	王志斌	35	2012.10
95	数控技术	978-7-301-21144-1	吴瑞明	28	2012.9
96	数控技术	978-7-301-22073-3	唐友亮 余 勃	56	2014.1
97	数控技术(双语教学版)	978-7-301-27920-5	吴瑞明	36	2017.3
98	数控技术与编程	978-7-301-26028-9	程广振 卢建湘	36	2015.8
99	数控技术及应用	978-7-301-23262-0	刘 军	59	2013.10
100	数控加工技术	978-7-5038-4450-7	王 彪，张 兰	29	2011.7
101	数控加工与编程技术	978-7-301-18475-2	李体仁	34	2012.5
102	数控编程与加工实习教程	978-7-301-17387-9	张春雨，于 雷	37	2011.9
103	数控加工技术及实训	978-7-301-19508-6	姜永成，夏广岚	33	2011.9
104	数控编程与操作	978-7-301-20903-5	李英平	26	2012.8
105	数控技术及其应用	978-7-301-27034-9	贾伟杰	46	2016.4
106	数控原理及控制系统	978-7-301-28834-4	周庆贵，陈书法	36	2017.9
107	现代数控机床调试及维护	978-7-301-18033-4	邓三鹏等	32	2010.11
108	金属切削原理与刀具	978-7-5038-4447-7	陈锡渠，彭晓南	29	2012.5
109	金属切削机床(第2版)	978-7-301-25202-4	夏广岚，姜永成	42	2015.1
110	典型零件工艺设计	978-7-301-21013-0	白海清	34	2012.8
111	模具设计与制造(第3版)	978-7-301-26805-6	田光辉	68	2021.1
112	工程机械检测与维修	978-7-301-21185-4	卢彦群	45	2012.9
113	工程机械电气与电子控制	978-7-301-26868-1	钱宏琦	54	2016.3

序号	书　名	标准书号	主　编	定价	出版日期
114	工程机械设计	978-7-301-27334-0	陈海虹，唐绪文	49	2016.8
115	特种加工(第 2 版)	978-7-301-27285-5	刘志东	54	2017.3
116	精密与特种加工技术	978-7-301-12167-2	袁根福，祝锡晶	29	2011.12
117	逆向建模技术与产品创新设计	978-7-301-15670-4	张学昌	28	2013.1
118	CAD/CAM 技术基础	978-7-301-17742-6	刘 军	28	2012.5
119	CAD/CAM 技术案例教程	978-7-301-17732-7	汤修映	42	2010.9
120	Pro/ENGINEER Wildfire 2.0 实用教程	978-7-5038-4437-X	黄卫东，任国栋	32	2007.7
121	Pro/ENGINEER Wildfire 3.0 实例教程	978-7-301-12359-1	张选民	45	2008.2
122	Pro/ENGINEER Wildfire 3.0 曲面设计实例教程	978-7-301-13182-4	张选民	45	2008.2
123	Pro/ENGINEER Wildfire 5.0 实用教程	978-7-301-16841-7	黄卫东，郝用兴	43	2014.1
124	Pro/ENGINEER Wildfire 5.0 实例教程	978-7-301-20133-6	张选民，徐超辉	52	2012.2
125	SolidWorks 三维建模及实例教程	978-7-301-15149-5	上官林建	30	2012.8
126	SolidWorks 2016 基础教程与上机指导	978-7-301-28291-1	刘萍华	54	2018.1
127	UG NX 9.0 计算机辅助设计与制造实用教程(第 2 版)	978-7-301-26029-6	张黎骅，吕小荣	36	2015.8
128	CATIA 实例应用教程	978-7-301-23037-4	于志新	45	2013.8
129	Cimatron E9.0 产品设计与数控自动编程技术	978-7-301-17802-7	孙树峰	36	2010.9
130	Mastercam 数控加工案例教程	978-7-301-19315-0	刘 文，姜永梅	45	2011.8
131	应用创造学	978-7-301-17533-0	王成军，沈豫浙	26	2012.5
132	机电产品学	978-7-301-15579-0	张亮峰等	24	2015.4
133	品质工程学基础	978-7-301-16745-8	丁 燕	30	2011.5
134	设计心理学	978-7-301-11567-1	张成忠	48	2011.6
135	计算机辅助设计与制造	978-7-5038-4439-6	仲梁维，张国全	29	2007.9
136	产品造型计算机辅助设计	978-7-5038-4474-4	张慧姝，刘永翔	27	2006.8
137	产品设计原理	978-7-301-12355-3	刘美华	30	2008.2
138	产品设计表现技法	978-7-301-15434-2	张慧姝	42	2012.5
139	CorelDRAW X5 经典案例教程解析	978-7-301-21950-8	杜秋磊	40	2013.1
140	产品创意设计	978-7-301-17977-2	虞世鸣	38	2012.5
141	工业产品造型设计	978-7-301-18313-7	袁涛	39	2011.1
142	化工工艺学	978-7-301-15283-6	邓建强	42	2013.7
143	构成设计	978-7-301-21466-4	袁涛	58	2013.1
144	设计色彩	978-7-301-24246-9	姜晓微	52	2014.6
145	过程装备机械基础(第 2 版)	978-301-22627-8	于新奇	38	2013.7
146	过程装备测试技术	978-7-301-17290-2	王毅	45	2010.6
147	过程控制装置及系统设计	978-7-301-17635-1	张早校	30	2010.8
148	质量管理与工程	978-7-301-15643-8	陈宝江	34	2009.8
149	质量管理统计技术	978-7-301-16465-5	周友苏，杨 飒	30	2010.1
150	人因工程	978-7-301-19291-7	马如宏	39	2011.8
151	工程系统概论——系统论在工程技术中的应用	978-7-301-17142-4	黄志坚	32	2010.6
152	测试技术基础(第 2 版)	978-7-301-16530-0	江征风	30	2014.1
153	测试技术实验教程	978-7-301-13489-4	封士彩	22	2008.8
154	测控系统原理设计	978-7-301-24399-2	齐永奇	39	2014.7
155	测试技术学习指导与习题详解	978-7-301-14457-2	封士彩	34	2009.3
156	可编程控制器原理与应用(第 2 版)	978-7-301-16922-3	赵 燕，周新建	33	2011.11
157	工程光学(第 2 版)	978-7-301-28978-5	王红敏	41	2018.1
158	精密机械设计	978-7-301-16947-6	田 明，冯进良等	38	2011.9
159	传感器原理及应用	978-7-301-16503-4	赵 燕	35	2014.1
160	测控技术与仪器专业导论(第 2 版)	978-7-301-24223-0	陈毅静	36	2014.6
161	现代测试技术	978-7-301-19316-7	陈科山，王 燕	43	2011.8
162	风力发电原理	978-7-301-19631-1	吴双群，赵丹平	49	2011.10
163	风力机空气动力学	978-7-301-19555-0	吴双群	40	2011.10
164	风力机设计理论及方法	978-7-301-20006-3	赵丹平	45	2012.1
165	计算机辅助工程	978-7-301-22977-4	许承东	38	2013.8
166	现代船舶建造技术	978-7-301-23703-8	初冠南，孙清洁	33	2014.1
167	机床数控技术(第 3 版)	978-7-301-24452-4	杜国臣	49	2016.8
168	工业设计概论(双语)	978-7-301-27933-5	窦金花	35	2017.3
169	产品创新设计与制造教程	978-7-301-27921-2	赵 波	31	2017.3

　　如您需要免费纸质样书用于教学，欢迎登陆第六事业部门户网(www.pup6.com)填表申请，并欢迎在线登记选题以到北京大学出版社来出版您的大作，也可下载相关表格填写后发到我们的邮箱，我们将及时与您取得联系并做好全方位的服务。